Dietmar Stypa

Arbeits- und Schutzgerüste

Ernst & Sohn
A Wiley Company

Dietmar Stypa

Arbeits-
und Schutzgerüste

Ernst & Sohn
A Wiley Company

Dipl.-Ing. Dietmar Stypa
Rilkeweg 13a
42553 Velbert

Dieses Buch enthält 176 Abbildungen und 153 Tabellen

Bibliografische Information Der Deutschen Bibliothek
Die Deutsche Bibliothek verzeichnet diese Publikation in der
Deutschen Nationalbibliografie; detaillierte bibliografische Daten
sind im Internet über <http://dnb.ddb.de> abrufbar.

ISBN 978-3-433-01644-2

© 2004 Ernst & Sohn
Verlag für Architektur und technische Wissenschaften GmbH & Co. KG, Berlin

Umschlaggestaltung: blotto, Berlin
Satz: Manuela Treindl, Laaber

Vorwort

Dieses Buch aus der Reihe „Bauingenieur-Praxis" richtet sich vorrangig an den Gerüstbauunternehmer und seine Mitarbeiter. Gleichwohl findet auch der Fachhandwerker mit
eigenem Gerüstbau hier wertvolle Hilfeleistung. Desgleichen können alle, die sich mit
Standsicherheitsnachweisen befassen, dieses Handbuch als Nachschlagewerk nutzen.

Das verwendete Literaturverzeichnis ist als Hilfe bei einer weitergehenden Behandlung
der Thematik des vorliegenden Buches gedacht. Das Verzeichnis erhebt keinen Anspruch
auf Vollständigkeit. Die Quellenangaben geben einen Hinweis bei ihrer erstmaligen Benutzung. Um unnötige Wiederholungen zu vermeiden, werden, soweit es sinnvoll erscheint,
gleiche Quellen nicht noch einmal angegeben. Alle verwendeten Bemessungshilfen wurden sorgfältig erstellt; fehlerhafte Angaben sind dennoch nicht vollends auszuschließen.

Beim Verfassen dieses Buches erfuhr ich große Unterstützung, für die ich an dieser Stelle
meinen Dank ausdrücken möchte: Michael Becker, Klaus Biegelsteiber, Dr. Joanna
Gotzmann, Peter Kämper, Marianne Körfer, Werner Majer, Claudia Ozimek, Reinhard
Schelper, Dr. Karl Schories, Andreas Schult und Eberhard Weber.

Danken möchte ich ferner der Firma Hünnebeck in Ratingen für die Genehmigung, Fotos
und Grafiken aus dem umfangreichen Firmenarchiv abzubilden.

Velbert, im Februar 2004   Dietmar Stypa

Bauingenieur-Praxis

Meister, J.
Nachweispraxis Biegeknicken und Biegedrillknicken
Einführung, Bemessungshilfen, 42 Beispiele für Studium und Praxis
Reihe: Bauingenieur-Praxis
2002. XV, 420 Seiten,
203 Abbildungen, 40 Tabellen.
Broschur. € 55,-* / sFr 81,-
ISBN 3-433-02494-4

Biegeknicken und Biegedrillknicken sind in vielen Fällen die maßgebenden Versagensformen bei der Bemessung von Stäben, Stabzügen und Stabwerken aus dünnwandigen offenen Profilen. Das Buch erklärt die Möglichkeiten und die Art und Weise der Nachweisführung. Mit vollständig durchgerechneten Beispielen!

Kindmann, R. / Stracke, M.
Verbindungen im Stahl- und Verbundbau
Reihe: Bauingenieur-Praxis
2003. XII, 438 Seiten,
325 Abbildungen, 70 Tabellen.
Broschur. € 55,-* / sFr 81,-
ISBN 3-433-01596-1

Für die Planungspraxis von Ingenieuren faßt das vorliegende Buch die wichtigsten Verbindungstechniken für den Stahl- und Verbundbau sowie weitere Verbindungsarten des Bauwesens zusammen. Ein einzigartiges, bisher vergeblich gesuchtes Buch in der Baufachliteratur.

* Der €-Preis gilt ausschließlich für Deutschland

Ernst & Sohn
Verlag für Architektur und
technische Wissenschaften GmbH & Co. KG

Für Bestellungen und Kundenservice:
Verlag Wiley-VCH
Boschstraße 12
69469 Weinheim
Telefon: (06201) 606-400
Telefax: (06201) 606-184
Email: service@wiley-vch.de

Ernst & Sohn
A Wiley Company
www.ernst-und-sohn.de

02033036..my Änderungen vorbehalten.

Stahlbau aktuell

Kuhlmann U. (Hrsg.)
Stahlbau-Kalender 2004
Reihe: Stahlbau-Kalender
(Band 2004)
2004. Ca. 700 Seiten,
ca. 450 Abbildungen,
Gebunden.
Ca. € 129,-* / sFr 190,-
**Subskriptionspreis
bis 30. Juni 2004:**
Ca. € 109,-*/ sFr 161,-
ISBN 3-433-01703-4
Erscheint: April 2004

**Schwerpunkt:
Schlanke
Tragwerke**

Der Stahlbau-Kalender ist ein Wegweiser für die richtige Berechnung und Konstruktion im gesamten Stahlbau mit neuen Themen in jeder Ausgabe. Er dokumentiert und kommentiert verläßlich den aktuellen Stand des deutschen Stahlbau-Regelwerkes. Neben DIN 18800-1 und -2 gibt es in diesem Jahrgang die DASt-Richtlinie 019 "Brandsicherheit von Stahl- und Verbundbauteilen in Büro- und Verwaltungsgebäuden". Schwerpunkt der neuen Ausgabe sind schlanke Tragwerke. Herausragende Autoren vermitteln Grundlagen und geben praktische Hinweise für Konstruktion und Berechnung von schlanken Stabtragwerken, Antennen und Masten, Traggerüsten, Radioteleskopen und Trägern mit profilierten Stegen. Zusammen mit aktuellen Beiträgen über Schweißen und Membrantragwerke komplettiert der neue Jahrgang des Stahlbau-Kalenders die Stahlbau-Handbuchsammlung für jedes Ingenieurbüro. Das aktuelle Rechtsthema: Sicherheitsleistung durch Bürgschaften und Ihre Kosten.

Stahlbau
Chefredakteur: Dr.-Ing.
Karl-Eugen Kurrer
Erscheint monatlich.
Jahresabonnement
2004:
€ 308,-* / sFr 608,-
Studentenabonnement
2004:
€ 108,-* / sFr 214,-
Abopreise zzgl. MwSt.,
inkl. Versandkosten

Alles über Stahl-, Verbund- und Leichtmetallkonstruktionen - gebündelt in einer Fachzeitschrift, die seit über 75 Jahren den gesamten Stahlbau begleitet. In der Zeitschrift "Stahlbau" finden sich praxisorientierte Berichte über sämtliche Themen des Stahlbaus wieder.
Von der Planung und Ausführung von Bauten, bis hin zu Forschungsvorhaben und Ergebnissen. Außerdem erhalten Sie aktuelle Informationen zu: Normung und Rechtsfragen, Entwicklungen in Sanierungs-, Montage- und Rückbautechnologien, Buchbesprechungen, Seminare, Messen, Tagungen und Persönlichkeiten.

* Der €-Preis gilt ausschließlich für Deutschland

Ernst & Sohn
Verlag für Architektur und
technische Wissenschaften GmbH & Co. KG

Für Bestellungen und Kundenservice:
Verlag Wiley-VCH
Boschstraße 12
69469 Weinheim
Telefon: (06201) 606-400
Telefax: (06201) 606-184
Email: service@wiley-vch.de

Änderungen vorbehalten.

00314016.my

Ernst & Sohn
A Wiley Company
www.ernst-und-sohn.de

Inhaltsverzeichnis

1 Einführung

Gerüste nehmen im heutigen Baugeschehen einen zentralen Stellenwert ein. Das Errichten neuer Gebäude, aber auch Umbau- und Instandsetzungsarbeiten machen ihren Einsatz auf modernen Baustellen unumgänglich. Dabei ist die vielgestaltige Tätigkeit des Auf-, Um- und Abbaues von Gerüsten mit besonderen Gefährdungen verbunden. So kann eine Sicherung gegen Absturz in der Auf-, Um- und Abbauphase nicht immer gewährleistet werden. Der Gerüstbauer muß folglich sein Augenmerk verstärkt auf mögliche Sicherheitsmaßnahmen und auf den vorbeugenden Unfallschutz lenken. Deshalb sind gerade im Gerüstbau die Zusammenhänge zwischen einer sorgfältigen Planung und einer darauf abgestimmten Ausführung der Arbeiten außerordentlich wichtig.

Die große Bedeutung von Gerüsten für die Bauwirtschaft dokumentiert sich in einer umfangreichen Reihe von Vorschriften und Regeln, welche die Sicherheitsanforderungen an Gerüste selbst sowie an das Auf- und Abbauen von Gerüsten zum Inhalt haben. In der Unfallverhütungsvorschrift „Bauarbeiten" sind die grundlegenden Anforderungen, die an Gerüste gestellt werden, definiert. Demnach müssen diese so aufgestellt, unterstützt, ausgesteift und verankert sein, daß sie die auftretende Belastung sicher aufnehmen und ableiten können. Diese Forderungen müssen während der einzelnen Bauzustände eingehalten werden, also sowohl beim Gerüstbau als auch bei der Gerüstnutzung. Neben Standsicherheit und Tragfähigkeit muß der „Arbeitsplatz Gerüst" ein unfallfreies Arbeiten gewährleisten, d. h., Gerüste müssen stets arbeits- und betriebssicher sein.

Für die Erfüllung dieser Schutzziele nennt die Unfallverhütungsvorschrift „Bauarbeiten" in ihren Durchführungsanweisungen wiederholt DIN 4420 „Arbeits- und Schutzgerüste" als Richtmaß. Dort werden Gerüste nach der Art ihrer Ausbildung, ihrer Bauart und dem Zweck ihrer Verwendung definiert. Arbeits- und Schutzgerüste im Sinne dieser Vorschrift sind temporäre Baukonstruktionen, die ihrer Bestimmung entsprechend verwendet und wieder auseinandergenommen werden können. Während von Arbeitsgerüsten aus Arbeiten durchgeführt werden, müssen Schutzgerüste abstürzende Personen auffangen oder Personen vor herabfallenden Gegenständen schützen. Arbeits- und Schutzgerüste aus vorgefertigten Bauteilen werden als Systemgerüste bezeichnet; Fassadengerüste werden längenorientiert, Raumgerüste werden flächenorientiert aufgebaut. Um ein entsprechend weites Arbeitsspektrum handelt es sich folglich bei dem „Arbeitsfeld Gerüst", in dem nach den Gerüstbautätigkeiten und der Nutzung von Gerüsten unterschieden werden muß.

Nach einem Streifzug durch die geschichtliche Entwicklung der Gerüsttechnik wird zunächst das eigentliche Unfallgeschehen behandelt. Dabei wird veranschaulicht, warum gerade die Arbeitssicherheit für den Gerüstbauer von primärer Bedeutung sein muß. Einen Kernpunkt dieses Handbuches bilden kommentierte Vorschriften und Regeln. Dieser theoretische Teil des Buches führt den Leser in die Systematik der Gerüstbauvorschriften ein und zeigt deren Veränderung im Laufe der Zeit: von der alten DIN 4420 (03.1980) über die zur Zeit gültige DIN 4420 (12.1990) bis hin zu der Europäischen Norm EN 12 810. Darüber hinaus wird die künftige nationale „Restnorm" DIN 4420 dargelegt. Im darauffolgenden Kapitel wird veranschaulicht, wie insbesondere arbeitsschutzgerechte Arbeitsvorbereitung in der Planungsphase und anschließend sicherheitsorientiertes Vorgehen bei der Montage Sicherheitsdefizite des „Arbeitsplatzes Gerüstbau" verringern helfen. Im dann folgenden Kapitel werden Gerüstbautätigkeiten an Systemgerüsten hinsichtlich der sicherheitstechnischen Aspekte für Beschäftigte beim Auf-, Um- und Abbau von Fassadengerüsten untersucht. Weiterhin werden Anforderungen im Sinne der Unfallverhütung angesprochen, die an die im Gerüstbau Beschäftigten zu stellen sind. Im praktischen Teil dieses Handbuches werden alle wichtigen Aspekte der Gerüstverankerung sowie die noch weitgehend unbekannte Thematik der Gerüstverankerungssysteme behandelt. Ferner werden hier einige ausgesuchte Nachweise und Bemessungshilfen vorgestellt. Diese Einführung in Konstruktion, Statik und Anwendungstechnik, die von erheblicher Bedeutung für den Gerüstbau ist, wird dabei lediglich in dem Ausmaß behandelt, wie es für den Praktiker vor Ort und den Ingenieur im Büro unbedingt erforderlich ist.

Um der aktuellen technischen Entwicklung gerecht zu werden, behandelt dieses Handbuch ausschließlich Systemgerüste mit allen bekannten Bauarten. Dazu gehören ausdrücklich die vermehrt eingesetzten Modulgerüste und Mast-Konsol-Gerüste. Stahlrohr-Kupplungsgerüste und insbesondere Leitergerüste werden wegen ihres offensichtlichen Rückzuges aus dem Baugeschehen nur kurz betrachtet. Bedingt durch den vorgesehenen Umfang dieses Buches wird auf die Betrachtung von Raum- und Hängegerüsten wie auch von Traggerüsten bewußt verzichtet.

Das vom „Ulmer Spatzen" vermittelte Wissen hat der Mensch inzwischen erheblich erweitert. Auch wenn sowohl der Gerüstbauer als auch der Gerüstnutzer heute ein „längeres Gedicht" über die Bedeutung von Gerüsten aufsagen können, tragen die folgenden Zeilen sicherlich zur Freude des mit „Rüstung" beschäftigten Lesers bei:

> *„Am Ulmer Münster in Stein gehauen*
> *Ist oben ein Spätzlein zu schauen,*
> *[...]*
> *Daß es für immer ein Vorbild wär*
> *Der künftigen Zeit zu Nutz und Lehr;*
> *Denn ohne des Spätzleins Verstand*
> *kam nie der Münsterthurm zu Stand.*
> *[...]*
> *Es weiß der Heide, der Jude, der Christ,*
> *Daß ohne ein rechtes Baugerüst*
> *Ein Thurm nicht wohl zu bauen ist,*
> *Auch daß mans in der ganzen Welt*
> *Aus Balken und Bohlen zusammenstellt,*
> *Woran dann auf und ab die Leiter*
> *Klettern die lustigen Bauarbeiter:*
> *Der Meister aber ordnet dann*
> *Wie Steine man heben und setzen kann.*
> *Da nun der Münster so hoch sollt sein,*
> *begehrt er die Rüstung auch nicht klein."*

(aus: „Der Sperling am Ulmer Münster" von August Kopisch)

2   Geschichtliche Entwicklung

Die Geschichte des Gerüstbaues ist sicherlich so alt wie die Kulturgeschichte der Menschheit. Die Bauten der Babylonier und Assyrer sowie die der Ägypter des Altertums hätten ohne Gerüsteinsatz ebensowenig errichtet werden können wie im mittelalterlichen Europa die großen Kirchen.

Das Wort „Gerüst" entwickelte sich aus dem althochdeutschen (750–1050) Wort für Ausrüstung „gi(h)rusti". Erweitert auf die Varianten „rustan und girusti" umfaßte die Bezeichnung auch das Zurichten und die zum Aufbau benötigte Gerätschaft. Das mittelhochdeutsche (1050–1350) Wort „gerüste" ist vom Zeitwort „rüsten" abgeleitet. Während „gerüste" das „eine Zeitlang aufgeführte(s) Bauwerk aus Holz [bezeichnet], um allerlei Arbeiten von und auf demselben vorzunehmen", bedeutete „rüstung" oder „rüsten" das „Zusammenfügen oder die Aufschlagung der Balken und Bohlen zum Gerüst", also das, was wir heute Montage nennen würden [68, 91]. Daneben ist im 19. Jahrhundert im o. g. Gedicht das Wort „Rüstung" noch als Synonym für Gerüst benutzt worden.

Alte Kulturen und Antike

In der ägyptischen Baukunst finden sich Hinweise auf verschiedenartige Einsätze von Gerüsten. Holz war in Ägypten ein äußerst knapper Werkstoff und mußte eingeführt werden. So wurde dieses Material nur dort eingesetzt, wo es unbedingt notwendig war, z. B. bei der Erstellung von Gerüsten für die Steinbearbeitung sowie zum Einrüsten von Statuen. Auf verschiedenen ägyptischen Reliefs und Grabgemälden ist der zimmermannsmäßige Holzbau dokumentiert [13]. Diese Gerüste bestanden aus Holzstützen und Brettern, die miteinander durch Seile und Stricke verbunden waren. Da derartige Gerüste schnell aufgebaut und wieder abgebaut werden konnten, hat sich dieses Konstruktionsprinzip über Jahrtausende erhalten und ist vereinzelt noch heute in Ägypten, aber auch in Europa anzutreffen.

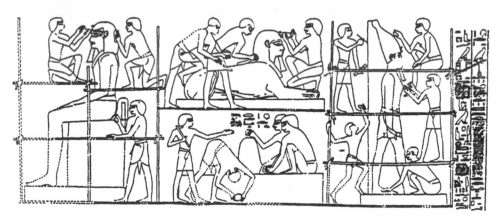

Bild 2.1 Arbeitsgerüst aus Holzstangen und Brettern mit einfacher Knotenverbindung in Ägypten um 1450 v. Chr. [277]

Bild 2.2
Der Turmbau zu Babel, Mosaik aus dem 13. Jh.
in der Basilica di S. Marco, Venedig [283]

In der älteren Kultur Mesopotamiens, wo Holz ebenfalls zu den seltenen Baustoffen ge-
hörte, dürfte sich die Gerüstbautechnik ähnlich entwickelt haben. Es ist hypothetisch davon
auszugehen, daß das Gerüst seinen Weg nach Ägypten über Mesopotamien gefunden hatte
oder die Entwicklung zeitgleich verlief. Im Gegensatz zum Wissensstand über die jüngere
ägyptische Kultur läßt sich die Entwicklung im älteren Mesopotamien nicht über archäo-
logische Funde belegen. Allerdings vermitteln uns christliche Künstler des Mittelalters
gerne das Bild vom alten Babylon, wo vom Gerüst aus Arbeiten ausgeführt werden; so
z. B. bei dem beliebten Motiv des Turmbaues zu Babel.

Im antiken Griechenland ist die Verwendung von Holz als Baustoff durch reiche archäolo-
gische Funde bestätigt. Das relativ teure und knappe Holz wurde als Gerüstbaumaterial
und für die Konstruktion von Hebezeugen verwendet. Die Weiterentwicklung der
Tonnengewölbetechnik und die Verbesserung des Baubetriebes durch neuartige Hebe-
maschinen sind die wesentlichen Neuerungen in der Zeit des antiken Roms.

Mittelalter und Neuzeit

Die Verwendung eines Gemisches aus Mörtel und Bruchsteinen hat einen enormen Einfluß
auf die Bautechnik und somit auf die Entwicklung der Gerüste gehabt. Die intensive Bau-
tätigkeit des Mittelalters beginnt mit der karolingischen Architektur und endet mit der
Spätgotik. In dieser Zeit förderte die Errichtung gewaltiger Sakralbauten die Entwicklung
von Lastkränen und Gerüsten. Im Zeitalter der Renaissance werden die Gerüstkonstruktionen
immer aufwendiger.

Bild 2.3
Aufrichtung der „Guglia" im Jahr 1586 [276]

19. Jahrhundert

Die industrielle Revolution im Europa des 19. Jh. brachte enormen technischen Fortschritt, der sich auf fast jedem Sektor der Industrie bemerkbar machte; allerdings am zögerlichsten im altbewährten Holzgerüstbau, wo Baugerüste mit Seilen und Stricken untereinander verbundene Holzstangen blieben. Erst in der Mitte des 19. Jh. gelang in Europa die Durchführung von fachwerkartigen Baukonstruktionen aus Holz und Eisen, was die Entwicklung des Leitergerüstes erlaubte.

Um 1880 wurden erstmalig Leitergerüste hergestellt [91]. Der Erfinder *Hermann Heiland* aus Thüringen schuf zusammen mit dem Leitermacher *Martin Hermsdorf* im Jahr 1885 die ersten Gerüstleitern. Nach einigen Jahren ging Heiland nach Berlin, wo er die Firma Kaufmann & Heiland gründete, die sodann im Verkauf und Verleih von Holzleitergerüsten auch in angrenzenden Regionen erfolgreich agierte. Ende der 90er Jahre des 19. Jh. schied *Heiland* aus der Firma aus und wanderte nach Wien aus, wo er erneut unter seinem Namen die erste österreichische Leitergerüstfirma gründete. Die Berliner Firma, in der sein Teilhaber *Kaufmann* bereits von *Leo Altmann* abgelöst worden war, ging in die Firma Gerüstbau Leo Altmann über.

In den 90er Jahren des 19. Jh. entwickelte sich die Thüringer Leiternindustrie stetig, und durch die Thüringer Händler kamen Gerüstleitern nach Nord- und Westdeutschland.

Bild 2.4
Der Kölner Dom im Jahr 1880
[284]

Die Verbreitung der Holzleitergerüste im bayerischen Raum ist *Friedrich Knape* zu verdanken, der in den Jahren 1889 bis 1891 in der Firma Kaufmann & Heiland tätig war,
anschließend nach München übersiedelte und dort am 31. März 1891 unter seinem Namen
das erste bayerische Gerüstbauunternehmen gründete.

20. Jahrhundert

Um die Jahrhundertwende war der Leitergerüstbau in Europa bereits allgemein verbreitet.
Durch große Projekte, wie z. B. am Deutschen Pavillon in der Pariser Weltausstellung
1900 und Einrüstungen bei der Düsseldorfer Ausstellung 1902 sowie bei mehreren größeren Ausstellungen in München, bewies der Leitergerüstbau seine universale Verwendungs-
möglichkeit, die im Laufe der Jahre immer weiter vervollkommnet wurde.

USA

Anders als in Deutschland wurden in den USA in der gleichen Zeit Stahlrohre und Vor-
gänger der heutigen Kupplungen entwickelt und verstärkt als zerlegbare Konstruktionselemente eingesetzt, was den Anfang der Entwicklung des Stahlrohrgerüstbaues markiert.
Mit Ende des Ersten Weltkrieges führte die Umstellung der innovativen Rüstungsindustrie
auf Friedensproduktion zu einer Flut von Neuerungen in fast allen Lebensbereichen.

Die Bauindustrie gedieh, und dies bewirkte das Wachstum auf dem Gerüstsektor. Es wurden extrem hohe Gerüste für Materialaufzüge an den immer höher werdenden Bürogebäuden der wachsenden amerikanischen Metropolen benötigt. Die aus Holz gefertigten Aufzugsgerüste waren relativ schwer, und deren Errichtung machte den Einsatz der in den USA teuren Fachkräfte unerläßlich. Zudem erhöhten die Niet- und Schweißarbeiten an den als Stahlskelettbauten ausgeführten Wolkenkratzern die Feuergefahr, was den Gebrauch von Holzgerüsten unratsam erscheinen ließ.

Die Amerikaner entwickelten daher zuerst zerlegbare Aufzugsgerüste aus genormten Stahlrohren, die mit Schrauben verbunden wurden [47]. Die ersten Aufzugsgerüste wurden 1921 in zerlegbarer Stahlrohrausführung gebaut. Diese Konstruktion sah 3″- und 2″-Ständerrohre (Ø 76,2 mm und Ø 50,8 mm) vor, die an einem Ende mit gelochten Muffen versehen waren und an denen Horizontal- und Diagonalenrohre mit durchgehenden Schrauben befestigt werden konnten. Diese Art von Stahlgerüsten war feuersicher und konnte zudem von wenig qualifizierten Kräften errichtet werden.

In dieser Ausführung wurden Gerüste von teilweise mehr als 200 m Bauhöhe aufgestellt, wie die im September 1929 von der Dravo Equipment Company in New York gebauten 228 m hohen Stahlrohr-Aufzugsgerüste.

Die Weiterentwicklung kennzeichnet die Verwendung der noch heute üblichen 1½″-Rohre, die mit Blechkupplungen verbunden waren. Diese Entwicklung der Firma Torkret setzte sich weiträumig in den USA durch und bedeutete eine grundlegende Veränderung des Gerüstbaumarktes. Die 1½″-Rohre (Ø 38,1 mm) des Torkret-Gerüstes konnten im Unterschied zu den schwereren und unhandlicheren 3″- und 2″-Rohren der Aufzugsgerüste mit einer Hand gehalten werden. Dies ermöglichte eine leichtere und schnellere Montage. Darüber hinaus stellte das 1½″-Rohr eine handelsübliche Abmessung dar und war auch in kleinerer Anzahl zu beschaffen.

Europa

Das in den USA entwickelte Stahlrohr-Kupplungsgerüst fand Anfang der 30er Jahre des 20. Jh. auch in Europa Verbreitung, insbesondere in Ländern mit einer eigenen Stahlproduktion. Die Rohrhersteller dieser Länder waren aus wirtschaftlichen Gründen daran interessiert, der neuen Technik zum Durchbruch zu verhelfen, und sie unterstützten entsprechende Entwicklungen [76]. Letztlich führte deren Engagement zur Entstehung eigener Rohrgerüstfirmen.

Großbritannien

Großbritannien war das erste europäische Land, in dem die Torkret-Gerüstkupplung rasche Verbreitung fand., Dort drängten sowohl baugleiche als auch verbesserte Kupplungsausführungen in großer Zahl unter verschiedenen Namen – Palmer-Jones, Big-Ben, Mills, Ossa oder Burton – auf den Markt.

Der Ausbruch des Zweiten Weltkrieges hat letztlich die Ausbreitung des Stahlrohrgerüstes gefördert, da hier Gerüstfirmen über den angeblich patriotisch motivierten und bald auch umgesetzten Vorschlag des Importstops für Gerüsthölzer die Konkurrenz der Holzgerüste am Markt minimieren konnten und dem Stahlrohrgerüst dadurch den weiten Bereich der Arbeitsgerüste sicherten. Darüber hinaus nahm die Bedeutung dieses Sektors zu, als die Furcht vor einer deutschen Invasion zur Absicherung der englischen Ostküste mit großformatigen „Igelhindernissen" aus Stahlgerüstmaterial führte.

Italien

Die erste Schalenkupplung, die sich bald auf dem europäischen Markt gut etablierte, wurde von der italienischen Firma Innocenti entwickelt, die im Jahr 1928 das Patent dafür erhielt.

Zwei Gegebenheiten hatten die Entwicklung des Stahlrohrgerüstes durch eine italienische Firma begünstigt: die Holzarmut Italiens und die Existenz des beachtlichen Rohrherstellers Dalmine, einstmals Mannesmann, mit dem Innocenti eng kooperierte. Die durch ihre einfache Handhabung, hohe Tragfähigkeit und Sicherheit fortschrittlich wirkende Kupplung fand in den folgenden Jahren eine rasche Verbreitung und sicherte der Firma Innocenti und dem Stahlrohrgerüstbau eine marktbeherrschende Position. In den folgenden Jahren erwarben Firmen aus Frankreich, Deutschland, der Schweiz und der Tschechoslowakei Lizenzen dieser Kupplung.

Frankreich

Die Einführung des Stahlrohrgerüstbaues in Frankreich verlief ruhiger als in England und Italien. Nach mehreren mißglückten eigenen Entwicklungen erlangten nur die Innocenti-Kupplungen im Gerüstbau Bedeutung [14]. Die Rohrhersteller unterstützten lediglich die beiden wichtigeren Firmen Entrepos und Mills, die in nennenswertem Ausmaß den Markteinsatz durchzusetzen suchten. Es folgten zwar weitere Firmengründungen, die jedoch gegen die Konkurrenz der zwei Großfirmen nicht ankamen. Gewichtige Bau-Objekte stellten vor allem die hohen Gerüste an der Kirche Notre-Dame, die großen Tribünen für die Jubiläumsfeiern 1936 in Paris mit 35.000 Plätzen und für die Pariser Festspiele 1937 mit 10.000 Plätzen dar. Im Gegensatz zu England stagnierte die Entwicklung im Gerüstbau wegen der Folgen der französischen Kriegserklärung an Deutschland.

Deutschland

Ähnlich wie in Großbritannien und Italien wurden in den Jahren 1930 bis 1934 auch in Deutschland verschiedene Kupplungssysteme verwendet, die sich mit unterschiedlichem Erfolg durchsetzten [47]. Die Entwicklung verlief noch zögerlicher als in Frankreich und Italien. Deutschland war nach dem unvorteilhaften Ausgang des Ersten Weltkrieges die wirtschaftliche Basis entzogen worden, vor allem durch die zu leistenden Reparationen an die Siegermächte und den Verlust wichtiger Industriegebiete. Es herrschte eine erschreckende Inflation, die jede technische Entwicklung im Keime erstickte. Die ersten Stahlrohrgerüste kamen erst Ende der 1920er Jahre auf den Markt; so wurde ein Torkret-Stahlrohrgerüst bei einem Industriebauobjekt in Nürnberg eingesetzt. Im Jahr 1930 veröffentlichten die Zeitschriften „Stein-Holz-Eisen" und „Baugilde" erstmals Informationen über Stahlrohrgerüste. Angeregt durch diese Veröffentlichungen nahm sich ab 1931 die „Studiengesellschaft für den Stahlrohrbau GmbH", eine Gründung der deutschen Rohrhersteller, der Thematik der Stahlrohrgerüste an. Zunächst führte die Studiengesellschaft grundlegende Gleit- und Rutschversuche an mehreren Kupplungssystemen durch und untersuchte detailliert das Phänomen Kupplung. Erst Ende des Jahres 1933, nachdem diese Fragen ausführlich behandelt worden waren, rückte die Gerüstkonstruktion als solche in den Mittelpunkt der Betrachtungen. Man begann mit Innocenti-Kupplungen und handelsüblichen 1½″-Stahlrohren. Neben Innocenti-Kupplungen wurden hauptsächlich Ossa-Kupplungen eingesetzt. Innengerüste für Kirchen, Turmeinrüstungen, Tribünen und Arbeitsgerüste für Industriebauten waren die anfänglichen Einsatzgebiete. Als ersten Gerüstbauer konnte die Studiengesellschaft des Röhren-Verbandes den Norddeutschen Stahlrohrgerüstbau Hamburg gewinnen. Die zügigen Fortschritte beim Einsatz der neuen Systeme waren maßgeblich der sachkundigen Unterstützung seitens des erfahrenen Lizenzgebers zu verdanken.

Ein Zusammenschluß einzelner Firmen zu einer Interessenvertretung wurde zwischen den beiden Weltkriegen hauptsächlich auf regionaler Basis versucht. Die ab 1933 erlassenen Bestimmungen führten dann zu einer festen Bindung des Gewerbes in der Fachsparte Gerüstbau innerhalb der Reichsfachgruppe Handwerk. Durch den Kriegsausgang wurde diese Organisation zerschlagen.

Zu den Olympischen Spielen in Berlin im Jahr 1936 erlebten die Stahlrohrgerüstkonstruktionen ihren Höhepunkt: Auf dem Reichssportfeld errichtete Tribünen für 11.900 Personen, der eingerüstete 76 m hohe Glockenturm sowie Behelfsbrücken und Kommandotürme waren imposante Gerüstbauten und demonstrierten die Anwendungsmöglichkeiten dieser Gerüstbauweise.

Damit schien der Erfolg des Stahlrohrgerüstbaues in Deutschland besiegelt. Das „Zentralblatt der Bauverwaltung" veröffentlichte im März 1937 einen umfassenden Aufsatz über die theoretischen Grundlagen und Anwendungsbeispiele des Stahlrohrgerüstbaues mit Rohren und Kupplungen. Diesem vielversprechenden Anfang setzten jedoch die Bedürfnisse der Rüstungsindustrie ein jähes Ende. Noch die im Jahr 1937 erlassene Notverordnungen verboten jeden Einsatz von Stahlrohren im Gerüstbau, da Stahl ab diesem Zeitpunkt und im folgenden Zweiten Weltkrieg ein vornehmlich rüstungs- und kriegsrelevanter Rohstoff war. Mit dem Ausbruch des Zweiten Weltkrieges war die in die Wege geleitete Entwicklung des Rohrgerüstbaues in Deutschland für längere Zeit unterbrochen.

Nach dem Ende des Zweiten Weltkrieges mußten bei der Neubelebung des Stahlrohrgerüstbaues viele Hürden überwunden werden. Als zwingend erwies sich ein Zusammenstehen der Gerüstbaufirmen zur Wahrung der gemeinsamen Interessen, und so gab es schon im Jahr 1946 Versuche verbliebener Gerüstbaufirmen, sich zu Interessengemeinschaften zusammenzuschließen, was zwar seitens der Militärbesatzung auf Widerstände stieß, jedoch nicht verhinderte, daß sich Fachgruppen bildeten, die bald als unterschiedlich starke Landesgruppen und Landesfachverbände tätig werden konnten [70]. Im Januar 1948 wurde dann auch offiziell in Frankfurt als Dachorganisation dieser Verbände der Fachverband Gerüstbau für das vereinte Wirtschaftsgebiet gegründet. In den beiden nächsten Jahren wurden die französische Zone sowie die Berliner Kollegen, die in der Berliner Gerüstbau-Innung zusammengeschlossen waren, aufgenommen [59]. Ab Juli 1949 wirkte der Verband unter der veränderten Bezeichnung „Fachverband Gerüstbau für das Bundesgebiet" und stand den Firmen – wie er es bis heute trotz interner Umstrukturierung tut – bei der ganzen Bandbreite der Aufgabe als Interessenvertreter zur Seite. In den ersten Nachkriegsjahren brauchten die Gerüstbaufirmen vor allem Hilfe bei der Lösung der kleinen Alltagsprobleme; später ging es hauptsächlich um die Schaffung neuer Rahmenbedingungen auf Bundesebene, wie z. B. dem erst in den 1990er Jahren erreichten Ziel, eine Verordnung über die Ausbildung des Gerüstbauers in Kraft treten zu lassen. In den 1960er Jahren hat sich die eigenständige Organisation „Bundesfachvereinigung Stahlgerüstbau" dem „Fachverband Gerüstbau für das Bundesgebiet" angeschlossen.

Bis zur Währungsreform 1948 war Materialbeschaffung kaum möglich. Nur Firmen, die Bestände der ehemaligen Studiengesellschaft übernommen hatten, oder Firmen, die französisches, im Krieg nach Deutschland verbrachtes Stahlrohrgerüstmaterial besaßen, verfügten über eine Materialgrundlage für einen eventuellen Neubeginn. Technische und konstruktive Kenntnisse fehlten – von wenigen Ausnahmen abgesehen. Rohrhersteller und ihnen angeschlossene Firmen zeigten jedoch bald großes Interesse an der Aufnahme des Stahlrohrgerüstgeschäftes. Zwar hatte, bedingt durch die Geldknappheit nach der Währungsreform, kurzfristig die Nachfrage nach Stahlrohrgerüsten nachgelassen, da Investoren das billigere Holzleitergerüst vorzogen, während zur selben Zeit das dem Stahlrohrgerüst verbliebene kleine Segment der Sondergerüste und Tribünen durch den Preiskampf der wenigen Rohrgerüstfirmen gleichermaßen bedroht war. Mit dem Wirtschaftsaufschwung aber war der Siegeszug des besseren Gerüstes gesichert. Die prosperierende Bauwirtschaft ermöglichte dem Rohrgerüstbau, neben dem bestehenden Holz- bzw. Leitergerüstbau, über ein stetiges Wachstum eine rasante Aufwärtsentwicklung und verhalf ihm zu einem grundlegenden Durchbruch auf dem Sektor der Sonder-, Lehr- und Traggerüste [111]. Die Anwendungsbereiche der Rohrgerüste erweiterten sich ständig, und gerade im Lehrgerüstbau zeichnete sich eine interessante Perspektive ab. Schon 1948 wurde in Grünwald bei München das erste Stahlrohr-Lehrgerüst fertiggestellt, dessen Brückenbogen von 70 m Spannweite und knapp 13 m Stichhöhe von fächerförmigen Stielbündeln, die das Brückengewicht von 1.400 t über sieben Flußpfeiler in den Untergrund ableiteten, gestützt wurde.

Bild 2.5
Hünnebeck-Schnellbaugerüst –
eine Entwicklung aus den 50er
Jahren des 20. Jh. [279]

Bild 2.6 Mast-Konsol-Gerüst GEKKO   **Bild 2.7** Nachbildung des Stadtschlosses
aus dem Jahr 2000 [279]   in Berlin [279]

Das Jahr 1952 brachte einen entscheidenden Anstoß für die einsetzende Evolution auf dem Sektor des Stahlrohrgerüstbaues: Ein Berliner Unternehmen (BERA) brachte den ersten industriell vorgefertigten Horizontalrahmen auf den Markt – das Prinzip der Systemgerüste war geboren – und löste eine neue Entwicklung im Gerüstbau aus. Während im benachbarten Ausland immer noch zum Teil Stahlrohr- und Kupplungsgerüste benutzt wurden, wurde in Deutschland durch die Entwicklung und vor allem Spezialisierung des Stahlgerüstsektors bis in die Randgebiete eine Spitzenstellung, auch gegenüber den USA, erreicht.

Im Jahr 1958 wurde das erste im heutigen Sinne vollwertige Systemgerüst mit einem vorgefertigten Vertikalrahmen aus Dreieckprofilen von einem westdeutschen Unternehmen (Hünnebeck) auf den Markt gebracht. In den 60er Jahren wurden weitere tragfähigere Gerüstsysteme mit Vertikalrahmen aus Rundrohren Ø 48,3 mm × 3,2 mm entwickelt. Ende der 1970er Jahre brachte ein schwäbisches Unternehmen (Layher) das erste Modulgerüstsystem auf den Markt: die Vertikalrahmen wurden in Vertikalstiele und Riegel aufgelöst. Die Vertikalstiele erhielten Befestigungselemente, die in Modulabständen angebracht wurden. An diesen Befestigungselementen wurden Riegel montiert, die entweder aussteifende Aufgaben erfüllten oder als Tragglieder für die Beläge dienten. Bis zum Ende der 90er Jahre besaß jeder namhafte Gerüsthersteller eine Produktpalette aus Systemen mit geschlossenen Vertikalrahmen und Modulgerüsten. Im Jahr 1998 entwickelte ein süddeutsches Unternehmen (Peri) ein Systemgerüst mit einem aufgelösten Vertikalrahmen, das die Montage eines sogenannten „Vorlaufenden Seitenschutzes" ermöglichte. Ein neuer Stand der Technik bezüglich der sicherheitstechnischen Anforderungen an die Montage der Systemgerüste wurde kreiert.

Bild 2.8
Wiederaufbau der Frauenkirche
in Dresden [279]

Im Jahr 2000 brachte ein westdeutsches Unternehmen (Hünnebeck) ein sogenanntes Mast-Konsol-Gerüst auf den Markt, das in keine aus der Normung bekannte Kategorie paßte. Dieses Gerüstsystem kommt ohne den Innenstiel des Vertikalrahmens aus und bietet ebenfalls den „Vorlaufenden Seitenschutz" an. Das unter dem Namen GEKKO eingeführte System erhielt wegen seiner herausragenden Qualitäten im Jahr 2003 den Bundes-Innovationspreis des Bundesministers für Wirtschaft, einen Preis, der auf der Internationalen Handwerksmesse in München überreicht wurde. In optimaler Weise entspricht dieses Gerüst den Bedürfnissen des Handwerks, da durch den Wegfall des Innenstiels eine lästige Behinderung bei der Arbeit ausgeschlossen werden konnte. GEKKO ist vorerst der Höhepunkt einer Entwicklung, an deren Anfang wahrscheinlich die alten Baumeister stehen. Bedürfnisse der Zukunft werden sicherlich weitere Lösungen erforderlich machen, die innovative Ingenieure der Welt bieten werden.

3 Unfallgeschehen

3.1 Einleitung

Die Zahl der Arbeitsunfälle ist in der gewerblichen Wirtschaft in den vergangenen Jahrzehnten ständig zurückgegangen. Trotzdem ist die Bauwirtschaft und insbesondere der Gerüstbau mit den Unfallzahlen der Spitzenreiter unter den Gewerbezweigen. Während in der gesamten gewerblichen Wirtschaft im Jahr 1996 die durchschnittliche Anzahl der Arbeitsunfälle bei etwa 40 Unfällen je 1.000 Beschäftigte lag, ereignen sich in der Bauwirtschaft annähernd dreimal so viele Unfälle je 1.000 Beschäftigte. Neuesten Erhebungen zufolge wurden im Jahr 2000 unter den Gerüstbauern 255 Arbeitsunfälle je 1.000 Vollarbeiter gemeldet [17].

Tabelle 3.1 Gemeldete Arbeitsunfälle bei betrieblicher Tätigkeit (ohne Wegeunfälle) je 1.000 Vollarbeiter in den Jahren 1997 bis 2000 [23]

Gewerk	2000	1999	1998	1997
Zimmerarbeiten	317	324	331	283
Gerüstbau	255	269	324	269
Dacharbeiten	200	220	237	214
Hochbau	159	172	103	179
Malerarbeiten	90	110	97	107

3.2 Statistische Auswertung

In der Bauwirtschaft stehen Abstürze unter den schweren und tödlichen Arbeitsunfällen an besonders exponierter Stelle und zählen zudem zu den häufigsten Unfällen. Im Jahr 1994 waren 28 % der tödlichen Arbeitsunfälle in Betrieben der gewerblichen Wirtschaft auf einen Absturz zurückzuführen [60]. Insgesamt wurden im Jahr 1994 ca. 61.000 meldepflichtige Absturzunfälle angezeigt, allein 11.000 (18 %) davon ereigneten sich vom Gerüst. 75 Absturzunfälle verliefen tödlich. Im Jahr 2001 ereigneten sich immer noch 26 tödliche Absturzunfälle.

Tabelle 3.2 Tödliche Arbeitsunfälle (ohne Wegeunfälle) in den Jahren 1992 bis 2001 [1, 33]

	2001	2000	1999	1998	1997	1996	1995	1994	1993	1992
Gesamte gewerbliche Wirtschaft	930	950	977	948	1004	1120	1196	1250	1414	1310
Bauwirtschaft	210	220	229	256	264	300	337	370	360	332
Arbeitsplatz Gerüst	26	39	36	41	46	53	50	75	64	63

Der Vergleich der Unfallstatistiken der Bau-Berufsgenossenschaften zeigt, daß die Zahl der Absturzunfälle im Verhältnis zu der Gesamtzahl der Arbeitsunfälle überproportional gesunken ist, die Behandlungskosten jedoch auf einem hohen Niveau geblieben sind. So wurden im Jahr 1990 133 Arbeitsunfälle je 1.000 Vollarbeiter [75] und im Jahr 1996 113 Arbeitsunfälle je 1.000 Vollarbeiter registriert [67]. Dies entspricht einem Rückgang der Unfallzahlen um ca. 15 %. Bei den Absturzunfällen ist sogar ein Rückgang von ca. 30 % zu beobachten. Die Unfallkosten eines Arbeitsunfalls sind zwischen 1990 und 1996 hingegen um ca. 36 % je Unfall gestiegen. Die Unfallkosten der Absturzunfälle zwischen 1990 und 1996 sind im gleichen Maße um ca. 35 % gestiegen, obwohl die Zahl der Absturzunfälle stärker als die der Arbeitsunfälle zurückgegangen ist.

Tabelle 3.3 Absturzunfälle vom Standgerüst in den unterschiedlichen Gewerbezweigen (ohne Auf- und Abbau) [17]

Gewerk	Summe	Absturzhöhe					
		0,00 bis 1,00 m	> 1,00 bis 2,00 m	> 2,00 bis 3,00 m	> 3,00 bis 5,00 m	> 5,00 bis 7,00 m	> 7,00 m
Abbruch	5		4	1			
Bautenschutz	52	2	29	13	6		2
Bewehrungen	10		6		3	12	1
Dacharbeiten	274	23	123	76	34		6
Fertigteilbau Beton	1			1		1	
Fertigteile außer Beton	9		4	3	1		
Gerüstbau	7		5	1	1		
Glaserarbeiten	11	1	3	4	3		
Herstellung Fertigbauteile	1		1				
Hochbau	519	19	273	137	73	13	4
Industrieofenbau	1		1				
Installation	69	8	36	13	10	1	1
Malerarbeiten	366	17	225	79	35	7	3
Montagearbeiten Beton	45	1	30	6	6		2
Natursteinbearbeitung	4		4				
Pflasterarbeiten	3		1	2			
Reinigungen	12		6	3	2	1	
Schalungsbau	3		1	1	1		
Schornsteinbau	4		3		1		
Verputz und Gips	124	6	74	32	10	2	
Wand- und Bodenbelag	16		8	7			1
Zimmerarbeiten	87	2	35	25	17	7	1
Summe	**1.623**	**79**	**868**	**408**	**203**	**44**	**21**
		Summe 947			Summe 676		
		Summe 1.623					

Die Auswertung der Unfallzahlen aus dem Erfassungsjahr 1996 hat einen eindeutigen Schwerpunkt bei den Absturzunfällen aufgezeigt. Diese Unfälle verteilen sich allerdings unterschiedlich auf verschiedene Bereiche des Baugewerbes. Neben dem Einsatz von Leitern (40 %) bildet der Gerüsteinsatz mit 28 % den zweitgefährlichsten Zweig.

Im Jahr 1996 haben sich ca. 4.800 Absturzunfälle von Arbeits- und Schutzgerüsten ereignet. Davon erfolgten 1.623 Absturzunfälle in Verbindung mit einem Standgerüst. Fast die Hälfte aller meldepflichtigen Gerüstunfälle ereignete sich von Systemgerüsten, offenbar aufgrund der großen Verbreitung dieser Gerüstart. Die statistische Auswertung der Absturzunfälle vom Standgerüst in den unterschiedlichen Gewerbezweigen (ohne Arbeitsunfälle beim Auf- und Abbau von Standgerüsten) macht deutlich, daß sich 58 % von 1.623 Unfällen bei einer Absturzhöhe bis 2,00 m ereignet haben, obwohl bei Standgerüsten die erste Gerüstlage grundsätzlich erst über 2,00 m eingebaut wird (s. Tabelle 3.3).

Beim Auf- und Abbau von Standgerüsten haben sich im Erfassungszeitraum 1996 541 Absturzunfälle ereignet (s. Tabelle 3.4). Das Gewerk „Gerüstbau" ist mit 195 Unfällen daran beteiligt und bildet einen besonderen Schwerpunkt. Dies erstaunt insofern, da es sich hierbei um eine im Umgang mit Gerüsten besonders geschulte Personengruppe handeln müßte.

Bis auf einzelne Bereiche, in denen ein Fassadengerüst z. B. durch eine Hubarbeitsbühne ersetzt werden könnte, findet das Fassadengerüst im gesamten Baubereich Anwendung.

Tabelle 3.4 Absturzunfälle beim Auf- und Abbauen von Standgerüsten im Erfassungszeitraum 1996 [17]

Gewerk	Summe	Absturzhöhe					
		0,00 bis 1,00 m	> 1,00 bis 2,00 m	> 2,00 bis 3,00 m	> 3,00 bis 5,00 m	> 5,00 bis 7,00 m	> 7,00 m
Abbruch	1				1		
Bautenschutz	6		2	3	1		
Bewehrungen	1		1				
Dacharbeiten	74		28	27	13	6	
Fertigteile außer Beton	2		1		1		
Gerüstbau	195	9	61	52	46	14	13
Hochbau	157	1	67	61	19	7	1
Installation	2			1	1		
Malerarbeiten	52	1	26	13	7	4	1
Montagearbeiten Beton	8	1	3	1	1	2	
Pflasterarbeiten	1				1		
Verputz und Gips	22	1	7	11	2	1	
Wand- und Bodenbelag	3		1	1	1		
Zimmerarbeiten	17		7	7	2	1	
Summe	**541**	**13**	**204**	**177**	**96**	**35**	**16**
		Summe 217		Summe 324			
		Summe 541					

Während der Montagephase eines Standgerüstes entsprechend den berufsgenossenschaftlichen Regeln und den Anweisungen der Aufbau- und Verwendungsanleitung ist sichergestellt, daß, wenn alle für die Arbeits- und Betriebssicherheit notwendigen Gerüstbauteile eingebaut werden, für den Gerüstbauer die größtmögliche Sicherheit besteht. Trotzdem ereignen sich zahlreiche Absturzunfälle, wie die vorangegangenen Ausführungen belegen. Es ist daher zu vermuten, daß die überwiegende Anzahl der Absturzunfälle auf einen nicht regelgerechten Aufbau oder Umbau der Gerüstkonstruktionen, auf mangelndes Fachwissen, unzureichende Unterweisung oder unzureichende Ausbildung zurückzuführen ist (s. Tabelle 3.5).

Tabelle 3.5 Erworbene Kenntnisse von Aufsichtführenden [50]

Kenntnisse durch	Gerüstbau	andere Gewerke
Ausbildung	25 %	22 %
Unterweisung	44 %	38 %
Praxis	31 %	40 %

Die statistische Auswertung der Absturzunfälle beim Auf- und Abbau von Standgerüsten ergab, daß sich durchschnittlich 40 % der Unfälle von einer Absturzhöhe bis zu 2,00 m ereigneten. Auch bei den Gerüstbauern liegt die Unfallquote mit 36 % sehr hoch. Die Unfälle mit Absturzhöhen größer als 7,00 m spielen eher eine untergeordnete Rolle, obwohl die hieraus resultierenden Verletzungen meistens erheblich sind (s. Tabelle 3.4).

Die sinkende Zahl der tödlichen Absturzunfälle (s. Tabelle 3.6), aber auch anderer Arbeitsunfälle, bei denen Gerüstbauteile unfallauslösend gewirkt haben, gibt Anlaß zur Hoffnung. Die durch Gerüstteile ausgelösten Arbeitsunfälle sanken von 1992 bis 2000 um 30 % (1992: 32.088; 2000: 22.333).

Tabelle 3.6 Arbeits- und Wegeunfälle in den Jahren 1992 bis 2000;
insgesamt und mit Gerüstteilen als unfallauslösendem Gegenstand [83]

	2000	1999	1998	1997	1996	1995	1994	1993	1992	
Meldepflichtige Unfälle	1.321.609	1.372.941	1.382.918	1.401.264	1.462.975	1.621.306	1.680.747	1.715.500	1.826.887	insgesamt
Neue Unfallrenten	29.607	31.703	33.226	36.494	44.107	43.953	44.154	45.342	41.900	
Tödliche Unfälle	1.547	1.724	1.643	1.739	1.868	2.004	2.079	2.227	2.091	
Meldepflichtige Unfälle	22.333	25.944	28.415	30.274	30.499	35.461	38.855	35.346	33.088	Gerüstteile
Anteil an „insgesamt"	1,7 %	1,9 %	2,1 %	2,2 %	2,1 %	2,2 %	2,3 %	2,1 %	1,8 %	
Neue Unfallrenten	1.199	1.304	1.409	1.572	1.777	1.714	1.674	1.637	1.331	
Anteil an „insgesamt"	4,0 %	4,1 %	4,2 %	4,3 %	4,0 %	3,9 %	3,8 %	3,6 %	3,2 %	
Tödliche Unfälle	38	41	43	56	60	60	86	61	68	
Anteil an „insgesamt"	2,5 %	2,4 %	2,6 %	3,2 %	3,2 %	3,0 %	4,1 %	2,7 %	3,3 %	

3.3   Unfallschwerpunkte

Unfallauslösender Gegenstand sowie Tätigkeit und Bewegung des Verletzten sind unfallstatistische Merkmale bei der Betrachtung von Gerüstunfällen und Unfallschwerpunkten. Gerüstbauteile nehmen mit ca. 73 % den Hauptteil der am Unfall ursächlichen Gegenstände ein. Allein die Beläge sind daran mit ca. 56 % beteiligt [60].

Weitere Unfallschwerpunkte beim Umgang mit Gerüsten ergeben sich beim Zusammensetzen, Montieren und Zerlegen (18 %), beim Gehen, Auf- und Absteigen (40 %), bei manueller Transporttätigkeit (7 %) und beim Handhaben von Werkzeugen (35 %).

Die zu Verletzungen bei Gerüstunfällen führenden Bewegungen des Beschäftigten sind:

- Absturz vom Gerüst,
- Hinfallen durch Ausgleiten, Stolpern oder Umknicken,
- Hinfallen durch Gleichgewichts- oder Bewußtseinsverlust,
- physikalische Einwirkung durch Getroffenwerden,
- physikalische Einwirkung durch Hängenbleiben oder Stoßen.

Bei 15 % der Unfälle verletzte sich der Beschäftigte durch Anstoßen oder Hängenbleiben selbst. In 21 % entstanden Verletzungen durch fallende oder abrutschende Gerüstbauteile. 25 % aller Unfälle sind auf Ausgleiten, Stolpern oder Umknicken zurückzuführen. Der Unfallhergang Absturz vom Gerüst nimmt mit 38 % die Spitzenposition bei Gerüstunfällen ein.

Hiervon ist besonders stark der Berufszweig der Gerüstbauer betroffen. Eine im Jahr 1990 durchgeführte Untersuchung hat gezeigt, daß die Absturzhäufigkeit im Gerüstbau bei 28 Absturzunfällen je 1.000 Versicherten liegt; hingegen weist der Gewerbezweig Hochbau „nur" 12 Absturzunfälle je 1.000 Versicherten auf. Ein Maß für die Unfallschwere stellen die Kosten je Absturzunfall dar [153]. Auch hier zeigt sich, daß im Gewerbezweig Gerüstbau besonders schwere Unfälle zu verzeichnen sind. Die Unfallkosten belaufen sich derselben Untersuchung zufolge für den Gerüstbau auf 3.084,00 € (6.032,00 DM), wobei sie im Gewerbezweig Hochbau lediglich 2.252,00 € (4.405,00 DM) betragen. Die durchschnittlichen Kosten für die Unfallentschädigung betrugen im Jahr 1996 für die Absturzunfälle bereits 4.300,00 € (8.410,00 DM). Die durchschnittlichen Kosten für die Unfallentschädigung für Abstürze beim Auf- und Abbau von Standgerüsten betrugen im Jahr 1996 sogar 5.250,00 € (10.268,00 DM).

Der Gerüstunfall wird in der Regel durch einen erhöhten und deshalb absturzgefährdeten Standort des Verletzten charakterisiert. Aus diesem Grunde werden im folgenden die Gerüstunfälle nach dem Kriterium der Absturzmöglichkeit unterschieden und die typischen Unfallschwerpunkte getrennt nach diesen Kriterien dargestellt.

3.3.1   Nicht absturzgefährdeter Arbeitsplatz

Bei diesem Unfalltyp befindet sich der Verletzte am Boden unter oder in der Nähe des Gerüstes und deshalb in einer nicht absturzgefährdeten Position. Hier treten folgende typische Unfallhergänge auf:

- Getroffenwerden beim Handtransport von einem vom Gerüst oder LKW herabfallenden, kippenden oder rutschenden Gerüstbauteil,
- Ausrutschen oder Umknicken beim Auf- oder Absteigen vom Gerüst,
- Hängenbleiben oder Anstoßen an Gerüstbauteilen.

3.3.2   Absturzgefährdeter Arbeitsplatz

Bei diesem Unfalltyp befindet sich der Verletzte an einem höhergelegenen Arbeitsplatz am Gerüst, wodurch die Möglichkeit eines Absturzunfalls gegeben ist. Folgende Hergänge können zum Absturz führen [4, 27, 28]:

- ein Gerüstteil bricht, löst sich, rutscht oder reißt,
- Ausrutschen, Stolpern oder Umknicken,
- Getroffenwerden von Gerüstbauteilen,
- Hängenbleiben oder Anstoßen an Gerüstbauteilen,
- Gleichgewichtsverlust,
- Bewußtseinsverlust.

Unfallauslösender Gegenstand

Gerüstbauteile, die unfallauslösend waren, weil sie sich lösten, gebrochen, gekippt, abgerutscht oder gerissen sind, führten mehrheitlich zum Absturz über die Flanke, aber auch zwischen Gerüst und Wand. Unfälle dieser Art entstehen meist nicht bei der Ausübung der eigentlichen Tätigkeit, sondern beim Ortswechsel, z. B. beim Bewegen auf der Gerüstlage, beim regulären Auf- oder Absteigen sowie beim Klettern auf dem Gerüst. Die überwiegende Anzahl ist hier auf brechende Beläge zurückzuführen. In diese Kategorie von Unfällen sind ferner mangelhafter Gerüstaufbau einzuordnen sowie Arbeiten mit horizontaler Kraftwirkung, wie z. B. Bohrarbeiten zum Setzen der Verankerung. Hier muß berücksichtigt werden, daß zu diesem Zeitpunkt die Gerüststabilität noch nicht voll erreicht ist und daß noch keine ausreichenden Sicherheitsvorkehrungen getroffen wurden.

Mangelnde Trittsicherheit

Durch eine mangelnde Trittsicherheit rutscht der Beschäftigte aus, stolpert oder knickt um, meistens auf Gerüstbauteilen oder Leitern. Besonders häufig werden in diesem Zusammenhang Beläge genannt, aber auch Diagonalen, Seitenschutzriegel und Vertikalrahmen, was auf Ausrutschen beim Klettern am Gerüst hindeutet. Auch Umknicken führt zu Verletzungen, zumal wenn der Betroffene Höhenunterschiede innerhalb des Gerüstes mittels Sprüngen überwindet, was übrigens einen Verstoß gegen § 6, Absatz 6, BGV C 22 bedeutet [157].

Bild 3.1
Unzulässiges Klettern am
Gerüst [283]

Getroffenwerden

Fallende oder aus der Hand rutschende Gerüstbauteile charakterisieren den Unfallschwerpunkt Getroffenwerden, wobei der Hochreichende getroffen und verletzt wird.
Unfälle dieser Art ereignen sich vorwiegend beim manuellen Vertikaltransport der Gerüstteile oder beim Zuwerfen kleinerer Bauteile, wie Kupplungen, Gerüsthalter oder kurzer
Schutzgeländer.

Hängenbleiben oder Anstoßen

In den Gerüstbereich hineinragende Gerüstbauteile verursachen Unfälle, die als Hängenbleiben oder Anstoßen beschrieben werden. Bei dieser Unfallart ist der horizontale Transport von Vertikalrahmen von Bedeutung. Während der Rahmen durch den bereits montierten Ständer getragen wird, kann sich der Gerüstbauer an dem Ständer selbst oder an den
in den Verkehrsbereich hineinreichenden Befestigungen des Seitenschutzes verletzen. Eine
besondere Gefährdung stellen die in den Verkehrsbereich hineinragenden Gerüsthalter
dar, wenn sie nicht in Knotennähe, sondern in Augenhöhe befestigt sind.

Gleichgewichtsverlust

Einen weiteren Unfallschwerpunkt stellt der Gleichgewichtsverlust bei Arbeiten mit un-
günstiger Körperhaltung und mit größeren Gegenständen dar, was z. B. bei Arbeiten über
Kopf, wie dem Auslegen von Belägen, aber auch beim Aufstecken der Vertikalrahmen
oder beim Vertikaltransport von Gerüstbauteilen vorkommen kann. Eine überstreckte
Körperhaltung beim Einbau von Belägen kann zum Absturz über den Seitenschutz führen.
Beim Aufstecken der Vertikalrahmen in der obersten Lage muß der Gerüstbauer am Rand
des Gerüstes ohne vorhandene Absturzsicherung hantieren. Der Vertikaltransport von
Gerüstbauteilen von Hand erfordert das Hinauslehnen über den Seitenschutz und das Hochstemmen des Bauteils zur nächsten Gerüstlage. Der Beschäftigte kann hier das Gleichgewicht verlieren, z. B. durch Übergewicht der von Hand bewegten Teile selbst, aber auch,
wenn er und das Bauteil vom Wind erfaßt werden.

Bild 3.2
Gefahr des Gleichgewichtsverlustes [283]

Bewußtseinsverlust

Durch Hitzeeinwirkung, besonders im Sommer bei mit Planen abgehängten Gerüsten, durch
Stäube beim Gerüstabbau oder durch Befindlichkeitsstörungen hervorgerufener Bewußtseinsverlust kann zu Absturzunfällen führen.

3.4   Unfallursachen

Unfallschwerpunkte weisen auf Gestaltungsdefizite hin. Es handelt sich dabei um Vorgänge, bei denen der in den Vorschriften und Regeln formulierte Stand der Technik nicht
umgesetzt wurde, obwohl dies prinzipiell möglich wäre und zu einem sicheren Arbeitsplatz führen würde. Die Unfallursachen können in folgende Gruppen eingeteilt werden
[21]:

- *Technik*:   Montagefehler, Materialschaden.

- *Arbeitsstätte*:   Verkehrswege, unsicherer Standplatz.

- *Organisation*:   ungenügende Unterweisung, Ausbildung und Aufsicht, Nicht-
                                    stellen geeigneter Arbeitsmittel, Arbeitszeit.

- *Verhalten*:   gefährliche Arbeitsweise, Entfernen des Seitenschutzes, Benut-
                                    zung unzulässiger Verkehrswege, Begeben in Gefahrenbereich.

- *Physische Ursachen*: Gleichgewichtsverlust, Schwindeligwerden, Bewußtseinsverlust.

- *Elektrischer Strom*:   elektrotechnischer Mangel.

In Anlehnung an die Arbeitsabläufe werden die möglichen Unfallursachen mit Hinweis
auf die betreffenden Vorschriften den Vorgängen beim Gerüstbau zugeordnet und wie

folgt zusammengestellt („*BG-Regeln für Sicherheit und Gesundheit bei der Arbeit im Gerüst-bau*" werden mit der Abkürzung BGR 166 bezeichnet [160]):

- *Unterbau und Fußbereich*: ungenügende Tragfähigkeit der Aufstandsfläche und mangelhafter Unterbau (DIN 4420 Teil 1, Abschnitt 8.2.3); fehlender Längsriegel in Fußpunkthöhe und nicht ausgesteifter Ausgleichsständer (Zulassung); eine zu große Spindelauszugslänge (DIN 4420 Teil 4, Abschnitt 9.3).

- *Leitergang*: kein innenliegender oder ein zu spät montierter Leitergang (BGR 166, Abschnitt 7.5.3.1).

- *Gerüstbauteile*: beschädigte oder verschmutzte Beläge, Befestigungselemente oder Vertikalrahmen (BGR 166, Abschnitt 9.4.1).

- *Ausbildung der Gerüstlagen*: bei Systemgerüsten ein nicht auf voller Breite ausgelegter, in Montagelagen nicht mindestens 0,50 m breiter Belag (BGR 166, Abschnitt 9.4.6); nicht dicht aneinander verlegter, nicht gegen Wippen und Abheben gesicherter Belag (BGR 166, Abschnitt 7.2.12); nicht um Gebäudeecken herumgeführte Gerüstlage (BGR 166, Abschnitt 6.1).

- *Seitenschutz*: fehlender (BGR 166, Abschnitt 7.3), nicht vollständiger (BGR 166, Abschnitt 7.3.1.2) oder nicht rechtzeitig montierter Seitenschutz (BGR 166, Abschnitt 9.4.3); nicht geschützte Entladestelle beim Gerüstaufzug (BGV D 7, § 23(1)).

- *Verankerung*: zu früh ausgebaut; nicht ausreichend, dies auch bei Gerüstaufzügen; Befestigung nicht in Knotennähe (DIN 4420 Teil 1, Abschnitt 5.3.3); Befestigung nicht fortlaufend mit dem Gerüstaufbau durchgeführt (BGR 166, Abschnitt 7.6.1.2).

- *Vertikaltransport*: eine nicht in jeder Gerüstlage postierte Person (BGR 166, Abschnitt 9.5.3); kein Gerüstaufzug (BGR 166, Abschnitt 9.5.2); Kleinteile nicht in geeigneten Behältern.

Bild 3.3
Mangelhafter Fußbereich [279]

- *Montagereihenfolge*: mangelhafte Standsicherheit im Bauzustand; falsche Abfolge (BGR 166, Abschnitt 9.4.3); fehlende Teile, z. B. Abhebesicherung (Zulassung).

- *Elektrische Anlagen und Betriebsmittel*: ungeeignete Speisepunkte und ortsveränderliche Leitungen (BGR 166, Abschnitt 9.3).

Bild 3.4 Mangelhafter Leitergang [279]

Bild 3.5 Mangelhafte vertikale Transportkette [283]

Bild 3.6
Überlastete Beläge [283]

3.5   Konsequenzen

Auf die Beseitigung der im Abschnitt 3.4 beschriebenen Unfallursachen haben mehrere Faktoren Einfluß. In erster Linie sind die Gerüstbauer selbst gefordert, durch geändertes Verhalten und Einhaltung der gängigen Gerüstbaumontageregeln die Gefahren zu minimieren. Auf den sicheren Ablauf des Gerüstaufbaues wird im Kapitel 6 genauer eingegangen. Die Verbesserung der organisatorischen und materiellen Voraussetzungen obliegt dem Gerüstbauunternehmer, was im Kapitel 5 behandelt wird. Letztlich können die Hersteller durch Weiterentwicklung der Technik, z. B. die verstärkte Nutzung von Aluminium zwecks Gewichtsreduzierung oder Einführung neuartiger Gerüstkonstruktionen, zur Beseitigung sicherheitstechnischer Mängel beitragen. Daher sind die Gerüsthersteller durch das Gerätesicherheitsgesetz aus dem Jahr 2001 sowie die Gerüstbauunternehmer durch die 1998 erlassene Baustellenverordnung und die soeben in Kraft getretene Betriebssicherheitsverordnung gemeinsam aufgerufen, mittels geeigneter Maßnahmen, zum Beispiel durch die Entwicklung und den Einsatz des „Vorlaufenden Seitenschutzes", die Sicherheit am Arbeitsplatz weiter zu erhöhen. Inwieweit bestimmte Forderungen dieser Verordnung durch die Unfallentwicklung gerechtfertigt sind, wird nach deren Umsetzung der künftige Verlauf des Unfallgeschehens, d. h. dessen Verhütung und Rückgang, zeigen.

Termindruck, verbunden mit erhöhtem Arbeitsaufkommen, verursacht oft Streß am Arbeitsplatz. Neuere Unfalluntersuchungen haben einen Zusammenhang zwischen Streß und Unfallhäufigkeit nachgewiesen. Streß kann aber nicht nur durch eine nicht zu bewältigende Menge an Arbeit entstehen; er kann auch Folge verfehlter Planung, mangelhafter Organisation und falscher Arbeitsvorbereitung sein. Zur Minimierung dieser Gefahren können ebenfalls die Ausführungen im Kapitel 5 beitragen [23].

4 Normung und Vorschriften

4.1 Einleitung

Aus dem deutschen Gesetzgebungssystem ergeben sich einige Besonderheiten, vor allem Überschneidungen im Kompetenzbereich. So üben auf das Gewerk „Gerüstbau" drei Aufsichtszweige Einfluß aus [154]:

- die Bauaufsichtsbehörde innerhalb des Öffentlichen Rechts aufgrund der Bauordnungen der Länder,
- die Gewerbeaufsicht aufgrund der Gewerbeordnung und der Betriebssicherheitsverordnung,
- die Bau-Berufsgenossenschaften innerhalb des Autonomen Rechts der Unfallversicherungsträger aufgrund der Sozialgesetzgebung (früher Reichsversicherungsordnung).

Wo der Hersteller von Gerüsten mit der Bauaufsichtsbehörde und mit den Berufsgenossenschaften zu tun hat, sind für den Gerüstbauer die Gewerbeaufsicht und die örtlich zuständige Bau-Berufsgenossenschaft die Ansprechpartner. Grundsätzlich beteiligen sich die Berufsgenossenschaften als gesetzliche Unfallversicherung an Lösungen von Problemen, welche die Arbeitssicherheit der auf dem Gerüst arbeitenden Personen betreffen. Die Bauaufsichtsbehörde ist im Interesse der öffentlichen Sicherheit und Ordnung auch um den Schutz am Baugeschehen nicht Beteiligter bemüht. Die Gewerbeaufsicht ergänzt mit ihren arbeitsplatzspezifischen Vorschriften die Überwachungsbereiche der Berufsgenossenschaften und der Bauaufsichtsbehörde. Es gibt keine scharfe Abgrenzung der Aufgabenbereiche. So definiert die Bauaufsichtsbehörde die technischen Anforderungen an die Gerüste, führt diesbezüglich aussagefähige technische Regeln (z. B. Normen) bauaufsichtlich ein oder erteilt die dafür notwendigen Zulassungen, kontrolliert aber nicht deren Befolgung auf der Baustelle. Die Einhaltung der Vorgaben der Zulassungen und der Unfallverhütungsvorschriften wird vom Technischen Aufsichtsdienst der zuständigen Berufsgenossenschaften und der Gewerbeaufsicht vor Ort überwacht [246].

Systemgerüste

Nach wie vor gelten Systemgerüste als Bauwerke besonderer Bauart. Gerüste werden gewöhnlich aus vielen Bauteilen auf den Baustellen zusammengesetzt, später dort auseinandergenommen und an einem anderen Ort wieder aufgebaut. Damit Gerüstbauteile über eine Lebensdauer von oft dreißig bis vierzig Jahren unbeschadet diese sich ständig wiederholende Prozedur überstehen können, sind besondere Verbindungen entwickelt worden. Diese Verbindungstechniken ermöglichen die einfache Montage und Demontage, sind aber weicher als die Verbindungen im herkömmlichen Metallbau und haben oft Spiel oder Schlupf (Lose). Als übliche Verbindungsmittel im Gerüstbau haben sich Gerüstkupplungen, Steckrohre, Klauen, Bolzen, Keile oder Kippstifte durchgesetzt. Sie erfordern allerdings eine optimale Konstruktion und setzen hohe Anforderungen an die verwendeten Werkstoffe. Darüber hinaus führen arbeitssicherheitstechnische und ergonomische Aspekte zu einer hohen Ausnutzung der verwendeten Querschnitte und machen die Mobilisierung von Rotationskapazitäten oder von erhöhten Streckgrenzen durch Kaltverfestigung unumgänglich.

Die Beurteilung der eben aufgeführten Verbindungskonstruktionen ist im Zusammenhang mit ihrer Tragfähigkeit und Steifigkeit anhand der eingeführten technischen Baubestimmungen in den meisten Fällen nicht möglich. Beim Nachweis eines zusammengesetzten Gerüstes müssen besondere Systemannahmen getroffen werden, die z. B. das Spiel der Verbindungen berücksichtigen. Nicht anders verhält es sich bei der Behandlung der Besonderheiten der Werkstoffeigenschaften im Vergleich zu der Vorgehensweise im allgemeinen Metallbau. Wegen dieser Zusammenhänge haben die Obersten Bauaufsichtsbehörden Gerüstsysteme aus vorgefertigten Bauteilen als zulassungsbedürftig eingestuft [8].

Deutsches Institut für Bautechnik

In der Folge des föderalen Aufbaues der Bundesrepublik Deutschland nach dem Zweiten Weltkrieg fielen das deutsche Bauordnungsrecht und die Bauaufsicht in die fachliche Zuständigkeit der Länder. So waren auch noch in den fünfziger Jahren des 20. Jh. die Landesbauministerien für die Erteilung bautechnischer Zulassungen für neue, nicht genormte Bauprodukte zuständig. 1951 beschloß die Länderkommission eine „Verwaltungsvereinbarung für die einheitliche Regelung des Verfahrens der allgemeinen Zulassungen neuer Baustoffe und Bauarten im Bereich der Bundesrepublik Deutschland und des Landes Berlin (Bopparder Vereinbarung)". Nach der Überwindung anfänglicher Kontroversen über die Besetzung des Gremiums sollte zunächst die Beurteilung der Zulassungsanträge von dem gemeinsamen Ländersachverständigenausschuß vorgenommen werden und eine Zulassung in dem Land erteilt werden, in dem der Antrag gestellt wurde. Aufgrund der wachsenden Anzahl der Anträge und der damit verbundenen Aufgaben im bauaufsichtlichen Zulassungsverfahren schlugen 1964 die Landesbauminister auf der ARGE-BAU-Konferenz vor, ein gemeinsam vom Bund und den Ländern zu tragendes Institut zu gründen. Dem Institut als Körperschaft des Öffentlichen Rechts unter der Bezeichnung „Institut für Bautechnik" sollten gemeinsame bautechnische Aufgaben übertragen werden, insbesondere die Erteilung allgemeiner bauaufsichtlicher Zulassungen für neue Baustoffe, Bauteile oder Bauarten, die Erteilung von Prüfzeichen, die Koordinierung von Bauforschung im bauaufsichtlichen Bereich sowie die Mitwirkung im Deutschen Institut für Normung. Am 1. Juli 1968 wurde das Institut für Bautechnik mit Sitz in Berlin aufgrund des Abkommens zwischen der Bundesrepublik Deutschland und den damaligen 11 Ländern gegründet. Am 1. Januar 1993 traten die „neuen" Bundesländer dem Abkommen bei. Zeitgleich wurden aufgrund europäischer Verpflichtungen dem Institut neue Aufgaben übertragen. Das Institut unter dem neuen Namen „Deutsches Institut für Bautechnik (DIBt)" sollte im Rahmen des Bauproduktengesetzes in der Europäischen Organisation für Europäische Technische Zulassungen (EOTA) mitwirken und neue, europaweit geltende Zulassungen erteilen.

Bei der Konstruktion von Systemgerüsten hat der Hersteller zahlreiche Vorschriften zu berücksichtigen:

- die vom DIBt herausgegebenen Zulassungsrichtlinien,
- die Beschlüsse des Sachverständigenausschusses (SVA) „Gerüste" beim DIBt,
- die Unfallverhütungsvorschriften der Berufsgenossenschaften sowie
- die einschlägigen Normen.

Die vom DIBt herausgegebenen Zulassungsrichtlinien haben seit der „Bopparder Vereinbarung" eine beachtliche Entwicklung durchlaufen. Die statischen Berechnungen, die den ersten Zulassungen von Arbeitsgerüsten zugrunde lagen, haben keine Windlasten berücksichtigt. Über Versuche zur Beurteilung der Tragfähigkeit und Steifigkeit von Systemgerüstbauteilen mußten sich die Hersteller mit den Sachverständigen in Einzelfällen einigen, was zu unterschiedlicher Behandlung gleichartiger Systeme geführt hat. Wo noch in den siebziger Jahren für Arbeits- und Schutzgerüste teilweise ungenaue Festlegungen existierten, haben wir heute eine recht umfangreiche und präzise Sammlung an Regelungen. In den vergangenen fünfzig Jahren wurde der Begriff „Regelausführung" mit einer klaren Beschreibung präzisiert und stellt heute einen zentralen Punkt der Gerüstnormung dar. Der SVA „Gerüste" hat anfangs seine Beschlüsse in einem Beschlußheft dokumentiert. Im Laufe der Zeit wurden aus dieser Sammlung zwei Merkhefte: das Merkheft „Versuche", das später in den Zulassungsgrundsätzen „Versuche an Gerüstbauteilen" (1998), sowie das Merkheft „Statik", das später in der Zulassungsrichtlinie „Anforderungen an Fassadengerüste" (1996) aufgegangen ist und notwendige Ergänzungen von DIN 4420 enthält. Fortgeschrieben werden wesentliche Beratungsergebnisse des SVA in einer Lose-Blatt-Sammlung als weitere Zulassungsgrundsätze. Neben dem Umfang der Regelausführung sind heute alle Versuche zur Beurteilung der Tragfähigkeit der Bauteile und der Verbindungen eindeutig definiert. Auch die Auswertung der Versuchsergebnisse ist klar beschrieben. Die Windlastannahmen für Fassadengerüste sind durch Windkanalversuche der Technischen Hochschulen Dresden und München untermauert [34].

Zulassungsverfahren

Im Laufe des Zulassungsverfahrens müssen vom Gerüsthersteller umfangreiche Berechnungen aufgestellt, zahlreiche Versuche durchgeführt und von beauftragten Sachverständigen bestätigt werden:

- statische Berechnung der einzelnen Bauteile,
- statische Berechnung der Gerüstsysteme,
- zivilrechtliche Prüfung der aufgestellten statischen Berechnungen,
- amtlich überwachte Detailversuche zur Ermittlung der Lose, der Steifigkeit und Tragfähigkeit von vertikalen und horizontalen Traggliedern sowie von deren Verbindungen,
- amtlich überwachte Fall- und Abrollversuche an Schutzgerüstbauteilen zum Nachweis hinreichender Tragsicherheit unter definierten dynamischen Einwirkungen.

Allgemeine bauaufsichtliche Zulassungen werden in der Regel für eine Geltungsdauer von fünf Jahren erteilt. Nach Ablauf kann die Zulassung auf Antrag verlängert werden. Bei Änderungen der technischen Regeln müssen vorhandene Zulassungsberechnungen gegebenenfalls korrigiert oder ergänzt werden; häufig mit der Folge, daß Konstruktionen von Gerüstbauteilen nachzubessern sind. Das Zulassungsverfahren zieht sich teilweise über mehrere Jahre hindurch und verursacht beträchtliche Kosten für den Hersteller. Trotzdem bietet eine allgemeine bauaufsichtliche Zulassung für den Hersteller keinen Schutz vor Nachbau durch Fremdhersteller. So hat das DIBt vor etwa zwanzig Jahren die Möglichkeit eingeräumt, daß Hersteller Bauteile nachbauen und mit ihnen den Markt beliefern, wo sie mit vorhandenen Gerüsten, die bereits eine Originalzulassung besitzen, vermischt werden.

Normung

Systemgerüstkonstruktionen unterliegen einer kontinuierlichen Überprüfung durch den Anwender, werden ständig verbessert und variierenden Anforderungen angepaßt. Neuentwicklungen müssen allerdings auch kompatibel mit älteren Produkten sein. Da die robusten Gerüstbauteile gegenüber den kurzlebigen Vorschriften von relativ langer Lebensdauer sind, stellen die verkürzten Entwicklungsintervalle in der Normung die Gerüsthersteller und Gerüstbauunternehmer oft vor zusätzliche Schwierigkeiten. Vorhandene Gerüstbestände bilden einen enormen wirtschaftlichen Wert. Ändert sich das Regelwerk, können diese Gerüstbestände nicht auch nur teilweise verschrottet werden. Anders als herkömmliche bauliche Anlagen, die aufgrund geänderter Vorschriften nicht verändert werden müssen, müssen sich aber Gerüste einer Überprüfung stellen. Veränderte Bauweisen, modernere Nachweisverfahren, hinzugewonnene wissenschaftliche Erkenntnisse auch aus der Beobachtung des Unfallgeschehens führen zu einer Entwicklungskontinuität der Normung.

Im Jahr 1947 wurde der erste Entwurf der Gerüstordnung DIN 4420 verabschiedet. Dieser behandelte noch ausschließlich Holz- und Leitergerüste. Unter dem Eindruck der stetig wachsenden Verbreitung von Stahlrohrgerüsten fanden bereits Ende 1948 erste Besprechungen der Berufsgenossenschaften mit den Baubehörden über eine Ergänzung der Normung um Stahlrohrgerüste statt [66]. Die im Jahr 1952 verabschiedete DIN 4420 regelte dann aber gleichzeitig Arbeits-, Schutz- und Traggerüste in einer Norm.

Die Erfahrungen der fünfziger und sechziger Jahre des 20. Jh. führten im Jahr 1975 zur Neufassung von DIN 4420, die nur noch Arbeits- und Schutzgerüste behandelte. Traggerüste wurden in DIN 4421 behandelt und sind nicht Gegenstand dieses Handbuches. Im Jahr 1975 wurde in DIN 4420 insbesondere der dreiteilige Seitenschutz eingeführt. Diese Regelung sollte sich aus sicherheitstechnischer Sicht als bahnbrechend erweisen und wurde in der gesamten industrialisierten Welt übernommen, stieß in Deutschland indes nicht überall auf sofortige Akzeptanz. Obwohl diese Ausgabe von DIN 4420 als erste umfassende Regelung für Arbeits- und Schutzgerüste anzusehen ist, wies sie hinsichtlich der Lastannahmen einen gravierenden Fehler auf. Die zur Bemessung vorgesehene Verkehrslast war eine Gleichflächenlast, die der Gerüstnutzer je Feld beliebig konzentrieren durfte. Bei formaler Ausnutzung dieser Regelung konnte die Beanspruchung der Horizontalglieder bei üblichen Lasten um bis zu 80 % gesteigert werden, was die Gefahr einer Überlastung der Gesamtkonstruktion in sich barg. Die neubearbeitete Fassung von DIN 4420 aus dem Jahr 1980 revidierte zwar diese Lastannahmen, enthielt aber nicht eine eindeutige Zuordnung der Lastgruppen zu den Einsatzgebieten. Erst die Ausgabe von DIN 4420 aus dem Jahr 1990 mit den Teilen 1 bis 4 beinhaltete eine praktische Aufteilung der Gerüstgruppen [20]. Diese Ausgabe enthielt Neuerungen, die von besonderer Bedeutung sowohl für den Nutzer als auch für den Konstrukteur waren. Die Verkehrslasten wurden für den Gerüstbauer als Nutzgewichte vorgegeben. Für den Statiker wurden Bemessungslasten definiert.

Darüber hinaus ermöglichten die Teilflächenlasten eine praxisbezogene Berücksichtigung von Lastkonzentrationen. In die Regelungen für den Nachweis der Tragfähigkeit flossen langjährige Erfahrungen des Sachverständigenausschusses ein. Es wurden die bisher fehlenden Angaben über Steifigkeit und Tragfähigkeit von Gerüstkupplungen aufgenommen. Ferner sind in dieser Ausgabe aerodynamische Kraftbeiwerte für Netze und Planen angegeben, so daß eine Grundlage für den Nachweis bekleideter Gerüste entstanden ist. Mit dem Verweis auf berufsgenossenschaftlich geregelte Abroll- und Fallversuche wurde auch der Einfluß dynamischer Einwirkungen an Schutzgerüsten berücksichtigt [18].

Zusammen mit den Zulassungsrichtlinien des DIBt repräsentiert DIN 4420 Ausgabe 1990 den Stand der Technik und ermöglicht eine sichere Planung und einen effizienten Einsatz von Systemgerüsten [82]. In der Europäischen Union zeichnet sich allerdings im Rahmen der Normung eine Entwicklung ab, die auch für den deutschen Markt von Bedeutung sein wird. So wurden soeben die letzten Fassungen der Entwürfe für die europäischen Gerüstnormen vorgestellt. Die normativen Aktivitäten in Europa beinhalten Regelungen in den Bereichen Kupplungen (EN 74), Fassadengerüste aus vorgefertigten Bauteilen (Reihe EN 12 810) und Arbeitsgerüste allgemein (Reihe EN 12 811). Parallel dazu wurde eine neubearbeitete Fassung von DIN 4420 Teil 1 vorgestellt, die nur noch die Festlegungen für die auf europäischer Ebene nicht geregelten Schutzgerüste enthält. Nach der bauaufsichtlichen Einführung der europäischen Gerüstnormen in Deutschland wird die „Restnorm" DIN 4420 Teil 1 in der neuen Fassung gelten. Es verbleibt nur noch, die Beschreibungen der Regelausführungen der Gerüstbauarten, die keine Systemgerüste sind, die berufsgenossenschaftlichen Unfallverhütungsvorschriften und die Regeln für Sicherheit und Gesundheit bei der Arbeit der aktuellen Rechtslage und dem derzeitigen Stand der Technik anzupassen.

Die beiden europäischen Normenreihen behandeln ausschließlich Arbeitsgerüste. Die Reihe EN 12 810 regelt die Anforderungen an Gerüstsysteme wie Klassifizierung, Regelausführung, Umfang und Art der erforderlichen Nachweise sowie Zertifizierung. Die Reihe EN 12 811 beschreibt die Anforderungen und den Nachweis der Systeme durch Berechnung und Versuche. Der Zeitraum von den ersten Bemühungen, das Regelwerk der Mitgliedsländer der Europäischen Union zu harmonisieren, bis zum heutigen Stand hat über dreißig Jahre in Anspruch genommen. Infolge der Einführung der Europäischen Normen werden deutsche Gerüsthersteller und Gerüstbauer eine Reihe von Änderungen zu bewältigen haben. Allerdings werden diese nicht so umfangreich ausfallen, wie in den übrigen europäischen Ländern, da die heute geltenden deutschen Normen bereits die Grundgedanken hinsichtlich Anforderungen und Nachweisverfahren enthalten, die fast unverändert in die europäische Normung aufgenommen worden sind [3].

Technische Regeln

Technische Regeln müssen bei der Anwendung ein ausreichendes Sicherheitsniveau gewährleisten. Sie werden unterteilt in:

- allgemein anerkannte Regeln der Technik,
- Stand der Technik und
- Stand von Wissenschaft und Technik.

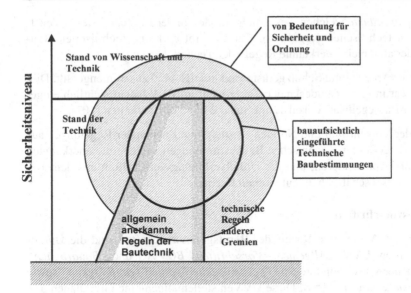

Bild 4.1 Zusammenhang der Technischen Regeln [34]

Allgemein anerkannte Regeln der Technik sind wissenschaftlich begründete, praktisch erprobte und ausreichend bewährte Grundsätze, die von der Mehrheit der Fachleute zur Lösung technischer Aufgaben herangezogen werden.

Der *Stand der Technik* beschreibt fortschrittliche Verfahren, die in der Betriebspraxis zuverlässig nachgewiesen, durch verfügbares Fachwissen wissenschaftlich begründet und praktisch erprobt sind; zudem müssen sie sich ausreichend bewährt haben.

Der *Stand von Wissenschaft und Technik* umfaßt alle wissenschaftlichen Erkenntnisse, die technisch durchführbar und auch ohne praktische Bewährung allgemein zugänglich sind.

Die meist als *Baukunst* bezeichneten, allgemein anerkannten Regeln der Technik sind für das Bauwesen verbindlich. In Deutschland gelten DIN-Normen als anerkannte Regeln der Technik [34].

Bei der Verwendung neuer Baustoffe, Bauteile und Bauarten wurde im Einklang mit der Landesbauordnung ein Brauchbarkeitsnachweis durch eine allgemeine bauaufsichtliche Zulassung garantiert. Das Bauproduktengesetz (BauPG), das infolge der Bauprodukten-richtlinie 89/106/EWG erlassen wurde, legt in der Bauregelliste für *geregelte* und *nicht geregelte* Bauprodukte fest [234, 235]:

- Bauprodukte sind Baustoffe, Bauteile und Anlagen, die hergestellt werden, um dauerhaft in baulichen Anlagen eingebaut zu werden.
- Bauart ist das Zusammenfügen von Bauprodukten zu baulichen Anlagen oder Teilen von baulichen Anlagen.

Geregelte Bauprodukte entsprechen den in der Bauregelliste A, Teil 1, bekanntgemachten technischen Regeln oder weichen von ihnen nicht wesentlich ab [62].

Nicht geregelte Bauprodukte weichen wesentlich von den in der Bauregelliste A, Teil 1, bekanntgemachten technischen Regeln ab. Für sie gibt es keine technischen Baubestimmungen oder allgemein anerkannte Regeln der Technik [8].

Die Vorschriften für Arbeits- und Schutzgerüste sind in DIN 4420 zusammengefaßt. Diese Norm wurde zwar in sechs Bundesländern, aber nicht in NRW bauaufsichtlich eingeführt. Sie ist in der Bauregelliste A, Teil 1, mit Stand 24.08.2001 enthalten [107].

Auf dem Gebiet der Vorschriften und Normen existieren nebeneinander Regelungen aus dem Bereich der Eingeführten Technischen Baubestimmungen, welche die anerkannten Regeln der Technik repräsentieren, und die Unfallverhütungsvorschriften aus dem Bereich des berufsgenossenschaftlichen Autonomen Rechts.

Unfallverhütungsvorschriften

Aus dem Bereich des Autonomen Rechts der Berufsgenossenschaften sind die Unfallverhütungsvorschriften (UVV) *„Allgemeine Vorschriften"* BGV A 1 und *„Bauarbeiten"* BGV C 22, zu benennen, insbesondere *§ 6 (1) „Standsicherheit und Tragfähigkeit"* sowie *§ 12 (1) „Absturzsicherungen"* [154]. Diese UVVen stellen allgemeine Grundlagen dar, die durch die Berufsgenossenschaftlichen Regeln für Sicherheit und Gesundheit bei der Arbeit (BG-Regeln) für das Gewerk Gerüstbau ausgefüllt werden [74].

Die *„BG-Regeln Gerüstbau"* stützen sich dabei auf DIN 4420 und erläutern die UVVen für die unterschiedlichen Gerüstbauarten. Diese Reihe [115] umfaßt folgende Teile:

- Allgemeiner Teil mit Anhang DIN 4420 Teile 1 bis 4   (BGR-Nr. 165)
- Systemgerüste-, Rahmen- und Modulgerüste   (BGR-Nr. 166)
- Stahlrohr-Kupplungsgerüste   (BGR-Nr. 167)
- Auslegergerüste   (BGR-Nr. 168)
- Konsolgerüste für den Hoch- und Tiefbau   (BGR-Nr. 169)
- Konsolgerüste für den Stahl- und Anlagenbau   (BGR-Nr. 170)
- Bockgerüste   (BGR-Nr. 171)
- Fahrgerüste   (BGR-Nr. 172)
- Kleingerüste   (BGR-Nr. 173)
- Hängegerüste   (BGR-Nr. 174)
- Montagegerüste für Aufzugsschächte   (BGR Nr. 175)

Die *„anerkannten Regeln der Technik"* des Gerüstbaues werden verkörpert durch:

DIN 4420 – Arbeits- und Schutzgerüste

- Teil 1: „Allgemeine Regelungen, Sicherheitstechnische Anforderungen, Prüfungen", Fassung (12.1990),
- Teil 2: „Leitergerüste, Sicherheitstechnische Anforderungen", Fassung (12.1990),
- Teil 3: „Gerüstbauarten ausgenommen Leiter- und Systemgerüste, Sicherheitstechnische Anforderungen und Regelausführungen", Fassung (12.1990),
- Teil 4: „Systemgerüste aus vorgefertigten Bauteilen, Werkstoffe, Gerüstbauteile, Abmessungen, Lastannahmen und sicherheitstechnische Anforderungen", Fassung (12.1988).

DIN 4421 – Traggerüste: „Berechnung und Konstruktion", Fassung (08.1982)

DIN 4422 – Fahrbare Arbeitsbühnen (Fahrgerüste) aus vorgefertigten Bauteilen

- Teil 1: „Werkstoffe, Gerüstbauteile, Maße, Lastannahmen und sicherheitstechnische Anforderungen", Fassung (08.1992),
- Teil 2: „Verwendung, sicherheitstechnische Anforderungen, Aufbau- und Gebrauchsanweisung", Entwurf (08.1992).

In diesem Handbuch werden Gerüste, unterteilt nach ihrem Verwendungszweck, behandelt. Diese Unterteilung ist auch weitgehend in den Regelwerken (auch in den BG-Regeln) wiederzufinden; Überschneidungen einzelner Merkmale können jedoch nicht immer vermieden werden.

Im folgenden werden die einzelnen Normen beschrieben. Zuerst wird anhand einer Gegenüberstellung der Lastannahmen die Entwicklung bei der Formulierung der Festlegungen verdeutlicht. Detailliert wird die zur Zeit gültige Fassung von DIN 4420 behandelt. Abschließend werden als Ausblick auf die künftigen Regelungen für den Gerüstbau die Entwürfe der europäischen Vorschriften vorgestellt.

4.2   Inhaltliche Änderungen in der Normung

4.2.1   Allgemeines

Bereits in den Fassungen Januar 1952, Juli 1975 und März 1980 gibt DIN 4420 eine Übersicht über Gerüste als Arbeits- und Schutzgerüste sowie über ihre Bauarten. Gerüste im Sinne dieser Norm sind Hilfskonstruktionen, die mit Belagflächen, die in ihrer Länge oder Breite veränderlich sind, an der Verwendungsstelle aus Einzelteilen zusammengesetzt und wieder auseinandergenommen werden können. Im allgemeinen werden Gerüste nach der Art ihrer Ausbildung, nach dem Zweck ihrer Verwendung und nach ihrer Bauart unterschieden.

- Ausbildung der Gerüste:
  - Fassadengerüste oder längenorientierte Gerüste
  - Raumgerüste oder flächenorientierte Gerüste

- Verwendungszweck der Gerüste:
  - Arbeitsgerüste   (nach DIN 4420)
  - Schutzgerüste   (nach DIN 4420)
  - Traggerüste   (nach DIN 4421)
  - Fahrbare Arbeitsbühnen (nach DIN 4422)

- Bauart der Gerüste:
  - Leitergerüste
  - Stangengerüste
  - Rahmengerüste

- – Bockgerüste
- – Auslegergerüste
- – Konsolgerüste

- Systembezogen:
  - – Stahlrohr-Kupplungsgerüste
  - – Stangen-Systemgerüste
  - – Rahmen-Systemgerüste

- Bauwerkbezogen:
  - – Standgerüst
  - – Hängegerüst

In DIN 4420 vom Dezember 1990 werden Gerüste nicht nur nach dem Verwendungszweck, sondern auch nach dem Tragsystem und der Ausführungsart unterschieden. Mit dem Tagesgerüst kommt eine weitere Unterscheidung, die nach der Standzeit, hinzu.

4.2.2 Änderungen in DIN 4420 Teil 1 gegenüber Ausgabe 03.1980

Neben der Neugliederung von DIN 4420 (12.1990) wurden gegenüber DIN 4420 (03.1980) einige wesentliche Änderungen vorgenommen. In der Hauptsache in Teil 1, in dem ein neues Lastkonzept eingeführt wurde.

Die Fassung von DIN 4420 aus dem Jahr 1975 ging noch wegen der baustellenbedingten Unvollkommenheiten der Gerüstkonstruktionen von hohen vorhandenen Sicherheitsbeiwerten aus und ließ zu, daß Lastanhäufungen ohne besonderen Nachweis aufgenommen werden konnten. Der gleichzeitige Hinweis auf die Notwendigkeit einer Berechnung für Gerüste, die nicht der Regelausführung entsprachen, führte zur Entwicklung eines Belastungskonzeptes, das im berufsgenossenschaftlichen Merkheft „Arbeits- und Schutzgerüste" verankert wurde. Die Fassung von DIN 4420 aus dem Jahr 1980 machte keine Angaben mehr über zulässige Lasten, verwies aber auf das bereits erwähnte Merkheft. Dieses Lastbild ging davon aus, daß als Gesamtlast nicht mehr eine gleichmäßig verteilte Verkehrslast auf der vorhandenen Belagfläche angenommen wurde. Vielmehr sollte mit Hilfe eines Reduktionsfaktors, der in Abhängigkeit von dem beabsichtigten Arbeitsverfahren örtliche Lastkonzentrationen berücksichtigte, die zulässige Gesamtbelastung gegenüber der Vollast gemindert werden. Erst die Ausgabe von DIN 4420 aus dem Jahr 1990 setzte den neuen Kenntnisstand mit der Berücksichtigung von Teilflächenlasten und veränderten Gerüstgruppen in die Praxis um [21]. Diese Neuerung hatte auch international viel Zustimmung gefunden, so daß das neue Lastkonzept bereits in das europäische Harmonisierungsdokument über Systemgerüste HD 1000 im Jahr 1988 Einzug hielt. Es ist gegenwärtig im Normentwurf prEN 12 811 Teil 1 vom Dezember 2002 zu finden.

Eine Gegenüberstellung der Gerüstgruppen und der anzunehmenden Verkehrslasten geben die Tabellen 4.1 und 4.2. Die alte Gerüstgruppe 1 wurde als neue Gerüstgruppe 2 in ihrer Nennlast auf 1,5 kN/m^2 angehoben. Die neue Gerüstgruppe 1 mit ihrer Nennlast von 0,75 kN/m^2 darf lediglich in Gesamtkonstruktionen sehr leichter Gerüste, zum Beispiel bei Inspektionsgerüsten, zur Anwendung kommen. Auch für die Gerüstgruppe 1 müssen

Beläge den Anforderungen der Gerüstgruppe 2 entsprechen. Aufgrund der heute üblichen höheren Belastungen wurden zwei neue Gerüstgruppen eingeführt: die Gerüstgruppe 5 mit 4,5 kN/m^2 und die Gerüstgruppe 6 mit 6,0 kN/m^2 flächenbezogener Nennlast. Die Bemessung der horizontalen Tragelemente wurde dahingehend geändert, daß die neuen Gerüstgruppen 1 bis 3 mit einer Einzellast von 1,5 kN und nicht mit 1,0 kN und die Gerüstgruppen 4 bis 6 mit einer Einzellast von 3,0 kN und nicht mit 1,5 kN belastet werden können.

Tabelle 4.1 Gegenüberstellung der Gerüstgruppen

DIN 4420 (03.1980)		DIN 4420 (12.1990)			
Gerüstgruppe	flächen-bezogene Ersatzlast [kN/m^2]	Gerüstgruppe	Mindestbreite der Belagfläche[2] [m]	flächen-bezogenes Nutzgewicht [kN/m^2]	Flächen-pressung[3] [kN/m^2]
–	–	1	0,50[1]	–	–
I	1,00	2	0,60[1]	1,50	–
II	2,00	3	0,60[1]	2,00	–
III	3,00	4	0,60	3,00	5,00
–	–	5	0,90	4,50	7,50
–	–	6	0,90	6,00	10,00

[1] Die Bordbrettdicke darf mitgerechnet werden.
[2] Die freie Durchgangsbreite muß bei Materiallagerung auf der Belagfläche mindestens 0,20 m betragen.
[3] Flächenpressung ist hier Nutzgewicht geteilt durch dessen tatsächliche Grundrißfläche.

Tabelle 4.2 Gegenüberstellung der Verkehrslasten

DIN 4420 (03.1980)			DIN 4420 (12.1990)					
Gerüst-gruppe	Einzellast	flächen-bezogene Ersatzlast	Gerüst-gruppe	flächen-bezogene Nennlast p	Einzellast[1]		Teilflächenlast	
					P_1	P_2	p_c	Teilfläche A_c
	[kN]	[kN/m^2]		[kN/m^2]	[kN]	[kN]	[N/m^2]	
			1	0,75[2]	1,5	1,0	–	–
I	1,0	1,00	2	1,50	1,5	1,0	–	–
II	1,0	2,00	3	2,00	1,5	1,0	–	–
III	1,5	3,00	4	3,00	3,0	1,0	5,00	0,4 · A_b
IV	1,5	> 3,00	5	4,50	3,0	1,0	7,50	0,4 · A_b
			6	6,00	3,0	1,0	10,00	0,5 · A_b

[1] P_1 Belastungsfläche 0,5 m × 0,5 m, mindestens jedoch 1,5 kN je Belagteil,
P_2 Belastungsfläche 0,2 m × 0,5 m.
[2] Für Belagteile p = 1,50 kN/m^2.

Die folgende Auflistung gibt die wichtigsten Änderungen in DIN 4420 Teil 1, Ausgabe Dezember 1990, gegenüber der Fassung vom März 1980 wieder:

- Anpassung der Lastannahmen und Gerüstgruppen für Arbeitsgerüste an die europäische Normung,
- Neuformulierung der Lastannahmen für Fanggerüste unter Berücksichtigung dynamischer Einwirkungen,
- Anpassung des Standsicherheitsnachweises an DIN 18 800 (11.1990),
- Entfernung der Regeln für Gerüste üblicher Bauart und deren Zusammenfassung in DIN 4420 Teil 3,
- Neuaufnahme der Abschnitte Prüfung, Kennzeichnung sowie Aufbau- und Verwendungsanleitung,
- Bezeichnung der Gerüste als Baukonstruktionen und nicht mehr als Hilfskonstruktionen,
- Begrenzung der maximalen Absturzhöhe auf 3,00 m (gegenüber bislang 4,00 m).

Die zulässige Stützweite für Gerüstbeläge aus Holzbohlen oder Holzbrettern wurde in der Ausgabe Dezember 1990 von DIN 4420 dem neuen Lastkonzept angepaßt (s. Tabellen 4.3 und 4.4).

Tabelle 4.3 Zulässige Stützweiten in m für Gerüstbretter und -bohlen nach DIN 4420 Teil 1 (03.1980)

Gerüstgruppe	Brett- oder Bohlenbreite [cm]	Brett- oder Bohlendicke				
		3,0 cm	3,5 cm	4,0 cm	4,5 cm	5,0 cm
I und II	20	1,25	1,75	2,25	2,75	3,00
III	20	0,75	1,00	1,50	1,75	2,00
I und II	24	1,50	2,00	2,50	3,00	3,25
III	24	1,00	1,25	1,75	2,00	2,50
I und II	28	1,75	2,25	2,75	3,00	3,50
III	28	1,00	1,50	2,00	2,50	3,00

Tabelle 4.4 Zulässige Stützweiten in m für Gerüstbretter und -bohlen nach DIN 4420 Teil 1 (12.1990)

Gerüstgruppe	Brett- oder Bohlenbreite [cm]	Brett- oder Bohlendicke				
		3,0 cm	3,5 cm	4,0 cm	4,5 cm	5,0 cm
1, 2, 3	20	1,25	1,50	1,75	2,25	2,50
	24, 28	1,25	1,75	2,25	2,50	2,75
4	20	1,25	1,50	1,75	2,25	2,50
	24, 28	1,25	1,75	2,00	2,25	2,50
5	20, 24, 28	1,25	1,25	1,50	1,75	2,00
6	20, 24, 28	1,00	1,25	1,25	1,50	1,75

4.2.3   Änderungen in DIN 4420 Teil 2 gegenüber Ausgabe 03.1980

Die Fassung von DIN 4420 Teil 2 vom Dezember 1990 weist gegenüber Teil 1 der Ausgabe vom März 1980 folgende Änderungen auf:

- Definitionen der Lastannahmen, der Gerüstgruppen sowie des Seitenschutzes wurden an Teil 1 von DIN 4420 angepaßt.
- Die Abschnitte Bezeichnung und Prüfung wurden hinzugefügt.
- Die zulässige Gerüsthöhe ist in Abhängigkeit von der Belastung auf 18,00 m bzw. auf 24,00 m beschränkt worden.

Die Gerüstfeldweiten wurden in der Ausgabe Dezember 1990 von DIN 4420 Teil 2 reduziert (s. Tabelle 4.5).

Tabelle 4.5   Gegenüberstellung der zulässigen Gerüstfeldweiten in m

DIN 4420 Teil 2 (03.1980)		DIN 4420 Teil 2 (12.1990)	
Breite × Dicke der Gerüstbohlen [cm] min.	Zulässige Gerüstfeldweite *a* [m] max.	Breite × Dicke der Gerüstbohlen [cm] min.	Zulässige Gerüstfeldweite *a* [m] max.
		24 × 5,0	2,75
29 × 4,5 24 × 4,5 20 × 5,0	3,00	28 × 4,5 24 × 4,5 20 × 5,0	2,50
29 × 4,0 20 × 4,5	2,75	28 × 4,0 20 × 4,5	2,25
24 × 4,0	2,50	24 × 4,0	2,00
20 × 4,0	2,20	20 × 4,0	1,75

4.2.4   Änderungen in DIN 4420 Teil 3 gegenüber Ausgabe 03.1980

Die Fassung von DIN 4420 Teil 3 vom Dezember 1990 weist gegenüber Teil 1 der Ausgabe vom März 1980 folgende Änderungen auf:

- Lastannahmen und Standsicherheitsnachweis durch Verweis auf DIN 4420 Teil 1,
- Beschränkung auf Angaben zur Konstruktion und Regelausführung für Gerüste üblicher Bauart,
- Angabe von Ankerkräften für regelmäßige Verankerungsraster unter Berücksichtigung von Bekleidungen.

Diese Änderungen folgen den Anpassungen der Neufassung von DIN 4420 Teil 1 und führen zur Vereinheitlichung und konsequenten Fortschreibung der Regelungen.

4.3   Arbeits- und Schutzgerüste nach DIN 4420 Teil 1

4.3.1   Allgemeines

Die Gerüstnorm DIN 4420 in der Fassung vom Dezember 1990 spiegelt den heutigen Stand der Technik wider und symbolisiert den Übergang von einer traditionellen, handwerklichen zu einer ingenieurmäßigen Betrachtung im Gerüstbau [196]. Die vorher gültige Fassung vom März 1980 wurde völlig neubearbeitet und aktualisiert. Die Stahlbaunorm DIN 18 800 Ausgabe (11.1990) mit ihrem Nachweiskonzept gegenüber den Grenzzuständen unter Benutzung der partiellen Sicherheitsbeiwerte hat ebenso Berücksichtigung in der neuen Ausgabe von DIN 4420 gefunden wie auch die aus der Praxis und Forschung gewonnenen Erkenntnisse über die wirklichkeitsnahe Berücksichtigung von Lasten auf dem Arbeitsgerüst und die dynamische Belastung von Fanggerüsten. Weniger einschneidend war der Einfluß aus der Holzbaunorm DIN 1052, deren Neuausgabe vom April 1988 das Nachweiskonzept der zulässigen Spannungen beibehielt [176].

In Teil 1 der DIN 4420 sind bauartübergreifend allgemeine Regelungen in bezug auf Konstruktion, Berechnung und Ausführung sowie sicherheitstechnische Anforderungen und Fragen der Prüfung von Arbeits- und Schutzgerüsten enthalten. Die Regeln für spezielle Bauarten sind den weiteren Teilen der nunmehr auf vier Teile ausgelegten Norm zugewiesen worden. In Teil 2 ist der Bereich der Leitergerüste geregelt, der weitgehend unangetastet geblieben und von einer handwerklichen Betrachtungsweise geprägt ist. Teil 3 behandelt als Gerüste üblicher Bauart die Rohrkupplungs-, Ausleger- und Konsolgerüste in ihren Regelausführungen. In Teil 4 werden letztlich die sogenannten Gerüste besonderer Bauart, auch Systemgerüste genannt, betrachtet. Dieser Teil ist zugleich als Harmonisierungsdokument HD 1000 von zwölf europäischen Ländern als nationale Vorschrift übernommen worden. In diesem Teil sind die grundsätzlichen Anforderungen an vorgefertigte Arbeitsgerüste aus Systembauteilen zusammengestellt. Grundsätzliche Anforderungen an Arbeits- und Schutzgerüste, die im Harmonisierungsdokument formuliert sind und die Auswirkungen auf andere Gerüstbauarten haben, sind in Teil 1 dieser Norm eingegangen, die hiermit zu einer Art Basisnorm wurde.

Die in DIN 4420 Teil 1 behandelten allgemeinen Anforderungen an Arbeits- und Schutzgerüste sind gegliedert in Abschnitte über: Begriffe und Bezeichnung, sicherheitstechnische Anforderungen an Gerüstbauteile und ihre Herstellung, Arbeitsgerüste, Schutzgerüste, Aufbau und Verwendung sowie Prüfung und Kennzeichnung.

DIN 4420 Teil 1 gilt ausdrücklich nur für Arbeits- und Schutzgerüste. Gerüste und Gerüstbauteile, die nicht aufgrund dieser Norm beurteilt werden können, gelten als neue Bauart. Für sie muß daher ein Nachweis der Brauchbarkeit erbracht werden, bevor sie eingesetzt werden können. Für Serienbauteile geschieht dies üblicherweise über den Weg des Zulassungsverfahrens, das in Form und Umfang mit dem Deutschen Institut für Bautechnik in Berlin abzustimmen ist und durch einen Zulassungsbescheid dokumentiert wird.

Fahrbare Arbeitsbühnen und Traggerüste sind nicht Gegenstand dieser Norm.

4.3.2   Begriffe und Bezeichnung

Arbeits- und Schutzgerüste im Sinne dieser Norm sind Baukonstruktionen, die an der Verwendungsstelle mit Gerüstlagen veränderlicher Länge und Breite aus Gerüstbauteilen zusammengesetzt und ihrer Bestimmung entsprechend verwendet und wieder auseinandergenommen werden können.

Nach ihrem Verwendungszweck werden Gerüste in folgende Gruppen eingeteilt:

• Arbeitsgerüste, von denen aus Arbeiten durchgeführt werden,
• Schutzgerüste, welche in Form eines Fanggerüstes oder Dachfanggerüstes Personen vor tieferem Absturz schützen,
• Schutzdächer, die Personen, Maschinen oder Geräte vor herabfallenden Gegenständen schützen.

Unter *Systemgerüst* ist ein Gerüst aus vorgefertigten Bauteilen zu verstehen, in dem einige oder alle Systemmaße durch fest an den Bauteilen angebrachte Verbindungen vorbestimmt sind.

Ein Stand- oder Hängegerüst mit längenorientierten Gerüstlagen vor Fassaden wird als *Fassadengerüst* bezeichnet.

Ein Arbeits- oder Schutzgerüst, das beim Aufkommen von Wind mit Geschwindigkeiten von mehr als 12 m/s verankert, in den Windschatten verfahren oder bei Schichtschluß völlig abgebaut wird, wird *Tagesgerüst* genannt.

Bild 4.2 BOSTA 100 als Arbeitsgerüst [279]   **Bild 4.3** BOSTA 70 als Schutzgerüst [279]

Gerüstbauteile im Sinne dieser Norm sind die zum Aufbau benötigten Einzelteile eines Gerüstes. Hierbei wird zwischen *systemunabhängigen* und *systemabhängigen* Bauteilen unterschieden.

Belagteile sind Bauteile des Belages, welche Lasten tragen können. Die *Belagfläche* ist die nutzbare Fläche aller Belagteile eines Gerüstfeldes in einer horizontalen Ebene. Eine *Konsolbelagfläche* ist die nutzbare Fläche aller Belagteile zwischen zwei benachbarten Konsolen.

Als *Gerüstlage* wird die Summe der Belagflächen in einer horizontalen Ebene bezeichnet.

Der Bereich über der gesamten Gerüsthöhe zwischen den Achsen benachbarter Haupttragglieder, wie Ständer oder Ausleger, wird *Gerüstfeld* genannt.

Bild 4.4
BOSTA 70 als Schutzdach
[279]

Bild 4.5
BOSTA 70 als Hängegerüst
[279]

Die Ausführung eines Gerüstes, das normativ geregelt ist oder für das der Nachweis der Standsicherheit im Rahmen des Zulassungsverfahrens geführt wird und der danach als erbracht gilt, wird als *Regelausführung* bezeichnet. Diese umfaßt den für die häufigsten Verwendungsmöglichkeiten üblichen Aufbau und deckt somit die üblichen Einsatzfälle eines Fassadengerüstes ab. Die Regelausführung definiert die einzurüstende Bauwerkhöhe und die Verwendung von systemfreien oder besonderen Gerüstbauteilen wie Verbreiterungskonsolen, Schutzdächern, systemgebundenen Überbrückungsträgern oder Fußgänger-Durchgangsrahmen in allen verfügbaren Aufbauvarianten.

Die Bezeichnung eines Gerüstes soll aus Kurzzeichen für den Verwendungszweck und das Tragsystem bestehen und folgende Teile beinhalten:

- Verwendungszweck,
- Gerüstbauart,
- Orientierung der Gerüstlagen,
- Gerüstgruppe.

Es werden folgende Kurzzeichen verwendet:

- Nach dem Verwendungszweck: Arbeitsgerüst: AG
                                        Schutzgerüst: SG
                                          Dachfanggerüst: DG
                                          Schutzdach: SD

- Nach dem Tragsystem: Standgerüst: S
                                          Hängegerüst: H
                                          Auslegergerüst: A
                                          Konsolgerüst: K

- Nach der Gerüstlage: längenorientiert: L
                                          flächenorientiert: F

- Nach der Ausführungsart: Stahlrohr-Kupplungsgerüst: SR
                                          Leitergerüst: LG
                                            Rahmengerüst: RG
                                          Modulsystem: MS

Die Bezeichnung eines Arbeitsgerüstes (AG) als Standgerüst (S) mit längenorientierten Gerüstlagen (L) der Gerüstgruppe 4 würde folglich lauten:

<blockquote>
Gerüst DIN 4420 – AG – SL 4
</blockquote>

Die in DIN 4420 vorgeschlagene Bezeichnung der Gerüste hat sich bislang in der Praxis nicht durchgesetzt. Als Alternative bietet sich die von der Bau-BG vorgeschlagene Art der Kennzeichnung an:

<blockquote>
Gerüsthersteller
Tragsystem
Gerüstgruppe
Nutzgewicht
</blockquote>

4.3.3 Sicherheitstechnische Anforderungen an die Gerüstbauteile

Im Vergleich zur Ausgabe (03.1980) von DIN 4420 haben sich in Ausgabe (12.1990) im Bereich der sicherheitstechnischen Anforderungen an die Gerüstbauteile keine Änderungen ergeben. Nach wie vor dürfen nur Werkstoffe verwendet werden, für welche die Technischen Regelwerke, insbesondere DIN-Normen, Bemessungsgrundlagen enthalten und die Verwendung regeln.

Werkstoffe

Werkstoffe für *Stahl* und *Gußeisen* müssen DIN 17 100 (ersetzt durch DIN EN 10 025) und DIN 4421 entsprechen. Werkstoffe für *Rohre* müssen DIN 17 120 (ersetzt durch DIN EN 10 219 Teil 1), DIN 17 121 (ersetzt durch DIN EN 10 210 Teil 1) und DIN 4427 (ersetzt durch DIN EN 39) entsprechen. Werkstoffe für *Aluminium* sind in DIN 4113 Teil 1 geregelt. *Holzbauteile* werden in DIN 4047 Teil 1, *geleimte Holzbauteile* in DIN 1052 Teil 1 beschrieben [171, 204–206].

Gerüstbauteile aus Stahl

Serienmäßig aus Stahl hergestellte Gerüstbauteile müssen einen Korrosionsschutz mindestens nach DIN 4427 respektive DIN EN 39 aufweisen. Tragende Gerüstbauteile aus Stahl müssen eine Nennwanddicke von mindestens 2,0 mm, Teile des Seitenschutzes von 1,5 mm haben. Belagteile aus Stahl müssen mindestens eine Nennwanddicke von 2,0 mm aufweisen. Diese darf unterschritten werden, wenn durch Sicken, Falzungen oder Profilierung eine Aussteifung erreicht wird, die eine gleichwertige Gebrauchs- und Tragfähigkeit garantiert.

An Gerüstbauteilen dürfen Schweißarbeiten nur von solchen Betrieben ausgeführt werden, die den Anforderungen nach DIN 18 800 Teil 7 (03.1981 bzw. 09.2002) genügen, d. h. mindestens den kleinen Eignungsnachweis haben [217]. Werden systemunabhängige Stahlrohre aus St 37 mit einem Außendurchmesser von Ø 48,3 mm eingesetzt, müssen diese den Anforderungen und Prüfungen nach DIN 4427 (09.1990) bzw. DIN EN 39 genügen [171].

Gerüstbauteile aus Aluminium

Die Nennwanddicke tragender Gerüstbauteile aus Aluminium muß mindestens 2,5 mm, für die Teile des Seitenschutzes 2,0 mm betragen. Die Mindestwanddicke von 2,5 mm darf unterschritten werden, wenn durch Profilierung oder Aussteifung eine mindestens gleichwertige Gebrauchstauglichkeit und Tragfähigkeit erreicht wird. Aluminiumrohre, an die Kupplungen angeschlossen werden, müssen eine Nennwanddicke von mindestens 4,0 mm und die Festigkeitseigenschaften des Zustandes F28 nach DIN 1746 Teil 1 (ersetzt durch DIN EN 754 Teil 2) aufweisen [189]. Diese Forderung bedeutet praktisch, daß alle Aluminiumrohre von Systemgerüsten eine Nennwanddicke von 4,0 mm haben müssen, damit die im Gerüstbau unverzichtbaren Kupplungen verwendet werden können. Schweißarbeiten an Gerüstbauteilen aus Aluminium dürfen nur von Betrieben ausgeführt werden, die den Eignungsnachweis gemäß der Richtlinien zum Schweißen von tragenden Bauteilen aus Aluminium erbracht haben.

Gerüstbauteile aus Holz

Holzbauteile müssen mindestens der Sortierklasse S10 oder MS10 nach DIN 4074 Teil 1 (09.1989 bzw. 06.2003) entsprechen [191]. Diese Anforderungen sind weitgehend identisch mit denen der Güteklasse II nach DIN 4074 (12.1958). Gerüstbretter oder Gerüstbohlen und Teile des Seitenschutzes müssen vollkantig und mindestens 3,0 cm dick sein. Diese dürfen an ihren Enden nicht aufgerissen sein. Geleimte Gerüstbauteile aus Holz dürfen nur von Betrieben hergestellt werden, die den Nachweis nach DIN 1052 Teil 1 erbracht haben [176].

Kupplungen, Zentrierbolzen und Fußplatten

Kupplungen, Zentrierbolzen und Fußplatten müssen DIN EN 74 entsprechen. Gerüstkupplungen mit Schraub- oder Keilverschluß dürfen nur an Stahlrohre mit einem Außendurchmesser von Ø 48,3 mm und einer Nennwanddicke von mindestens 3,2 mm angeschlossen werden [172]. Entsprechen die Kupplungen nicht DIN EN 74, müssen sie ein Prüfzeichen des Deutschen Instituts für Bautechnik tragen. Bei Aluminiumrohren wird bei einem Außendurchmesser von Ø 48,3 mm eine Nennwanddicke von mindestens 4,0 mm gefordert. Darüber hinaus dürfen an Aluminiumrohren nur Kupplungen mit Schraubverschluß verwendet werden. Kupplungen, die an Aluminiumrohre angeschlossen werden, benötigen in jedem Fall eine Zulassung des Deutschen Instituts für Bautechnik in Berlin.

Fußspindeln

Die Überdeckungslänge zwischen Ständerrohr oder Einsteckling einerseits und Spindelschaft andererseits muß 25 % der Spindellänge, mindestens jedoch 150 mm betragen. Werden leichte Gerüstspindeln nach den Anforderungen an die Konstruktion, Tragsicherheit und Überwachung von DIN 4425 (11.1990) gefertigt, erfüllen sie automatisch diese Forderungen. Die mögliche Schrägstellung zwischen Ständerrohr und Spindel darf im unbelasteten Zustand nicht mehr als 2,5 % betragen.

Verbindungen

Werden einzelne Bauteile eines Gerüstes miteinander verbunden, müssen diese Verbindungen wirksam und leicht zu überprüfen sein. Sie müssen einfach anzubringen und gegen unbeabsichtigtes Lösen gesichert sein.

4.3.4   Standsicherheit

Für Gerüste ist die Standsicherheit grundsätzlich nachzuweisen. Das bedeutet, daß der Nachweis der Tragsicherheit und der Lagesicherheit, also auch der Sicherheit gegen Gleiten, Abheben und Umkippen, erbracht werden muß, um zu gewährleisten, daß die wirkenden Lasten sicher in den Untergrund bzw. in die tragenden Bauwerkteile eingeleitet werden können und die Betriebssicherheit gegeben ist.

Abweichend von der grundsätzlichen Regelung darf auf einen Nachweis der Standsicherheit verzichtet werden:

- bei den Regelausführungen nach DIN 4420 Teil 2 und Teil 3 sowie nach Zulassung entsprechend den Vorgaben in DIN 4420 Teil 4,
- bei Abweichungen von den Regelausführungen, soweit diese nach fachlicher Erfahrung beurteilt werden können,
- bei Konsolgerüsten, die den Sicherheitsregeln für Turm- und Schornsteinarbeiten entsprechen,
- bei Gerüstbauarten, die nicht in DIN 4420 Teil 2 bis 4, jedoch durch berufsgenossenschaftliche Sicherheitsregeln für Arbeits- und Schutzgerüste geregelt sind.

In allen anderen Fällen sind die Standsicherheit des Gerüstes und die ausreichende Bemessung aller tragenden Teile und Anschlüsse in der statischen Berechnung übersichtlich und prüfbar nachzuweisen. Alle verwendeten Baustoffe und Bauelemente sind aufzuführen. Es sind alle Lasten zusammenzustellen und ihre Weiterleitung bis in den tragfähigen Untergrund zu verfolgen. Werden die Lasten aus dem Gerüst nicht direkt, sondern über andere bereits vorhandene Bauteile in den Baugrund abgeleitet, müssen auch diese im Zusammenhang mit dem untersuchten Gerüst statisch nachgewiesen werden. Zum Umfang des Nachweises gehören auch Übersichtszeichnungen mit eingetragenen Maßen, Verankerungspunkten und Positionsnummern. Darüber hinaus sollte eine Beschreibung des Bauwerkes und des geplanten Arbeitsablaufes die Berechnung ergänzen.

Bei der Nachweisführung gelten, wenn nichts anderes bestimmt wird, die jeweiligen Grundnormen, z. B. DIN 18 800 Teil 1 und 2 (11.1990), DIN 4113 (05.1980) oder DIN 1052 Teil 1 und 2 (04.1988). Es ist nachzuweisen, daß die Beanspruchungen S_d die Beanspruchbarkeiten R_d nicht überschreiten:

$$S_d / R_d \leq 1$$

Die Beanspruchungen S_d sind mit den Bemessungswerten der Einwirkungen zu bestimmen. Die Beanspruchbarkeiten R_d sind mit den Bemessungswerten der Widerstände zu bestimmen.

Als Einwirkungen sind zunächst die charakteristischen Werte der Eigenlasten der Gerüstbauteile, der Verkehrslasten in Abhängigkeit von den Gerüstgruppen sowie der Windlasten zu bestimmen. Gerüste werden nicht durch gleichmäßig verteilte, sondern durch örtlich konzentrierte Verkehrslasten, wie z. B. durch Personen, Paletten oder Mörtelkübel, beansprucht. Die in Tabelle 4.6 festgelegten charakteristischen Werte der Verkehrslasten sind das Ergebnis ausführlicher Beratungen und zahlreicher Kompromisse.

Im Vergleich zu baulichen Anlagen haben Arbeitsgerüste wesentlich geringere Standzeiten. Sie betragen z. B. bei Kaminauslegergerüsten weniger als einen Tag und bei Fassadengerüsten im allgemeinen höchstens zwei Jahre. Der Tatsache, daß in dieser Zeit der auf einen 50-Jahres-Zeitraum ausgelegte Bemessungswind wahrscheinlich nicht auftritt, wird durch die Einführung eines Standzeitfaktors bei der Bestimmung der Windbelastung Rechnung getragen. Dieser beträgt z. B. für den Lastfall „größte Windlast" $\chi = 0{,}7$, für die Lastfälle „Arbeitsbetrieb" und „Tagesgerüst", für welche geringere Staudrücke anzusetzen sind, $\chi = 1{,}0$. Der Standzeitfaktor ist in den Bemessungsstaudruck eingearbeitet. Der Staudruck q ist in Abhängigkeit von der Höhe über der Geländeoberfläche anzusetzen. In

Tabelle 4.6 Verkehrslasten nach DIN 4420 Teil 1 (12.1990) Tabelle 2

Gerüstgruppe	Flächenbezogene Nennlast p [kN/m²]	Einzellast[1]		Teilflächenlast	
		P_1 [kN]	P_2 [kN]	p_c [N/m²]	Teilfläche A_c
1	0,75[2]	1,5	1,0	–	–
2	1,50	1,5	1,0	–	–
3	2,00	1,5	1,0	–	–
4	3,00	3,0	1,0	5,00	$0,4 \cdot A_b$
5	4,50	3,0	1,0	7,50	$0,4 \cdot A_b$
6	6,00	3,0	1,0	10,00	$0,5 \cdot A_b$

[1] P_1 Belastungsfläche 0,5 m × 0,5 m, mindestens jedoch 1,5 kN je Belagteil,
P_2 Belastungsfläche 0,2 m × 0,2 m.
[2] Für Belagteile p = 1,50 kN/m².

den meisten Fällen stehen die Fassadengerüste nicht vor Skelettbauten, sondern vor Gebäuden mit teilweise oder sogar völlig geschlossenen Fassaden. Diese Gegebenheit wird durch die Einführung des Lagebeiwertes c_1 berücksichtigt. Der Lagebeiwert beträgt $c_1 = 1,0$. Für nicht bekleidete Fassadengerüste vor teilweise geschlossenen Fassaden darf er in Abhängigkeit vom Öffnungsgrad auf einen Wert bis zu $c_1 = 0,25$ gemindert werden. Immer häufiger werden Gerüste durch Geflechte, Planen oder Netze bekleidet. Die bekleidete Fläche ist bei der Ermittlung der Windlast zu berücksichtigen. Der aerodynamische Kraftbeiwert c_f beträgt für geschlossene Geflechte und Planen bei Anströmung rechtwinklig zur betrachteten Fläche $c_{f\perp} = 1,3$. Geringere Werte sind z. B. für luftdurchlässige Netze durch geeignete Versuche zu belegen.

In der Praxis spielen horizontale Ersatzlasten aus Arbeitsbetrieb und Ersatzlasten auf Teile des Seitenschutzes eine wichtige Rolle. Nicht planmäßige horizontale Beanspruchungen sind durch eine Ersatzlast in ungünstigster Stellung zu berücksichtigen. Diese beträgt das 0,03fache der örtlich wirkenden vertikalen Verkehrslast, mindestens jedoch 0,3 kN pro Gerüstfeld. Geländer- und Zwischenholme sind für eine Einzellast von 0,3 kN zu bemessen. Hierbei darf die elastische Durchbiegung 35 mm nicht überschreiten. Außerdem darf unter einer vertikal abwärtsweisenden Belastung von 1,25 kN kein Versagen auftreten. Als Versagen gilt auch eine Verformung von mehr als 200 mm. Bordbretter sind für eine horizontale Einzellast von 0,20 kN zu bemessen.

Das Gesamtgerüst ist für folgende *Lastkombinationen* nachzuweisen:

• Lastkombination A: *Arbeitsbetrieb*,
• Lastkombination B: *größte Windlast*.

Bei der Lastkombination A ist das Gerüst mit der vollen rechnerischen Verkehrslast sowie den für einen geregelten Arbeitsbetrieb zulässigen Windlasten zu belasten. Bei der Lastkombination B wird das Gerüst von der größten auftretenden Windlast beansprucht. Die Verkehrslasten hingegen werden nicht voll in Ansatz gebracht, sondern in Abhängigkeit von der Gerüstgruppe nur zu bestimmten Anteilen.

Diese Lastkombinationen erfassen die Verhältnisse vor Ort praxisnah und gewährleisten eine weitgehend wirtschaftliche Bemessung der Gerüstkonstruktion.

4.3.5 Arbeitsgerüste

Als Arbeitsgerüste werden Baukonstruktionen bezeichnet, von denen aus Arbeiten durchgeführt werden können.

Gruppeneinteilung

Arbeitsgerüste werden abhängig von der Nutzung in sechs Gerüstgruppen eingeteilt (s. Tabelle 4.7). Werden Konsolbeläge verwendet, müssen diese zur selben Gerüstgruppe wie die Belagfläche selbst gehören. Bei Höhendifferenzen zwischen Belagfläche und Konsolbelagfläche über 0,25 m dürfen unterschiedliche Gerüstgruppen gewählt werden. Die freie Durchgangsbreite muß bei Materiallagerung auf der Belagfläche mindestens 0,20 m betragen. Unter Berücksichtigung der Einzellast nach Tabelle 4.6 darf die maximale Durchbiegung eines jeden Belagteils nicht mehr als 1/100 der Stützweite betragen. Darüber hinaus darf bei mehrteiligem Belag die größte Durchbiegungsdifferenz zwischen einem nach Tabelle 4.6 belasteten und unbelasteten Belagteil nicht mehr als 2,5 cm betragen.

Die neu hinzugekommene Gerüstgruppe 1 darf nur für Inspektionstätigkeiten eingesetzt werden. Dabei darf je Gerüstfeld ein Nutzgewicht, d. h. ein Gewicht, mit dem das Gerüst pro Quadratmeter Belagfläche belastet wird, von 150 kg nicht überschritten werden. Die entsprechende Belastung repräsentiert in etwa eine Person mit Werkzeug. Die Belagbreite inklusive Bordbrettdicke darf 0,50 m nicht unterschreiten. Die Beläge müssen jedoch für die Belastung der Gerüstgruppe 2 bemessen werden. Die Lagerung von Material auf einem Gerüst der Gerüstgruppe 1 ist verboten.

Arbeitsgerüste der Gerüstgruppe 2 dürfen ebenfalls nur für Arbeiten eingesetzt werden, die keine Lagerung von Baustoffen und Bauteilen erfordern, ausgenommen solcher zur

Tabelle 4.7 Gerüstgruppen nach DIN 4420 Teil 1 (12.1990) Tabelle 1

Gerüstgruppe	Mindestbreite der Belagfläche[2] [m]	Flächenbezogenes Nutzgewicht [kN/m^2]	Flächenpressung[3] [kN/m^2]
1	0,50[1]	–	–
2	0,60[1]	1,50	–
3	0,60[1]	2,00	–
4	0,60	3,00	5,00
5	0,90	4,50	7,50
6	0,90	6,00	10,00

[1] Die Bordbrettdicke darf mitgerechnet werden.
[2] Die freie Durchgangsbreite muß bei Materiallagerung auf der Belagfläche mindestens 0,20 m betragen.
[3] Flächenpressung ist hier Nutzgewicht geteilt durch dessen tatsächliche Grundrißfläche.

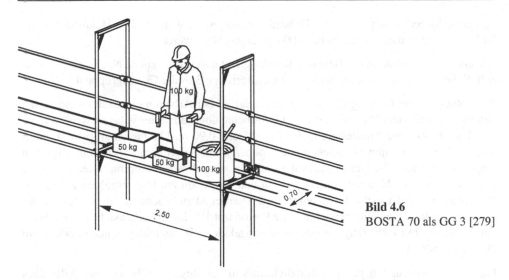

Bild 4.6
BOSTA 70 als GG 3 [279]

sofortigen Verwendung. Zu dieser Art von Arbeiten zählen Wartungsarbeiten, Anstreich-
arbeiten, Putzen oder Verfugen. Hier darf je Gerüstfeld das Nutzgewicht von 150 kg/m^2
nicht überschritten werden. Einzelne Belagteile, die schmaler als 0,35 m sind, z. B. Gerüstbohlen, dürfen innerhalb ihrer zulässigen Stützweite mit 150 kg beansprucht werden. Die
Belagbreite inklusive Bordbrettdicke darf 0,60 m nicht unterschreiten. Eine Belagfläche
von 0,60 m × 2,50 m ergibt somit ein zulässiges gesamtes Nutzgewicht von 225 kg.

In der Gerüstgruppe 3 darf das Nutzgewicht auf 200 kg/m^2 erhöht werden. Auch hier gilt
die Regelung, daß einzelne Belagteile, die schmaler als 0,35 m sind, z. B. Gerüstbohlen,
innerhalb ihrer zulässigen Stützweite nur mit 150 kg beansprucht werden dürfen. Die Belagbreite inklusive Bordbrettdicke darf 0,60 m nicht unterschreiten. Das auf der Belagfläche

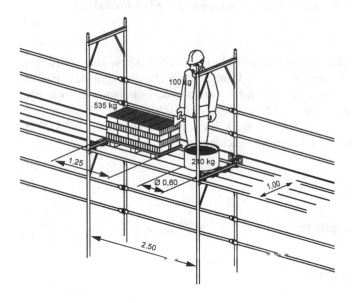

Bild 4.7
BOSTA 100 als GG 5 [279]

gelagerte Material darf nicht mit Hebezeugen abgesetzt werden. Die Belagfläche von 0,60 m × 2,50 m darf höchstens mit 300 kg beaufschlagt werden.

Die unpräzise Definition der Belagfläche ermöglicht durch zusätzliche Nachweise im Einzelfall die Einstufung eines Gerüstes der Gerüstgruppe 3 in die Gerüstgruppe 4.

Arbeitsgerüste der Gerüstgruppen 4, 5 und 6 dürfen bei Arbeiten eingesetzt werden, bei denen Baustoffe oder Bauteile auf dem Gerüstbelag abgesetzt oder gelagert werden müssen. Hier beträgt die Mindestbreite der Belagfläche 0,90 m. Die Gerüstgruppen 4 und 5 sind für Maurerarbeiten vorgesehen oder können beim Anbringen von Betonfertigteilen eingesetzt werden. Die Gerüstgruppen 5 und 6 lassen schwere Maurerarbeiten sowie die Lagerung größerer Mengen von Baustoffen und Bauteilen zu. Die einzelnen zulässigen Nutzgewichte sind Tabelle 4.7 zu entnehmen. Hierbei ist zu beachten, daß bei der Ermittlung des tatsächlichen Nutzgewichtes eine Person mit 100 kg zu berücksichtigen ist. Werden Gewichte mit Hebezeug auf das Gerüst abgeladen, ist das maßgebende Gewicht um 20 % zu erhöhen.

Für alle Gerüstgruppen gilt grundsätzlich, daß in der Regelausführung innerhalb eines Gerüstfeldes, also im Bereich zwischen zwei Ständern und über die gesamte Gerüsthöhe, nur eine Belagfläche mit dem gesamten Nutzgewicht beaufschlagt werden darf.

Bauliche Durchbildung

Gerüste dürfen nur unter sachkundiger Aufsicht auf-, um- und abgebaut werden. Der Ersteller ist verpflichtet, Gerüste nur aus unbeschädigten Gerüstbauteilen aufzubauen und diese so aufzustellen, daß die auf sie einwirkenden Lasten sicher in ausreichend tragfähigen Untergrund abgeleitet werden können. Um diese Bedingungen zu erfüllen, ist es erforderlich, daß der Unterbau, die Aussteifung, die Verankerungen und die Belagteile den Anforderungen von DIN 4420 genügen. Hinzu kommen die sicherheitstechnischen Anforderungen bezüglich des Seitenschutzes, der Zugänge und der Eckausbildung.

Unterbau

Ständer sind immer mit *Fußplatten* oder *Fußspindeln* zu versehen. Diese sind vollflächig auf tragfähigen Untergrund zu stellen. Werden Gerüste auf Erdreich gegründet, müssen unter den Fußplatten oder -spindeln ausreichend lastverteilende Unterlagen in Form von z. B. Bohlen angeordnet werden. Bei Lastabtragung über keilförmige Unterlagen auf geneigten Flächen mit mehr als 5° Neigung, was ca. 9 cm Höhenunterschied auf 1,00 m Länge entspricht, ist die örtliche Lastabtragung nachzuweisen.

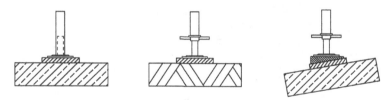

Bild 4.8 Fußspindel mit Unterbau [279]

Aussteifung

Um die Standsicherheit eines Gerüstes trotz schubweicher Systemeigenschaften zu gewährleisten, müssen Gerüste ausgesteift werden. Als Aussteifungselemente sind Diagonalen, Rahmen, Verankerungen, aber auch andere, gleichwertige Maßnahmen zugelassen. Bei Systemgerüsten ist die Art der Aussteifung grundsätzlich dem Zulassungsbescheid oder der Aufbauanleitung zu entnehmen. Bei den meisten Gerüstsystemen erfolgt die Aussteifung durch Diagonalen in der äußeren Gerüstebene, durch Gerüstrahmen in der zum Bauwerk senkrechten Ebene, durch Gerüstbeläge in der waagerechten Ebene und durch die Verankerung. Diagonalen sind an den Knoten mit den vertikalen oder horizontalen Haupttraggliedern zu verbinden. Einer innerhalb einer Gerüstfeldlänge über die gesamte Höhe ausgeführten senkrechten Verstrebung durch Diagonalen dürfen höchstens fünf Gerüstfelder zugeordnet werden. Diagonalen dürfen erst beim Abbau, und zwar auf diesen abgestimmt, entfernt werden. Werden Verstrebungen vorzeitig gelöst, muß vorher für einen gleichwertigen Ersatz gesorgt werden. Je nach Konstruktion können Diagonalen gegenläufig oder im Geflecht angeordnet werden.

Verankerungen

Verankerungen stellen für das Gerüst ein festes Lager dar. Sie verhindern das Umkippen des Gerüstes und verkürzen die Knicklänge der Ständerrohre. Somit bieten Verankerungen Gerüsten, die freistehend nicht standsicher sind, eine zusätzliche Aussteifung. Die waagerechten und senkrechten Abstände der Verankerung richten sich nach der statischen Berechnung, bei Regelausführungen nach den für sie angegebenen Maßen. Die zur Zeit auf dem Markt üblichen Gerüstsysteme weisen einen Verankerungsabstand im Ständerzug von 4,00 m oder 8,00 m am Innenstiel auf. Die Randstiele des gesamten Gerüstes sind mindestens im Abstand von 4,00 m zu verankern. Grundsätzlich sind Verankerungen mit Gerüstrohren, die am inneren und am äußeren Ständerrohr mit Normalkupplungen im Knotenbereich angeschlossen werden, auszuführen. Der Verankerungsgrund zur Aufnahme der Verankerungskräfte muß standsicher und fest sein. Zur Lastübertragung müssen geeignete Befestigungsmittel gewählt werden. Steht ein Verankerungsuntergrund aus Stahlbeton, wie z. B. Deckenscheiben oder Stützen, zur Verfügung, können geeignete Dübel, für die eine Bauartzulassung vorliegt, verwendet werden. Sehr oft wird jedoch Mauerwerk als Verankerungsuntergrund angetroffen. In diesem Fall haben sich in der Praxis Ringösenschrauben mit einem Durchmesser von Ø 12,0 mm und einem dazugehörigen Kunststoffdübel (Rahmendübel) bewährt. Eine ausreichende und einwandfreie Tragfähigkeit der Verankerung muß im Einzelfall mit einem Dübelprüfgerät überprüft werden. Auszugsversuche am Prüfmuster sollten mit der 2fachen, die Prüfung am Einbauort mit der 1,2fachen geforderten Zugbelastung durchgeführt werden. Muß von der Regelverankerung abgewichen werden, sind in diesem Fall die in der Aufbauanleitung angegebenen besonderen konstruktiven Maßnahmen zu beachten. Wenn darüber hinaus eine andere Art der Verankerung gewählt werden muß, etwa durch die Gegebenheiten des Verankerungsuntergrundes bedingt, ist im Einzelfall mit einer statischen Berechnung die ausreichende Standsicherheit des Gerüstes nachzuweisen. Auch hier gilt, ähnlich wie bei den Diagonalen, der Grundsatz, daß für einen gleichwertigen Ersatz zu sorgen ist, wenn Verankerungen vorzeitig gelöst werden müssen. Verankerungen dürfen erst beim Abbau und in Abstimmung mit dem Fortschreiten der Maßnahme entfernt werden.

Belagteile

Belagteile sind dicht aneinander und so zu verlegen, daß sie weder wippen noch ausweichen können. In Konsolen oder in der obersten Lage von Systemgerüsten eingebaute Beläge müssen zusätzlich gegen Abheben gesichert sein. Systemfreie Gerüstbohlen sind so zu verlegen, daß mindestens ein Überstand von 0,20 m über das jeweilige Auflager hinaus oder eine gegenseitige Überlappung von 0,20 m am Auflager vorhanden ist. Die zulässigen Stützweiten für Gerüstbeläge aus Holzbohlen oder -brettern sind Tabelle 4.8 zu entnehmen.

Die Mindestbreite der Belagfläche beträgt für:

- Gerüstgruppe 1:   0,50 m
- Gerüstgruppe 2 und 3:   0,60 m
- Gerüstgruppe 4, 5 und 6:   0,90 m

Tabelle 4.8   Zulässige Stützweiten in m für Gerüstbeläge aus Holzbohlen oder -brettern nach DIN 4420 Teil 1 (12.1990) Tabelle 8

Gerüst-gruppe	Brett- oder Bohlenbreite [cm]	Brett- oder Bohlendicke				
		3,0 cm	3,5 cm	4,0 cm	4,5 cm	5,0 cm
1, 2, 3	20	1,25	1,50	1,75	2,25	2,50
	24 und 28	1,25	1,75	2,25	2,50	2,75
4	20	1,25	1,50	1,75	2,25	2,50
	24 und 28	1,25	1,75	2,00	2,25	2,50
5	20, 24, 28	1,25	1,25	1,50	1,75	2,00
6	20, 24, 28	1,00	1,25	1,25	1,50	1,75

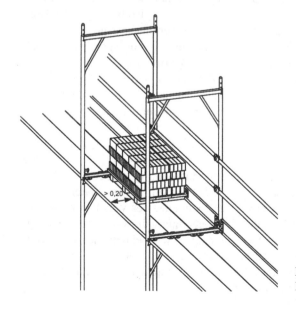

Bild 4.9
Mindestdurchgangsbreite [279]

Wenn der Bauablauf erfordert, daß Material nicht nur kurzzeitig auf der Belagfläche gelagert wird, ist mindestens ein Gerüst der Gerüstgruppe 3 zu wählen. Bei der Breite der Belagfläche ist darauf zu achten, daß eine freie Durchgangsbreite von mindestens 0,20 m erhalten bleibt. Unter Berücksichtigung der Einzellast nach Tabelle 4.6 darf die maximale Durchbiegung eines jeden Belagteils nicht mehr als 1/100 der Stützweite dieses Belages betragen. Bei mehrteiligem Belag darf die größte Durchbiegungsdifferenz zwischen dem nach Tabelle 4.6 belasteten und dem unbelasteten Belagteil nicht mehr als 25,0 mm betragen.

Eckausbildung

Bei Einrüstungen an Bauwerkecken ist der Belag in voller Breite um die Ecke herumzuführen. Dient das Gerüst an Bauwerkecken lediglich als Verkehrsweg und werden dort keine Arbeiten ausgeführt, darf abweichend von der o. g. Regelung die Belagbreite in diesem Bereich gegebenenfalls geringer sein, muß aber mindestens 0,50 m betragen.

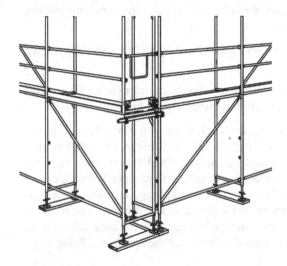

Bild 4.10
Eckausbildung [279]

Seitenschutz

Genutzte Gerüstlagen sind zum Schutz von Personen, die auf dem Gerüst arbeiten, vor Absturz zu umwehren. Der Seitenschutz muß grundsätzlich dreiteilig sein. Er besteht aus einem Geländer- und einem Zwischenholm sowie aus einem Bordbrett. Geländer- und Zwischenholm haben eine Leit- und Brüstungsfunktion bei der Nutzung der Gerüstlage als Verkehrsweg oder Arbeitsplatz. Das Bordbrett erfüllt gleichzeitig zwei Funktionen: es dient als Leitbrett, damit eine auf dem Belag gehende Person nicht von der Belagfläche mit dem Fuß abrutschen kann, und es soll verhindern, daß auf der Belagfläche liegendes Werkzeug oder Material herunterfallen und somit andere Personen gefährden kann.

Auf einen dreiteiligen Seitenschutz kann verzichtet werden:

- wenn die Gerüstlage weniger als 2,00 m über sicherem Untergrund angeordnet ist,
- auf der Gerüstseite, auf welcher der Abstand zwischen der Kante der Belagfläche und dem Bauwerk nicht mehr als 0,30 m beträgt.

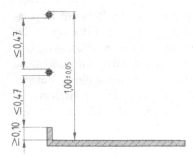

Bild 4.11
Seitenschutzmaße [196]

Auf das Bordbrett allein darf verzichtet werden:

- an den Stirnseiten bei Belagbreiten von weniger als 1,50 m, wenn Belag und Längsbordbrett die vertikale Ebene des Stirnseitenschutzes um mindestens 0,30 m überragen,
- bei Belagflächen, die ausschließlich als Zwischenpodest für den Innenleiteraufstieg dienen.

Auf das Bordbrett und den Zwischenholm darf an den Einstiegsstellen von Außenleiteraufstiegen verzichtet werden.

Auf den Zwischenholm allein darf verzichtet werden, wenn Netze oder Geflechte verwendet werden, welche die Funktion als Geländerfüllung übernehmen können.

Bei Systemgerüsten sind für den Seitenschutz grundsätzlich die vom Hersteller vorgesehenen Bauteile zu verwenden. Ist dieses aus konstruktiven Gründen in Einzelfällen nicht möglich, dürfen Gerüstrohre mit einem Außendurchmesser von Ø 48,3 mm aus Stahl mit einer Wanddicke von mindestens 3,2 mm oder aus Aluminium mit einer Wanddicke von mindestens 4,0 mm verwendet werden, wie beim Stahlrohr-Kupplungsgerüst üblich. Hierbei müssen diese Gerüstrohre mit Kupplungen an die Gerüstständer im Abstand von maximal 3,00 m angeschlossen werden. Das Bordbrett muß mindestens 3,0 cm dick sein und die Belagfläche um 10,0 cm überragen. Ferner muß das Bordbrett dicht auf dem Belag angeordnet und gegen Kippen gesichert sein.

Zugang

Arbeitsplätze auf Gerüsten müssen über sichere Zugänge oder Aufstiege in Form von Treppen, Leitern oder Laufstegen erreichbar sein. Werden Leitern als Aufstiege verwendet, dürfen sie als Innenleitern nur bis zur nächsten Ebene reichen. In der Regel sind Gerüstinnenleitern in einem Gerüstfeld übereinander versetzt anzuordnen. Die Leiterdurchstiegsöffnungen in den Belägen müssen mit abschließbaren Durchstiegsklappen versehen sein. Diese müssen geschlossen gehalten werden, wenn das entsprechende Gerüstfeld als Arbeitsgerüst verwendet wird. Führen Leitergänge durch ungenutzte und deshalb nicht vollständig mit Belag und Seitenschutz ausgebaute Gerüstlagen, muß aber mindestens das als Aufstieg benutzte Gerüstfeld mit Geländer und Zwischenholm umwehrt sein. Eine Leiter darf bei einem Gerüst auch als Außenleiter verwendet werden, wenn diese auf einer ausreichend breiten und tragfähigen Ebene aufgestellt wird und der Aufstieg nicht mehr als 5,00 m beträgt. Diese Außenleiter darf parallel oder rechtwinklig zum Gerüst angeordnet

Bild 4.12
Funktion des Geländers [279]

Bild 4.13
Funktion des Knieholmes [279]

Bild 4.14
Funktion des Bordbrettes [279]

Bild 4.15   BOSTA 70 Gerüsttreppe [279]   **Bild 4.16**   BOSTA 100 Innenleitergang [279]

werden. Als Zugänge können auch Treppen in Form eines separaten Treppenturmes vor dem Gerüst oder integrierte Treppen verwendet werden. Dabei ist zu beachten, daß im Bereich solcher Treppenanlagen zusätzliche Verankerungen vorzusehen sind, in der Regel alle 4,00 m.

4.3.6   Schutzgerüste

Als Schutzgerüste werden Baukonstruktionen bezeichnet, welche Personen vor tieferem Absturz oder Personen, Maschinen sowie Geräte vor herabfallenden Gegenständen schützen.

Schutzgerüste werden entsprechend der Schutzfunktion in drei Arten eingeteilt:

- Das *Fanggerüst* wird bis zu 2,00 m bzw. bis zu 3,00 m unterhalb einer möglichen Absturzkante errichtet und soll abstürzende Personen auffangen.
- Das *Dachfanggerüst* wird bis zu 1,50 m unterhalb der Traufe eines um mindestens 20° geneigten Daches errichtet und soll von der Dachfläche abrutschende Personen auffangen.
- Das *Schutzdach* wird über Verkehrswegen oder Arbeitsplätzen errichtet und soll herabfallende Gegenstände auffangen.

Bauliche Durchbildung

Die Lasten von Schutzgerüsten müssen sicher in die unterstützenden Bauteile übertragen werden. Sind diese Bauteile Bestandteil eines Arbeitsgerüstes, gelten die Regelungen nach den Normen der Reihe DIN 4420 (12.1990).

Wird mit einem Schutzgerüst eine Bauwerkecke eingerüstet, ist der Belag in voller Breite um die Ecke zu führen. Die Schutzgerüste müssen mindestens wie Arbeitsgerüste der Gerüstgruppe 2 bemessen sein, wobei an den Belag zusätzliche Anforderungen zu stellen sind.

Alle Bauteile von Schutzgerüsten sind in ihrer Lage zu sichern. Das gilt insbesondere für leichte, großflächige Bauteile, bei denen die Gefahr des Abhebens infolge Windeinwirkung besteht.

Schutzgerüste müssen einen hochgelegenen Arbeitsplatz seitlich um mindestens 1,00 m überragen. Diese Abmessung berücksichtigt die o. g. zugelassenen Absturzhöhen. Die Abmessungen der Abdeckung von tiefliegenden zu schützenden Bereichen sind nach örtlichen Gegebenheiten zu wählen, da keine allgemeine Begrenzung der Fallhöhe angenommen werden kann.

Fanggerüste

Die Mindestbreite der Belagfläche eines Fanggerüstes muß 0,90 m betragen. Die Breite des Fanggerüstes ist in Abhängigkeit vom vertikalen Abstand seines Belages von der Absturzkante gemäß Tabelle 4.9 zu wählen.

Tabelle 4.9   Horizontaler Abstand der Innenkante des Seitenschutzes von der Absturzkante in Fanggerüsten nach DIN 4420 Teil 1 (12.1990) Tabelle 9

Vertikaler Abstand h in m	bis	2,00	3,00
Mindestabstand b_1 in m	min.	0,90	1,30

Der horizontale Abstand zwischen Fanggerüst und Bauwerk soll so klein wie möglich gehalten werden, jedoch darf er in keinem Fall größer als 0,30 m ausfallen. Fanggerüste

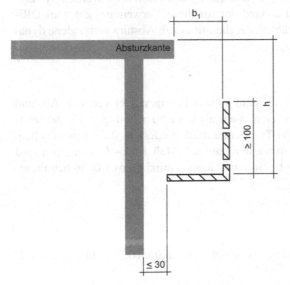

Bild 4.17
Bauliche Durchbildung als Fanggerüst
[196]

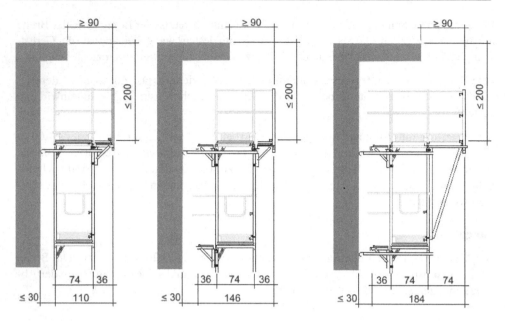

Bild 4.18 Einsatzbeispiel Fanggerüst [279]

müssen unabhängig von ihrem Abstand zur Absturzkante mit einem dreiteiligen Seitenschutz ausgestattet sein. Besteht eine Absturzgefahr auch zum Bauwerk hin, ist die Belagfläche nach innen zu verbreitern. Wird ein Seitenschutz üblicher Bauart (s. Abschnitt 4.3.5) verwendet, darf dieser maximal 15° gegen die Vertikale geneigt sein. Bei einer Neigung von mehr als 15° ist eine Gerüstausbildung mit einer geschlossenen Schutzwand erforderlich. Diese Schutzwand muß wie der übrige Gerüstbelag bemessen sein. Werden Systemgerüste als Fanggerüste eingesetzt, ist anhand der für diese Verwendungsart vom DIBt erstellten Zulassung der Belag auszuwählen, der die mit einem Absturz verbundene dynamische Belastung aufzunehmen vermag.

Dachfanggerüste

Die Mindestbreite eines Dachfanggerüstes muß 0,60 m betragen. Der vertikale Abstand der Belagebene von der Traufkante darf nicht mehr als $h = 1{,}50$ m betragen. Der horizontale Abstand b_1 der Schutzwand von der Traufkante muß mindestens 0,70 m ausmachen. Die Schutzwand muß die Traufkante mindestens um das Maß $1{,}50 - b_1$ (Angaben sind in m) überragen. Die Höhe h_1 der Schutzwand muß jedoch mindestens 1,00 m betragen:

$$h_1 \geq h + 1{,}50 - b_1$$

$$\text{mit } h_1 \geq 1{,}00 \text{ m}$$

In der Regel bedeutet das einen vertikalen Überstand von maximal 0,80 m über die Traufkante hinaus.

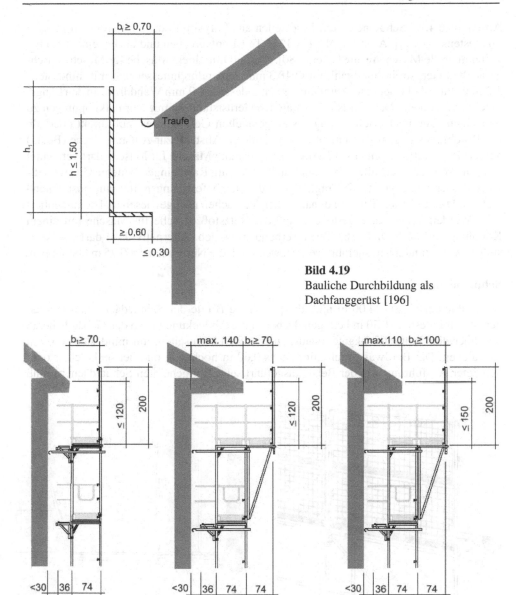

Bild 4.19
Bauliche Durchbildung als
Dachfanggerüst [196]

Bild 4.20 Einsatzbeispiel Dachfanggerüst [279]

Die Schutzwand darf sowohl aus einer dichten als auch einer unterbrochenen Verbretterung
oder aus Schutznetzen sowie Geflechten nach den *„BG-Regeln für Sicherheit von Seitenschutz und Dachschutzwänden als Absturzsicherung bei Bauarbeiten"* BGR 184 gebildet
werden [158]. Werden Drahtgeflechte mit viereckigen Maschen verwendet, müssen diese
DIN 1199 entsprechen. Es dürfen nur Drähte von mindestens Ø 2,5 mm Nenndurchmesser
und mit niedrigem Kohlenstoffgehalt verwendet werden, z. B. D5-2 (DIN 4420 Teil 2,

Abschnitt 6.4.2). Schutznetze mit Faserseilen aus Polyamid oder Polypropylen müssen mindestens dem Typ A2 nach DIN EN 1263 Teil 1 entsprechen und dürfen eine maximal 100 mm große Maschenweite haben [180]. Sie sind mit einem Masche für Masche durchgefädelten Gerüstrohr aus Stahl mit Ø 48,3 mm Außendurchmesser und mit mindestens 3,2 mm Wanddicke oder aus Aluminium mit mindestens 4,0 mm Wanddicke an den Längsrändern verbunden. Das Gerüstrohr ist an den Gerüstständern mit Normalkupplungen zu befestigen. Die untere Befestigung des aufgefädelten Gerüstrohres muß direkt oberhalb des Bordbrettes liegen, wenn nicht bei zu geringem Abstand zur Aufstandfläche (Belag) auf das Bordbrett verzichtet wird. Auf die Befestigung Masche für Masche darf verzichtet werden, wenn das Netz alle 0,75 m am Rand mit fest am Rand eingearbeiteten Gurtschnellverschlüssen befestigt ist. Die Tragfähigkeit der Netzbefestigungsmittel muß ausreichend und laut DIN EN 1263 Teil 1 in dynamischen Versuchen nachgewiesen und dokumentiert sein. Werden Schutznetze gestoßen, muß der Netzstoß Masche für Masche mit einem Kopplungsseil nach DIN 1263 Teil 1 verbunden werden. Alternativ dazu darf ein Netzstoß ohne Verbindung ausgeführt werden, wenn sich die Netzenden um 0,75 m überlappen.

Schutzdächer

Bei Fallhöhen bis zu 24,00 m muß die projizierte Breite der Schutzdächer an Arbeitsgerüsten mindestens 1,50 m betragen. Dabei ist die Abdeckung bis an das Gebäude heran und über die Gerüstaußenkante hinaus, auch an den Stirnseiten, um mindestens 0,60 m auszulegen. Die Bordwand muß mindestens 0,60 m hoch sein und bei senkrechter oder geneigter Ausführung wie der Belag ausgeführt sein. Bei geneigten Schutzdächern muß

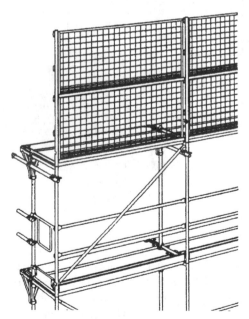

Bild 4.21 Schutzwand mit Schutznetz aus Drahtgeflecht [279]

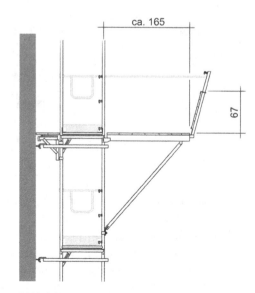

Bild 4.22 Bauliche Durchbildung als Schutzdach [279]

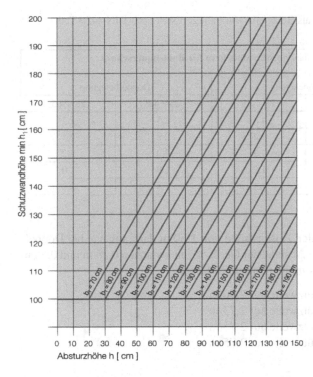

Bild 4.23
Ermittlung der maximalen
Schutzwandhöhe

die Vorderkante mindestens 0,60 m über dem Schnittpunkt zwischen der schrägen Dach-abdeckung und dem Außenständer liegen. Wird ein Fanggerüst als Schutzdach verwendet, ist auch hier der Belag bis zum Bauwerk auszulegen. Sonstige Schutzdächer, insbesondere wenn aus großer Höhe herabfallende Teile zu erwarten sind, müssen hinsichtlich der Ab-messungen und Ausführung besonders untersucht werden.

Tragfähigkeit

Fang- und Dachfanggerüste sind mindestens wie Arbeitsgerüste der Gerüstgruppe 2 zu bemessen. Um dynamische Einwirkungen bei der Auffangfunktion zur Vermeidung eines tieferen Absturzes zu berücksichtigen, ist zusätzlich ein versuchstechnischer Tragfähigkeits-nachweis von:

- Belagteilen in Fang- und Dachfanggerüsten,
- Schutzwänden in Dachfanggerüsten

nach den Grundsätzen für die Prüfung von Belagteilen in Fang- und Dachfanggerüsten sowie von Schutzwänden in Dachfanggerüsten (BGG 927) zu erbringen [170].

Abweichend von dieser Regelung darf die Tragfähigkeit von systemfreien Gerüstbohlen aus Vollholz nicht durch Fallversuche ermittelt werden. Die zulässige Stützweite ist Tabelle 4.10 zu entnehmen, wobei anzumerken ist, daß unter einer Doppelbelegung auch die Ver-wendung von Gerüstbohlen in zwei Gerüstlagen mit einem gegenseitigen vertikalen Ab-stand von bis zu 0,50 m verstanden wird.

Tabelle 4.10 Gerüstbohlen aus Holz als Belagteile von Fanggerüsten nach DIN 4420 Teil 1
(12.1990) Tabelle 10

Absturzhöhe h [m] max.	Zulässige Stützweite in m für Bohlenquerschnitt [cm × cm]			
	Einfachbelegung		Doppelbelegung	
	24 × 4,5	28 × 4,5	24 × 4,5	28 × 4,5
1,0	1,4	1,5	2,5	2,7
1,5	1,2	1,4	2,2	2,5
2,0	1,2	1,3	2,0	2,2
2,5	1,1	1,2	1,9	2,0
3,0	1,0	1,1	1,8	2,0

Für Fanggerüste mit einer maximalen Absturzhöhe von 1,50 m darf, solange bei Doppelbelegung der gegenseitige vertikale Abstand der Gerüstlagen zwischen 0,25 m und 0,50 m beträgt, bei Verwendung von Gerüstbohlen mit den Maßen:

- $(24 \times 4,5)$ cm^2 die zulässige Stützweite auf 2,50 m
- $(24 \times 5,0)$ cm^2 die zulässige Stützweite auf 2,75 m
- $(28 \times 4,5)$ cm^2 die zulässige Stützweite auf 2,75 m
- $(28 \times 5,0)$ cm^2 die zulässige Stützweite auf 2,75 m

erhöht werden.

Eine weitere Besonderheit ist beim Nachweis der Tragfähigkeit von systemgebundenen Vollholzbohlen zu beachten. Die Wahl der Dicke erfolgt in Anlehnung an die Angaben in Tabelle 4.10. Zum Tragfähigkeitsnachweis bei Verwendung im Fang- und Dachfanggerüst sind die Auflagerbereiche außerdem durch Fallversuche nach den vorgenannten Prüfgrundsätzen zu untersuchen.

4.3.7 Aufbau, Verwendung und Prüfung der Gerüste

DIN 4420 Teil 1 (12.1990) behandelt neben den technischen Anforderungen an Gerüstbauteile und Gerüstkonstruktionen auch die Verantwortlichkeit im Gerüstbau. Ferner beschreibt sie die bestimmungsgemäße Verwendung und Prüfung der Gerüste.

Aufbau

Für den betriebssicheren Auf- und Abbau der Gerüste ist der Unternehmer verantwortlich, der die Gerüstbauarbeiten ausführt. Er hat dafür zu sorgen, daß die Gerüstbauarbeiten von einem fachlich geeigneten Vorgesetzten überwacht und geleitet werden. Dieser Vorgesetzte muß qualifiziert sein, den vorschriftsmäßigen Aufbau zu gewährleisten, und er muß in der Lage sein zu überprüfen, ob im Aufbau gegebenenfalls Abweichungen von der Regelausführung einen Standsicherheitsnachweis im Einzelfall erforderlich machen. Darüber hinaus ist der mit dem Gerüstbau beauftragte Unternehmer verpflichtet, nach Fertigstellung der Gerüstbauarbeiten, also ausdrücklich vor der Inbetriebnahme, das gesamte

Gerüst dahingehend zu überprüfen, ob die verwendeten Bauteile einwandfrei und die Standsicherheit sowie die Arbeits- und Betriebssicherheit gewährleistet sind.

Verwendung

Für die Einhaltung der Betriebssicherheit und die bestimmungsgemäße Verwendung der Gerüste ist jeder Unternehmer, der die Gerüste benutzt, selbst verantwortlich.

Prüfung

Der für die Gerüstbauarbeiten verantwortliche Unternehmer hat für eine Prüfung des Gerüstes zu sorgen. Ferner ist der Unternehmer, der Gerüste benutzt, dafür verantwortlich, daß das Gerüst nicht bereits vor der endgültigen Fertigstellung benutzt wird und vor der ersten Benutzung, nach längerer Arbeitsunterbrechung und auch nach außergewöhnlichen Ereignissen, z. B. nach einem starken Sturm oder nach Erschütterungen, durch Sichtkontrolle auf augenfällige Mängel überprüft wird.

Die Überprüfung der Gerüste kann nach folgendem Schema durchgeführt werden:

- Überprüfung der verwendeten Bauteile:
  - Beschaffenheit
  - Kennzeichnung
  - Maße

- Überprüfung der Standsicherheit:
  - Tragfähigkeit des Untergrundes
  - Verankerung
  - Tragsystem
  - Abstände der Ständer
  - Verbände und Aussteifungen
  - Spindellängen

- Überprüfung der Ausführung:
  - Regelausführung
  - keine Regelausführung

- Überprüfung der Betriebssicherheit:
  - Kennzeichnung der Gerüstgruppe
  - Seitenschutz
  - Aufstiege
  - Eckausführung
  - Auflagerung der Beläge
  - Abstand zum Bauwerk
  - Beläge in Abhängigkeit von der Absturzhöhe bei Fang- und Dachfanggerüsten
  - Schutzwand im Dachfanggerüst

4.4   Leitergerüste nach DIN 4420 Teil 2

4.4.1   Allgemeines

DIN 4420 Teil 2 hat die Regelausführung von Leitergerüsten zum Gegenstand [197]. Die in dieser Norm beschriebenen Konstruktionen werden als Arbeits- und Schutzgerüste der Gerüstgruppen 1 bis 3 eingesetzt.

Leitergerüste werden, nach Tragsystem und Gerüstlage unterteilt, eingesetzt als:

- Standgerüste mit längenorientierten Gerüstlagen (Fassadengerüste),
- Standgerüste mit flächenorientierten Gerüstlagen (Raumgerüste),
- Hängegerüste mit längenorientierten Gerüstlagen.

In dieser Norm sind die Einzelheiten für Gerüstleitern und Leitergerüstbauteile einschließlich der zulässigen Gerüsthöhe, Gerüstfeldweite, Belagbreite und -dicke festgelegt.

Werden in dieser Norm keine abweichenden Regelungen getroffen, gelten übergreifend für die Gerüstbauart „Leitergerüst" die allgemeinen Angaben nach DIN 4420 Teil 1. Ausgeschlossen werden in dieser Norm andere, etwa auf Vergleichsberechnungen basierende Ausführungsarten. Abweichungen von der Regelausführung bedürfen der vollständigen erneuten Nachweisführung.

4.4.2   Begriffe und Bezeichnung

Als Leitergerüst wird ein Systemgerüst bezeichnet, das aus Gerüstleitern sowie aus Leitergerüstbauteilen besteht.

Die Gerüstleitern bestehen aus hölzernen Holmen sowie Sprossen aus Holz oder aus Stahl. Die Leitergerüstbauteile können ebenfalls aus Holz oder Stahl bestehen.

Bild 4.24
Holzleitergerüst [274]

Ein Leitergerüst wird analog der in DIN 4420 Teil 1 für Arbeits- und Schutzgerüste beschriebenen Systematik bezeichnet. Ein Beispiel für die Bezeichnung eines Arbeitsgerüstes (AG) als Leitergerüst (LG) und als Standgerüst mit längenorientierter Gerüstlage (SL) der Gerüstgruppe 3 ist:

Gerüst DIN 4420 – AG – LG – SL 3

4.4.3   Sicherheitstechnische Anforderungen an die Gerüstbauteile

Gerüstleitern

Während DIN 4420 Teil 2, Ausgabe März 1980 noch vier verschiedene Leitern L1 bis L4 vorsah, sind jetzt nur noch zwei Arten zulässig:

* *einsprossige Gerüstleitern* mit stahlunterstützten Sprossen: L1 (S),
* *zweisprossige Leitern*: L2.

Als Mindestwerte der Querschnittsabmessungen für Holme am Zopfende von Gerüstleitern gelten in Abhängigkeit von der Leiterlänge und dem lichten Holmabstand die Angaben in Tabelle 4.11. Für die Sprossenmaße der Gerüstleitern gelten die Werte in Tabelle 4.12.

Tabelle 4.11 Holmquerschnitte am Zopfende der Gerüstleitern nach DIN 4420 Teil 2 (12.1990) Tabelle 1

Leiterlänge [m]	Mindestholmquerschnitt am Zopfende $d / 2 \times d$ [cm × cm]
bis 8,65	4,0 × 8,0
bis 10,6	4,2 × 8,5
bis 12,65	4,5 × 9,0
bis 14,65	5,0 × 10,0
Für Gerüstleitern mit lichtem Holmabstand 0,85 m nach Tabelle 4.12 gilt: Holmquerschnitt am Zopfende ≥ 5 cm × 10 cm am Fußende ≥ 7 cm × 14 cm	

Tabelle 4.12 Sprossenmaße der Gerüstleitern nach DIN 4420 Teil 2 (12.1990) Tabelle 2

Art der Gerüstleiter	Lichter Holmabstand b_1 [m]	Sprossenmaße		
		b_2	h_1 [cm]	h_2
L1 (S), L2	0,50–0,59	3	7	6,5
L1 (S), L2	0,60–0,65	3	8	7,0
L2	0,85	4	10	7,5

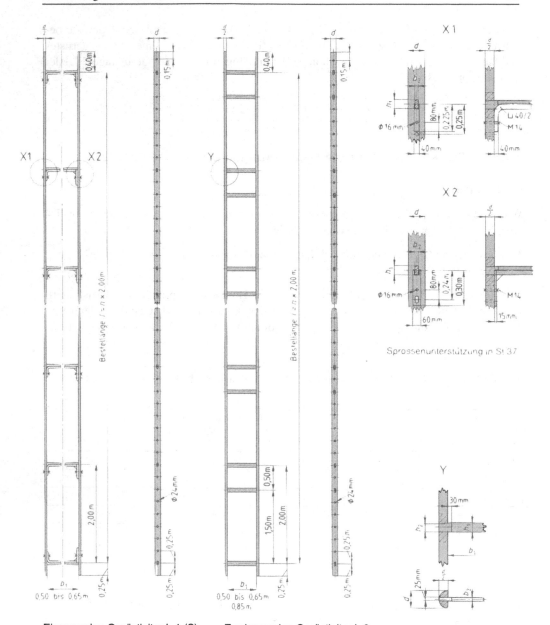

Einsprossige Gerüstleiter L 1 (S)   Zweisprossige Gerüstleiter L 2

Bild 4.25   Gerüstleitern [197]

Gerüstbauteile aus Holz und aus Stahl

Holzteile von Gerüstleitern einschließlich Leiterholmverlängerungen müssen DIN 68 362 entsprechen. Die übrigen Leitergerüstbauteile aus Holz, wie Bordbrett, Dübelarm, Geländerholm, Gerüstbohle, Giebelsteife, Kreuzstrebe, Leiterschuh, Leiterunterlage, Querlasche oder Zwischenholm, müssen aus Fichtenholz mindestens der Sortierklasse S10 nach DIN 4074 Teil 1 bestehen. Die Leitergerüstbauteile aus Holz sind an ihren Enden gegen Aufreißen zu sichern.

Leitergerüstbauteile aus Stahl, wie z. B. Fensterschrauben, Hakenschrauben oder Kopfschrauben müssen mindestens der Festigkeitsklasse 4.6 entsprechen. Konsolstangen müssen die Qualität C 35 aufweisen. Alle übrigen Teile, wie Geländerklammern, Giebelkappen für Giebelsteife, Haken für Dübelarme, Konsolen, Konsolstreben für eine oder zwei Bohlen, Leiterhaken, Leiterklammern, Ösen, Querlaschen, Schutzdacheisen, Spillen oder Unterlagscheiben, müssen aus S235JR (St 37-2) oder bei älteren Teilen auch aus dem für Umformung geeigneten Stahl St 34-2 hergestellt sein.

Für von der Regelausführung abweichende Ausführungsarten der Leitergerüstbauteile ist der Nachweis der Brauchbarkeit insgesamt zu erbringen.

Tabelle 4.13 Werkstoffe und Ausführungen von Leitergerüstbauteilen aus Holz nach DIN 4420 Teil 2 (12.1990) Tabelle 3

Leitergerüstbauteile	Werkstoff	Ausführung
alle außer Leiterholmverlängerung	Fichtenholz mindestens der Sortierklasse S10 nach DIN 4074 Teil 1	Die Leitergerüstbauteile aus Holz sind an ihren Enden gegen Aufreißen zu sichern.
Leiterholmverlängerung	DIN 68 362	

4.4.4   Ausführungen und zulässige Maße

Standgerüste mit längenorientierten Gerüstlagen (Fassadengerüste)

Gerüsthöhe

Die zulässigen Gerüsthöhen für Standgerüste mit längenorientierten Gerüstlagen, auch Fassadengerüste genannt, betragen:

- 18,00 m, wenn alle Gerüstlagen in Höhenabständen von je 2,00 m ausgelegt sind und nur eine davon mit einer Nutzlast belegt wird,
- 24,00 m, wenn eine bis drei Gerüstlagen ausgelegt werden und nur eine Gerüstlage pro Gerüstfeld mit einer Nutzlast belegt wird. Hierbei dürfen zusätzlich in Höhenabständen von je 4,00 m Montagebohlen verbleiben.

Bleibt die Belagbreite auf 0,65 m begrenzt, dürfen die Gerüsthöhen um maximal 6,00 m erhöht werden.

Tabelle 4.14 Zulässige Gerüstfeldlänge zul a für Fassadengerüste in Abhängigkeit von der Mindestdicke und -breite der Gerüstbohlen nach DIN 4420 Teil 2 (12.1990) Tabelle 5

Breite × Dicke der Gerüstbohlen aus Holz [cm × cm] min.	Zulässige Gerüstfeldlänge zul a [m] max.
24 × 5,0	2,75
28 × 4,5 24 × 4,5 20 × 5,0	2,50
28 × 4,0 20 × 4,5	2,25
24 × 4,0	2,00
20 × 4,0	1,75

Belagbreiten

Die Breite b der Belagfläche in den Gerüstgruppen 2 und 3 beträgt bei Leitergerüsten abweichend von DIN 4420 Teil 1 mindestens 0,50 m. Bei Arbeitsgerüsten darf die Belagbreite insgesamt nicht mehr als 0,90 m betragen.

Hierbei gilt als Gesamtbelagbreite die Breite der Bohlen zusammen mit der Dicke des dicht davor gestellten Bordbrettes.

Gerüstfeldlängen

Die zulässigen Gerüstfeldlängen zul a sind in Tabelle 4.14 in Abhängigkeit von der Mindestdicke und -breite der Gerüstbohlen des Belages aus Holz geregelt.

Bei Gerüstbohlen mit Breite × Dicke von 20 cm × 4 cm, die über zwei Gerüstfelder verlaufen, darf die zulässige Gerüstfeldlänge auf 2,00 m erhöht werden.

Standgerüste mit flächenorientierten Gerüstlagen (Raumgerüste)

Die zulässige Gerüsthöhe, Gerüstfeldlänge und die Maße der Unterstützung des Belages bei Standgerüsten mit flächenorientierter Gerüstlage, auch Raumgerüste genannt, sind in Tabelle 4.15 enthalten.

Tabelle 4.15 Gerüstfeldlängen, Gerüsthöhen und Belagausbildungen für Raumgerüste nach DIN 4420 Teil 2 (12.1990) Tabelle 6

Gerüst-gruppe	Zulässige Gerüstfeldlänge		Zulässige Gerüsthöhe zul h [m] max.	Gerüstbohlen • hochkant gestellt als Längsträger • als Querträger • als Belag unmittelbar auf Längsträgern in Ausführung B Breite × Dicke [cm × cm] min.	Gerüstbohlen auf Querträgern in Ausführung A	
	zul a_1 [m] max.	zul a_2 [m] max.			Breite × Dicke [cm × cm] min.	lichte Stützweite [m] max.
1 und 2	2,85	2,75	18,00	24 × 5,0	20 × 3,0	1,00
3	2,50	2,40	15,00	24 × 5,0	20 × 3,0	1,00

4.4.5   Bauliche Durchbildung

Standgerüste mit längenorientierten Gerüstlagen (Fassadengerüste)

Aufstellen von Gerüstleitern

Um eine gleichmäßige Belastungsübertragung in den Erdboden oder in tragfähige Bauteile zu ermöglichen, müssen Gerüstleitern auf Leiterschuhen oder Leiterunterlagen aufgestellt werden.

Tabelle 4.16   Holmquerschnitte für Standleitern mit Holmabstand 0,50 m bis 0,65 m nach
DIN 4420 Teil 2 (12.1990) Tabelle 7

Gerüsthöhe [m]	Mindestholmquerschnitte am Zopfende $d/2 \times d$ [cm × cm]
bis 8,65	4,0 × 8,0
bis 15,00	4,2 × 8,5
bis 20,00	4,5 × 9,0
bis 30,00	5,0 × 10,0

Verlängern von Gerüstleitern

Werden Gerüstleitern verlängert, müssen diese mindestens eine Übergreifungslänge von 2,00 m haben. Die Verbindung ist in der Form auszubilden, daß die obere Gerüstleiter an der unteren mit zwei Querlaschen aus Stahl oder zwei Leiterklammern je Holm gehalten wird.

Werden Leiterklammern verwendet, muß die Verlängerungsleiter mit ihrer untersten Sprosse auf den Belag der Unterleiter gesetzt oder mit zwei Leiterhaken an Spillen aufgehängt werden.

Wenn über der Verlängerung mehr als vier Gerüstlagen angeordnet sind, darf die Aufhängung nur an Querlaschen aus Stahl oder über Leiterhaken an Spillen erfolgen.

Werden Leiterhaken verwendet, müssen je Leiterholm zwei Leiterklammern verwendet werden.

Abfangen von Gerüstleitern bei Überbrückungen

Müssen mit Hilfe von Überbrückungsträgern Gerüstbauleitern überbrückt werden, muß in der Regelausführung nur der Überbrückungsträger statisch nachgewiesen werden. In allen anderen Fällen darf die Abfangung nicht aus Leitergerüstbauteilen erstellt werden.

Vorhängen von Gerüstleitern

In der Praxis müssen, z. B. bei besonders breiten Gesimsen oder an darüberliegenden Dachgauben, die Gerüstleitern vorgehängt werden. In diesen Fällen muß das sich darunter befindende Gerüst bei einer Überlappungslänge von:

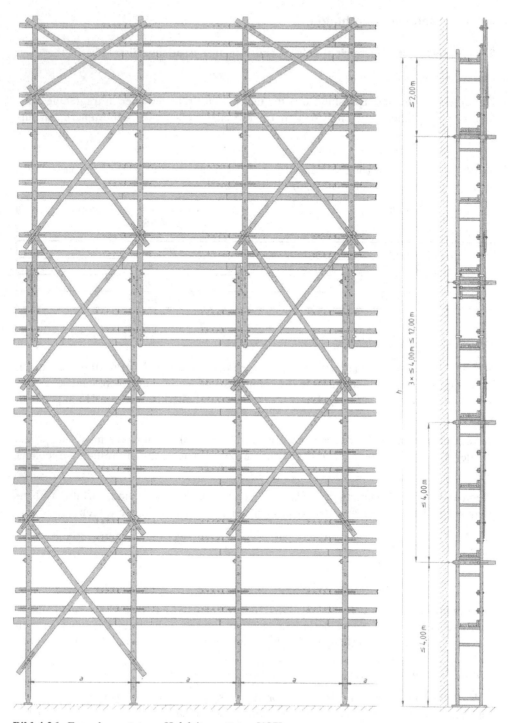

Bild 4.26 Fassadengerüst aus Holzleitergerüsten [197]

- bis 2,00 m die vorgehängte Leiter um mindestens 2,00 m
- bis 3,00 m die vorgehängte Leiter um mindestens 3,00 m
- bis max. 7,00 m die vorgehängte Leiter um mindestens 4,00 m

überragen.

Dabei ist zu beachten, daß der vordere Holm der vorgehängten Leiter gegen die Standleiter auf mindestens 2,00 m Höhe mit einer Leiterholmverlängerung abgestrebt wird. Anstelle der Leiterholmverlängerung können auch zwei konstruktiv miteinander verbundene Geländerholme verwendet werden.

Durch die vorgehängte Leiter entstehen erhebliche Druck- und Zugkräfte. Diese müssen in das Bauwerk abgeleitet werden. Hierfür müssen zusätzliche Verankerungen am oberen Ende der Standleiter unmittelbar unterhalb der obersten Sprosse und am Knotenpunkt zwischen der Abstützung und dem vorderen Holm der Standleiter vorgesehen werden. Die vorgehängten Leitern sind in vertikalen Abständen von maximal 2,00 m zu verankern.

Verankerung

Leitergerüste, die allein nicht standsicher sind, müssen in jedem Leiterzug am Bauwerk verankert werden. Die Verankerung darf dabei kein Hindernis auf dem Arbeitsboden bilden. Bei der Verankerung müssen beide Leiterholme an die Dübelarme mittels Hakenschrauben angeschlossen werden.

Der vertikale Abstand der Verankerungspunkte darf maximal 4,00 m betragen. Die Gerüstleitern dürfen über die oberste Verankerung nicht mehr als 7,00 m hinausragen. Hierbei darf der oberste Gerüstbelag nicht mehr als 2,00 m über dem obersten Verankerungspunkt angeordnet sein. Die Verankerungen müssen die in Tabelle 4.17 angegebenen horizontalen Kräfte sicher in das Bauwerk ableiten können. Hierzu ist anzumerken, daß als offene Bauwerke unverkleidete Skelettbauten und Gebäude mit Fassaden mit mehr als 33 % Öffnungsanteil gelten.

Tabelle 4.17 Verankerungskräfte für Leitergerüste nach DIN 4420 Teil 2 (12.1990) Tabelle 8

Kraft parallel zum Bauwerk	Kraft rechtwinklig zum Bauwerk	
	Geschlossene Bauwerke	Offene Bauwerke
[kN]	[kN]	[kN]
1,0	1,5	3,0

Verstrebungen

Als Verstrebung im Leitergerüstbau wird die Aussteifung des Gerüstes mittels gekreuzter Diagonalen verstanden. Jedes zweite Gerüstfeld sowie alle Endfelder sind bis zum Geländerholm der obersten Gerüstlage zu verstreben. Die Verstrebung ist immer kreuzweise auszuführen. Sie muß in den Endfeldern an den Fußpunkten des Gerüstes beginnen. In den Innenfeldern muß die Verstrebung mindestens 5,25 m über der Standfläche beginnen.

Die Ansatzpunkte der Kreuzstreben sind so nah wie möglich an die Geländerholme zu legen. Die Verstrebungen selbst müssen mit jeder Gerüstleiter mittels Kopf- oder Hakenschrauben verbunden werden. Die Verstrebungen dürfen erst beim endgültigen Abbau, und zwar in einer den Stabilitätskriterien entsprechenden Vorgehensweise, entfernt werden.

Verbindungsmittel

Als Verbindungsmittel sind Schrauben, Leiterklemmen, Leiterhaken und Querlaschen zu verwenden. Wenn den Verbindungsmitteln keine planmäßige Übertragung von Kräften zugeordnet wird, dürfen auch Faserseile verwendet werden.

Gerüstbelag

Die Abmessungen des Gerüstbelages sind Tabelle 4.14 zu entnehmen. Der Belag darf direkt auf die Holzsprossen, auf Stahlspillen oder auf Konsolen abgelegt werden. Der Belag darf nicht mehr als 0,30 m über das Endfeld der Gerüste herausragen. Die gesamte Fläche zwischen den Leiterholmen ist dicht auszulegen. Wenn zwischen dem Belag und dem vorderen Leiterholm soviel Zwischenraum frei bleibt, daß die Aufstellung der Bordbretter möglich ist, gilt die Belagfläche als voll ausgelegt. Der Freiraum zwischen dem auf Konsolen und Sprossen liegenden Belag braucht nicht überdeckt zu werden. Ist der Belag, von dem aus gearbeitet wird, auf den Konsolen mindestens 0,50 m breit, muß die Fläche zwischen den Leiterholmen nicht ausgelegt werden. Hierbei ist allerdings die vorschriftsmäßige Ausbildung des Seitenschutzes zu beachten.

Seitenschutz

Die Holzeigenschaften müssen den Anforderungen gemäß Tabelle 4.13 entsprechen. Geländerholm und Zwischenholm sind mit jeder Gerüstleiter, die sie kreuzen, zu verschrauben. Ist die Verschraubung der Zwischenholme mit den Gerüstleitern nicht möglich, sind die auf der Sprosse der Gerüstleiter sitzenden Zwischenholme mit dem Leiterholm auf andere Weise zu verbinden, z. B. mit einem Faserseil. Bordbretter müssen gegen Kippen gesichert sein.

Wird von einem auf Konsolen abgelegten und mindestens 0,50 m breiten Belag aus gearbeitet und ist die Fläche zwischen den Leiterholmen nicht ausgelegt, ist ein Seitenschutz auch an dem Leiterholm, der die Konsole trägt, anzubringen.

Die Strebenkreuze sind mit den Geländerholmen als Längsriegel zu verbinden.

Zugang

Arbeitsplätze auf Gerüsten müssen über sichere Zugänge oder Aufstiege zu erreichen sein. Diese können in Form von Treppen, Leitern, Laufstegen oder vergleichbar sicheren Zugängen ausgebildet sein (s. a. Abschnitt 4.3.5, Arbeitsgerüste – Zugang).

Standgerüste mit flächenorientierten Gerüstlagen (Raumgerüste)

Zulässige Abmessungen

Bei Raumgerüsten sind die in Tabelle 4.15 angegebenen Höhen und Feldlängen sowie die Maße der Unterstützungen des Belages einzuhalten.

Sicherheit gegen Kippen

Raumgerüste können durch Abspannen, Verankern oder ein Abstützen gegen Kippen gesichert werden. Diese zusätzliche Sicherung wird notwendig, wenn das Verhältnis von Höhe zur kleinsten Aufstandsbreite die in Tabelle 4.18 genannten Werte überschreitet. Hierbei ist als Höhe der Abstand von der Aufstandsfläche bis zur Oberkante der obersten Belagfläche zu betrachten.

Raumgerüste über 12,00 m Höhe im Freien und in offenen Bauwerken sind zusätzlich gegen Kippen zu sichern.

Die Gerüstleitern dürfen dabei den Gerüstbelag nicht um mehr als 2,00 m überragen.

Tabelle 4.18 Sicherheit gegen Kippen nach DIN 4420 Teil 2 (12.1990) Tabelle 9

Standort	Gerüsthöhe [m] max.	Verhältnis Gerüsthöhe zur kleinsten Aufstandsbreite
Im Freien und in offenen Bauwerken	4,00 8,00 12,00	3 : 1 2 : 1 1 : 1
In geschlossenen Bauwerken	10,00 > 10,00	3 : 1 2 : 1

Verstrebung und Aussteifung

Eine durchgehende und in jedem Gerüstfeld kreuzweise angeordnete Verstrebung ist bei Raumgerüsten in beiden Richtungen vorzusehen. Die Verstrebung muß mindestens 2,50 m oberhalb der Aufstandsfläche beginnen und muß bis in die Nähe des obersten Gerüstbelages durchgeführt werden. Im Unterschied zu Fassadengerüsten müssen Raumgerüste horizontal ausgesteift werden. Diese Aussteifung ist durchlaufend mittels Kreuzstreben auszuführen. Hierzu dürfen Geländerholme verwendet werden, die mit jeder Gerüstleiter zu verschrauben sind.

Gerüstbelag

Der Gerüstbelag ist gemäß Tabelle 4.15 unmittelbar auf Längsträger (bei hochkant gestellten Gerüstbohlen) oder auf Querträger (bei horizontal verlegten Gerüstbohlen), die auf Längsträgern ruhen, zu verlegen. Lücken, die durch Leiterholme entstehen und breiter als 6,0 cm sind, müssen überdeckt werden.

Auflagerung der Längsträger

Längsträger müssen auf Leitersprossen oder Spillen gesetzt werden. Hierbei sind die Längsträger mit Kopfschrauben oder Faserseilen an die Leiterholme anzuschließen. Reicht der Raum zwischen Oberkante der Spille und Unterkante der Sprosse bei einer Anordnung des Längsträgers auf der Spille nicht aus, darf der Längsträger ausnahmsweise außerhalb der Gerüstleiter am Leiterholm befestigt werden. Dabei muß die Spille über die Leiterholmaußenkante um mindestens 0,25 m herausragen.

Hängende Gerüste

Die Verwendung von Leitergerüsten als Hängegerüste ist nur für solche Ausnahmefälle vorgesehen, bei denen das Erstellen normaler Standgerüste nicht möglich ist oder einen unverhältnismäßigen Aufwand bedeuten würde.

Im allgemeinen sind hängende Leitergerüste wie Fassadengerüste auszubilden. Werden Ausleger für Aufhängerkonstruktionen verwendet, sind diese am tragfähigen Bauwerk so zu befestigen, daß sie sich weder vertikal noch horizontal bewegen können. Die Ausleger selbst sowie deren Befestigung am Bauwerk sind statisch nachzuweisen, ebenso wie die Art der Aufhängung des Leitergerüstes an den Auslegern.

Die Gerüstleitern sind mit dem Leiterfuß nach oben an Spillen auf die Auslegerkonstruktion zu legen und mit dieser sicher zu verbinden. Der Belag muß auf den Spillen gelagert sein. Auf die Sicherung der Gerüstleiterholme gegen Aufspalten muß sorgfältig geachtet werden. Dies kann durch Leiterklemmen erfolgen, die dicht oberhalb der Aufhängepunkte und unterhalb des ersten Arbeitsbodens angeordnet werden.

Schutzgerüste – Fanggerüste, Dachfanggerüste und Schutzdächer

Fanggerüste aus Holzleitergerüsten sind gemäß DIN 4420 Teil 1 zu erstellen.

Dachfanggerüste sollten ebenfalls nur noch ausnahmsweise als Leitergerüste ausgeführt werden dürfen. In diesen Fällen sind sie entsprechend DIN 4420 Teil 1 zu erstellen. Hierbei ist jeder Leiterzug unmittelbar unter der Fanggerüstlage zu verankern. Die Verankerung muß die in DIN 4420 Teil 1 Tabelle 8 angegebenen horizontalen Kräfte sicher in den Untergrund übertragen können. Die Schutzwand muß aus Netzen oder Geflechten gemäß den *„BG-Regeln für Sicherheit von Seitenschutz und Dachschutzwänden als Absturzsicherung bei Bauarbeiten"* ausgebildet sein. Diese Netze müssen mindestens dem Typ A2 nach DIN 1263 Teil 1 entsprechen und dürfen eine Maschenweite von maximal 100 mm nicht überschreiten. Werden Drahtgeflechte mit viereckigen Maschen verwendet, müssen diese DIN 1199 entsprechen. Es dürfen nur Drähte von mindestens $\varnothing$ 2,5 mm Nenndurchmesser und mit niedrigem Kohlenstoffgehalt verwendet werden. Ein Netz ist mindestens mit jeder fünften Masche an den vorgesehenen horizontalen Riegeln sicher zu befestigen. Ein Drahtgeflecht ist durch Anschlingen entsprechend zu befestigen. Als horizontaler Riegel kommt ein Gerüstrohr mit $\varnothing$ 48,3 mm Außendurchmesser entweder aus Stahl mit mindestens 3,2 mm Wanddicke oder aus Aluminium mit mindestens 4,0 mm Wanddicke zum Einsatz. Das Stahl- bzw. Aluminiumrohr ist oben und unten mit einer Anschraubkupplung am Leiterholm oder an der Leiterholmverlängerung anzuschrauben. Als sichere Befestigung der Schutzwandfüllung an die Riegel gilt das Auffädeln durch die Maschen, das Anschlingen mit einem Maschenseil bzw. mit einem an das Drahtgeflecht angepaßten Verbindungsmittel oder die Verwendung von Gurten mit arretierender Öse, der sog. Gurtschnellverbinder.

Für *Schutzdächer* aus Holzleitergerüsten gelten die in DIN 4420 Teil 1 enthaltenen Vorgaben.

4.5   Gerüstbauarten nach DIN 4420 Teil 3

4.5.1   Allgemeines

In DIN 4420 Teil 3 werden häufig verwendete Gerüstbauarten von Arbeits- und Schutzgerüsten behandelt [198]. Dementsprechend stehen Regelausführungen dieser Bauarten
im Vordergrund. Diese Norm gilt nicht, insbesondere bei konstruktiven Abweichungen,
für Leiter- und Systemgerüste. Ferner gilt sie nicht für Kleingerüste sowie für einige regi-
onal verwendete Gerüstbauarten, wie z. B. das Stangengerüst, das Reihplankengerüst oder
das Süddeutsche Verputzergerüst.

In dieser Norm werden bauartspezifische Anforderungen festgelegt und im Zusammenhang mit den Regelausführungen beschrieben.

Für die Regelausführungen des Stahlrohr-Kupplungsgerüstes, des Auslegergerüstes, des
Hängegerüstes und der Verankerung eines Konsolgerüstes gilt der Standsicherheitsnachweis als erbracht. Für die Konsole selbst ist ein solcher Nachweis zusätzlich zu führen.
Wird darüber hinaus ein Standsicherheitsnachweis aufgrund konstruktiver Abweichungen
erforderlich, ist dieser nach DIN 4420 Teil 1 zu erbringen.

Werden Stahlrohre von unterschiedlicher Wanddicke oder aus unterschiedlichen Stahl-
sorten in einem Gerüstabschnitt eines Stahlrohr-Kupplungsgerüstes verwendet, ist für den
Standsicherheitsnachweis dieses Gerüstabschnittes das Stahlrohr mit den ungünstigsten
Werten maßgebend.

4.5.2   Begriffe und Bezeichnung

Als *Standgerüst* (S) wird ein Gerüst mit längen- oder flächenorientierten Gerüstlagen bezeichnet, dessen Ständer unmittelbar auf einem tragfähigen Untergrund stehen.

Liegen die Belagflächen eines Gerüstes mit längen- oder flächenorientierten Gerüstlagen
unmittelbar oder mit Zwischenunterstützungen auf aufgehängten Riegeln, wird das Gerüst
als *Hängegerüst* (H) bezeichnet.

Ein *Auslegergerüst* (A) ist ein Gerüst mit längenorientierten Gerüstlagen, dessen Belag-
träger aus dem Bauwerk auskragen.

Werden die Belagflächen eines Gerüstes mit längenorientierten Gerüstlagen direkt auf
Konsolen gelagert, die am Bauwerk befestigt sind, wird dieses Gerüst *Konsolgerüst* (K)
genannt.

Ein *Stahlrohr-Kupplungsgerüst* (SR) besteht aus Stahlrohren, Kupplungen und anderen
systemunabhängigen Gerüstbauteilen. Ein Stahlrohr-Kupplungsgerüst kann sowohl län-
gen- als auch flächenorientierte Gerüstlagen haben und als Stand- oder als Hängegerüst
ausgeführt werden.

Unter *Gerüstabschnitt* wird ein für sich standsicherer Teil eines Gerüstes verstanden.

Weitere Bezeichnungen werden analog den Begriffsbestimmungen in DIN 4420 Teil 1 verwendet.

Bild 4.27
Stahlrohr-Kupplungsgerüst [279]

4.5.3 Stahlrohr-Kupplungsgerüste

Allgemeine Anforderungen

Rohrstöße und Anschlüsse

Rohrstöße sind versetzt und in der Nähe der Knoten anzuordnen. Sie sind mit Zentrierbolzen und Stoßkupplungen auszuführen. Wenn keine Zugkräfte im Ständerstoß auftreten können, genügt die Anordnung von Zentrierbolzen. Um Außermittigkeiten möglichst klein zu halten, sind in dem Knoten, in dem mehrere Rohre anzuschließen sind, die Kupplungen so dicht wie möglich an den theoretischen Knotenpunkt heranzulegen. Verbindungen von sich rechtwinklig kreuzenden Rohren sind mit Normalkupplungen auszuführen.

Ständer, Längsriegel und Querriegel

Ständer müssen vertikal auf Fußplatten oder auf Fußspindeln stehen und am Fußpunkt mit Riegeln ausgesteift sein. An jeden Ständer sind Längsriegel anzuschließen. Stöße sind versetzt anzuordnen. Längsriegel dürfen nicht unmittelbar als Unterstützung für Beläge benutzt werden. Querriegel sind direkt an die Ständer anzuschließen und zwar an jeder Verbindungsstelle zwischen Ständer und Längsriegel. Beläge dürfen nur an Quer- oder Zwischenriegeln aufgelegt werden.

Regelausführung mit längenorientierten Gerüstlagen

Gerüstgruppen

Stahlrohr-Kupplungsgerüste dürfen als Arbeitsgerüste in den Gerüstgruppen 1 bis 6 sowie als Fanggerüste nach DIN 4420 Teil 1 eingesetzt werden.

Gerüstbauteile: Stahlrohre und Kupplungen

Für tragende Gerüstbauteile, wie Ständer, Riegel und Verstrebungen, sind Stahlrohre nach DIN EN 39 (DIN 4427) mit einem Außendurchmesser von Ø 48,3 mm und einer Nennwanddicke von mindestens 3,2 mm zu verwenden. Überschreitet die Aufbauhöhe das Maß von 20,00 m, ist die Nennwanddicke dieser Stahlrohre auf 4,0 mm zu erhöhen.

Tabelle 4.19 Charakteristische Werte der Rutschkraft $F_{R,k}$ von Kupplungen an Stahl- und Aluminiumrohren nach DIN 4420 Teil 1 (12.1990) Tabelle 5

Art der Kupplung	Klasse[1]		
	A	B	BB
	$F_{R,k}$ [kN]		
Normalkupplung Klasse B und BB	10,0	15,0	15,0
Normalkupplung Klasse BB mit untersetzter Kupplung Klasse B	x	x	25,0
Stoßkupplung Klasse B	5,0	10,0	x
Halbkupplung[2]	10,0	15,0	x
Drehkupplung	8,5		
Parallelkupplung	15,0		

x   Nicht zulässig.
[1]   Klasse A und B siehe DIN EN 74, Klasse BB gilt für untergesetzte Kupplungen der Klasse B.
[2]   Nicht nach DIN EN 74.

Für die Verbindung von Ständern mit Riegeln dürfen nur gekennzeichnete Kupplungen der Klassen B und BB verwendet werden; sie müssen außerdem DIN EN 74 entsprechen und vom Deutschen Institut für Bautechnik geprüft sein. Die Verwendung von Drehkupplungen ist zum Anschluß von Horizontaldiagonalen sowie zum Anschluß von Vertikaldiagonalen gestattet, falls die Verwendung von Normalkupplungen nicht möglich ist. Ferner dürfen Drehkupplungen zur Lagesicherung der Zwischenriegel verwendet werden. Für Rohrstöße sind Stoßkupplungen der Klasse B zu verwenden. Kupplungen mit einem Schraubverschluß müssen mit einem Drehmoment von 50 Nm angezogen werden. Keilkupplungen sind mit einem 500 g schweren Hammer bis zum Prellschlag festzuschlagen.

Maße

Die Regelausführung ist mit folgenden Systemabmessungen festgelegt:

• maximale Gerüsthöhe von 30,00 m,
• maximale Systembreite von 1,00 m,
• Vertikalabstand der Gerüstlagen von 2,00 m.

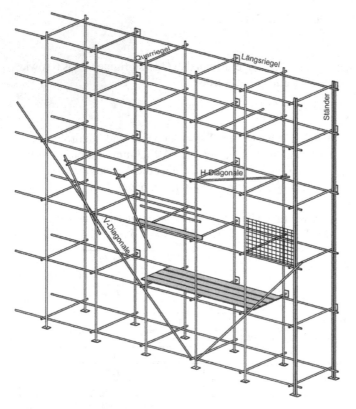

Bild 4.28
Regelausführung
Fassadengerüst [279]

Ständerabstände und Verankerungsraster

Die nachstehenden Regelungen gelten unter folgenden Voraussetzungen:

- Es dürfen maximal zehn Gerüstlagen ausgelegt werden.
- Bei Verwendung von Verbreiterungen dürfen maximal fünf Gerüstlagen ausgelegt werden.
- In jedem Gerüstfeld darf nur eine Belagfläche voll genutzt werden.
- Das Absetzen von Lasten durch Hebezeuge ist bei den Gerüstgruppen 1 bis 3 nicht zulässig.

Die Ständerabstände sind Tabelle 4.20 zu entnehmen.

Tabelle 4.20   Ständerabstände für die Regelausführung der Stahlrohr-Kupplungsgerüste mit längenorientierten Gerüstlagen nach DIN 4420 Teil 3 (12.1990) Tabelle 1

Gerüstgruppe	1 oder 2	3 oder 4	5	6[1]
Ständerabstand l [m]	2,5	2,0	1,5	1,2

[1]   Für die Gerüstgruppe 6 sind zusätzliche Zwischenriegel erforderlich.

Das Verankerungsraster mit den dazugehörigen Ankerkräften ist Tabelle 4.21 zu entnehmen.

Tabelle 4.21 Verankerungsraster und erforderliche Ankerbeanspruchung der Regelausführung
von Stahlrohr-Kupplungsgerüsten mit längenorientierten Gerüstlagen nach
DIN 4420 Teil 3 (12.1990) Tabelle 2

Verankerungsraster	Gerüsthöhe	Nicht bekleidete Gerüste	Nicht bekleidete Gerüste	Bekleidete Gerüste	Bekleidete Gerüste
	h [m]	$F_\perp$ [kN]	$F_\parallel$ [kN]	$F_\perp$ [kN]	$F_\parallel$ [kN]
Randstiele alle 4,00 m	$h \leq 10$	2,7	0,9	–	–
Innenstiele alle 8,00 m	$h \leq 20$	3,1	1,0	–	–
versetzt verankert	$h \leq 30$	3,3	1,2	–	–
Randstiele alle 2,00 m	$h \leq 10$	–	–	7,5	0,7
Innenstiele alle 4,00 m	$h \leq 20$	–	–	8,0	0,9
versetzt verankert	$h \leq 30$	–	–	8,3	1,2
Randstiele alle 2,00 m	$h \leq 10$	–	–	3,7	0,3
Innenstiele alle 2,00 m	$h \leq 20$	–	–	3,9	0,5
durchgehend verankert	$h \leq 30$	–	–	4,1	0,6

Können die in Tabelle 4.21 angegebenen Verankerungsraster nicht realisiert werden, müssen zusätzliche Vorkehrungen in Form von Horizontal- oder Vertikalverstrebungen getroffen werden.

Sollten kleinere Ständerabstände als $l = 2,00$ m gewählt werden, dürfen die in Tabelle 4.21 angegebenen Kräfte linear umgerechnet werden (s. a. BGR 167).

Den in Tabelle 4.21 angegebenen Kräften liegen folgende Beiwerte zugrunde:

- Lagebeiwert: $\qquad\qquad c_{1,\perp} = 0,76$
- aerodynamische Kraftbeiwerte: $c_{f,\perp} = 1,30$
- $\qquad\qquad\qquad\qquad\qquad\quad c_{f,\parallel} = 0,10$

Werden bei bekleideten Gerüsten Planen, Netze oder Geflechte verwendet, für die andere Werte gelten, sind die Verankerungskräfte linear umzurechnen.

Bauliche Einzelheiten

Ständerstöße dürfen nicht mehr als 0,30 m von einem Knoten entfernt sein und sind in den beiden obersten Lagen mit Stoßkupplungen zu versehen.

Gerüsthalter müssen angeschlossen werden:

- an beiden Ständern oder
- an beiden Längsriegeln oder
- nur am inneren Ständer, wenn eine horizontale Aussteifung bis zum nächsten durchgehenden Gerüsthalter vorhanden ist,
- maximal 0,40 m entfernt von einem Knoten.

In jedem fünften Gerüstfeld sind die äußere Vertikal- sowie jede unverankerte Horizontalebene durch Diagonalen auszusteifen. Diagonalen als Verstrebungen sind in der Nähe der Knoten mit Normal- oder Drehkupplungen an Ständer oder Querriegel anzuschließen.

Leichte Gerüstspindeln müssen DIN 4425, Fußplatten DIN EN 74 entsprechen. Stählerne Gerüstspindeln mit Vollquerschnitt und einem Außendurchmesser von Ø 38,0 mm dürfen ebenfalls eingesetzt werden. Die Gerüstspindeln dürfen maximal 0,30 m ausgezogen werden. Dabei muß die Überdeckungslänge von Gerüstspindel und Ständerrohr mehr als 25 % der Spindellänge, mindestens jedoch 0,15 m betragen.

Es dürfen nur einseitige Verbreiterungen mit einer maximalen Belagbreite von 0,30 m vorgesehen werden. Der lichte Abstand zwischen dem Belag innerhalb der eigentlichen Gerüstfeldbreite und dem Verbreiterungsbelag darf 8,0 cm nicht überschreiten. Der Verbreiterungsbelag ist gegen Abheben zu sichern.

An Gebäudeecken ist der Belag in voller Breite um die Ecke zu führen. Dabei ist zu beachten, daß die sich kreuzenden Längsriegel mit Normalkupplungen zu verbinden sind und jedes Ständerpaar neben der Gebäudeecke zu verankern ist.

Bei Überbrückungen nach der Regelausführung darf die Gerüsthöhe maximal 20,00 m betragen. Die Überbrückung ist dabei durch Verstrebungen zusätzlich aufzuhängen. Unterhalb der Aufhängung sind außerdem doppelte Ständer zu verwenden. Ist die Gerüsthöhe kleiner als 8,00 m und werden Gerüstrohre mit einer Wanddicke von mindestens 4,0 mm verwendet, dürfen hier auch einfache Ständer benutzt werden.

Beläge, Seitenschutz und Aufstiege müssen den Anforderungen von DIN 4420 Teil 1 genügen und entsprechend ausgebildet werden.

Regelausführung mit flächenorientierten Gerüstlagen

Die Regelausführung bezieht sich auf freistehende Stahlrohr-Kupplungsgerüste mit flächenorientierten Gerüstlagen, wobei das Verhältnis von Höhe zur kleinsten Aufstandsbreite nicht mehr als 3:1 betragen darf. Werden Raumgerüste in geschlossenen Räumen verwendet, darf dieses Verhältnis 4:1 betragen. Hierbei wird als Höhe der Abstand von der Aufstandsfläche bis zur Oberkante des obersten Belages bezeichnet.

Die zulässigen Stützweiten der Querriegel (Längsriegelabstand a) hängen vom zulässigen Ständerabstand (Querriegelabstand l) der Gerüstgruppen 1 bis 6 ab. Diese sind Tabelle 4.22 zu entnehmen.

Tabelle 4.22   Regelausführung der Stahlrohr-Kupplungsgerüste mit flächenorientierten Gerüstlagen nach DIN 4420 Teil 3 (12.1990) Tabelle 3

Gerüstgruppe	Abstand der Längsriegel a [m] max.	Abstand der Querriegel l [m] max.
1	1,75	2,50
2	1,50	2,25
3	1,50	2,00
4	1,00	1,75
5 und 6	0,75	1,75

Die zulässige Gerüsthöhe darf im Freien 12,00 m, in geschlossenen Räumen 20,00 m nicht überschreiten. Der vertikale Abstand der Quer- und Längsriegel darf jeweils nicht mehr als 2,00 m betragen. Die Aussteifungen in Quer- und Längsrichtung müssen mindestens in jeder zweiten Ständerreihe angeordnet werden [30].

Werden Stahlrohr-Kupplungsgerüste als Raumgerüste im Freien aufgebaut, sind die Ständerstöße in den Verbandsebenen immer mit Stoßkupplungen zu versehen.

Die Bohlendicke ist entsprechend den Angaben in 4420 Teil 1 zu wählen. Dabei dürfen Zwischenriegel verwendet werden.

Regelausführung der Hängegerüste

Stahlrohr-Kupplungsgerüste als Hängegerüste in der Regelausführung können sowohl mit flächenorientierter als auch mit längenorientierter Gerüstlage ausgebildet werden, wobei die Regelausführung der Hängegerüste nicht als Fanggerüst eingesetzt werden darf. Hängegerüste als Arbeitsgerüste dürfen in den Gerüstgruppen 1, 2 und 3 nach DIN 4420 Teil 1 eingesetzt werden. Entsprechend gelten für die Riegelabstände im Grundriß die Angaben in Tabelle 4.22.

Grundsätzlich dürfen Hängegerüste mit nicht brennbaren Tragmitteln ausschließlich an tragfähigen Bauteilen aufgehängt werden. Die Möglichkeit einer Pendelbewegung muß in allen Richtungen ausgeschlossen werden. Haken als Tragmittel der Aufhängekonstruktion sind gegen Aufbiegen und Aushängen zu sichern. Stöße der Riegel müssen dicht neben den Aufhängungen angeordnet werden. Sie müssen druck- und zugfest ausgebildet sein.

4.5.4   Auslegergerüste

Allgemeine Anforderungen

Verankerung

Jeder einzelne Ausleger ist mindestens durch zwei Verankerungen mit dem tragfähigen Untergrund zu verbinden. Die Verankerung ist so auszubilden, daß Kippen, Abheben oder Verschieben ausgeschlossen werden können.

Aufständerung der Ausleger

Werden die Ausleger nicht direkt an dem tragfähigen Untergrund verankert, sondern auf Gerüstböcken oder Gerüstständern gelagert, muß auch die unterstützende Konstruktion ausreichend gegen Ausweichen gesichert werden.

Regelausführung der Auslegergerüste

Gerüstgruppen

Auslegergerüste in der Regelausführung dürfen nur in den Gerüstgruppen 1 bis 3 eingesetzt werden, z. B. dürfen sie als Arbeitsgerüste GG 3 für eine maximale Belastung von

2,00 kN/m^2 verwendet werden. Ferner dürfen Auslegergerüste als Fanggerüste nach DIN 4420 Teil 1 verwendet werden.

Bauliche Einzelheiten

Alle Ausleger müssen aus Stahlprofilen I80, IPE80, I100 oder IPE100 der Stahlsorte S235JR (St 37-2) oder S235J2G3 (St 37-3) nach DIN EN 10 025 (DIN 17 100) gefertigt sein [204].

Eine Verankerung der Auslegergerüste ist nur in Stahlbeton-Massivdecken zulässig. Die Dicke der Stahlbetondecke muß mindestens 0,12 m betragen. Hierbei sind mindestens zwei Verankerungsbügel aus Betonstahl BSt 500 S (IV S) nach DIN 488 Teil 1 oder aus S235JR (St 37-2) nach DIN EN 10 025 (DIN 17 100) vorzusehen. Der Durchmesser der Stahlbügel muß mindestens Ø 10,0 mm betragen [174]. Der Biegerollendurchmesser muß mindestens dem vierfachen Durchmesser des verwendeten Stahls entsprechen. Die Haken der Verankerungsbügel müssen unterhalb der unteren Querbewehrung auf einer Länge von mindestens 0,30 m greifen.

Die hinteren Verankerungsbügel müssen von den Auslegern um mindestens 0,20 m überragt werden. Die nutzbare Kragarmlänge des Auslegers muß kleiner als 1,30 m sein. Der Abstand der hinteren Verankerung zu der Lagerkante des Kragarmes muß größer als 1,50 m sein. Der Auslegerabstand darf maximal, auch in der Ecke, 1,50 m betragen. Die Ausleger dürfen erst belastet werden, wenn der Beton der Massivdecke eine Mindestdruckfestigkeit von 10,00 MN/m^2 erreicht hat.

4.5.5   Konsolgerüste

Allgemeine Anforderungen

Aufhängung

Zum Aufhängen an den Konsolen müssen konstruktive Vorrichtungen vorhanden sein. Diese Vorrichtungen müssen so ausgebildet sein, daß ein unbeabsichtigtes Aushängen verhindert wird, z. B. durch Einhängehaken von mindestens 0,25 m Länge.

Konsolverankerung   Feldeinheit   Eckeinheit

Bild 4.29 Konsolgerüste und Konsolverankerung [279]

Bild 4.30
BOSTA 70 als Konsolgerüst [279]

Aussteifung

Konsolen müssen durch geeignete Konstruktionen, die vom Gerüstbelag aus gehandhabt werden können, gegen Kippen und seitliches Ausweichen gesichert sein. Diese Aussteifung muß vom Belag aus eingebaut werden, sofern nicht ausschließlich der Ein- und Ausbau des Konsolgerüstes mittels Hebezeug vorgesehen ist.

Eckausbildung

Eine Einrüstung von Gebäudeecken muß konstruktiv, z. B. durch spezielle Eckkonsolen, gewährleistet sein.

Überbrückung von Öffnungen

Um Überbrückungen von Öffnungen sicherstellen zu können, müssen am Fuß der Konsolen Einrichtungen angebracht sein, die das Befestigen an Überbrückungsträgern ermöglichen. Die Überbrückungsträger müssen so lang sein, daß sie beiderseits die Öffnungen um mindestens 0,30 m überragen.

Seitenschutz

Es müssen konstruktive Vorrichtungen an den Konsolen angebracht sein, die das Befestigen von Seitenschutz oder Schutzwänden ermöglichen.

Anschlagvorrichtungen

Konsolgerüste dürfen mittels Hebezeug nur dann transportiert werden, wenn die Konsolen geeignete Vorrichtungen zum Anschlagen der Lastaufnahmemittel haben.

Regelausführung der Verankerung von Konsolgerüsten

Gerüstgruppen

In der Regelausführung der Verankerung von Konsolgerüsten dürfen diese als Arbeits-gerüste der Gerüstgruppen 1 bis 3 mit einer Breite der Belagfläche bis 1,30 m eingesetzt werden. Ferner dürfen die Konsolgerüste als Fanggerüste nach DIN 4420 Teil 1 verwendet werden. Hierbei muß die Höhe der Konsole mindestens der Breite des Belages entsprechen. Der Abstand der Konsolen untereinander darf in der Belagebene maximal 1,50 m betragen. Jede Konsole muß pro Aufhängung zwei Haken haben.

Bauliche Ausbildung

Innerhalb der Regelausführung ist eine Verankerung der Konsolgerüste nur in Stahlbeton-Massivdecken abgedeckt. Hierbei sind mindestens zwei Einhängeschlaufen aus Beton-stahl der Stahlgüte BSt 500 S (IV S) nach DIN 488 Teil 1 oder aus S235JR (St 37-2) nach DIN EN 10 025 (DIN 17 100) anzubringen [174, 204 und 212]. Der Durchmesser der Ein-hängeschlaufen muß mindestens Ø 10,0 mm betragen. Der Biegerollendurchmesser muß mindestens dem vierfachen Durchmesser des verwendeten Stahls entsprechen. Die Ein-hängeschlaufen müssen mindestens 0,50 m in die Stahlbetondecke hineinragen und mit ihren Enden in die untere Bewehrungslage geführt sein. Die Einhängeschlaufen dürfen erst belastet werden, wenn der Beton der Massivdecke eine Mindestdruckfestigkeit von $10,00\ MN/m^2$ erreicht hat.

Überbrückung von Öffnungen

In der Regelausführung dürfen zur Überbrückung von Wandöffnungen im Bereich des Konsolfußes Träger nach Tabelle 4.23 verwendet werden.

Tabelle 4.23   Überbrückung von Wandöffnungen für die Regelausführung der Verankerung von Konsolgerüsten nach DIN 4420 Teil 3 (12.1990) Tabelle 4

Überbrückungsträger	Zu überbrückende Öffnung	
	≤ 1,00 m	≤ 2,25 m
Holz Sortierklasse S10 oder MS10 nach DIN 4074	10 cm × 10 cm	10 cm × 12 cm
Stahl St 37-2		I 100 IPE 100

4.5.6   Hängegerüste

Allgemeine Anforderungen

Hängegerüste sind mit nicht brennbaren Tragmitteln an tragfähigen Bauteilen aufzuhängen. Eine mögliche Pendelbewegung muß in allen Richtungen verhindert werden. Werden Haken als Tragmittel der Aufhängekonstruktion verwendet, sind gegen Aufbiegen und Aushängen geeignete Vorkehrungen zu treffen. Werden Hängegerüste als Fanggerüste eingesetzt, darf Holz als Material nur für Beläge verwendet werden.

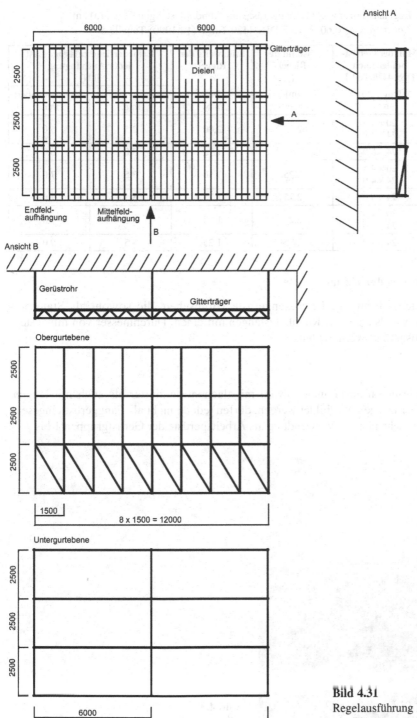

Bild 4.31
Regelausführung Hängegerüst
aus Gitterträgern [279]

Tabelle 4.24   Regelausführung der Hängegerüste aus Rundholzstangen $\varnothing \geq 11{,}0$ cm, Auskragung $\leq 0{,}60$ m nach DIN 4420 Teil 3 (12.1990) Tabelle 5

Gerüst-gruppe	Maß der Gerüst-bohlen nach DIN 4420 Teil 1 [cm × cm] min.	Abstand der Riegel l [m] max.	Stützweite der Riegel a [m] max.	Erforderliche zulässige Last jeder Aufhängung [kN]	
				längenorientiert min.	flächenorientiert min.
1	20 × 4,5 24 × 4,0	2,25	2,00	2,5	5,0
	24 × 5,0	2,75	1,75	3,0	6,0
2	20 × 4,5 24 × 4,0	2,25	1,50	3,5	7,0
	24 × 5,0	2,75	1,25	3,5	7,0
3	20 × 4,5 24 × 4,0	2,25	1,25	3,5	7,0
	24 × 5,0	2,75	1,25	4,5	9,0

Regelausführung der Hängegerüste

In der Regelausführung sind Stangengerüste vorgesehen, die sowohl als Stahlrohr-Kupplungsgerüst als auch aus Rundholzstangen mit einem Durchmesser von mindestens $\varnothing$ 11,0 cm ausgeführt werden können.

Gerüstgruppen

Beide Ausführungsarten können sowohl mit flächenorientierter als auch mit längen-orientierter Gerüstlage ausgebildet werden, dürfen jedoch nicht als Fanggerüst eingesetzt werden. Vorgesehen ist die Verwendung als Arbeitsgerüste der Gerüstgruppen 1 bis 3.

Bild 4.32
MODEX als Hängegerüst [279]

Bauliche Einzelheiten

Die Stöße der Riegel müssen dicht neben den Aufhängungen angeordnet werden. Sie müssen druck- und zugfest ausgebildet sein. Holzriegel müssen an den Stößen eine Übergreifungslänge von mindestens 1,00 m haben. Die Auskragung beträgt höchstens 0,60 m. Für die Regelausführung der Hängegerüste aus Rundholzstangen gelten die Angaben in Tabelle 4.24.

4.6   Systemgerüste nach DIN 4420 Teil 4

4.6.1   Allgemeines

DIN 4420 Teil 4 enthält die deutsche Fassung des Europäischen Harmonisierungsdokuments HD 1000 [199]. Zuständig in Deutschland ist der als Spiegelausschuß eingesetzte Arbeitsausschuß 11.05.00 „Arbeits- und Schutzgerüste" des Normenausschusses Bauwesen (NABau). In dieser Norm werden Arbeits- und Schutzgerüste aus vorgefertigten Bauteilen behandelt. Diese Gerüste werden auch als Systemgerüste bezeichnet. Der engere Anwendungsbereich des HD 1000 bezieht sich auf unverkleidete, verankerte und vorgefertigte Arbeitsgerüste für Fassaden mit einer Aufbauhöhe bis zu 30,00 m. Entsprechend sind die Anforderungen dieses Regelwerkes in bezug auf Belastung, Eigenschaften der verwendeten Werkstoffe und Bauteile, Sicherheitsanforderungen und Maße angegeben. Ferner wird hier die Regelausführung der Systemgerüste festgelegt.

4.6.2   Begriffe

Ein Gerüst, in dem einige oder alle Abmessungen durch Verbindungen oder durch fest an den Bauteilen angebrachte Verbindungsmittel vorbestimmt sind, wird als *Systemgerüst* bezeichnet.

In der Horizontalebene können folgende *Aussteifungsglieder* verwendet werden:

- Rahmen,
- Rahmentafeln,
- Diagonalverstrebungen,
- steife Verbindungen von Querriegeln und Vertikalrohren.

In der Vertikalebene rechtwinklig und parallel zur Fassade werden als *Aussteifungsglieder* folgende Bauteile verwendet:

- geschlossene Rahmen mit und ohne Eckaussteifung,
- offene Rahmen,
- Leiterrahmen mit Zugangsöffnungen,
- steife Verbindungen von Querriegeln und Vertikalrohren,
- Diagonalverstrebungen.

Gerüsthalter im Sinne dieser Norm sind Bauteile, die das Gerüst mit den in der Gebäudefassade liegenden Ankern verbinden. Als *Anker* werden in die Gebäudefassade eingelassene oder an der Fassade angebrachte Hilfsmittel zur Befestigung der Gerüsthalter bezeichnet (z. B. Dübel).

Horizontalrahmen ergeben eine durchgehend steife, horizontale Ebene. *Vertikalrahmen* erzeugen ebenso eine durchgehend steife Ebene in vertikaler Richtung.

Belagteile sind die Teile des Belages, welche in der Lage sind, die Nutzlast zu tragen. *Belagflächen* bestehen aus einem oder mehreren Belagteilen, die eine Arbeitsfläche oder einen Verkehrsweg bilden.

Längsriegel sind horizontale Bauteile, die vorwiegend parallel zur Fassade angeordnet sind. *Querriegel* wiederum sind senkrecht zur Fassade angeordnet. *Ständer* hingegen sind vertikale Bauteile.

Ein Systemgerüst, bei dem an den Ständern in regelmäßigen Abständen vorgefertigte Knoten zur Aufnahme von Riegeln und Verstrebungen angebracht sind, wird *Modulsystem* genannt.

4.6.3   Werkstoffe und Gerüstbauteile

Wird in den nationalen Anhängen zu dieser Norm bezüglich der Werkstoffeigenschaften auf andere, nationale Regelwerke verwiesen, müssen die verwendeten Werkstoffe diesen entsprechen.

Gerüstbauteile müssen in ihrer Beschaffenheit gegen atmosphärische Korrosion dauerhaft geschützt sein. Die Gerüstbauteile müssen fehlerfrei sein und einen zufriedenstellenden Gebrauch gewährleisten.

Geschweißte Bauteile müssen aus beruhigtem Stahl bestehen.

4.6.4   Lastannahmen

Grundlage für den statischen Nachweis der Gerüstkonstruktion bildet ein Lastkonzept, das weitgehend DIN 4420 Teil 1 entspricht. Alle Lasten sind als ruhende Belastung zu betrachten. Für den baustellenüblichen Gebrauch müssen Stoßfaktoren nicht berücksichtigt werden.

4.6.5   Maße

Bei Systemgerüsten werden folgende Abmessungen bevorzugt:

*   Bei den Gerüstgruppen 1, 2 und 3:
    *   Gerüstfeldbreite von 0,70 m mit einer Mindestbreite der Belagfläche von 0,60 m,
    *   Gerüstfeldlänge von 1,50 m bis 3,00 m in Schritten von 0,30 m oder 0,50 m.
*   Bei den Gerüstgruppen 4, 5 und 6:
    *   Gerüstfeldbreite von 1,00 m mit einer Mindestbreite der Belagfläche von 1,00 m,
    *   Gerüstfeldlänge von 1,50 m bis 2,50 m in Schritten von 0,30 m oder 0,50 m.

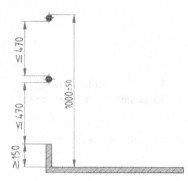

Bild 4.33
Seitenschutzmaße [199]

- Bei allen Gerüstgruppen:
  - Höhe von mindestens 2,00 m.

4.6.6   Regelausführung

Die Regelausführung nennt die Anforderungen an die Mindestausstattung eines Systemgerüstes. Demnach sind für ein Systemgerüst unerläßlich:

- alle Gerüstbauteile mit den Eigenschaften der zugehörigen Gerüstgruppe für die
  Errichtung eines 30,00 m hohen Systemgerüstes einschließlich der Verankerungen,
- Herstellerangaben nach den Vorgaben des HD 1000,
- Fußspindeln oder alternative Bauteile,
- ein vertikaler Zugang.

4.6.7   Herstellerangaben

Der Hersteller muß dem Benutzer folgende Angaben liefern:

- technische Daten für alle benutzten Bauteile des Gerüstsystems,
- Montageanweisungen entsprechend der Gerüstgruppe, mit allen Angaben über Veran-
  kerung und Aussteifung, auch für Gerüste vor offenen Fassaden oder für bekleidete
  Gerüste,
- Angaben über konstruktive Besonderheiten, ausdrücklich über die Eckausbildung des
  Systemgerüstes.

4.6.8   Nationaler Anhang

Im Nationalen Anhang werden Abweichungen von diesem Harmonisierungsdokument
zugelassen. In Deutschland gilt für die Anwendung des HD 1000, daß, solange keine Europäischen Normen „Prüfmethoden für Gerüstbauteile und zusammengesetzte Gerüste" und
„Methoden zur Auswertung von Prüfungen und Berechnungen" vorliegen, der Nachweis
der Brauchbarkeit für Systemgerüste nach diesem Harmonisierungsdokument und den
bauaufsichtlichen Vorschriften zu führen ist.

4.7 Richtlinien des DIBt Berlin

4.7.1 Allgemeines

Das Deutsche Institut für Bautechnik (DIBt) in Berlin hat für die Vereinheitlichung des Zulassungsverfahrens für Gerüstsysteme und als Ergänzung der bestehenden Normen folgende Richtlinien eingeführt:

*   Heft 5 Zulassungsgrundsätze – Versuche an Gerüstsystemen und Gerüstbauteilen (Fassung August 1998),
*   Heft 7 Zulassungsrichtlinie – Anforderungen an Fassadengerüstsysteme (Fassung Oktober 1996),
*   Heft 9 Zulassungsgrundsätze für die Bemessung von Aluminiumbauteilen im Gerüstbau (Fassung Oktober 1996),
*   Zulassungsgrundsätze für die Verwendung von Bau-Furniersperrholz im Gerüstbau (Fassung März 1999),
*   Zulassungsgrundsätze für den Verwendbarkeitsnachweis von Halbkupplungen an Stahl- und Aluminiumrohren (Fassung September 2001).

4.7.2 Zulassungsrichtlinie – Anforderungen an Fassadengerüstsysteme

Diese Richtlinie geht inhaltlich über DIN 4420 Teil 4 hinaus und ergänzt die Technischen Baubestimmungen in bezug auf Nachweise für Fassadengerüste im Rahmen von allgemeinen bauaufsichtlichen Zulassungen [224]. In dieser Richtlinie werden außerdem die Mindestausstattung eines Systemgerüstes näher bestimmt und die Regelausführung beschrieben. Ferner werden hier Hinweise zur Führung des Standsicherheitsnachweises innerhalb der Zulassungsberechnung gegeben.

Mindestausstattung eines Fassadengerüstsystems

Für Fassadengerüstsysteme muß der Gerüsthersteller Bauteile anbieten, die es erlauben, ein Gerüstsystem mit einer Mindestausstattung aufzubauen. Diese Mindestausstattung muß in der Aufbau- und Verwendungsanleitung hinsichtlich der Verankerung und Aussteifung beschrieben sein. Varianten, die aus einer geringeren Anzahl von Bauteilen bestehen, als die Mindestausstattung es vorsieht, dürfen in der Aufbau- und Verwendungsanleitung nicht aufgeführt werden. Leider wurde diese Bestimmung nicht konsequent durchgesetzt, so daß unterschiedliche Hersteller in ihren Aufbau- und Verwendungsanleitungen miteinander nicht vergleichbare Aufbauvarianten anbieten, wodurch Ziele der Zulassungsrichtlinie unterlaufen werden. Um den auf dem Markt vorhandenen Gerüstsystemen gerecht zu werden (Bestandsschutz) und die Abweichungen in den Aufbau- und Verwendungsanleitungen zu legalisieren, hat der Sachverständigenausschuß eine Zusammenfassung der erforderlichen Nachweise herausgegeben (s. Tabelle 4.25).

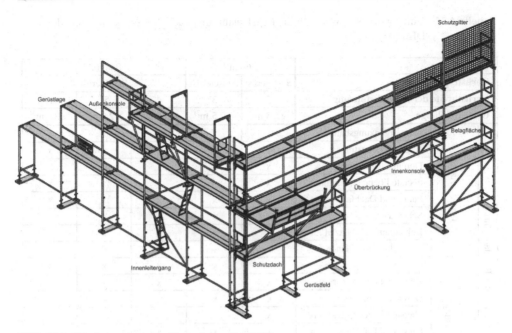

Bild 4.34 Mindestausstattung Fassadengerüst [279]

Die Mindestausstattung eines Fassadengerüstsystems muß bestehen aus:

- Grundbauteilen und Seitenschutzteilen mit ihren Anschlüssen, die zum vollständigen Aufbau eines üblichen einfachen Fassadengerüstes notwendig sind,
- Ergänzungsbauteilen,
- allen Bauteilen, die für einen Einsatz des Gerüstes als Fang- und Dachfanggerüst benötigt werden.

Als Ergänzungsbauteile müssen zur Verfügung stehen:

- Verbreiterungskonsolen mit zugehörigem Konsolbelag mit einer Mindestbreite von 0,30 m für innen und für außen,
- Schutzdach entsprechend den Mindestanforderungen nach DIN 4420 Teil 1,
- Überbrückungsträger zur Auswechslung von mindestens einem Ständerpaar,
- Leiter oder Treppe,
- Durchgangsrahmen, mindestens 1,50 m breit,
- Ausgleichselemente in systemgerechter Abstufung.

Regelausführung

Eine Regelausführung für die bauaufsichtliche Zulassung als Arbeits- und Schutzgerüst muß folgende Kriterien erfüllen:

- Gerüstgruppe 1 bis 4, optional 5 und 6 nach DIN 4420 Teil 1,
- Gerüsthöhe von 24,00 m über Gelände zuzüglich der Spindelauszugslänge,

Tabelle 4.25 Umfang der Nachweise für die Regelausführung nach Zulassungsrichtlinie des DIBt [65]

Gerüstbreite			$0,60\ \mathrm{m}^{1)}$		$0,90\ \mathrm{m}^{1)}$		
Gerüsttyp			Stahlgerüst	Alu-Gerüst	Stahlgerüst		
Gerüstbreite der Regelausführung			3	3	4	$5^{2)}$	$6^{2)}$
Gerüstfeldlänge			$\geq 2,5\ \mathrm{m}^{3)}$	$\geq 2,5\ \mathrm{m}^{3)}$	$\geq 2,5\ \mathrm{m}^{3)}$	$\geq 2,0\ \mathrm{m}^{3)}$	$\geq 2,0\ \mathrm{m}^{3)}$
Erforderliche Nachweise innerhalb der Regelausführung	Grundvariante	ohne Ergänzungsbauteile	x	x	x	x	x
		Überbrückungsträger	x	x	x	x	x
		Durchgangsrahmen	x	x	x	–	–
		oberste Ebene unverankert	x	–	x	x	x
		Fang- und Dachfanggerüst[5]	x	x	x	x	x
		Schutzdach	x	x	x	x	x
		Bekleidung mit Netzen	x	x	x	x	x
		Bekleidung mit Planen	x	–	x	x	x
	Innenkonsole in jeder Gerüstlage	ohne Ergänzungsbauteile	x	x	x	x	x
		Überbrückungsträger	x	x	x	x	x
		Durchgangsrahmen	x	x	x	–	–
		oberste Ebene unverankert	x	–	x	x	x
		Fang- und Dachfanggerüst[5]	x	x	x	x	x
		Schutzdach	x	x	x	x	x
		Bekleidung mit Netzen	x	x	x	x	x
		Bekleidung mit Planen	x	–	x	x	x
	Innenkonsole in jeder Gerüstlage sowie Außenkonsole in der obersten Gerüstlage[4]	ohne Ergänzungsbauteile	x	x	x	–	–
		Überbrückungsträger	x	x	x	–	–
		Durchgangsrahmen	x	x	x	–	–
		oberste Ebene unverankert	–	–	–	–	–
		Fang- und Dachfanggerüst	x	x	x	–	–
		Schutzdach	x	x	x	–	–
		Bekleidung mit Netzen	x	x	x	–	–
		Bekleidung mit Planen	x	–	x	–	–

[1] Mindestdurchgangsbreite.

[2] Nachweis dieser Gerüstgruppe ist optional.

[3] Ist die maximale Gerüstfeldlänge < 2,50 m bzw. < 2,00 m, so ist die maximale Gerüstfeldlänge maßgebend.

[4] Auf diesen Nachweis als Bestandteil der Regelausführung kann verzichtet werden, wenn die Verwendung einer Außenkonsole konstruktiv ausgeschlossen ist und die Regelausführung nach Abschnitt 6 von DIN 4420-1 zur baulichen Durchbildung von Fang- und Dachfanggerüsten eingehalten wird.

[5] Dies kann entfallen, wenn die Verwendung als Fang- und Dachfanggerüst in der Variante „Innenkonsole in jeder Gerüstlage sowie Außenkonsole in der obersten Gerüstlage" nachgewiesen wird.

x Nachweis ist erforderlich.

– Nachweis ist nicht erforderlich.

- alle Aufbauvarianten unter Verwendung der Bauteile der Mindestausstattung,
- zu den Aufbauvarianten dazugehörige Ankerraster,
- Bekleidung des Gerüstes mit Netzen und Planen,
- Aufbauvariante als Fang- und Dachfanggerüst,
- dazugehörige Aufbau- und Verwendungsanleitung.

Nachweis der Brauchbarkeit

Ein Nachweis der Brauchbarkeit besteht aus dem Nachweis der Standsicherheit und dem Nachweis der Arbeits- und Betriebssicherheit. Ohne den Nachweis der Standsicherheit ist die Arbeits- und Betriebssicherheit nicht erfüllt.

Für die Regelausführung werden im Zuge des Zulassungsverfahrens diese Nachweise erbracht. Der Benutzer eines Gerüstes braucht nur in dem Fall eine statische Berechnung anfertigen zu lassen, wenn er von der Regelausführung abweicht und er diese Abweichung trotz seiner fachlichen Erfahrung nicht beurteilen kann.

Ein Nachweis der Standsicherheit ist nach DIN 4420 Teil 1 unter Berücksichtigung der Herstellerangaben entsprechend der bauaufsichtlichen Zulassung zu erstellen. Alle darin enthaltenen Angaben zum Umfang und zur Gestalt des Nachweises behalten ihre Gültigkeit. In Rahmen einer Typenstatik können häufig verwendete und von der Regelausführung abweichende Ausführungen nachgewiesen werden.

Der Nachweis der Standsicherheit muß für alle Aufbauvarianten der Regelausführung erbracht werden. Hierbei sind Gerüste mit und ohne Bekleidung durch Netze und Planen zu berücksichtigen. Ferner müssen Aufbauvarianten vor offener und vor geschlossener Fassade nachgewiesen werden.

Beim Nachweis der Standsicherheit ist zu berücksichtigen, daß:

- alle Gerüstlagen ausgelegt sind,
- bei Gerüsten der Gerüstgruppen 1 und 2 in fünf Gerüstlagen Innenkonsolen vorhanden sind,
- bei Gerüsten der Gerüstgruppen 3 bis 6 in allen Gerüstlagen Innenkonsolen vorhanden sind,
- jede Gerüstlage außen mit Seitenschutz versehen ist,
- in der obersten Gerüstlage eine Außenkonsole mit Schutzwand vorhanden ist,
- konstruktiv die maximale Auszugslänge der Fußspindel berücksichtigt wird.

Die unterste Verankerungsebene muß beim Nachweis der Grundvariante mindestens 4,00 m zuzüglich der Spindelauszugslänge oberhalb der tragfähigen Aufstellebene liegen. Hierbei muß der Nachweis mit und ohne Durchgangsrahmen erfolgen.

Für den Montagezustand muß berücksichtigt werden, daß das Gerüst mit dem gewählten Ankerraster zwischenzeitlich in der obersten Lage unverankert ist. Daraus resultiert ein Gerüstsystem mit einer obersten Arbeitsebene, welche die letzte Verankerungsebene um 2,00 m freistehend überragt. Der Sicherheitsbeiwert darf dabei abweichend von DIN 4420 Teil 1 auf $\gamma_F = 1,25$ reduziert werden.

Beim Nachweis der Standsicherheit ist grundsätzlich das Gesamtsystem zu untersuchen. Im allgemeinen können anstelle eines räumlichen Systems ebene Ersatzsysteme rechtwinklig und parallel zur Fassade untersucht werden. Gegebenenfalls ist die gegenseitige Beeinflussung der Ersatzsysteme zu berücksichtigen. In dieser Richtlinie sind beispielhaft Ersatzsysteme senkrecht und parallel zur Fassade dargestellt.

Der Nachweis der Arbeits- und Betriebssicherheit gilt als erbracht, wenn die Übereinstimmung der baulichen Anlagen mit den Bestimmungen von DIN 4420 und den berufsgenossenschaftlichen UVVen festgestellt wird. Bezüglich der Arbeits- und Betriebssicherheit sind insbesondere zu prüfen:

- Aufstiege,
- Auflagerung der Beläge,
- Seitenschutz,
- Eckausführung,
- Schutzdach,
- Ausführung als Dachfanggerüst,
- Kennzeichnung.

Aufbau- und Verwendungsanleitung

Für die Regelausführung ist vom Hersteller eine Aufbau- und Verwendungsanleitung zu erstellen. Für Aufbauvarianten, die von der Regelausführung abweichen, muß der Verfasser des Brauchbarkeitsnachweises eine entsprechende Aufbau- und Verwendungsanleitung anfertigen.

Eine Aufbau- und Verwendungsanleitung muß Angaben enthalten, die für einen sicheren Auf-, Um- und Abbau benötigt werden. Darüber hinaus müssen darin Angaben über die Nutzungsart, die zulässige Belastung, die Verankerungsabstände und -kräfte sowie über die Eigengewichte der Gerüstbauteile enthalten sein.

Die Aufbau- und Verwendungsanleitung muß an der Verwendungsstelle zumindest in Form einer Fotokopie zur Verfügung stehen.

4.7.3   Zulassungsgrundsätze – Versuche

Diese Zulassungsgrundsätze gelten für Planung, Durchführung und Auswertung von Versuchen an Gerüstsystemen und Gerüstbauteilen im Rahmen von Verfahren zur Erlangung von allgemeinen bauaufsichtlichen Zulassungen [224]. Nach dieser Richtlinie müssen Versuche durchgeführt werden, wenn ein rechnerischer Nachweis nicht eindeutig mit Hilfe der Technischen Baubestimmungen geführt werden kann, was für alle in Deutschland gebräuchlichen Systemgerüste zutrifft. Die erforderlichen Versuche sind so anzulegen, daß man aus den Ergebnissen die benötigten Grundlagen für die statische Berechnung gewinnen kann. Es ist besonders wichtig, an dieser Stelle anzumerken, daß die Versuche mit dem DIBt abzustimmen sind.

Bild 4.35
Traglastversuche am
Modulgerüstknoten [283]

Anzahl der Versuche

Bei der Untersuchung der Beanspruchbarkeiten sind in der Regel jeweils zehn Versuche durchzuführen. Bei ungünstigem Verlauf, d. h. bei Versuchsergebnissen mit sehr großen Variationskoeffizienten, kann eine größere Anzahl von Versuchen erforderlich werden. Für die Ermittlung von Horizontalsteifigkeiten sind aber in der Regel fünf Versuche ausreichend. Bei der Durchführung von Bestätigungsversuchen reichen im allgemeinen zwei Versuche aus.

Laststufen

Während der Versuche ist die Belastung in gleichgroßen Laststufen aufzubringen:

$$\Delta F \leq 0,1\, R_\mathrm{u}$$

Die Belastungsgeschwindigkeit ist so zu wählen, daß sich unter einer statischen Belastung eine Last-Verformungs-Kurve ergibt. Zu jedem Lastniveau sind die Verformungen zu messen. Die Anzahl der zwischenzeitlich durchzuführenden Entlastungen ist nach der angestrebten Versuchsaussage zu wählen.

Dokumentation der Versuche

Die Versuchsberichte sind grundsätzlich in deutscher Sprache anzufertigen. Die Berichte müssen die Versuche durch Zeichnungen, Bilder und Tabellen dokumentieren. Der Bericht sollte wie folgt gegliedert sein:

* Inhaltsverzeichnis,
* Vorbemerkungen,
* Versuchsgegenstand,
* Versuchsprogramm,

Bild 4.36
Traglastversuche am
Gerüstbelag [279]

- Versuchsdurchführung,
- Ergebnisse,
- Zusammenfassung,
- Anlagenverzeichnis.

Ein sinnvoll aufgebauter Bericht, der von dieser Reihenfolge abweicht, wird aber vom DIBt durchaus anerkannt.

Auswertung und Beurteilung der Versuchsergebnisse

Da in den meisten Fällen keine näheren Angaben zur Merkmalsverteilung vorliegen, darf von der Normalverteilung der Versuchsergebnisse ausgegangen werden, unter der Voraussetzung, daß die Versuchsergebnisse die gleiche Versagensursache aufzeigen.

Zur Berücksichtigung der statistischen Unsicherheiten wird eine Aussagewahrscheinlichkeit von 75 % vereinbart. Der charakteristische Wert der Beanspruchbarkeit wird als der 5-%-Fraktilenwert ermittelt. Es bedeutet, daß der so ermittelte charakteristische Wert maximal von 5 % aller möglichen Werte der Grundgesamtheit unterschritten wird. Als charakteristischer Wert der Steifigkeit wird aus der Last-Verformungs-Beziehung der Mittelwert berechnet. Bei der Ermittlung der Beanspruchbarkeit der aussteifenden Beläge unter horizontalen Lasten darf alternativ auch der minimale Wert aus fünf Versuchen angesetzt werden.

Praktische Berechnungen haben gezeigt, daß die Vorgehensweise nach dieser Richtlinie Ergebnisse liefert, die konservativer sind, als die, die nach DIN EN 12 811 Teil 3 ermittelt werden (s. a. Beispiele zur Auswertung nach DIBt-Heft 5 und DIN EN 12 811 Teil 3).

Beispiel der Auswertung nach DIBt-Heft 5 „Versuche" (08.1998) für Gerüstknoten

Sofern keine näheren Angaben zur Merkmalsverteilung vorliegen, darf unter der Voraussetzung einer gleichen Versagensursache von einer logarithmischen Normalverteilung der

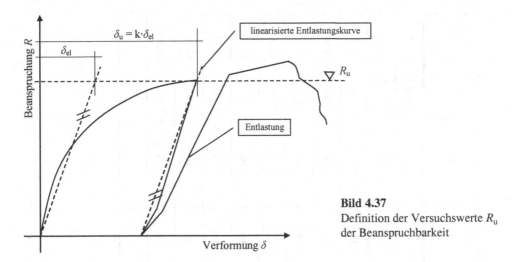

Bild 4.37
Definition der Versuchswerte R_u
der Beanspruchbarkeit

Versuchsergebnisse ausgegangen werden. Als charakteristischer Wert der Beanspruchbarkeit R_k wird der 5-%-Fraktilenwert festgelegt. Zur Berücksichtigung der statistischen Unsicherheiten wird eine Aussagewahrscheinlichkeit von 75 % vereinbart.

Der Wert der Beanspruchbarkeit R_u entspricht in der Regel dem Höchstwert der Last-Verformungs-Kurve. Für Gerüstknoten entspricht der Versuchswert R_u der Bruchschnittgröße, jedoch maximal dem Wert, bei dem die Gesamtverformung δ_u gleich der sechsfachen Verformung δ_{el} ist. Für die Ermittlung der elastischen Verformung δ_{el} ist die linearisierte Entlastungskurve maßgebend.

Die Versuchswerte der Beanspruchbarkeit R_u sind in Abhängigkeit vom Verhältnis k und dem Verhältnis der garantierten Mindestwerte zu den gemessenen Werten der Festigkeitskennwerte in die Werte R'_u umzurechnen. Bei metallischen Werkstoffen ist der Teilsicherheitsbeiwert γ_M zu berücksichtigen.

Die einzelnen Schritte der Vorgehensweise zur Bestimmung der Belastbarkeit sehen wie folgt aus:

 1. Bestimmung von δ_u (graphisch)
 2. Bestimmung von δ_{el} (graphisch)
 3. Bestimmung von k_i $= \delta_{u,i} / \delta_{el,i}$
 4. Bestimmung von $\varphi_{u,i}$ $= f_{u,i} / f_{u,k}$
 5. Bestimmung von $\varphi_{\gamma,i}$ $= f_{\gamma,i} / f_{\gamma,k}$
 6. Bestimmung von φ_i $= \varphi_{\gamma,i} + 0{,}2 \cdot (6 - k_i) \cdot (\varphi_{u,i} - \varphi_{\gamma,i})$
 7. Bestimmung von $R'_{u,i}$ $= R_{u,i} / \varphi_i$
 8. Bestimmung von R_k $= R'_{u,5}$ (Statistik)
 9. Bestimmung von k_q $= \Sigma\, k_i / i$
10. Bestimmung von γ_M $= \gamma_{M1} \cdot \gamma_{M2} = 1{,}1 \ [1{,}25 - 0{,}03 \cdot (k_q - 1)]$
11. Bestimmung von R_d $= R'_{u,5} / \gamma_M$
12. Bestimmung von zul $R = R_d / \gamma_F$ mit $\gamma_F = 1{,}50$

Tabelle 4.26 Tabellarische Versuchsauswertung

Versuch	$\delta_{el,i}$ [mm]	$\delta_{u,i}$ [mm]	$k_i = \delta_{u,i} / \delta_{el,i}$	$f_{u,i}$ [N/mm²]	$f_{u,k}$ [N/mm²]	$\phi_{u,i} = f_{u,i} / f_{u,k}$	$f_{y,i}$ [N/mm²]	$f_{y,k}$ [N/mm²]	$\phi_{y,i} = f_{y,i} / f_{y,k}$	$\phi_i = \phi_{y,i} + 0{,}2 \cdot (6 - k_i) \cdot (\phi_{u,i} - \phi_{y,i})$	$R_{u,i}$ [kN]	$R'_{u,i} = R_{u,i} / \phi_i$ [kN]
Versuch N1A	0,16	0,96	6,00	378	400	0,95	233	220	1,06	1,06	32,00	30,21
Versuch N1B	0,16	0,96	6,00	378	400	0,95	233	220	1,06	1,06	33,00	31,16
Versuch N2A	0,16	0,96	6,00	378	400	0,95	233	220	1,06	1,06	34,00	32,10
Versuch N2B	0,17	1,03	6,00	378	400	0,95	233	220	1,06	1,06	36,00	33,99
Versuch N3A	0,17	1,00	5,88	378	400	0,95	233	220	1,06	1,06	34,00	32,18
Versuch N3B	0,17	1,02	6,00	378	400	0,95	233	220	1,06	1,06	34,00	32,10
Versuch N4A	0,17	1,05	6,00	378	400	0,95	233	220	1,06	1,06	34,00	32,10
Versuch N4B	0,14	0,84	6,00	378	400	0,95	233	220	1,06	1,06	34,00	32,10
Versuch N5A	0,20	1,20	6,00	378	400	0,95	233	220	1,06	1,06	36,00	33,99
Versuch N5B	0,16	0,96	6,00	378	400	0,95	233	220	1,06	1,06	31,00	29,27

Mittelwert k_q = 5,99

Ermittlung des Teilsicherheitsbeiwertes:

γ_{M1} = 1,10

$\gamma_{M2} = 1{,}25 - 0{,}05 \cdot (k_q - 1)$ = 1,00

$\gamma_M = \gamma_{M1} \cdot \gamma_{M2}$ = 1,10

Statistische Auswertung von $R'_{u,i}$: $R'_{u,5} = R_k$ = 28,94 kN

Bemessungswert der Beanspruchbarkeit: $R_d = R'_{u,5} / \gamma_M$ = 26,29 kN

Zulässige Normalkraft: zul $N = R_d / \gamma_F$ = 17,53 kN   mit γ_F = 1,50

4.7.4 Zulassungsgrundsätze für die Bemessung von Aluminiumbauteilen

Da die bauaufsichtlich eingeführten technischen Baubestimmungen für den Bereich der Aluminiumkonstruktionen derzeit noch keine ausreichenden Grundlagen für die Bemessung liefern, wurden vom DIBt speziell für den Bereich Gerüste Zulassungsgrundsätze verfaßt [226]. Diese Grundsätze gelten prinzipiell für die Berechnung von Gerüstbauteilen aus Aluminium im Rahmen von allgemeinen bauaufsichtlichen Zulassungen, aber auch für die Berechnungen, die auf den betreffenden Zulassungen basieren.

Nachweisverfahren

Wie in DIN 4420 Teil 1 und DIN 18 800 Teil 1 [215] sind die gleichen Teilsicherheitsbeiwerte festgelegt: $\gamma_M = 1,10$ und $\gamma_F = 1,50$. Der plastische Formbeiwert ist ebenfalls auf $\alpha_{pl} = M_{pl} / M_{el} \leq 1,25$ begrenzt. Beim Tragsicherheitsnachweis ist das Verfahren elastischelastisch oder elastisch-plastisch nach DIN 18 800 Teil 1 und Teil 2 anzuwenden [216]. Die Anwendung des Verfahrens plastisch-plastisch ist ausgeschlossen.

Grenzwerte für schlanke Bauteile

Für druckbeanspruchte Querschnitte werden Grenzwerte grenz (b / t) angegeben. Diese Grenzwerte gelten näherungsweise auch für geschweißte Querschnitte.

Biegeknicken und Biegedrillknicken

Der Nachweis *Biegeknicken* kann entsprechend DIN 18 800 Teil 2 geführt werden. Der Nachweis *Biegedrillknicken* ist ebenfalls nach DIN 18 800 Teil 2 zu führen, wobei der Trägerbeiwert um den Faktor 0,8 zu mindern ist.

Rohrprofile aus aushärtbaren Aluminiumlegierungen müssen in die Knickspannungslinie b, aus nicht aushärtbaren Legierungen in die Knickspannungslinie c eingeordnet werden [52].

4.8 Europäische Gerüstnormen

4.8.1 Allgemeines

Innerhalb der Europäischen Gemeinschaft werden technische Normen im Europäischen Komitee für Normung (Comité Européen de Normalisation – CEN) erarbeitet. CEN-Mitglieder sind die nationalen Normungsinstitute der Länder Belgien, Dänemark, Deutschland, Finnland, Frankreich, Griechenland, Großbritannien, Irland, Island, Italien, Luxemburg, Malta, Niederlande, Norwegen, Österreich, Portugal, Schweden, Spanien und Tschechien. Für den Bereich „Temporäre Konstruktionen im Bauwesen" ist das Technische Komitee CEN/TC 53 zuständig, dessen Sekretariat vom DIN e. V. gehalten wird. Einzelne Normen werden von sogenannten Arbeitsgruppen (Working Groups, WG) ausgearbeitet. Für Gerüste sind im wesentlichen die WG 1, die WG 2 und die WG 3 zuständig. Die WG 1 beschäftigt sich unter anderem mit grundsätzlichen Anforderungen an Arbeitsgerüste, die WG 2 mit Gerüstsystemen und die WG 3 mit Kupplungen und anderem Zubehör. Die WG 4 behandelt fahrbare Arbeitsbühnen [29].

Bereits im Oktober 1969 wurde im CEN/TC 53 mit der Arbeit an der europäischen Normung für Gerüste begonnen. Die Arbeit an gemeinsamen Vorschriften war durch eine ständige Auseinandersetzung innerhalb des Gremiums gekennzeichnet; zu unterschiedlich waren in den einzelnen Mitgliedsstaaten die verwendeten Nachweisverfahren, zu gering die Bereitschaft, Kompromisse zu schließen und auf die Partner einzugehen. In den vergangenen 34 Jahren wurden auf dem Gebiet der gemeinsamen Vorschriften dennoch einige Erfolge erzielt. Im Dezember 1976 wurde die EN 39 für Gerüstrohre mit dem Durchmesser Ø 48,3 mm und einer Wandstärke von 3,2 mm veröffentlicht. Im Dezember 1988 folgte die Norm EN 74 für Gerüstkupplungen und Zubehör. Das Harmonisierungsdokument HD 1039 aus dem Jahr 1989 erweitert die EN 39 um das Gerüstrohr mit einer Wandstärke von 4,0 mm. Darüber hinaus erzielte man im Jahr 1989 einen Kompromiß über fahrbare Arbeitsbühnen, der im Entwurf des Harmonisierungsdokumentes prHD 1004 mündete.

Seit 1974 wird innerhalb des CEN/TC 53 an Regelungen für Systemgerüste als Arbeitsgerüste gearbeitet. Im Dezember 1988 erreichte man mit dem Harmonisierungsdokument HD 1000 einen Meilenstein auf dem Weg zur gemeinsamen europäischen Gerüstnormung. Das HD 1000 regelt auf europäischer Ebene die Lastannahmen und die Einteilung in Gerüstgruppen. Wie schon im Abschnitt 4.6 geschildert, stimmen die Vorschriften dieses Regelwerkes weitgehend mit DIN 4420 Teil 1 überein.

Nach dem heutigen Stand der Technik werden Gerüstsysteme in Deutschland wie andere ingenieurbaumäßige Konstruktionen aus Metall bemessen und nachgewiesen. Allerdings sind die Anschlüsse in den meisten Fällen weicher als die üblichen Verbindungsvarianten des Metallbaues; in der Regel haben sie auch Schlupf und Lose. Für diese Art der Verbindungen müssen im Rahmen des Zulassungsverfahrens Detailversuche zur Bestimmung der Lose, der Steifigkeit und der Grenztragfähigkeit durchgeführt werden. Diese Versuchsergebnisse fließen dann als Berechnungsparameter in die statische Berechnung des Gerüstsystems ein. Der Standsicherheitsnachweis für ein Gerüstsystem wird an räumlichen Modellen oder bei Erfüllung einiger Voraussetzungen an ebenen Ersatzsystemen geführt. In den 60er und 70er Jahren des 20. Jh. waren noch Großversuche an repräsentativen Ausschnitten eines Gerüstes als Bestätigungsversuche üblich [53]. In der Zwischenzeit sind aber genügend Erfahrungen gesammelt worden, so daß an in Deutschland geläufigen Systemen mit einem Ankerraster „8,00 m versetzt" keine Großversuche mehr durchgeführt werden müssen.

Die unterschiedliche Vorgehensweise der europäischen Nachbarn beim Nachweis von Gerüstsystemen soll exemplarisch an der in Frankreich üblichen Praxis verdeutlicht werden. Dort sind nach wie vor Großversuche an repräsentativen Gerüstausschnitten aus dem Bereich des festgelegten Ankerrasters vorgeschrieben. In diesen Versuchen werden vertikale Versagenslasten ermittelt, aus den anschließend die Vergleichsknicklängen bestimmt werden. Der Standfestigkeitsnachweis wird nach der Theorie 1. Ordnung geführt. Die Erfassung der Einflüsse der Theorie 2. Ordnung erfolgt mit Hilfe von Vergrößerungsfaktoren, die wiederum aus den Vergleichsknicklängen berechnet werden. Dieses Vorgehen entspricht annähernd dem früher in Deutschland gebräuchlichen Ersatzstabverfahren nach DIN 4114. DIN 4114 ist allerdings 1990 durch DIN 18 800 ersetzt worden, aber noch parallel bis zum Jahr 1995 gültig geblieben.

Die Entwürfe der Teile 1 und 2 von EN 12 810 sowie der Teile 1 und 2 von EN 12 811 wurden von den nationalen Spiegelausschüssen positiv aufgenommen. Die formelle Abstimmung über den Normungstext verlief, abgesehen von den ablehnenden Stimmen aus Österreich und Großbritannien, positiv, so daß die Normungstexte im ersten Halbjahr des Jahres 2003 veröffentlicht werden konnten. Teil 3 von EN 12 811 ist bereits als Deutsche Norm DIN EN 12 811 Teil 3 (02.2003) angenommen worden.

Die künftige „Gerüstnormlandschaft" in Deutschland wird voraussichtlich so aussehen:

- DIN 4420 Teil 1 (Schutzgerüste)   als Ersatz für Teile von DIN 4420 Teil 1 (12.1990)
- DIN 4420 Teil 2   wird angepaßt
- DIN 4420 Teil 3   wird angepaßt
- DIN 4420 Teil 4   wird zurückgezogen
- DIN EN 12 810 Teil 1   als Ersatz für DIN 4420 Teil 4
- DIN EN 12 810 Teil 2   als Ersatz für DIN 4420 Teil 4 und als Ersatz für Teile der Zulassungsgrundsätze des DIBt-Heft 7 „Anforderungen an Fassadengerüstsysteme"
- DIN EN 12 811 Teil 1   als Ersatz für Abschnitte von DIN 4420 Teil 1 (12.1990)
- DIN EN 12 811 Teil 2
- DIN EN 12 811 Teil 3   als Ersatz für Teile der Zulassungsgrundsätze des DIBt-Heft 5 „Versuche an Gerüstsystemen und Gerüstbauteilen"
- DIN EN 1004   als Ersatz für DIN 4422

In den nun vorliegenden Entwürfen der europäischen Gerüstnormen wird der Nachweis der Tragsicherheit durch Rechnung und Versuch verlangt. Auf die Begriffe wird nur insoweit eingegangen, wie es die Neuerungen und Änderungen erforderlich machen.

4.8.2   Fassadengerüste – Entwurf EN 12 810

Die Europäische Norm EN 12 810 beschreibt Fassadengerüste aus vorgefertigten Bauteilen:

- Teil 1: Produktfestlegungen,
- Teil 2: Besondere Bemessungsverfahren.

prEN 12 810 Teil 1 – Produktfestlegungen

Teil 1 dieser Norm beinhaltet die allgemeinen Produktfestlegungen und liegt in der Fassung vom Oktober 2002 vor [207]. Teil 2, in der Fassung gleichen Datums, legt die besonderen Bemessungsverfahren für Fassadengerüste aus vorgefertigten Bauteilen fest.

Tabelle 4.27 Klassifizierung von Gerüstsystemen nach prEN 12 810 Teil 1 (10.2002) Tabelle 1

Klassifizierungskriterium	Klassen
Nutzlast	2, 3, 4, 5, 6 nach EN 12 811-1:2003 Tabelle 3
Beläge und ihre Auflager	(D) bemessen mit oder (N) ohne Fallversuch
Systembreite	SW06, SW09, SW12, SW15, SW18, SW21, SW24
Durchgangshöhe	H1 und H2 nach EN 12 811-1:2003 Tabelle 2
Bekleidung	(B) mit oder (A) ohne Bekleidung
Vertikaler Zugang	(LA) mit einer Leiter oder (ST) mit einer Treppe oder (LS) mit beiden

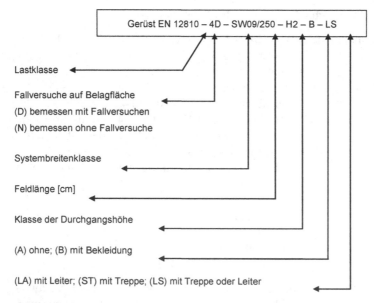

Hier: Gerüst der Lastklasse 4, mit einer Systembreite von 0,90 m, einer Feldlänge
        von 2,50 m, einer Durchgangshöhe von 2,00 m, mit Bekleidung und mit
        Zugang über Leitern und Treppen.

Bild 4.38 Bezeichnung von Gerüstsystemen [207]

Klassifizierung

Teil 1 von prEN 12 810 ordnet Fassadengerüste nach mehreren Kriterien: nach der Nutzlast, nach dynamischen Eigenschaften der Beläge und ihrer Auflager, nach der Systembreite, nach der Durchgangshöhe, nach der Bekleidungsmöglichkeit und nach den Methoden des Zugangs zum Arbeitsplatz.

Bauteile

Die vom Gerüsthersteller angebotenen Gerüstsysteme müssen aus einem vollständigen Satz von Bauteilen und Verbindungsmitteln für den Aufbau der in der Aufbau- und

Verwendungsanleitung beschriebenen Systemkonfigurationen der Regelausführung bestehen. Die hierfür üblichen Bauteile für vorgefertigte Gerüstsysteme werden in folgende Gruppen eingeteilt:

- Grundbauteile,
- Seitenschutzbauteile,
- Zugangsbauteile,
- Ergänzungsbauteile.

Zu den *Grundbauteilen* gehören Ständer oder Vertikalrahmen, Quer- und Längsriegel, Horizontalrahmen, Belagteile, Diagonalen in horizontalen und vertikalen Ebenen, Gerüsthalter, Fußplatten und -spindeln sowie Bauteile zur Anpassung an Höhenunterschiede.

In der Gruppe der *Seitenschutzbauteile* finden sich Geländer- und Zwischenholme, Geländerrahmen, Mehrzweckgeländer, Geländerpfosten, Schutzgitter sowie Bordbretter für die Längs- und Stirnseiten von Fassadengerüsten.

Leiter, Durchstiegstafeln oder Treppenläufe werden der Gruppe der *Zugangsbauteile* zugeordnet.

In der Gruppe der *Ergänzungsbauteile* werden Konsolen, Konsolbeläge, Schutzdächer, Überbrückungsträger, Durchgangsrahmen, Schutz- und Bekleidungsnetze sowie Planen aufgeführt.

Regelausführung

Wie DIN 4420 Teil 1 oder die Zulassungsrichtlinie, definiert auch prEN 12 810 Teil 1 eine Regelausführung. Eine Regelausführung besteht aus der Gesamtheit der durch diese Norm festgelegten Systemkonfigurationen, für welche die Bemessung und Überprüfung durchgeführt wurden. Es sind folgende Kombinationen vorgesehen:

- alle erforderlichen Grund-, Seitenschutz- und Zugangsbauteile,
- Überbrückungsträger für alle Gerüstsysteme,
- Bauteile zur Verbreiterung des Belages für die Systembreitenklassen SW06 und SW09,
- Fußspindeln mit einem vollständigen Spindelauszug,
- Durchgangsrahmen, Schutzdächer, Schutz- und Bekleidungsnetze oder Planen, sofern vom Gerüsthersteller angeboten,
- eine Aufbauhöhe zwischen 24,00 m und 25,50 m,
- in den Systembreitenklassen SW06 und SW09 müssen alle Ebenen im Abstand von 2,00 m mit Belägen und mit Seitenschutz versehen werden,
- in den übrigen Systembreitenklassen müssen fünf Ebenen im Abstand von 2,00 m mit Belägen und mit Seitenschutz versehen werden.

Verankerung

Unbekleidete Gerüste dürfen erst bei 3,80 m die erste Verankerungslage aufweisen. Darüber hinaus müssen unbekleidete Gerüste einen verankerungsfreien Bereich von 3,80 m unter- und oberhalb jeder Verankerungsebene haben. Diese Forderung bedeutet, daß mindestens ein Verankerungsraster von 3,80 m durchgehend eingehalten werden muß.

Lastfälle

Alle Systemkonfigurationen der Regelausführung müssen für den Lastfall maximale Windbelastung mit einem Bemessungsstaudruck nachgewiesen werden. Dieser verläuft linear von

$$q \ (H = 0,00 \ \text{m}) = 0,60 \ \text{kN/m}^2$$

bis

$$q \ (H = 24,00 \ \text{m}) = 0,77 \ \text{kN/m}^2$$

und darf bis $H = 25,50$ m extrapoliert werden.

Für die Ermittlung der Windlasten ist die ebenfalls bekannte Vorgehensweise aus DIN 4420 Teil 1 anzuwenden. Demnach wird der charakteristische Wert der Windlast berechnet:

$$F_k = c_s \cdot \Sigma \ (A_i \cdot c_f \cdot q_i)$$

wobei q_i den Bemessungsstaudruck, A_i die Bezugsfläche für den Winddruck, c_f den aerodynamischen und c_s Lagebeiwert darstellt.

Tabelle 4.28 Bezugsfläche A_i für den Windstaudruck nach prEN 12 810 Teil 1 (10.2002) Tabelle 4

Bekleidete/unbekleidete Systemkonfiguration	Bezugsfläche A_i
Unbekleidet	Projektionsfläche des Bauteils in Windrichtung
Bekleidet	Oberfläche der Bekleidung (s. Abschnitt A.3 von EN 12 811-1:2002)

Tabelle 4.29 Aerodynamischer Kraftbeiwert c_f nach prEN 12 810 Teil 1 (10.2002) Tabelle 5

Bekleidete/unbekleidete Systemkonfiguration	Kraftbeiwert	
	normal zur Fassade	parallel zur Fassade
Unbekleidet	1,30	1,30
Bekleidet	1,30	0,10

Die in Tabelle 4.30 aufgeführten Lagebeiwerte entsprechen einer Fassade mit einem Völligkeitsgrad von 0,4. Weitergehende Erläuterungen sind in prEN 12 811 Teil 1 zu finden.

Tabelle 4.30 Lagebeiwert c_s nach prEN 12 810 Teil 1 (10.2002) Tabelle 6

Bekleidete/unbekleidete Systemkonfiguration	Lagebeiwert	
	normal zur Fassade	parallel zur Fassade
Unbekleidet	0,75	1,00
Bekleidet	1,00	1,00

Werkstoffeigenschaften

Neben prEN 12 811 Teil 2 geht auch Teil 1 von prEN 12 810 auf die Werkstoffeigenschaften der Gerüstbauteile ein. Hiernach dürfen für Systemgerüste dünnwandige Stahl- und Aluminiumrohre verwendet werden, wenn diese den festgelegten Anforderungen genügen.

Tabelle 4.31 Kombination von Nennwanddicke und Streckgrenze von Stahlrohren mit einem Durchmesser von Ø 48,3 mm nach prEN 12 810 Teil 1 (10.2002) Tabelle 2

Nennwanddicke t [mm]	Mindeststreckgrenze [N/mm^2]	Zulässige Minustoleranzen der Wanddicke [mm]
$2,7 \le t < 2,9$	315	0,2
$t \ge 2,9$	235	nach EN 10 219-2

Tabelle 4.32 Kombination von Nennwanddicke und Streckgrenze von Aluminiumrohren mit einem Durchmesser von Ø 48,3 mm nach prEN 12 810 Teil 1 (10.2002) Tabelle 2

Nennwanddicke t [mm]	Mindeststreckgrenze [N/mm^2]	Zulässige Minustoleranzen der Wanddicke [mm]
$3,2 \le t < 3,6$	250	0,2
$3,6 \le t < 4,0$	215	0,2
$t \ge 4,0$	195	nach EN 755-8

prEN 12 810 Teil 2 – Besondere Bemessungsverfahren

Teil 2 von prEN 12 810 besteht ausschließlich aus Regelungen hinsichtlich der Bemessungsverfahren von Fassadengerüsten durch Berechnung und Versuch [208]. Diese Norm versteht sich als Ergänzung zu den Normen EN 12 811 Teil 1, Teil 2 und Teil 3 sowie zu Teil 1 von EN 12 810. Darüber hinaus wird auf die Bemessungsverfahren für Stahl aus Eurocode EC 3 und für Aluminium aus Eurocode EC 9 verwiesen.

Tragsicherheitsnachweis

Die Eurocodes EC 3 und EC 9 schreiben beide einen rechnerischen Tragsicherheitsnachweis nach Theorie 2. Ordnung vor, erlauben aber bei Erfüllung einiger Voraussetzungen auch, den rechnerischen Nachweis nach Theorie 1. Ordnung zu führen.

Ausdrücklich ist jedoch der Nachweis nach Theorie 2. Ordnung vorzuziehen.

So mußte folgerichtig auch Teil 2 von prEN 12 810 ermöglichen, den Einfluß der Verformungen auf die rechnerischen Schnittgrößen nach Theorie 1. Ordnung zu bestimmen, allerdings nur für Rahmensysteme und nur unter der Bedingung, daß der kleinste Eigenwert für Stabilitätsversagen $\alpha_{cr} \ge 2,0$ ist.

Tabelle 4.33 Bemessungsschritte nach prEN 12 810 Teil 2 (10.2002) Tabelle 1

Bemessungs-schritte	Weg 1		Weg 2
	Modul- und Rahmensysteme		nur Rahmensysteme
1	Versuche für Bauteile und Verbindungsmittel		
2 / 3	Berechnung für jede Systemkonfiguration der Regelausführung		
2			Bestimmung von α_{cr}
			Weiterführung von Weg 2 nur, wenn $\alpha_{cr} \geq 2$; wenn $\alpha_{cr} < 2$, dann zu Weg 1 wechseln
3	Tragwerksanalyse zur Bestimmung des Verlaufs der Schnittgrößen		
	3a	Theorie 2. Ordnung	Theorie 1. Ordnung mit Vergrößerungsfaktoren auf der Basis von α_{cr}
	3b	Untersuchung der einzelnen Bauteile und Verbindungsmittel auf ausreichende Tragfähigkeit	
4	1 Großversuch für eine Systemkonfiguration		
	Typ 1 zur Überprüfung von signifikantem Lastverschiebungsverhalten		Typ 2 zur Überprüfung von α_{cr}
α_{cr}: Faktor der Erhöhung der Bemessungslast bis zum Knicken			

Ersatzsysteme

Darüber hinaus gibt diese Norm einige, bereits aus der Zulassungsrichtlinie des DIBt bekannte, ebene Ersatzsysteme rechtwinklig und parallel zur Fassade für die Tragfähigkeitsnachweise vor.

Großversuche

Gänzlich neu sind die vorgeschriebenen Großversuche mit repräsentativen Ausschnitten einer Systemkonfiguration. Wie bei der Berechnung, wurden auch für die Großversuche zwei Vorgehensvarianten bestimmt, die letztlich die rechnerische Nachweisführung bestätigen sollen. Diese Vorgehensweise soll belegen, daß die getroffenen Systemannahmen auf der sicheren Seite liegen.

Für den Fall, daß die Berechnung nach Theorie 2. Ordnung durchgeführt wird, ist es das Ziel des Versuches, die maßgebenden Verformungen zu bestätigen. Hierbei müssen die rechnerisch nach Theorie 2. Ordnung ermittelten Lastverschiebungen kleiner als die Verformungen im Versuch sein.

Wenn der Tragsicherheitsnachweis nach Theorie 1. Ordnung durchgeführt wird, muß der Großversuch zeigen, daß die rechnerisch ermittelte Knicklast kleiner als die aus dem Versuch ist.

Der Versuchsaufbau soll einen typischen Ausschnitt aus dem Fußbereich eines Gerüstes darstellen. Dabei sind Verankerung und Belastung so zu wählen, daß die Vergleichsberechnung dieselben Randbedingungen nachbildet.

Gerüste bei Versuchen zur Überprüfung des Tragsicherheitsnachweises nach Theorie 2. Ordnung müssen belastet werden mit:

- vertikalen Lasten in den obersten Knotenpunkten, wobei an den Randständern mindestens die Hälfte der Lasten aufzubringen ist, die auf die inneren Ständerpaare wirken,
- mindestens einer horizontalen Last senkrecht zur Fassade an einem unverankerten Knoten,
- horizontalen Lasten parallel zur Fassade an zwei benachbarten Knoten einer unverankerten Ebene.

Zuerst werden die horizontalen Lasten aufgebracht. Anschließend werden die vertikalen Lasten bis zum Versagen des Gerüstes gesteigert. Hierbei müssen die Verschiebungen der Knoten gemessen werden, an denen die Horizontallasten angreifen.

Bei Versuchen zur Überprüfung des Erhöhungsfaktors α_{cr} der Bemessungslast bis zum Knicken (Tragsicherheitsnachweises nach Theorie 1. Ordnung) müssen Gerüste mit vertikalen Lasten in den obersten Knotenpunkten belastet werden, wobei auch hier an den Randständern mindestens die Hälfte der Lasten aufzubringen ist, die auf die inneren Ständerpaare wirken. Horizontale Lasten werden nicht aufgebracht. Die vertikalen Lasten werden stufenweise bis zum Zusammenbruch des schwächsten Bauteils der Konstruktion gesteigert.

Bauteilversuche

Neben den Großversuchen werden in Teil 2 von prEN 12 810 in drei Anlagen unterschiedliche Versuche beschrieben.

Anlage A beschreibt Versuche:

- zur Ermittlung der Horizontalsteifigkeit der Belagebenen,
- zur Ermittlung von Knotensteifigkeit in Modulgerüsten,
- zur Ermittlung von Tragfähigkeit von Diagonalen.

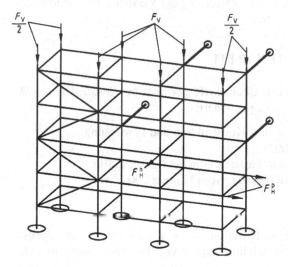

Bild 4.39
Großversuch zur Überprüfung des
Tragsicherheitsnachweises [208]

Fallversuche

Anlage B definiert Fallversuche für Beläge und ihre Auflager. In diesen Versuchen sollen die Mindestanforderungen nachgewiesen werden, die hinsichtlich der Brauchbarkeit an Beläge und unterstützende Teile von Standgerüsten gestellt werden. Diese Versuche entsprechen grundsätzlich denen, die in den berufsgenossenschaftlichen Grundsätzen „*Prüfung von Belagteilen in Fang- und Dachfanggerüsten sowie von Schutzwänden in Dachfanggerüsten*" (BGG 927) gefordert werden [170].

Tabelle 4.34 Vorgegebene Auftreffpunkte bei Fallversuchen nach prEN 12 810 Teil 2 (10.2002) Tabelle B.1

Belagbreite	Auftreffpunkte	
	Parameter	
	maximale Querkraft	maximales Moment
$w \le 0,7$ m	PS1 [1]	PM1 [1]
$w > 0,7$ m	PS1 und PS2 [1]	PM1 und PM2 [2]

[1] Erläuterung in prEN 12 810 Teil 2 (10.2002).

Die normative Anbindung für den Brauchbarkeitsnachweis von Fang- und Dachfanggerüsten erfolgt in DIN 4420 Teil 1 (z. Z. Entwurf, Ausgabe 09.2002), zumal die Europäischen Normen in ihrem Anwendungsbereich keine Schutzgerüste vorsehen. Die ebenfalls aus BGG 927 bekannten schärferen Lastannahmen für Fanglagen in Ausleger- und Konsolgerüsten sind dort auch erwähnt [170].

Ebenfalls hier soll eine Stahlkugel mit einem Durchmesser von Ø 0,50 m sowie einer Masse von 100 kg aus einer Höhe von 2,50 m auf einen Belag fallengelassen werden. Die Kugel muß hierbei auf ein Dämpfungskissen mit bestimmten Eigenschaften auftreffen, das sich auf dem zu prüfenden Belag befindet.

Anlage C gibt Hinweise zum Umfang und zur Auswertung der Versuche mit wiederholter Belastung für geschweißte Aluminiumstufen.

4.8.3 Arbeitsgerüste – Entwurf EN 12 811

Dieses Regelwerk mit der umspannenden Überschrift „*Temporäre Konstruktionen für Bauwerke – Arbeitsgerüste*" ist in drei Teile gegliedert:

- Teil 1: Leistungsanforderungen, Entwurf, Konstruktion und Bemessung (Fassung vom Dezember 2002),
- Teil 2: Informationen zu Werkstoffen (Fassung vom September 2001),
- Teil 3: Versuche zum Tragverhalten (Fassung vom Februar 2003).

prEN 12 811 Teil 1 – Leistungsanforderungen, Entwurf, Konstruktion und Bemessung

Bereits DIN 4420 Teil 1 entwickelte zwei Kriterien für die Einteilung in sechs Gerüstgruppen: die flächenbezogenen Nutzgewichte respektive Flächenpressung und die

Mindestbreite der Belagfläche. Norm EN 12 811 Teil 1 unterscheidet hingegen Breiten-klassen, Höhenklassen und Lastklassen, die miteinander kombiniert werden dürfen [209]. Dank dieser Wahlfreiheit können Gerüste entwickelt werden, die entweder schmal und mit einer hohen Verkehrslast behaftet oder breit und mit einer niedrigen Verkehrslast belastet sind.

Die *Breite w* eines Gerüstes ist als die Breite der Gerüstlage einschließlich der Dicke des Bordbrettes definiert. Hierbei darf das Bordbrett mit maximal 30 mm in Rechnung gestellt werden.

Unter *Gerüstlage* wird die gesamte Belagfläche einer Ebene verstanden, die einen siche-ren hochgelegenen Arbeitsplatz oder Zugang bietet.

Tabelle 4.35 Breitenklassen für Gerüstlagen nach prEN 12 811 Teil 1 (12.2002) Tabelle 1

Breitenklasse	Breite w der Belagfläche [m]
W06	$0,6 \leq w < 0,9$
W09	$0,9 \leq w < 1,2$
W12	$1,2 \leq w < 1,5$
W15	$1,5 \leq w < 1,8$
W18	$1,8 \leq w < 2,1$
W21	$2,1 \leq w < 2,4$
W24	$2,4 \leq w$

Während noch bei der Festlegung der Abmessungen für die Gerüstgruppe 3 in DIN 4420 Teil 1 auf die Belange eines großen deutschen Gerüstherstellers Rücksicht genommen wurde, sind in der Europäischen Norm die großen Breitenklassen auf Drängen der skandi-navischen Länder eingeführt worden, da insbesondere die in diesen Ländern übliche Bau-praxis entsprechend große Belagbreiten erfordert.

Tabelle 4.36 Klassen für lichte Höhen nach prEN 12 811 Teil 1 (12.2002) Tabelle 2

Klasse	Lichte Höhe		
	Zwischen den Gerüstlagen h_3 [m]	Zwischen Gerüstlagen und Querriegeln oder Gerüsthaltern h_{1a} und h_{1b} [m]	Schulterhöhe h_2 [m]
H_1	$\geq 1,90$	$\geq 1,75 < 1,90$	$\geq 1,60$
H_2	$\geq 1,90$	$\geq 1,90$	$\geq 1,75$

Bei der Festlegung einer zusätzlichen Höhenklasse H_2 ist eine Forderung Dänemarks be-rücksichtigt worden und der lichte Arbeitsraum im Bereich der Querriegel und Gerüst-halter auf 1,90 m erhöht worden, obwohl es derzeit auf dem europäischen Markt keine entsprechenden Systemgerüste gibt.

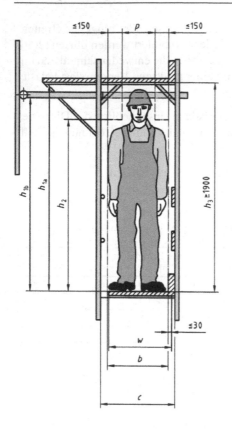

Legende
b   freie Durchgangsbreite
        $b \geq \max \{500\ \text{mm};\ c - 500\ \text{mm}\}$
c   lichter Abstand zwischen Ständern
h_{1a}, h_{1b} lichte Höhe zwischen Gerüstlagen
        und Querriegeln oder Gerüsthaltern
h_2 lichte Schulterhöhe
h_3 lichte Höhe zwischen Gerüstlagen
p   lichte Breite im Kopfbereich
        $p \geq \max \{300\ \text{mm};\ c - 450\ \text{mm}\}$
w   Breite der Gerüstlagen nach 5.2

Bild 4.40
Abmessungen von Gerüstlagen [209]

Darüber hinaus wird die lichte Mindesthöhe h_3 zwischen den Gerüstlagen auf 1,90 m festgeschrieben. Ferner muß für die freie Durchgangsbreite b ein Wert

$$b \geq \max \{500\ \text{mm};\ c - 250\ \text{mm}\}$$

eingehalten werden, wobei c der lichte Abstand zwischen den Ständern ist. Die Höhen h_{1a} und h_{1b} beschreiben die lichte Höhe zwischen Gerüstlagen und Querriegeln bzw. Gerüsthaltern. Die Höhe h_2 definiert die lichte Schulterhöhe. Die lichte Höhe zwischen Gerüstlagen wird mit h_3 definiert. Die lichte Breite im Kopfbereich wird mit p bezeichnet und muß die Bedingung

$$p \geq \max \{300\ \text{mm};\ c - 450\ \text{mm}\}$$

erfüllen.

Im Unterschied zu DIN 4420 Teil 1 läßt prEN 12 811 Teil 1 Abstände zwischen Belagteilen von bis zu 25 mm zu.

Die Verkehrslasten, die bereits aus DIN 4420 Teil 1 bekannt sind, wurden in diese Norm, abgesehen von den neuen Bezeichnungen, exakt übernommen. So wurden aus Gerüstgruppen Lastklassen, welche die unterschiedlichen Arbeitsvorgänge beschreiben. Der Text

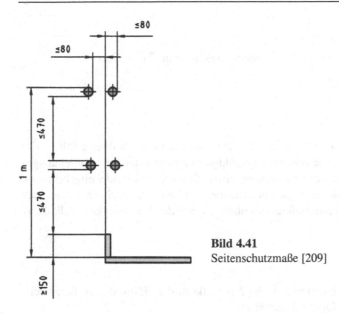

Bild 4.41
Seitenschutzmaße [209]

Tabelle 4.37 Verkehrslasten auf Gerüstlagen nach prEN 12 811 Teil 1 (12.2002) Tabelle 3

Last-klasse	Gleichmäßig verteilte Last q_1 [kN/m²]	Konzentrierte Last		Teilflächenlast	
		auf einer Fläche von 500 mm × 500 mm F_1 [kN]	auf einer Fläche von 200 mm × 200 mm F_1 [kN]	g_2 [kN/m²]	Teilflächen-faktor a_p
1	0,75	1,5	1,0	–	–
2	1,50	1,5	1,0	–	–
3	2,00	1,5	1,0	–	–
4	3,00	3,0	1,0	5,00	0,4
5	4,50	3,0	1,0	7,50	0,4
6	6,00	3,0	1,0	10,00	0,5

der Norm ist eindeutig: „Die Lastklasse für die Gerüstlage muß der Art der auszuführen-den Arbeit entsprechen".

Schrägstellungen zwischen vertikalen Bauteilen, Geometrieannahmen für Ständerstöße und Fußspindeln, die in DIN 4420 Teil 1 beschrieben worden waren, wurden in prEN 12 811 Teil 1 weitgehend übernommen. Lediglich die Minderung der Schiefstellung ψ wurde an die Regelung des Eurocodes EC 3 mit

$$\tan\psi_n = \tan\psi \cdot \sqrt{(0,5 + 1/n)}$$

angepaßt, wobei n die Anzahl der Stiele in der betrachteten Ebene ist. Für geschlossene Rahmen mit zwei Stielen und einer Überdeckungslänge der Stoßverbindungsmittel von größer als 150 mm darf der Wert auf

$$\tan \psi = 0{,}010$$

vergrößert werden. Bei einer geringeren Überdeckungslänge muß der Wert

$$\tan \psi = 0{,}015$$

angesetzt werden.

Die Lagerungsbedingungen für Fußspindeln wurden neu definiert. Während DIN 4420 Teil 1 und die Zulassungsrichtlinie von einer gelenkigen Lagerung der Fußspindel ausgehen, erweitert prEN 12 811 Teil 1 diese Annahme. So darf für die Fußspindel eine bilineare elastische Einspannung angenommen werden. Dabei darf das plastische Moment des Spindelrohres unter Einfluß der Normalkraft als obere Grenze der Tragfähigkeit nicht überschritten werden:

$$M_u = N \cdot e_{max} \le M_{pl,N}$$

Hierbei beträgt die maximale Exzentrizität der Normalkraft die Hälfte des Außendurchmessers der Spindel am Anschluß der Fußplatte:

$$e_{max} = 0{,}5 \cdot d$$

Die Drehfedersteifigkeit verläuft bis zum Erreichen von M_u linear mit einer Steigung von:

$$c_M = 2.000 \text{ kNcm/rad}$$

Danach, das heißt nach dem Überschreiten des zu M_u zugehörigen Drehwinkels

$$\varphi_{grenz} = M_u / c_M$$

wirkt die Fußpunktlagerung als Gelenk.

Charakteristische Werte der Steifigkeiten und Widerstände von leichten Gerüstspindeln nach DIN 4425 finden als normativer Anhang Eingang in prEN 12 811 Teil 1.

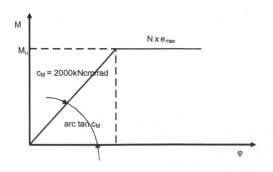

Bild 4.42
Moment-Drehwinkel-Beziehung Fußspindel
[209]

Der Lagebeiwert ($c_{1,\perp}$ in DIN 4420 Teil 1) wird hier mit $c_{s,\perp}$ bezeichnet und ergibt sich, geringfügig abweichend von der bekannten Bestimmungsgleichung, zu:

$$c_{s,\perp} (\varphi_B) = 1{,}0833 - 0{,}833 \cdot \varphi_B \le 1{,}0$$

Auch für die Staudruckwerte der Windlastannahmen gibt es eine Änderung: während der Wert für den Lastfall Arbeitsbetrieb unverändert mit 0,2 kN/m^2 bestehen bleibt, wird auf eine europaweite Regelung des Staudruckwertes für den Lastfall „größte Windlast" verzichtet. Hier wird auf die nationalen Normen und die bisher in der Praxis gebräuchlichen Werte verwiesen.

Der Standzeitfaktor χ wurde in seiner Form und Größe aus DIN 4420 Teil 1 mit

$$\chi = 0{,}7$$

übernommen.

Bei den Kupplungen wurden die aus DIN 4420 Teil 1 bekannten Beziehungen zwischen Biegemoment M_N und Drehwinkel φ bzw. zwischen Torsionsmoment M_T und Torsionswinkel ϑ prinzipiell übernommen und um die Kupplungsklasse C erweitert.

Erweitert wurde auch die Beschreibung der Zugänge zu den Gerüstebenen. So werden explizit innenliegende Leitergänge (innerhalb der Belagfläche), Gerüsttreppen (innerhalb einer Verbreiterung des Arbeitsgerüstes in einem Gerüstfeld) oder Treppentürme (unmittelbar angrenzend) aufgeführt. Gänzlich neu ist die Einteilung in zwei Klassen von Treppen in Abhängigkeit von deren Abmessungen.

Tabelle 4.38 Treppenmaße nach prEN 12 811 Teil 1 (12.2002)

Maß	Klasse	
	A [mm]	B [mm]
s	$\ge 125 < 165$	≥ 165
b	$\ge 150 < 175$	≥ 175
Lichte Breite mindestens 500 mm		

prEN 12 811 Teil 2 – Informationen zu Werkstoffen

Der Inhalt dieser Norm wird im Kapitel 8 ausführlich behandelt. An dieser Stelle wird der Vollständigkeit halber nur der Aufbau wiedergegeben [210].

prEN 12 811 Teil 3 – Versuche zum Tragverhalten

Als erster Teil der Europäischen Gerüstnormung wurde Teil 3 von DIN EN 12 811 in Deutschland in den Status einer Deutschen Norm erhoben [211]. Sie legt Regeln für Belastungsversuche, Dokumentation und Auswertung der Ergebnisse im Bereich von temporären Konstruktionen im Bauwesen fest, insbesondere von Systemgerüsten.

Diese Norm soll als Grundlage für weitere Normen, die Versuche beschreiben, dienen. Darüber hinaus soll diese Norm eine Basis für die Durchführung von Versuchen bilden, wenn für die Bemessung keine geeigneten Berechnungsmodelle zur Verfügung stehen. Ausdrücklich sollten jedoch Versuche nach dieser Norm nicht zur Umgehung von konservativen Annahmen in den Berechnungsmodellen herangezogen werden.

Praxisbezogen bietet diese Norm einige Vorschläge für mögliche Versuche, die in Tabelle 4.39 wiedergegeben werden.

Laststufen

Bei der Versuchsdurchführung ist darauf zu achten, daß Lasten und Verformungen in einer für die Dokumentation ausreichenden Anzahl während der Be- und Entlastung aufzuzeichnen sind, damit die Last-Verformungs-Kurven das Tragverhalten erschöpfend definieren.

Versuche sollten vorzugsweise wegkontrolliert durchgeführt werden. Hierbei muß die Belastungsgeschwindigkeit ausreichend niedrig eingestellt werden, um eine vollständige Entfaltung plastischer Verformungen zu ermöglichen. Bei statischer Belastung darf die Belastungsgeschwindigkeit nicht mehr als 25 % der geschätzten Versuchshöchstlast je Minute betragen. Angepaßt an das Tragverhalten des geprüften Bauteils dürfen einzelne Laststufen nicht mehr als 10 % der Versagenslast übersteigen.

Tabelle 4.39 Mögliche Versuchsarten nach DIN EN 12 811 Teil 1 (03.2002) Tabelle 1

Nr.	Typ des Versuchs	Geprüftes Teil	Beispiele
1	Tragfähigkeit und Steifigkeit	s, a, c	Verbindungskonstruktionen Modulknoten horizontale Ebene
2	Bestätigung der Ergebnisse der statischen Berechnung	s (insbesondere) a, c	Systemkonfiguration
3	Überprüfung des Einflusses der zyklischen Belastung auf das charakteristische Tragverhalten	a, c, e	Verbindungskonstruktionen Modulknoten horizontale Ebene
4	Überprüfung des Einflusses wiederholter Belastung	a, c, e	Treppenstufen
5	Überprüfung der Gebrauchstauglichkeit bei wiederholtem Befestigen und bei Vibrationen	a, c	Schweißverbindungen Kupplungen
6	Überprüfung des Einflusses von Stoßbelastung	a, c	Belagteile und ihre Auflager Seitenschutzteile und ihre Befestigung
a: Konfiguration c: Bauteil e: Element s: Systemkonfiguration			

Versuche mit Konfigurationen, Bauteilen und Systemkonfigurationen

Versuche zur Bestimmung der Tragfähigkeit, Steifigkeit oder Lose an Bauteilen, die bestimmungsgemäß einer Wechselbeanspruchung mit Vorzeichenumkehr ausgesetzt sind, müssen mit zyklischer Belastung bis zum Erreichen der Traglast durchgeführt werden. Für jeden zu untersuchenden Parameter müssen mindestens fünf Versuche durchgeführt werden. Eine in der Praxis übliche Vorgehensweise, Keilverbindungen vor der Versuchsdurchführung dreimal anzuschlagen und wieder zu lösen, wurde verbindlich aufgenommen.

Bauteile, bei denen die Belastung in der Regel nur in einer Richtung erfolgt, jedoch eine hohe Anzahl von Lastwiederholungen vorausgesetzt werden kann (z. B. Treppenstufen), müssen durch Versuche mit wiederholter Beanspruchung geprüft werden. Durch diese Versuche soll untersucht werden, ob die Gebrauchsfähigkeit durch die ständige Be- und Entlastung nicht nachteilig beeinflußt wird.

Rüttelversuche müssen an Konstruktionen durchgeführt werden, die sich durch häufige Lastumkehrungen lockern könnten, z. B. bei Keilverbindungen. Stoßversuche sind an Bauteilen wie z. B. Seitenschutz vorzunehmen.

Großversuche mit Systemkonfigurationen sollen in der Regel der Bestätigung der in der Berechnung getroffenen Annahmen dienen.

Dokumentation der Versuche

Die Versuche müssen durch Zeichnungen, Photographien, Diagramme und Tabellen angemessen veranschaulicht werden. Der Bericht soll eine eindeutige Beschreibung der geprüften Bauteile, des Versuchsaufbaues und -programms sowie die Ergebnisse enthalten.

Beispiel einer Auswertung nach DIN EN 12 811 Teil 3 (02.2003) für Gerüstknoten

Wie in einer Auswertung nach DIBt-Heft 5 „Versuche" darf, sofern keine näheren Angaben zur Merkmalsverteilung vorliegen, unter der Voraussetzung einer gleichen Versagensursache von einer logarithmischen Normalverteilung der Versuchsergebnisse ausgegangen werden. Als charakteristischer Wert der Beanspruchbarkeit R_k wird der 5-%-Fraktilenwert festgelegt. Zur Berücksichtigung der statistischen Unsicherheiten wird eine Aussagewahrscheinlichkeit von 75 % vereinbart.

Der Wert der Beanspruchbarkeit R_u entspricht in der Regel dem Höchstwert der Last-Verformungs-Kurve. Für die Ermittlung der elastischen Verformung δ_{el} ist die linearisierte Entlastungskurve maßgebend.

Die Versuchswerte der Beanspruchbarkeit R_u sind in Abhängigkeit vom Verhältnis k und dem Verhältnis der garantierten Mindestwerte zu den gemessenen Werten der Festigkeitskennwerte in die Werte R'_u umzurechnen. Die einzelnen Schritte der Vorgehensweise zur Bestimmung der Belastbarkeit sehen wie folgt aus:

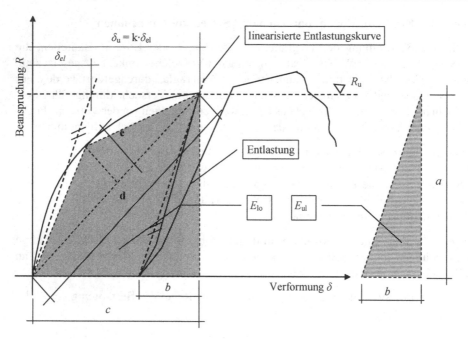

Bild 4.43 Definition der Versuchswerte R_u der Beanspruchbarkeit

1. Bestimmung von E_{ul} (graphisch)
2. Bestimmung von E_{lo} (graphisch)
3. Bestimmung von $q_{e,i}$ $= E_{lo,i} / E_{ul,i}$
4. Bestimmung von $\zeta_{a,i}$ $= f_{\gamma,i} / f_{\gamma,k}$
5. Bestimmung von $R'_{u,i}$ $= R_{u,i} / \zeta_{a,i}$
6. Bestimmung von R_k $= R'_{u,5}$ (Statistik)
7. Bestimmung von q_{eq} $= \Sigma\, q_{e,i} / i$
8. Bestimmung von γ_{R2} $= -0{,}025 \cdot q_{eq} + 1{,}275 \geq 1{,}00$
9. Bestimmung von R_d $= R'_{u,5} / \gamma_{R2}$
10. Bestimmung von zul R $= R_d / \gamma_F$ mit $\gamma_F = 1{,}50$

Die Bestimmung der Werte E_{ul} und E_{lo} kann näherungsweise aber ausreichend genau mit einer Flächenberechnung der eingeschriebenen Dreiecke erfolgen:

$$E_{ul} = \tfrac{1}{2} \cdot a \cdot b$$

$$E_{lo} = \tfrac{1}{2} \cdot (a \cdot c + d \cdot e + \dots)$$

Tabelle 4.40 Tabellarische Versuchsauswertung

Versuch	E_{Io}	E_{uI}	$q_e = E_{uI} / E_{Io}$	$f_{y,c}$ [N/mm²]	$f_{y,k}$ [N/mm²]	$\zeta_{y,r} = f_{y,c} / f_{y,k}$	K	$R'_{u,i} = R_{u,i} / \zeta_{y,r}$
Versuch N1A	3,45	127,03	36,82	233	220	1,06	32,00 kN	30,21 kN
Versuch N1B	4,14	105,99	25,60	233	220	1,06	33,00 kN	31,16 kN
Versuch N2A	7,59	120,34	15,86	233	220	1,06	34,00 kN	32,10 kN
Versuch N2B	7,59	95,07	12,53	233	220	1,06	36,00 kN	33,99 kN
Versuch N3A	8,52	91,77	10,77	233	220	1,06	34,00 kN	32,10 kN
Versuch N3B	7,86	90,73	11,54	233	220	1,06	34,00 kN	32,10 kN
Versuch N4A	9,90	109,02	11,01	233	220	1,06	34,00 kN	32,10 kN
Versuch N4B	6,08	115,50	19,00	233	220	1,06	34,00 kN	32,10 kN
Versuch N5A	5,81	80,32	13,82	233	220	1,06	36,00 kN	33,99 kN
Versuch N5B	7,74	87,28	11,28	233	220	1,06	31,00 kN	29,27 kN

Mittelwert $q_{eq} = 16,82$

Ermittlung des Teilsicherheitsbeiwertes: $\gamma_{R2} = -0,025 \cdot q_{eq} + 1,275 =$ 0,85
                                                    aber min $\gamma_{R2} =$ 1,00

Statistische Auswertung von $R'_{u,i}$: $R'_{u,5} = R_k =$ 28,93 kN

Bemessungswert der Beanspruchbarkeit: $R_d = R_{u,5}/\gamma_{R2} =$ 28,93 kN

Zulässige Normalkraft: zul $N = R_d/\gamma_F =$ 19,29 kN   mit $\gamma_F = 1,50$

4.9 Künftige Restnorm DIN 4420 Teil 1 – Entwurf 09.2002

Bisher wurden Schutzgerüste in Deutschland durch DIN 4420 Teil 1 geregelt. Da die Europäischen Normen EN 12 810 und EN 12 811 keine Bestimmungen über Schutzgerüste enthalten, muß nach der bauaufsichtlichen Einführung dieser Normen in Deutschland der Bereich der Schutzgerüste auch weiterhin durch eine nationale Restnorm geregelt werden.

Die künftige Restnorm DIN 4420 Teil 1 trägt die Bezeichnung *„Arbeits- und Schutzgerüste – Teil 1: Schutzgerüste; Leistungsanforderungen, Entwurf, Konstruktion und Bemessung"* [200].

Diese Norm wurde vollständig neubearbeitet und dem Stand der Technik angepaßt. Der neu verfaßte Teil 1 beinhaltet ausschließlich Festlegungen für Schutzgerüste. Diese dienen dazu, „… als Fang- oder Dachfanggerüste Personen gegen tieferen Absturz zu sichern und als Schutzdach Personen, Maschinen, Geräte und anderes gegen herabfallende Gegenstände zu schützen". Aber auch für Arbeitsgerüste mit Bekleidung gilt, daß diese „… das Herabfallen von Gegenständen auf Personen, Maschinen, Geräte und anderes" verhindern können, sofern beim Aufbau die Bestimmungen der vorliegenden Norm beachtet wurden. Deutlich hervorgehoben wird, daß „diese Norm … allgemeine Regelungen und sicherheitstechnische Anforderungen" für Schutzgerüste enthält. Eine Definition der Regelausführung ist in dieser Norm nicht mehr enthalten.

Begriffe, Klassifizierung und Bezeichnung

Hier werden alle wichtigen Bezeichnungen wie Schutzgerüst, Arbeitsgerüst mit Bekleidung (AGB), Fanggerüst (FG), Dachfanggerüst (DG), Schutzdach (SD), Fanglage (FL), Abdeckung (AD), Seitenschutz (SSZ), Schutzwand (SW), Bekleidung (BKG), Absturzkante, Absturz- und Fallhöhe definiert. Die meisten Begriffe werden bereits in DIN 4420 Teil 1 (12.1990) behandelt. Neu ist die Definition der Fanglagen, anhand der künftig Schutzgerüste in zwei Klassen unterteilt werden:

*   Klasse FL1 bis zu einer Absturzhöhe von 2,00 m,
*   Klasse FL2 bis zu einer Absturzhöhe von 3,00 m.

In der Praxis ist diese nicht neu, denn wie bisher ist die Klasse FL2 nur bei Konsol-, Ausleger- und außerhalb der Regelausführung auch bei Hängegerüsten zulässig.

Auch für Abdeckungen und Schutzwände werden Klassen eingeführt. Abdeckungen werden bei Schutzgerüsten in zwei Klassen eingeordnet:

*   Klasse AD1 für Fallhöhen bis 24,00 m,
*   Klasse AD2 für Fallhöhen ab 24,00 m.

Schutzwände in Schutzgerüsten teilen sich in Abhängigkeit von ihrer Höhe auf in:

*   Klasse SWD1 für Schutzwände von 1,00 bis 2,00 m Höhe,
*   Klasse SWD2 für Schutzwände ab 2,00 m Höhe.

Die Bezeichnung eines Schutzgerüstes setzt sich aus Kurzzeichen für die Bauart, Bauteilgruppe und Klasse zusammen. Somit erhält ein Schutzgerüst als Dachfanggerüst mit einer

Fanglage der Klasse 1 und mit einer Schutzwand der Klasse 1 die folgende Norm-
bezeichnung:

> Schutzgerüst DIN 4420-1 – DG – FL1 – SWD1

Bauliche Durchbildung

Eine wichtige Neuerung stellt die Forderung dar, den zu schützenden Bereich, bezogen
auf die Absturzkante, seitlich um mindestens 1,00 m zu überragen. Für freistehende Ob-
jekte, die gänzlich mit Schutzgerüsten eingerüstet werden, ist dies sicherlich eine sinnvolle
Ergänzung. Problematisch wird diese Forderung bei Erstellung von Schutzgerüsten vor
z. B. Reihenmittelhäusern. Hier muß der Gerüstbauer zuerst eine Genehmigung vom Nachbarn erwirken, bevor er die Randstiele des Schutzgerüstes am Nachbargebäude verankert.
Alternativ kann er mit umfangreichen Maßnahmen und Nachweisen im Einzelfall die
Verankerungskräfte aus den Randstielen in die Verankerung des Innenstiels ableiten.

Bild 4.44
Überstand Schutzgerüst [200]

Werden Arbeitsgerüste bekleidet, muß die gewählte Bekleidung dicht schließend an tragenden Bauteilen des Gerüstes befestigt sein. Darüber hinaus dürfen Öffnungen in der
Bekleidung nicht größer als 4 cm^2 sein.

Die Bestimmungen für die bauliche Durchbildung der Fang- und Dachfanggerüste enthalten keine neuen Bedingungen. Wie bisher müssen Fanggerüste mindestens 0,90 m breit
sein. Der horizontale Abstand zwischen Fanglage und Bauwerk darf nicht mehr als 0,30 m
betragen, es sei denn, daß zusätzliche Vorkehrungen getroffen werden. Für den Abstand b_1
des Seitenschutzes von der Absturzkante gelten die Angaben in Tabelle 4.41.

Tabelle 4.41   Abstand b_1 nach E DIN 4420 Teil 1 (09.2002) Tabelle 1

Absturzhöhe h [m]	Abstand b_1 [m]
bis 2,00	min. 0,90
2,00–3,00	min. 1,30

Die Fanglage von Dachfanggerüsten muß mindestens 0,60 m breit sein. Darüber hinaus
darf die Fanglage nicht tiefer als $h_0 = 1,50$ m unterhalb der Traufe angeordnet werden.

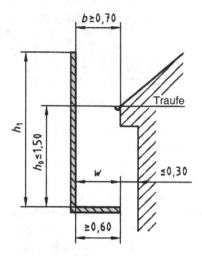

Bild 4.45
Bauliche Durchbildung als Dachfanggerüst [200]

Die Schutzwand muß horizontal gemessen mindestens $b = 0,70$ m von der Traufe entfernt sein. Der Überstand der Schutzwand oberhalb der Traufe muß folgende Beziehung erfüllen:

$$h_1 - h_0 \geq 1,50 - b$$

Alle Maße in dieser Gleichung müssen in [m] eingegeben werden. Darüber hinaus muß die Höhe h_1 der Schutzwand mindestens 1,00 m betragen.

Im Vergleich zur jetzigen Norm wurden die Schutzdächer genauer beschrieben. So ist im Bereich öffentlicher Verkehrswege ein Sicherheitsraum von 0,50 m × 4,50 m freizuhalten.

Die Breite der Abdeckung in Verbindung mit Arbeitsgerüsten darf nach örtlichen Erfordernissen gewählt werden. Sie muß aber mindestens 1,50 m in horizontaler Richtung betragen. Zusätzlich muß beachtet werden, daß Schutzdächer die Gerüstaußenkante allseitig um mindestens 0,60 m überragen müssen.

Für Schutzdächer gilt, daß diese eine 0,60 m hohe Bordwand haben müssen. Bei geneigten Schutzdächern muß deren Vorderkante mindestens 0,60 m über dem Ansatzpunkt der Schrägen am Außenständer liegen.

Der Entwurf (11.2001) definiert die Abmessungen des Schutzdaches in Abhängigkeit von der möglichen Fallhöhe. In der Ausgabe (09.2002) wird lediglich auf eine weitere Vorschrift verwiesen.

Die Fanglage der Klasse FL1 darf aus Belägen bestehen, die für Absturzhöhen bis 2,00 m geprüft sind. Beläge für die Fanglage der Klasse FL2 müssen für Absturzhöhen bis 3,00 m geeignet sein. Die für die Beurteilung heranzuziehenden *„Grundsätze für die Prüfung von Belagteilen in Fang- und Dachfanggerüsten sowie von Schutzwänden in Dachfanggerüsten"* (BGG 927) sehen dazu Fallversuche mit Fallhöhen von 2,50 m bzw. 3,50 m vor [170]. Für systemfreie Vollholzbohlen, die von Fallversuchen ausgenommen sind, müssen Abmessungen gemäß Tabelle 4.39 eingehalten werden.

Tabelle 4.42   Maße von Schutzdächern an Fassadengerüsten in Abhängigkeit vom
Gefahrenbereich nach E DIN 4420 Teil 1 (11.2001) Tabelle 2

Fallhöhe [m]	Überstand (über Gefahrenbereich hinaus) [m]	erforderliche Abdeckung
bis 12,00	0,60	FL1
bis 24,00	1,50	FL1
bis 40,00	2,50	FL2
bis 60,00	5,00	FL2

Für Abdeckungen (s. Tabelle 4.42) werden in der Ausgabe (11.2001) zwei Klassen eingeführt. Demnach müssen Abdeckungen der Klasse 1 aus dicht verlegten Gerüstbauteilen
bestehen, die mindestens der Lastklasse 2 nach EN 12 811 Teil 1 entsprechen. Eine Abdeckung der Klasse 2 muß aus einer tragenden Lage, einer verformbaren Dämmschicht
von mindestens 10,0 cm Dicke und einer geeigneten Oberlage als Schutz- und Verschleißschicht bestehen. Auf diese Regelungen verzichtet die Ausgabe (09.2002) gänzlich und
legt lediglich die zulässigen Stützweiten von systemfreien Vollholzbohlen als Abdeckungen
fest (s. Tabelle 4.43).

Tabelle 4.43   Größte zulässige Stützweite von Gerüstbrettern oder -bohlen aus Holz als
Belagteile in Fanggerüsten nach E DIN 4420 Teil 1 (09.2002) Tabelle 2

Bohlen- breite [cm]	Absturz- höhe [m]	Größte zulässige Stützweite [m]							
		für doppelt gelegte Bretter oder Bohlen mit einer Dicke von				für einfach gelegte Bretter oder Bohlen mit einer Dicke von			
		3,5 cm	4,0 cm	4,5 cm	5,0 cm	3,5 cm	4,0 cm	4,5 cm	5,0 cm
20,0	1,00	1,5	1,8[a]	2,1[a]	2,6[a]	–	1,1	1,2	1,4
	1,50	1,3	1,6[a]	1,9[a]	2,2[a]	–	1,0	1,1	1,3
	2,00	1,2	1,5	1,7[a]	2,0[a]	–	–	1,0	1,2
	2,50	1,2	1,4	1,6[a]	1,8[a]	–	–	1,0	1,1
	3,00	1,1	1,3	1,5[a]	1,7[a]	–	–	–	1,1
24,0	1,00	1,7[a]	2,1[a]	2,5[a]	2,7[a]	1,00	1,2	1,4	1,6[a]
	1,50	1,5	1,8[a]	2,2[a]	2,5[a]	–	1,1	1,2	1,4
	2,00	1,4	1,6[a]	2,0[a]	2,2[a]	–	1,0	1,2	1,3
	2,50	1,3	1,5	1,9[a]	2,1[a]	–	1,0	1,1	1,2
	3,00	1,2	1,4	1,8[a]	1,9[a]	–	–	1,0	1,2
28,0	1,00	1,9[a]	1,9[a]	2,7[a]	2,7[a]	1,1	1,3	1,5	1,7[a]
	1,50	1,7[a]	2,0[a]	2,5[a]	2,7[a]	1,0	1,2	1,4	1,6[a]
	2,00	1,5	1,8[a]	2,2[a]	2,5[a]	1,0	1,1	1,3	1,4
	2,50	1,4	1,7[a]	2,0[a]	2,3[a]	–	1,0	1,2	1,4
	3,00	1,3	1,6[a]	2,0[a]	2,1[a]	–	1,0	1,1	1,3

[a]   In der Regelausführung darf die Stützweite höchstens 1,50 m betragen.

Bild 4.46
Schutzdach mit Abdeckung,
Dämm- und Schutzschicht [283]

Tabelle 4.44 Zulässige Stützweiten für Gerüstbeläge aus Holz in Abdeckungen
nach E DIN 4420 Teil 1 (09.2002) Tabelle 3

Brett- oder Bohlenbreite [cm]	Zulässige Stützweiten [m]				
	Brett- oder Bohlendicke				
	3,0 cm	3,5 cm	4,0 cm	4,5 cm	5,0 cm
20,0	1,25	1,50	1,75	2,25	2,50
24,0 und 28,0	1,25	1,75	2,25	2,50	2,75

Die Bestimmungen für Seitenschutz, Schutzwände und Bekleidung wurden nicht verändert. Lediglich die Verweise auf die maßgebenden Regelwerke wurden dem neuesten Stand angepaßt. So müssen z. B. der Seitenschutz nach EN 12 811 Teil 1 und eine Schutzwand nach EN 13 374 ausgebildet werden.

Tabelle 4.45 bietet eine Übersicht über die Konfigurationen der verschiedenen Bauarten von Schutzgerüsten.

Bemessung

Für die Bemessung von Schutzgerüsten wird auf EN 12 811 Teil 1 verwiesen. Darüber hinaus müssen Einwirkungen auf Schutzgerüste mindestens der Lastklasse 2 nach EN 12 811 Teil 1 entsprechen.

Für die Bemessung der Einzelbauteile von Schutzdächern, deren Lasteinzugsfläche größer als $6,00 \, \mathrm{m}^2$ ist, darf die flächenbezogene Nennlast auf $6,00 \, \mathrm{m}^2$ in ungünstigster Anordnung begrenzt werden.

Freistehende Schutzdächer sind zusätzlich unter der Annahme einer horizontalen Ersatzlast von 1,0 kN in ungünstigster Stellung nachzuweisen.

Tabelle 4.45 Zuordnung von Bauteilgruppen und Bauarten nach E DIN 4420 Teil 1 (09.2002)
Tabelle 4

Bauarten	Bauteilgruppe						
	Fanglagen (FL)		Abdek-kungen (AD)	Seiten-schutz (SSZ)	Schutzwände (SWD)		Beklei-dung (BKD)
	FL1	FL2			SWD1	SWD2	
Fanggerüst (FG)	xxx	–	–	xxx	–	–	–
	–	xxx	–	xxx	–	–	–
Dachfanggerüst (DG)	xxx	–	–	xxx	xxx	–	–
	xxx	–	–	xxx[b]	–	xxx	–
Arbeitsgerüst mit Bekleidung (AGB)	–	–	xxx[a]	xxx	–	–	xxx
Schutzdach (SD)	–	–	xxx	–	–	–	–

[a] An Arbeitsgerüsten vor Bauwerken ist zusätzlich eine Abdeckung von der Bekleidung bis zum Bauwerk auszulegen.
[b] Der Zwischenholm darf entfallen.
xxx zutreffend

Für Schutzwände sind Abrollversuche und für Beläge in der Fanglage Fallversuche nach den *„Grundsätzen für die Prüfung von Belagteilen in Fang- und Dachfanggerüsten sowie von Schutzwänden in Dachfanggerüsten"* (BGG 927) vorgesehen [170]. Für die Bemessung des Seitenschutzes wird auf EN 12 811 Teil 1 verwiesen.

Aufbau- und Verwendungsanleitung

Der Hersteller von Systemgerüsten muß für die verschiedenen Gerüstarten eine Aufbau- und Verwendungsanleitung zur Verfügung stellen. Diese muß die bestimmungsgemäße Verwendung sowie den Auf-, Um- und Abbau der Gerüste beschreiben.

Kennzeichnung

Geplant ist, daß Schutzgerüste an einer gut sichtbaren Stelle mit einem Schild zu versehen sind, das mindestens folgende Angaben enthält:

- Gerüstart (Schutzgerüst),
- Freigabedatum und
- Gerüstersteller.

Bild 4.47
Gerüstkennzeichnung [279]

4.10 Grundsätze für Fall- und Abrollversuche

Bauarbeiten an hochgelegenen Arbeitsplätzen erfordern kollektive technische Sicherungseinrichtungen gegen Absturz. Diese Maßnahmen haben vor der Verwendung persönlicher Schutzausrüstungen absoluten Vorrang. Können unmittelbar wirkende kollektive Sicherungsmaßnahmen nicht ergriffen werden, müssen Einrichtungen zum Auffangen eventuell abstürzender Personen angebracht werden, damit ein tieferer Fall verhindert wird. Da auf fast jeder Baustelle Gerüste eingesetzt werden, bieten sich diese aus praktischen und wirtschaftlichen Gründen zugleich als Arbeitsplatz und Auffangeinrichtung an.

Der Hersteller solcher Gerüste steht bei der sicherheitstechnischen Auslegung der Konstruktion für diese Doppelfunktion vor einem schwierigen Optimierungsprozeß. Im Vergleich zum Schutzgerüst wird für ein Arbeitsgerüst eine relativ geringe statische Belastung angenommen. Die Beläge werden steif und robust ausgebildet, um den rauhen Baustellenbedingungen gerecht zu werden. Hingegen müssen bei Belägen in einem Fang- oder Dachfanggerüst, die abstürzende Personen vor Verletzungen schützen sollen, erhebliche dynamische Belastungen berücksichtigt werden. Der Belag oder die Schutzwand des Gerüstes darf nicht versagen, dennoch muß das jeweilige Element ausreichend nachgiebig ausgebildet sein, um dämpfend auf die Bewegung wirken zu können. Auf keinen Fall ist es ausreichend, bei Gerüsten mit Auffangfunktion ausschließlich statische Kriterien anzusetzen.

Für systemfreie Vollholzbohlen sind anhand theoretischer Überlegungen und experimenteller Untersuchungen Regelabmessungen ermittelt worden, die eine einfache Dimensionierung der Holzbeläge ermöglichen. Die Streuung der in der Praxis vorhandenen Holzgüte ist in die Ermittlung eingeflossen. Diese Regelabmessungen der Bohlen wurden als linear-elastische, frei aufliegende, gelenkig gelagerte Ein-Feld-Träger berechnet. Ein experimenteller Tragsicherheitsnachweis ist als Ersatz für die festgelegten Regelbemessungen nicht vorgesehen, denn für eine hinreichende Beurteilung der Ergebnisse unter statistischen Kriterien wäre eine entsprechend große Anzahl von Versuchen notwendig.

Systemgebundene Belagteile werden aus Stahlblech, Aluminium-Strangpreßprofil oder aus blockverleimtem Holz hergestellt. Der Nachweis der Eignung für den Einsatz in Fang- und Dachfanggerüsten unter Berücksichtigung der zuvor beschriebenen dynamischen Einwirkungen darf nach den berufsgenossenschaftlichen *„Grundsätzen für die Prüfung von Belagteilen in Fang- und Dachfanggerüsten sowie von Schutzwänden in Dachfanggerüsten"* (BGG 927) durch Versuche geführt werden [170]. Der Vorteil solcher Versuche besteht darin, daß die in den Schutzwänden und Belägen gegebenenfalls vorhandenen plastischen Reserven ausgenutzt werden.

Fallversuche

Zentrales Element der experimentellen Untersuchungen stellen die sogenannten Fallversuche dar. Die dynamischen Einwirkungen infolge einer im freien Fall auf den Gerüstbelag auftreffenden Person werden durch eine Kugel mit einem Durchmesser von Ø 50 cm und einer Masse von 100 kg simuliert. Bei im Vorfeld durchgeführten Versuchen stellte sich heraus, daß die punktförmige Lasteinleitung aus der Prüfkugel allein den Aufprall eines Menschen nicht realistisch wiedergibt. Aus diesem Grunde muß ein Dämpfungselement zwischengeschaltet werden. Das Dämpfungselement muß eine Fläche von 50 cm × 50 cm und 25 cm Dicke sowie bei statischer Belastung eine mittlere Kraftanstiegsrate von 150 kN/m haben. Als geeignet hat sich ein ledernes Kissen mit einer Füllung aus Korkstücken erwiesen. Alle zu einer Belagfläche gehörenden Belagteile und ihre Anschlußelemente werden entsprechend der Aufbauanleitung systemgerecht aufgebaut. Für Belagteile, die ausschließlich in Systemgerüsten eingesetzt werden, beträgt die Fallhöhe 2,50 m. Für Beläge, die auch in anderen Gerüsten, wie z. B. Ausleger- oder Konsolgerüsten, eingesetzt werden, muß die Fallhöhe auf 3,50 m erhöht werden. Die Stahlkugel wird mit einem Hallenkran auf die Fallhöhe gebracht und in der Regel mittels einer elektromagnetischen Auslösevorrichtung aus sicherer Entfernung ausgeklinkt. Der Auftreffpunkt der Kugel wird zuvor genau nach dem Regelwerk bestimmt, um so die Biegebeanspruchbarkeit in Feldmitte und die Querkraftbeanspruchbarkeit am Auflager in getrennten Versuchen nachzuweisen. Der Auftreffpunkt der Prüfkugel ist in seiner Lage in Längs- und Querrichtung eindeutig definiert.

Bei verschiedenen Krantypen muß gegebenenfalls die Verschiebung der Fallinie infolge des Aufwickelns des Kranseiles berücksichtigt werden. Da das Prüfmuster beim Aufprall der Kugel teilweise elastisch reagiert und die Kugel hochspringt, muß sie von einem sicher ausgebildeten „Schutzkäfig" gehalten werden. Je nach Art der Beläge muß eine unterschiedliche Anzahl der Versuche durchgeführt werden.

Der Versuch gilt als bestanden, wenn, nachdem die Kugel zur Ruhe gekommen ist, ihre statische Last vom Belag und von den unmittelbar angrenzenden Bauteilen gehalten wird. Die Fallversuche sind für alle systemgebundenen Beläge von Schutzgerüsten durchzuführen.

Tabelle 4.46 Auftreffpunkt der Prüfkugel bei Fallversuchen nach BGG 927 (01.1996)

Versuch	Lage in Längsrichtung	Lage in Querrichtung
max M	in der Mitte der Stützweite (l / 2)	an ungünstigster Stelle, jedoch mindestens 0,35 m vom Rand
		bei Belagbreiten < 0,70 m: in der Mitte der Belagbreite (b / 2)
max Q	0,35 m vom Auflagerrand	an ungünstigster Stelle, jedoch mindestens 0,35 m vom Rand
		bei Belagbreiten < 0,70 m: in der Mitte der Belagbreite (b / 2)

Tabelle 4.47 Zahl der Fallversuche nach BGG 927 (01.1996) [170]

Belagteile	Zahl der Versuche	
	max M	max Q
Systemgebundene Belagteile aus Holz	–	3
Belagteile aus Metall	2	2
Kombibelagteile	3	3

Bild 4.48 Fallversuch [283]   **Bild 4.49** Abrollversuch [279]

Abrollversuche

Ein Systemgerüst kann sowohl die Aufgaben eines Fang- als auch eines Dachfanggerüstes erfüllen. Ein Dachfanggerüst schützt z. B. einen auf geneigten Dachflächen arbeitenden Zimmermann oder Dachdecker vor einem tieferen Absturz über die Traufe. Um dieses Schutzziel zu erreichen, müssen Dachfanggerüste mit Schutzwänden ausgestattet werden. Diese Schutzwände werden in sog. Abrollversuchen geprüft. Hierbei wird ein walzenförmiger, gummierter Körper mit Stahlkern und einer Masse von 75 kg, einer Länge von 1,00 m und einem Durchmesser von Ø 30 cm von einer unter einem Winkel von 60° geneigten Fläche abgerollt. Die Abrolllänge muß 5,00 m betragen. Das Abrollgewicht wird hier z. B. mit einem Gerüstaufzug in die Ausgangslage auf die Abrollfläche gehoben, auf eine Gabel abgelegt und von einer sicheren Position aus gelöst. Es muß im ersten Versuch die Schutzwand zwischen den Schutzwandpfosten treffen. Im zweiten Versuch wird der Schutzwandpfosten selbst getroffen. Beide Versuche werden zweimal nacheinander durchgeführt, ohne daß Bauteile ausgewechselt werden. Die Prüfung gilt als bestanden, wenn dieselben Bauteile den Abrollversuch zweimal überstanden haben und das Abrollgewicht von der Schutzwand noch gehalten wird.

Beton-Kalender 2004
Schwerpunkt: Brücken und Parkhäuser

Bergmeister, K. / Wörner, J.-D. (Hrsg.)
Beton-Kalender 2004
2003. Ca. 1100 Seiten.
Gb., € 159,-* / sFr 235,-
€ 139,-* / sFr 205,-
ISBN 3-433-01668-2

Schwerpunktthema 2004: Brücken und Parkhäuser. Begleitend zur Umstellung im Brückenbau auf neue Normen bringt der Beton-Kalender 2004 Grundsätzliches und Neues zum Thema Brückenbau. Namhafte Bauingenieure schreiben zu folgenden Themen:

Teil 1
- Brücken – Entwurf und Konstruktion (Jörg Schlaich)
- Konstruktions- und Gestaltungskonzepte im Brückenbau (Alfred Pauser)
- Einwirkungen auf Brücken (Günter Timm/Fritz Großmann)
- Segmentbrücken (Günter Rombach/Angelika Specker)
- Spannglieder und Vorspannsysteme (Johann Kollegger/ Roland Martinz)
- Brückenausstattung (Christian Braun/Konrad Bergmeister)
- Ermüdungsnachweise von Massivbrücken (Konrad Zilch)
- Brückeninspektion und -überwachung (Konrad Bergmeister/Ulrich Santa)

Das zweite Schwerpunktthema sind Parkhäuser. In einem grundsätzliche Beitrag werden Bauwerkstypen und Bauweisen sowie deren Ausführung als Tiefgaragen oder Hochgaragen vorgestellt. Ein besonderer Beitrag befaßt sich mit dauerhaften Betonen, die auch bei Parkhäusern eine wichtige Rolle spielen.

Teil 2
- Parkhäuser (Manfred Curbach/Lothar Schmoh/Thomas Köster/Josef Taferner/Dirk Proske)
- Dauerhafte Betone für Verkehrsbauwerke (Peter Schießl/ Christoph Gehlen/Christian Sodeikat)
- Bemessung nach DIN 1045-1 und DIN-Fachberichten (Konrad Zilch/Andreas Rogge)
- Stützenbemessung (Ulrich Quast)
- Regelwerke (Uwe Hartz)

Die Bemessungsbeiträge aus dem Beton-Kalender 2002 sind aktualisiert und durch Vorgaben aus den neuen Brückenbau-Regelwerke ergänzt. Bewährte Beiträge zu Baustoffen, Bauphysik und Grundbau finden sich weiterhin im Beton-Kalender.

Wichtig für: Ingenieure für Bauwesen, Ingenieurbüros, Baufachleute, Ingenieurstudenten.

Ernst & Sohn
Verlag für Architektur und
technische Wissenschaften GmbH & Co. KG

Für Bestellungen und Kundenservice:
Verlag Wiley-VCH
Boschstraße 12
69469 Weinheim
Telefon: (06201) 606-400
Telefax: (06201) 606-184
Email: service@wiley-vch.de

Ernst & Sohn
A Wiley Company
www.ernst-und-sohn.de

Änderungen vorbehalten.

05347036._my

* Der €-Preis gilt ausschließlich für Deutschland

5 Arbeitsvorbereitung

5.1 Einleitung

Eine gründliche und umfassende Arbeitsvorbereitung ist nicht nur für den technischen und wirtschaftlichen Erfolg eines Bauvorhabens unerläßliche Voraussetzung, sondern sie wirkt sich maßgeblich auf die Unfallverhütung aus [141]. Um einen reibungslosen Bauablauf sicherzustellen, müssen neben technischen Voraussetzungen alle notwendigen Einrichtungen und Maßnahmen zur Vermeidung von Arbeitsunfällen Berücksichtigung finden. Die Arbeitsvorbereitung darf sich keinesfalls nur auf Aspekte beschränken, die zur Kalkulation und später zur Abrechnung benötigt werden. Zunehmend wichtig wird im Rahmen der Arbeitsvorbereitung die Gefährdungsbeurteilung (früher Gefährdungsanalyse), die ihre Berechtigung aus dem Arbeitsschutzgesetz ableitet, sowie deren Integration in die gesamte Arbeitsplanung [77]. Die daraus resultierenden technischen und organisatorischen Maßnahmen führen nicht nur zu niedrigen Baukosten und qualitativ hohen Leistungen, sondern minimieren auch das Risiko eines Arbeitsunfalls erheblich [97]. Das verbleibende Restrisiko muß durch Ergänzungen, wie z. B. gezielte Arbeitsanweisungen, reduziert werden.

In den vergangenen Jahren wurden einige neue Gerüstsysteme sowie Zubehörteile für bestehende Gerüste entwickelt, die unterschiedlich strukturierten Baubetrieben die Wahl einer differenzierten Präventionsstrategie ermöglichen. Dieses Spektrum erlaubt, die nach Größe, Zweck und Möglichkeit des Unternehmens am besten geeignete Auswahl zu treffen [22]. Darüber hinaus müssen alle Bauunternehmen die Baustellenverordnung (BaustellV), die seit dem 10. Juni 1998, und die Betriebssicherheitsverordnung (BetrSichV), die seit dem 27. September 2002 geltendes deutsches Recht ist, beachten. Die richtige Wahl eines geeigneten Gerüstsystems bei Betrieben, die mit mehreren Systemen arbeiten, ist unter den heutigen Rahmenbedingungen nicht nur hilfreich, sondern überlebenswichtig. Die Berücksichtigung des Arbeitsschutzes in der Planungsphase bleibt dabei unerläßlich [40].

5.2 Technische Bearbeitung

Im Rahmen der technischen Bearbeitung muß geklärt werden, welche Aufgaben das zu erstellende Gerüst erfüllen soll. Dann müssen das geeignete Gerüst gewählt und der Nachweis der Brauchbarkeit geführt werden. Bei besonderen sicherheitstechnischen Anforderungen sind geeignete Schutzmaßnahmen vorzubereiten, detaillierte Anweisungen zu geben und die Arbeiten zu verteilen.

5.2.1   Rahmenbedingungen

Vor der Planung des Gerüsteinsatzes müssen die wichtigsten Angaben zu Nutzungsanforderungen, die an das Gerüst zu stellen sind, ermittelt werden. Ferner sind Informationen über die Gebäudekontur, den Gebäudezustand, die Gründung und den Umge-
bungszustand zum Zeitpunkt des geplanten Gerüstaufbaues von Bedeutung. Wesentlich
ist die persönliche Besichtigung des Rüstobjektes, um eventuelle Unklarheiten beseitigen oder unvollständige Angaben ergänzen zu können. Erforderlich sind genaue Informationen zur Gerüstbelastung sowie Zeichnungen mit dem Grundriß, der Ansicht und
dem Querschnitt des Rüstobjekts. Erst mit diesen Angaben kann eine verbindliche Wahl
des geeigneten Gerüstes und der Zubehörteile erfolgen. Bei z. B. großen Gelände-
unebenheiten müssen Ausgleichrahmen oder Ausgleichsständer, bei Vorsprüngen in der
Fassade wiederum Nischen- oder Innenkonsolen angeordnet werden. Bei stark unregelmäßigen Fassadenkonturen kann der Einsatz eines Modulgerüstes oder Mast-Konsol-
Gerüstes sinnvoller sein als der Einsatz eines Rahmengerüstes. Von großem Nutzen ist
ebenfalls eine Abstimmung mit dem Gerüstnutzer und die Kenntnis der vom Gerüst aus
auszuführenden Gewerke.

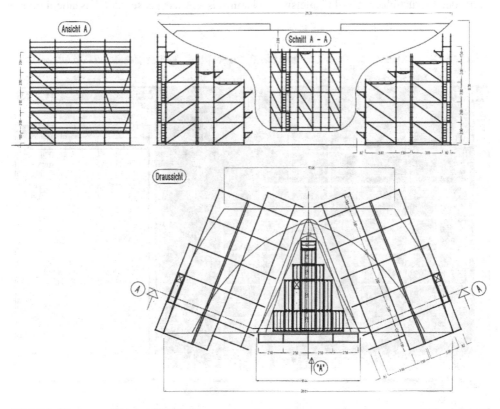

Bild 5.1 Montagezeichnung [279]

Bei Kenntnis dieser Details können z. B. die geeigneten Beläge oder die Lage und Anzahl der Leitergänge gezielter festgelegt werden. Für Maurerarbeiten sind blockverleimte Holzbeläge oder Horizontalrahmen, für Strahlarbeiten die extrem robusten, gelochten Stahlböden und für Malerarbeiten die leichten Alu-Böden mit einer rutschsicheren Oberfläche besonders gut geeignet. Bei Errichtung von Fang- und Dachfanggerüsten muß beachtet werden, daß nicht alle Beläge für den Einsatz in der obersten Lage zugelassen sind. Bei Gerüstbauarbeiten, deren Durchführung zeitlich und örtlich mit Aufträgen anderer Unternehmer zusammenfällt, ist eine Absprache und Abstimmung der Arbeiten erforderlich, damit eine gegenseitige Gefährdung ausgeschlossen wird (BGR 166, Abschnitt 9.2.7) [160].

Heute unterstützen Kalkulations- und Planungsprogramme wirksam den Gerüsteinsatz. Die von den meisten Herstellern angebotene Software ist mit dem gesamten Gerüstprogramm des Anbieters ausgestattet. Die Programmlogik beinhaltet alle Vorgaben der Zulassung sowie der Regelausführung und liefert auf Wunsch graphische Darstellungen von Grundriß, Fassade und Einrüstungen mit allen zugehörigen Einzelheiten, wie Verankerungen, Diagonalen, Leitergängen, Ausgleichsrahmen, Gitterträgern, Konsolen usw. Darüber hinaus kann eine Stückliste mit Angaben zum Gesamtgewicht ausgegeben werden. Ferner ermöglichen diese Programme durch den Anschluß an eine standardisierte Kalkulationssoftware direkt die Erstellung individueller Angebote. Durch die Optimierung der Anordnung der Gerüstfeldlängen beispielsweise kann das Gerüst besser der Fassadenkontur

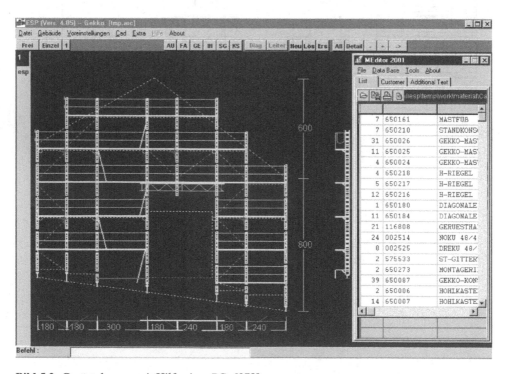

Bild 5.2 Gerüstplanung mit Hilfe eines PCs [279]

angepaßt werden. Mit Hilfe dieser Programme ist auch die Lagerverwaltung, Zeitplanung und Akkordleistungsabrechnung möglich. Die Programmführung ist so konzipiert, daß der Anwender über genaue Daten zu den Gebäudeabmessungen verfügen muß, was eine präzise und nicht überschlägige Zusammenstellung des Gerüstmaterials ermöglicht. Dank der präzisen Angaben kann vor Ort Improvisation – zwangsläufig ein Grund für Mängel und Gefahrenstellen am Gerüst – vermieden werden.

5.2.2   Nachweis der Brauchbarkeit

Der Nachweis der Brauchbarkeit beinhaltet die Überprüfung der Gerüste auf ihre Standsicherheit sowie auf die Arbeits- und Betriebssicherheit.

Die Vorgehensweise bei der Prüfung der Standsicherheit ist abhängig von der zum Einsatz kommenden Gerüstkonstruktion. Systemgerüste verfügen im allgemeinen über eine Regelausführung gemäß den Anforderungen aus DIN 4420 sowie der Zulassungsrichtlinie des DIBt und sind bauaufsichtlich zugelassen. Eine Regelausführung muß alle Gerüstbauteile enthalten, die für die Errichtung eines 24,00 m hohen Systemgerüstes einschließlich der Verankerungen, Fußspindeln und des vertikalen Zugangs notwendig sind [222].

Sofern beim Einsatz eines Systemgerüstes von der Regelausführung bzw. dem Zulassungsbescheid abgewichen wird und diese Abweichung mit fachlicher Erfahrung nicht beurteilt werden kann, muß ein Nachweis der Standsicherheit im Einzelfall erbracht werden. Dies kann der Fall sein, wenn z. B. ein Gitterträger als Abfangung in Gebäudeecken benutzt wird oder von dem in der Zulassung vorgegebenen Verankerungsraster abgewichen wird.

Ein Gerüstbauer ist daher gut beraten, wenn er nur Gerüstsysteme verwendet, die über eine allgemeine bauaufsichtliche Zulassung verfügen. Dies bedeutet für ihn, daß ihm alle Aufgaben, die zum Erlangen einer einzelnen Zulassung erledigt werden müssen, vom Gerüsthersteller abgenommen worden sind, was der Gerüstbauer als beachtliche Zeitersparnis für sich verbuchen kann.

Der Einsatz des Gerüstbaumaterials darf sich nicht ausschließlich an der vorgesehenen Nutzung des Gerüstes orientieren. Auch die für einen sicheren Aufbau notwendigen und hilfreichen Gerüstbauteile, wie z. B. ein Innenleitergang, auch in unteren Gerüstlagen vollständig ausgelegte Beläge oder ein dreiteiliger Seitenschutz müssen eingeplant werden. Die Überprüfung der Arbeits- und Betriebssicherheit für die Nutzung kann zu diesem Zeitpunkt nur aus der Kontrolle der Zweckmäßigkeit der vorgesehenen Ausstattung bestehen. Zu dieser müssen u. a. gehören: Innenseitenschutz, Leitergänge, Eckausbildung, Schutzdach und die Anordnung der Schutzlage bei Fanggerüsten.

DEUTSCHES INSTITUT FÜR BAUTECHNIK

Anstalt des öffentlichen Rechts

10829 Berlin, 20. Dezember 2002
Kolonnenstraße 30 L
Telefon: (0 30) 7 87 30 - 239
Telefax: (0 30) 7 87 30 - 320
GeschZ.: I 33-1.8.1-150/90

Allgemeine bauaufsichtliche Zulassung

Zulassungsnummer: Z-8.1-150

Antragsteller: Hünnebeck GmbH
Rehhecke 80
40885 Ratingen

Zulassungsgegenstand: Gerüstsystem "Hünnebeck BOSTA 100"

Geltungsdauer bis: 31. Dezember 2003

Der oben genannte Zulassungsgegenstand wird hiermit allgemein bauaufsichtlich zugelassen.
Diese allgemeine bauaufsichtliche Zulassung umfasst 14 Seiten und 59 Anlagen.

---

* Diese allgemeine bauaufsichtliche Zulassung ersetzt die allgemeine bauaufsichtliche Zulassung Nr. Z-8.1-150
vom 8. Juni 1990, geändert und ergänzt durch Bescheide vom 26. August 1992, vom 26. Januar 1996 und
vom 27. November 2000.
Der Gegenstand ist erstmals am 10. März 1980 allgemein bauaufsichtlich/baurechtlich zugelassen worden.

50260.01

Bild 5.3 Eine allgemeine bauaufsichtliche Zulassung eines Gerüstsystems [255]

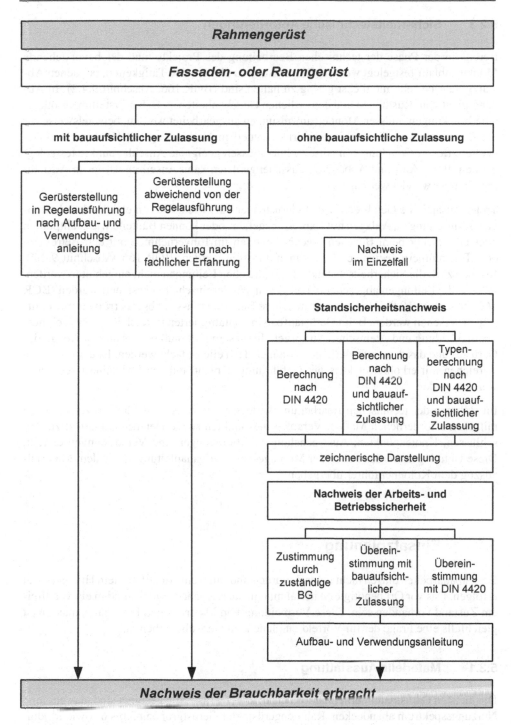

Bild 5.4 Nachweis der Brauchbarkeit eines Rahmengerüstes [160]

5.2.3   Sicherheitstechnische Anforderungen

Bereits in der Phase der technischen Bearbeitung des Projekts muß der bevorstehende Montageablauf festgelegt werden. Dieser ist so zu planen, daß Tätigkeiten, bei denen Absturzgefahr besteht, möglichst gering zu halten sind (BGR 166, Abschnitt 9.4.2). In Abhängigkeit vom Rüstobjekt und den örtlichen Gegebenheiten, z. B. bei Erstellung größerer Überbrückungen, müssen Montageanweisungen ausgearbeitet werden, beispielsweise für die Benutzung von Sicherheitsgeschirr eventuell in Verbindung mit Höhensicherungsgeräten. Bei Verwendung von Anseilschutz müssen geeignete Anschlagpunkte festgelegt werden. Beim Auf- und Abbau von Fassadengerüsten kann Anseilschutz nur in Ausnahmefällen verwendet werden.

Treten zusätzliche Gefahren für den Gerüstbauer auf, wie z. B. von elektrischen Leitungen, Rohrleitungen, Anlagen mit Explosionsgefahr, oder können Bauteile wie Lichtplatten oder Glasdächer beim Begehen brechen, müssen im Einvernehmen mit den Betreibern oder Eigentümern geeignete Maßnahmen ergriffen werden (BGR 166, Abschnitt 9.2.2). Können z. B. die Sicherheitsabstände zu elektrischen Leitungen nicht eingehalten werden, müssen die Leitungen abgeschaltet und gegen Wiedereinschalten gesichert werden (BGR 166, Abschnitt 9.2.9). Nicht durchtrittsichere Bereiche müssen abgesperrt oder mit Laufstegen versehen werden. Beim Gerüstaufbau in kontaminierten Bereichen ist für geeignete Schutzkleidung und Atemschutz zu sorgen. In diesem Fall muß bereits an den Abbau des Gerüstes und das dann erforderliche Absaugen der Teile gedacht werden. Ist der Einsatz in Bereichen mit erhöhter elektrischer Gefährdung geplant, müssen Holzleitergerüste verwendet werden.

Im Rahmen der technischen Bearbeitung werden Übersichts- und Montagezeichnungen mit allen erforderlichen Maßen, Verankerungspunkten sowie Detailzeichnungen zu Anschlüssen, Knotenpunkten, Auswechslungen, Abfangungen und Verstrebungen erstellt. Diese Unterlagen werden neben der Montage- und Aufbauanleitung sowie dem Materialauszug dem Kolonnenführer übergeben.

5.3   Einsatzplanung

Gerüstbauarbeiten dürfen nicht unter Zeitdruck und mit wenig qualifiziertem Hilfspersonal erfolgen. Das vor Ort benötigte Material muß in ausreichender Menge und in einwandfreiem Zustand vorhanden sein. Diese Vermeidung von Material- und Personalengpässen ist gleichfalls eine Frage der im Vorfeld zu planenden Gerüstbauarbeiten.

5.3.1   Materielle Ausstattung

Die meisten Gerüstbauunternehmen verfügen über Gerüste, die geeignet sind, das gesamte Nutzungsspektrum abzudecken: Rahmengerüste der Gerüstgruppen 3 bis 6 sowie Modulgerüste. Mit dieser Ausstattung können beinahe alle Anforderungen erfüllt werden.

Gerüstmaterial

Steht nach der technischen Bearbeitung der Materialbedarf fest, muß der Lagerbestand auf die Verfügbarkeit der entsprechenden Teile geprüft werden. Bei Engpässen besteht die Möglichkeit, auf ein Gerüst der höheren Gerüstgruppe oder auf ein Modulgerüst auszuweichen. Ein ausreichender Vorrat an Zubehörteilen wie Gitterträgern, Verbreiterungs- und Nischenkonsolen, Durchgangsrahmen, vielfältigen Belagtypen sowie systemfreien Bauteilen ermöglicht eine an die Sicherheits- und Nutzungsanforderungen optimal angepaßte Gerüstausführung.

Verfügt ein Gerüstbauer nicht über ausreichend große Mengen an Material, kann er die fehlenden Teile in der Regel innerhalb weniger Tage beim Hersteller nachbestellen. Die meisten Hersteller geben eine Reaktionszeit von 48 Stunden an, aber diese Größe erweist sich als theoretisch und wird von der Praxis widerlegt. Auch der beste Gerüsthersteller kann nicht immer kurzfristig alle Wünsche erfüllen. Daher empfiehlt sich eine vorausschauende Materialplanung. Auf dem Gerüstbaumarkt zeichnet sich zunehmend ein Wandel vom Verkaufs- zum Mietmarkt ab. Immer größere Mengen an Gerüstmaterial werden gemietet. Der Gerüstbauer selbst besitzt eine Grundausstattung an eigenem Material und kann die Spitzen des Bedarfs bei dem Hersteller oder Werkshändler kurzfristig abdecken. Hierbei muß er allerdings oft gebrauchtes Material akzeptieren, was der Forderung nach Überprüfung der Gerüstbauteile vor Ort noch größere Bedeutung verleiht.

Werkzeuge

Eine genügende Ausstattung an Ratschenschlüsseln und Bohrmaschinen wird als selbstverständlich vorausgesetzt. Bei Verankerungen an Mauerwerksfassaden haben sich in der Praxis akkubetriebene Bohrmaschinen bewährt; eine ausreichende Akkukapazität muß rechtzeitig vor dem Einsatz sichergestellt sein. Bei Verankerung an Stahlbetonfassaden stößt diese Technik an ihre Leistungsgrenzen, so daß auf Bohrmaschinen mit stationärer Stromversorgung zurückgegriffen werden muß. Werden Betriebsmittel mit Netzanschluß verwendet, müssen diese über einen besonderen Speisepunkt betrieben werden, wie z. B. über einen Baustromverteiler. Bei Instandsetzungsarbeiten leisten Kleinstbaustromverteiler gute Dienste, da sie auch an die Hausinstallation angeschlossen werden können.

Gerüstaufzug

Um die körperliche Beanspruchung der Beschäftigten so niedrig wie möglich zu halten, sollten vermehrt technische Hilfsmittel eingesetzt werden. Hierzu gehören Gabelstapler und Kranwagen im Lagerbereich sowie Materialaufzüge vor Ort, die den Transport von Hand reduzieren können. Kommt ein Gerüstaufzug zum Einsatz, müssen zusätzliche Verankerungen vorgesehen werden. Die obere Entladestelle muß mit einem Seitenschutz versehen werden, der meistens aus Gerüstrohren und Kupplungen erstellt wird. Die untere Ladestelle ist abzugrenzen. Beim Einsatz von Gerüstaufzügen mit Benzinantrieb ist für eine ausreichende Menge des Betriebsstoffes zu sorgen.

Persönliche Schutzausrüstung

Schutzhelme und Schutzschuhe sind bereitzustellen. Um Verletzungen der Hände zu vermeiden, haben sich in der Praxis griffige Lederhandschuhe bewährt. Ihr starker Verschleiß erfordert häufigen Ersatz.

Beim geplanten Einsatz von Anseilschutz ist die Gerüstbaukolonne mit einem kompletten und einwandfreien Sicherheitsgeschirr auszustatten.

Tabelle 5.1 Kalkulationsrichtwerte für Hünnebeck-Gerüstsysteme

Produkt	Kaufpreis[1]	Montage- und Demontagezeit	Abmessungen	Gewicht
BOSTA 70 mit Hohlkastenbelägen	1,00/m²	0,08 h/m² 0,06 h/m²	2,50 m × 0,74 m	12 kg/m²
BOSTA 100 mit Hohlkastenbelägen	1,25/m²	0,13 h/m² 0,09 h/m²	2,50 m × 1,01 m	22 kg/m²
GEKKO mit Hohlkastenbelägen	2,00/m²	0,06 h/m² 0,02 h/m²	2,40 m × 0,60 m	16 kg/m²
MODEX als Fassadengerüst mit Hohlkastenbelägen	1,75/m²	0,14 h/m² 0,10 h/m²	2,50 m × 0,82 m	20 kg/m²
MODEX als Flächengerüst ohne Beläge	0,80/m²	0,14 h/m³ 0,10 h/m³	2,50 m × 2,50 m	13 kg/m³
MODEX als Flächengerüst mit Hohlkastenbelägen	1,05/m²	0,29 h/m³ 0,35 h/m³	2,50 m × 2,50 m	18 kg/m³
BOSTA 70 Gerüsttreppe einläufig	8,70/m	0,25 h/m 0,15 h/m	H = 64,00 m	58 kg/m
BOSTA 70 Gerüsttreppe gegenläufig	11,45/m	0,45 h/m 0,25 h/m	H = 64,00 m	90 kg/m
MODEX Bautreppe	25,65/m	1,20 h/m 0,85 h/m	H = 24,00 m	300 kg/m
MODEX Treppenturm	25,65/m	2,00 h/m 1,30 h/m	H = 40,00 m	300 kg/m
MODEX Nottreppe	32,90/m	2,20 h/m 1,50 h/m	H = 16,00 m	370 kg/m

[1] Die Preise stellen eine relative Größe dar und beziehen sich auf den Kaufpreis eines BOSTA-70-Gerüstes (1,00/m² $\hat{=}$ 100 %).

Kalkulationsrichtwerte

Für die Einsatzplanung von Gerüsten sind Kalkulationsrichtwerte unverzichtbar (siehe Tabelle 5.1). Je präziser und zutreffender die Angaben auf das zu planende Projekt passen, um so effektiver läßt sich der Einsatz vorherbestimmen.

Bild 5.5
Untere Beladestelle am Gerüstaufzug [279]

5.3.2   Personelle Ausstattung

Wird der senkrechte Materialtransport von Hand durchgeführt, ist vom fachlich geeigneten Vorgesetzten sicherzustellen, daß in jeder Gerüstlage, mit der Aufstellebene beginnend, ein Gerüstbauer steht (BGR 166, Abschnitt 9.5.3), was z. B. für eine Gerüsthöhe von 8,00 m bedeutet, daß die Arbeiten von mindestens 5 Personen durchgeführt werden müssen. Diese Forderung wird in der Praxis zu oft umgangen. Häufig werden Gerüstbauer nur in jeder zweiten Gerüstlage innerhalb der vertikalen Transportkette positioniert. Um die Arbeit zu erleichtern, wird dabei der Seitenschutz teilweise oder gar vollständig ausgebaut, was wiederum zu schweren Unfällen führen kann.

Neben einer genügenden Anzahl müssen auch hinreichend qualifizierte Mitarbeiter zur Verfügung stehen. Die berufliche und gesundheitliche Eignung der Mitarbeiter ist von großer Bedeutung. Ein Gerüstbauer muß sich in erster Linie durch Erfahrung, Umsicht und Verantwortung auszeichnen.

Berufliche Qualifikation

Für die Arbeitssicherheit und den Gesundheitsschutz ist vor allem die Qualifikation der Mitarbeiter maßgebend. Der Gerüstbauer sollte einschätzen können, ob das einzurüstende Gebäude geeignet ist, Verankerungskräfte aus dem Gerüst aufzunehmen. Er muß den Untergrund und die Aufstandsflächen dahingehend beurteilen können, ob das Gerüstsystem setzungsfrei aufgebaut werden kann. Ferner muß er Gerüstbauteile auf Beschädigungen untersuchen bzw. diese erkennen können, z. B. ob Holzbauteile, insbesondere Gerüstbohlen, durch Risse, Astansammlungen oder Fäule unbrauchbar geworden sind. Allein diese Aufgaben setzen umfangreiche Kenntnisse voraus; sie sind Vorbedingung, um ein Gerüst so

Tabelle 5.2 Meilensteine der Gerüstbauer-Qualifikation

1978	Staatlich geprüfter Gerüstbau-Kolonnenführer
1991	Gerüstbau wird Lehrberuf
1998	Gerüstbau wird Vollhandwerk
2000	Meisterprüfungsverordnung tritt in Kraft
2001	Erste Gerüstbaumeister bestehen ihre Prüfung

aufzubauen, daß nachfolgende Handwerker sicher darauf arbeiten können. Leider ist das Qualifikationsniveau bei allen Unterschieden zwischen einzelnen Betrieben und Personen tendenziell eher niedrig einzustufen, da der Beruf des Gerüstbauers bislang ohne jede Fachausbildung ausgeübt werden konnte. Erst seit dem 1. August 1991 ist Gerüstbau mit einer zweijährigen Ausbildungszeit zum Lehrberuf geworden. Seit dem 1. April 1998 gilt der Gerüstbau als Vollhandwerk, ist Meisterberuf und in der Anlage A der Handwerksrolle eingetragen [88]. Im Rahmen des im Sommer 2003 vorgelegten Referentenentwurfs der Handwerksordnung bleibt der Gerüstbau weiterhin Meisterberuf, obwohl die Zahl der Vollhandwerke von 94 auf 32 reduziert werden soll [122]. Dadurch wird der Gerüstbau zu einem handwerksähnlichen Beruf mit einer gründlichen Ausbildung der Beschäftigten. Ebenso kann der Kolonnenführer oder Vorarbeiter, auf den in den meisten Fällen die Unternehmerpflichten hinsichtlich der Unfallverhütung gemäß § 12 der BGV A 1 übertragen werden, seine Qualifikationen in einer Ausbildung zum geprüften Gerüstbau-Kolonnenführer auf der Basis der vorhandenen beruflichen Erfahrung ergänzen.

Nur eine gute Qualifikation der Gerüstbauer kann sicherstellen, daß Gerüste stand- und betriebssicher unter Berücksichtigung aller sicherheitsrelevanten Forderungen aufgebaut werden [12].

Bei der personellen Einsatzplanung muß daher gewährleistet sein, daß die Gerüstbauarbeiten von einem Aufsichtführenden begleitet werden (BGV C 22 § 4(2); BGR 166, Abschnitt 9.1.4) und qualifizierte Mitarbeiter in ausreichender Anzahl vorhanden sind [157, 160].

Gesundheitliche Anforderungen

Im Gerüstbau ist körperliche Leistungsfähigkeit unerläßlich. Besondere Merkmale der Tätigkeit sind Arbeiten in großer Höhe, auf engem Raum und schwerer Materialtransport. Die Untersuchungen nach dem berufsgenossenschaftlichen Grundsatz G 41 „Arbeiten mit Absturzgefahr" sind zwar nicht vorgeschrieben [156], aber vor der Aufnahme einer Tätigkeit als Gerüstbauer in diesem Zusammenhang dringend zu empfehlen (BGV A 4 § 3(1)). Insbesondere wegen der Absturzgefahr ist das Kreislaufsystem zu überprüfen. Herzrhythmusstörungen, Herzschwäche und ein Blutdruck außerhalb des Normalbereichs sind Kontraindikation für diese Tätigkeit. Ferner ist das Seh- und Hörvermögen zu untersuchen. Personen mit Doppelbildern, Sehunschärfe oder Sehschwäche sind ebenso ungeeignet wie solche mit Ohrensausen, hochgradiger Hörminderung oder gar Taubheit, weil bei Arbeiten in großer Höhe räumliches Sehen und einwandfreie Verständigung unabdingbar sind. Schwindelsymptome, wie Schwank- und Drehschwindel, sind gänzlich auszuschließen. Auch Personen mit Stoffwechselstörungen wie insulinpflichtiger Zuckerkrankheit sind nur begrenzt einsetzbar. Durch die belastende Arbeit ist das Risiko einer Unterzuckerung oder einer Bewußtlosigkeit durch Blutzuckererhöhung sehr groß. Ebenso sollen Personen, die stark beruhigende oder bewußtseinsverändernde Medikamente einnehmen, nicht im Gerüstbau tätig sein, denn sie können in Gefahrensituationen verzögert oder falsch reagieren [133]. Auch Alkohol- und Drogenkonsum sind auszuschließen. Darüber hinaus ist der Gerüstbauer einer hohen Lärmbelastung ausgesetzt. Tätigkeiten wie Be- und Entladearbeiten, das Bohren der Löcher für die Verankerung oder das Zusammenfügen der Bauteile durch Klopfen ergeben eine Lärmbelastung, die im Mittel mit 87 dB(A) für Arbeiten mit Metallgerüsten angegeben wird [105]. Letztlich muß darauf hingewiesen werden, daß der Einsatz technischer und organisatorischer Mittel sich nicht nur auf das direkte Unfallgeschehen auswirken, sondern auch auf die Beanspruchung des Körpers, d. h. die Gesundheit des Beschäftigten, z. B. auf die Belastung der Wirbelsäule und der Muskulatur. 90 % aller Gerüstbauunternehmen sind kleine Betriebe und beschäftigen weniger als 20 Mitarbeiter. In diesen Betrieben sind technische Hilfsmittel wie Gerüstaufzüge eher selten anzutreffen. So benötigt eine 4-Mann-Kolonne zum vorschriftsmäßigen Einrüsten einer 400-m^2-Fassade mit einem Systemgerüst etwa eine Schicht von 8 h. Dabei muß ein Gerüstbauer beim Vertikaltransport ca. 160mal einen 20 kg schweren Belag und ca. 90mal einen 25 kg schweren Vertikalrahmen annehmen, hochstemmen und in gestreckter Haltung an den nächsten Kollegen weiterreichen. Somit ergeben sich für jeden Gerüstbauer ca. 250 Vertikaltransporte mit einer gehobenen Masse von ca. 5 t – wohlgemerkt bei einer vorschriftsmäßigen Anordnung jeweils eines Gerüstbauers auf jeder Gerüstlage der vertikalen Transportkette. Dabei gelten pro Schicht und bei einer Hubposition mit aufrechtem Oberkörper nur 50 Hebevorgänge von 30-kg-Gegenständen oder bis zu 2 t Gesamtgewicht als gesundheitlich unbedenklich [31]. Der Gerüstbauer hebt im obigen Beispiel etwa das Dreifache!

Ein Forschungsprojekt des Arbeitsmedizinischen Dienstes der Arbeitsgemeinschaft der Bau-Berufsgenossenschaften, in dem Daten aus den Jahren 1995 bis 2000 ausgewertet wurden, brachte zutage, daß Gerüstbauer im Vergleich zu anderen Berufsgruppen der Bauwirtschaft den größten Anteil an Tätigkeiten haben, bei denen Lasten von über 10 kg gehandhabt werden müssen [26].

Die schwere körperliche Arbeit führt zu Ermüdungserscheinungen und Konzentrationsschwächen, was angesichts des Hantierens in großen Höhen ein erhöhtes Unfallrisiko bedeutet. Mittelfristig tritt ein beschleunigter Verschleiß des Skeletts – insbesondere der Wirbelsäule und der Gelenke – auf. Diese körperliche Schwerarbeit könnte durch die Einbeziehung eines Materialaufzuges und durch die Wahl eines modernen Gerüstsystems mit gewichtsoptimierten Bauteilen reduziert werden.

Tabelle 5.3 Arbeitszeitanteile mit Handhabung von Lasten in verschiedenen Berufen [26]

Tätigkeiten	Lastgruppen		
	< 5 kg	5–10 kg	> 10 kg
Maurer mit Zweihandsteinen	4 %	2 %	6 %
Maurer in Akkord	4 %	19 %	3 %
Gerüstbauer beim Gerüstaufbau	4 %	4 %	13 %
Zimmermann beim Abbund	2 %	4 %	5 %

5.3.3 Infrastruktur der Baustelle

Den letzten Punkt in der Reihe der im Vorfeld zu erledigenden Arbeiten stellt die Überprüfung der Infrastruktur der Baustelle dar. Dazu gehört in erster Linie die Sicherstellung einer freien Zufahrt zur Baustelle und eines ungehinderten Zugangs zum Aufbauort. Bei Bedarf müssen rechtzeitig Genehmigungen für die Absperrung von Verkehrsflächen und Fußgängerwegen beantragt werden, damit die Entladestelle so nah wie möglich an den Aufbauort gelegt werden kann.

Eine eventuelle Gefährdung von Fußgängern muß durch Absperrung des Gefahrenbereichs – nicht nur während der Gerüstbauarbeiten – ausgeschlossen werden, wofür entsprechendes Material, wie Absperrgitter oder Absperrzäune, vorbereitet werden muß (BGR 166, Abschnitt 9.2.6). Befinden sich öffentliche Anlagen, wie Feuermelder oder Hydranten, im Aufbaubereich, muß das Gerüst so eingerichtet werden, daß ein freier und ungefährdeter Zugang zu diesen Einrichtungen möglich bleibt (BGR 166, Abschnitt 9.2.5).

Wird ein elektrischer Anschluß benötigt, müssen Absprachen über die gemeinsame Nutzung mit dem Bauherren oder der Bauleitung getroffen werden (s. a. Abschnitt 3.4, Unfallursachen). Ein letzter Besuch der Baustelle kurz vor dem geplanten Gerüstaufbau ist unerläßlich, um den aktuellen Stand der Arbeiten festzustellen und noch eventuell erforderliche Maßnahmen ergreifen zu können.

Bild 5.6
Absperrung von Fußgängerwegen [283]

5.4   Rechtliche Aspekte des Arbeitsschutzes

Wie bereits im Kapitel 3 dieses Buches aufgezeigt, gehören Bauarbeiten und insbesondere
Gerüstbauarbeiten zu den gefährlichsten handwerklichen Tätigkeiten. Vor allem in einer
unzulänglichen Planungsdurchführung sind zahlreiche Unfallursachen begründet [97].
Besonders sicherheitstechnische Einrichtungen und Schutzmaßnahmen, die in der Planungsphase nicht angemessen berücksichtigt oder nicht fachgerecht ausgeschrieben werden und
dadurch während der Ausführung nicht rechtzeitig oder in nicht ausreichender Menge und
Qualität zur Verfügung stehen, führen in der Aufbau- und Nutzungsphase zu Unfällen und
damit zur Kostenerhöhung.

Für den Arbeitsschutz im Gerüstbau sind folgende Gesetze und Verordnungen von Bedeutung:

- Arbeitssicherheitsgesetz (ASiG) vom 12.12.1973,
- Rahmenrichtlinie 89/319/EWG vom 12.06.1989,
- Arbeitsmittelbenutzungsrichtlinie 89/655/EWG vom 30.11.1989
  und Richtlinie 2001/45/EG vom 27.06.2001,
- Baustellenrichtlinie 92/57/EWG vom 24.06.1992,
- Arbeitsschutzgesetz (ArbSchG) vom 07.08.1996,
- VII Sozialgesetzbuch (SGB) vom 07.08.1996,
- Arbeitsmittelbenutzungsverordnung (AMBV) vom 11.03.1997,
- Baustellenverordnung (BaustellV) vom 10.06.1998,
- Gerätesicherheitsgesetz (GSG) vom 11.05.2001,
- Betriebssicherheitsverordnung (BetrSichV) vom 27.09.2002.

Im folgenden wird anhand des Arbeitsschutzgesetzes, der Baustellenverordnung sowie
der Betriebssicherheitsverordnung das sich aus diesen Bestimmungen ergebende Konzept
des Arbeitsschutzes für den Gerüstbau dargestellt.

5.4.1   Arbeitsschutzgesetz und Gefährdungsbeurteilung

Das Arbeitsschutzgesetz stellt die Grundlage des deutschen Arbeitsschutzes dar und bildet
die Basis für die Regelungen zum Schutz gegen Unfälle insbesondere im Gerüstbau [231].
Dieses Gesetz regelt die Grundpflichten der Arbeitgeber und Arbeitnehmer. Es schreibt
die gewohnte Parität der Aufgaben des Staates und der Unfallversicherungsträger fort. Die
Abgrenzungen wurden in den Durchführungsanweisungen zum Arbeitsschutzgesetz und
im VII. Sozialgesetzbuch geregelt; Überschneidungen von parallel geltenden staatlichen
und berufsgenossenschaftlichen Arbeitsschutzbestimmungen konnten jedoch nicht vermieden werden. Das Arbeitsschutzgesetz setzt die europäische Rahmenrichtlinie konsequent um und verfolgt das Ziel, auch kleineren Unternehmen problemorientierte und kostengünstige Schutzmaßnahmen zu ermöglichen, was allerdings von der Praxis auf eine eher
theoretische Absicht reduziert wird. Dem Gesetz nach ist jeder Arbeitgeber verpflichtet,
alle möglichen Maßnahmen zu ergreifen, die für die Sicherheit und den Gesundheitsschutz
von Arbeitnehmern bei der Arbeit unerläßlich sind.

Ein besonderes Gebot des Arbeitsschutzgesetzes ist die nach § 5 geforderte Beurteilung der Arbeitsbedingungen im Betrieb im Hinblick auf Gefährdungen der Beschäftigten, die sog. Gefährdungsbeurteilung [78]. Gemäß dem dabei ermittelten Gefährdungspotential muß der Arbeitgeber gezielte Schutzvorkehrungen treffen sowie deren Einhaltung und Wirksamkeit prüfen. Das Ergebnis der Gefährdungsbeurteilung ist laut § 6 zu dokumentieren. Diese Gefährdungsbeurteilung ist als eine wichtige Arbeitgeberpflicht hinsichtlich der Unfallverhütung anzusehen. Sie kann gleichzeitig als Ausgangspunkt für wirksame und zielgenaue Arbeitsschutzmaßnahmen genutzt werden, die überflüssige und kostentreibende Schutzmaßnahmen zu vermeiden hilft.

Die Gefährdungsbeurteilung kann insbesondere helfen:

- Schwachstellen in der Arbeitsvorbereitung aufzuspüren,
- Arbeitsabläufe zu optimieren,
- Ausfallzeiten von Arbeitsmitteln zu minimieren und
- Unfälle von Beschäftigten zu vermeiden [121].

Anhand statistischer Auswertungen von Arbeitsunfällen und Berufskrankheiten im Gerüstbauerhandwerk wurden von den Bau-Berufsgenossenschaften typische, gewerbespezifische Gefährdungs- und Belastungsfaktoren ermittelt:

- Standort: Gefährdung durch vorhandene Anlagen im Arbeitsbereich,
- Absturz: Gefährdung bei Auf-, Um- und Abbau von Gerüsten, durch Beläge, nach innen und nach außen,
- bauliche Durchbildung: Gefährdung durch nicht sachgemäßen Aufbau, beschädigte oder vorzeitig ausgebaute Gerüstbauteile,
- Stolpern, Rutschen, Stürzen: Gefährdung durch mangelhafte Beschaffenheit und Stabilität von Stand- und Laufflächen,
- unkontrolliert bewegte Teile: Gefährdung durch abrutschende oder herabfallende Teile,
- ungeschützte, bewegte Maschinenteile: Verletzungsgefahr durch Schlagbohrmaschinen, Bauaufzüge, Gerüstlifte,
- elektrische Anlagen und Betriebsmittel: Gefahr des Berührens von spannungsführenden Teilen von Freileitungen, defekten Maschinen oder schadhaften Leitungen,
- körperliche Überlastung: Gefährdung durch häufiges Heben oder Tragen von schweren (> 25 kg) Gerüstbauteilen [79, 80].

5.4.2 Baustellenverordnung

Das vornehmliche Ziel der Baustellenrichtlinie 92/57/EWG [236] und der am 01.07.1998 in Kraft getretenen Baustellenverordnung (BaustellV), die das deutsche Arbeitsschutzrecht ergänzen soll, ist die Verringerung des Unfall- und Gesundheitsrisikos im Baubereich [237].

Auf Baustellen ergeben sich Gefahrensituationen insbesondere aufgrund der sich ständig ändernden Verhältnisse, der Witterungseinflüsse und des immer gegebenen Termindruckes. Auch aus der Tatsache, daß verschiedene Handwerker gleichzeitig oder kurz nacheinander ihre Gewerke ausführen müssen, erwächst ein Gefahrenpotential. Damit das Ziel des Arbeitsschutzes dennoch erreicht wird, werden auch an den Bauherren zusätzliche Anforderungen gestellt.

Nunmehr trägt der Bauherr als Veranlasser eines Bauvorhabens – neben den am Bau beteiligten Firmen – die Verantwortung sowohl für das Bauvorhaben als auch für die Sicherheit und den Gesundheitsschutz [81]. Seine Aufgabe ist es, schon in der Planungsphase an die Koordination der auszuführenden Arbeiten und die zu treffenden Schutzmaßnahmen zu denken [73]. Die Baustellenverordnung legt ihm folgende zusätzliche Pflichten auf:

- Durch Planung des Bauvorhabens ist die Arbeit so zu gestallten, daß eine Gefährdung von Leben und Gesundheit möglichst vermieden wird.
- Die Errichtung einer größeren Baustelle muß bei der Bauaufsichtsbehörde angekündigt werden.
- Bei mehreren Arbeitgebern, die gleichzeitig auf einer Baustelle tätig werden, muß ein Koordinator bestellt werden.
- Bei größeren Baustellen oder bei besonders gefährlichen Arbeiten muß ein Sicherheits- und Gesundheitsschutzplan erarbeitet werden.
- Für spätere Arbeiten an der baulichen Anlage muß eine sog. UNTERLAGE zusammengestellt werden.

Unter größeren Baustellen sind Bauvorhaben zu verstehen, bei denen die voraussichtliche Dauer der Arbeiten mehr als 30 Arbeitstage beträgt und wo mehr als 20 Beschäftigte gleichzeitig tätig sind. Alternativ dazu fallen auch Arbeiten unter diese Bezeichnung, deren Umfang voraussichtlich 500 Personentage überschreitet. Darüber hinaus bedeutet „gleichzeitig tätig werden", daß planmäßig mindestens 21 Personen im gleichen Zeitraum auf der Baustelle Arbeiten verrichten [72].

Unter diesen Vorgaben bedarf die Errichtung eines Einfamilienhauses in der Regel keiner Vorankündigung im Sinne der Baustellenverordnung.

Dank einer frühzeitigen Planung der Schutzeinrichtungen und -maßnahmen sowie deren Berücksichtigung in der Ausschreibung kann eine spätere Gefährdung sowohl der am Bau Beteiligten als auch von nicht betroffenen Dritten minimiert werden. Die Umsetzung der Schutzforderungen bedeutet für Bauherren auf den ersten Blick eine Kostenerhöhung, die allerdings durch Verringerung der Ausgaben aus einer gemeinsamen Nutzung der Schutzeinrichtungen, durch Vermeidung von Terminverzögerungen und Störungen im Bauablauf, durch später effizientere Wartungsarbeiten und nicht zuletzt durch Reduzierung des unfallbedingten Arbeitszeitausfalls minimiert werden kann. Ein herausragendes Beispiel stellt ein Arbeits- und Schutzgerüst dar, das rechtzeitig aufgebaut, bereits dem Rohbauunternehmer dient, später ergänzt um Schutzbauteile den Zimmermann und Dachdecker schützt und letztlich dem Fensterbauer und Putzer einen sicheren Arbeitsplatz bietet. Diese mehrfache Nutzung eines Gerüstes ist jedoch nur bei einer rechtzeitigen und arbeitsplatzorientierten Planung möglich. Ein weiteres Beispiel stellt die gemeinsame Nutzung einer Transportbühne dar. Während der Einrüstphase bedeutet die Verwendung der Transportbühne eine enorme Arbeitserleichterung für den Gerüstbauer. Weitere Gewerke können die Transportbühne für den Material-, aber auch für den Personentransport einsetzen.

Tabelle 5.4 Beispiel einer durchgeführten Gefährdungsbeurteilung

Left margin (vertical): Firma: Gerüstbau WEBER GmbH, Velbert — Baustelle: Neubau Städtisches Krankenhaus Sprockhövel — Gefährdungs- und Belastungsbeurteilung — Datum: 23.09.2003 — Unterschrift:

Gefährdungsfaktor	Gefährdung	Maßnahmen	Technik	ORGA	MA	Mängel beseitigt bis:	Beratung
Standort	Gefährdung durch vorhandene Anlagen im Arbeitsbereich	Ermitteln der Gefahren durch: ☐ elektrische Freileitungen; ☐ Rohrleitungen; ☐ Schächte; ☐ Kanäle; ☐ Anlagen mit Explosionsgefahren; ☐ maschinelle Anlagen; ☐ Kran- und Förderanlagen; ☐ nicht begehbare Flächen; ☐ Straßen- und Schienenverkehr; ☐	☐	☐	☐	....	☐
Absturz	Gefährdung bei Auf-, Um- und Abbau von Gerüsten	☑ Auf-/Um-/Abbau nach – A+V; – BGR 166; – DIN 4420 T.2; – DIN 4420 T.3; – Angaben des Statikers; ☐		☑ (A+V); (Angaben des Statikers → MA ☑)		25.09.03 (A+V); 25.09.03 (Angaben des Statikers)	☑ (A+V); ☑ (Statiker)
	Gefährdung durch nicht sachgemäße Beläge	☑ systemgerechte Beläge – Alu-Rahmentafeln; – Vollholzbohlen; – Stahlbohlen; – Alubohlen; ☐	☑ (Vollholzbohlen)	☐	☐	23.09.03 (Vollholzbohlen)	☐
	Gefährdung durch Absturz nach innen	☑ Wandabstand ≤ 30 cm; ☐ Geländer-/Knieholm; ☐ Konsolen; ☐	☐	☐	☑ (Wandabstand)	23.09.03	☑
	Gefährdung durch Absturz nach außen	☐ Geländer-/Knieholm + Bordbrett; ☑ Stirnseiten; ☐ Konsolen; ☐ Dachfangwand; ☐ Anseilschutz (Anschlagpunkte); ☐	☐	☐	☑ (Stirnseiten)	23.09.03	☐
bauliche Durchbildung	Gefährdung durch nicht sachgemäßen Aufbau, durch beschädigte Gerüstbauteile, durch vorzeitig ausgebaute Gerüstbauteile	☐ Sichtkontrolle der Gerüstteile; ☐ tragfähiger Untergrund; ☑ Fußplatten/Spindeln verwenden; ☐ waagerechter Aufbau; ☐ Verankerungsraster festlegen; ☐ Verankerung prüfen; ☐ zugelassene Dübel verwenden; ☐ Gerüstteile nicht werfen; ☐ Gerüstteile sachgerecht lagern; ☐ Kennzeichnung des Gerüstes; ☐	☐	☐	☑ (Fußplatten/Spindeln)	25.09.03	☑
Stolpern, Rutschen, Stürzen	Gefährdung durch mangelhafte Beschaffenheit und Stabilität von Stand- und Laufflächen	☐ Beseitigen von Hindernissen; ☐ Beseitigen von Schmutz; ☐ Abmessung/Beschaffenheit; ☐ Länge der Gerüsthalter; ☐ Witterungseinflüsse	☐	☐	☐	....	☐
unkontrolliert bewegte Teile	Gefährdung durch abrutschende oder herabfallende Teile	☑ Absperrung/Kennzeichnung; ☐ Schutzdächer/Schutznetze; ☐ Bordbretter; ☐ Schutzhelme/Handschuhe; ☐	☐	☑ (Absperrung/Kennzeichnung)	☐	25.09.03	☑
ungeschützte, bewegte Maschinenteile	Verletzungsgefahr durch Schlagbohrmaschinen, Bauaufzüge, Gerüstlifte	☐ Arbeitsmittel nur mit CE/GS; ☑ Arbeitnehmer einweisen; ☐ Regelmäßige Prüfung von SE; ☐ A + V verwenden; ☐ Fachkundige Wartung/Prüfung; ☐	☐	☑ (Arbeitnehmer einweisen)	☐	01.10.03	☑
elektrische Anlagen und Betriebsmittel	Gefahr des Berührens von spannungsführenden Teilen von Freileitungen, defekten Maschinen, schadhaften Leitungen	☐ Errichten/Instandhalten von Anlagen durch Elektro-FK; ☐ Überwachen von Prüflisten; ☐ Einsatz von geeigneten Speisepunkten, Leuchten und Installationsmaterial; ☐ notwendige Abstände zu Freileitungen einhalten	☐	☐		....	☐
körperliche Überlastung	Gefährdung durch häufiges Heben oder Tragen von schweren Gerüstbauteilen > 25 kg	☑ Bereitstellen von Bauaufzug oder Gerüstlift; ☐ Verwendung von gewichtsoptimierten Gerüstbauteilen; ☐	☑	☑	☐	25.09.03	☑

Laut § 3 nimmt eine zentrale Stelle in der Umsetzung der Baustellenverordnung der Sicherheits- und Gesundheitsschutz-Plan (SIGEPLAN) sowie der -Koordinator (SIGEKO) ein. Eine nachgeordnete, aber nicht minder wichtige Rolle für spätere Arbeiten am Bauwerk spielt die UNTERLAGE.

Der zwingend in der Planungsphase vom Bauherren bestellte SIGE-Koordinator muß als besonderer Sachverständiger:

- den SIGEPLAN erstellen,
- die Umsetzung der notwendigen Maßnahmen koordinieren,
- gegebenenfalls den SIGEPLAN anpassen sowie
- den SIGEPLAN mit allen am Bau Beteiligten abstimmen.

Ein SIGE-Koordinator ist ausdrücklich nicht für die Überwachung der Arbeitssicherheit zuständig. Er soll beim Unternehmer darauf einwirken, daß die Sicherheit der von mehreren Gewerken genutzten Gerüste gewährleistet bleibt [109].

Im Sinne der Baustellenverordnung muß ein geeigneter SIGE-Koordinator über baufachliche Kenntnisse und Erfahrungen auf Baustellen verfügen. Darüber hinaus muß er vertiefte Kenntnisse auf dem Gebiet der Arbeitssicherheit und des Gesundheitsschutzes besitzen. Die Eignung des SIGE-Koordinators hängt von den besonderen Anforderungen der jeweiligen Baustelle ab. Der Bauherr selbst muß im Rahmen seiner Organisationsverantwortung die Eignung des von ihm bestellten SIGE-Kordinators beurteilen. Einen besonderen Qualifikationsnachweis für SIGE-Koordinatoren fordert die Baustellenverordnung nicht; gleichwohl werden von unterschiedlichen Institutionen, wie Bau-BG oder TÜV, Ausbildungslehrgänge angeboten, bei denen grundlegende Kenntnisse zur Planung und Koordination in der Ausführung vermittelt werden.

Ein SIGEPLAN nach der Baustellenrichtlinie muß folgende Randbedingungen erfüllen:

- Der SIGEPLAN muß vor dem Baubeginn erstellt und während der Bauarbeiten dem Arbeitsfortschritt und den eingetretenen Änderungen angepaßt werden.
- Im SIGEPLAN müssen die auf die jeweilige Baustelle bezogenen Bestimmungen aufgeführt sein.
- Der SIGEPLAN muß bei besonders gefährlichen Arbeiten, wie z. B. bei Arbeiten mit Absturzgefahren, spezielle Maßnahmen vorsehen [93].

Erfahrungsgemäß bedarf jedes Bauwerk nach Fertigstellung der Pflege und Instandhaltung. Je nach Art können die damit verbundenen Arbeiten Gefahren für die Beschäftigten in sich bergen. Werden spezielle Vorrichtungen für Wartungs- und Instandhaltungsarbeiten bereits bei der Planung der baulichen Anlage berücksichtigt, können hier neben einer Steigerung der Arbeitssicherheit weitere finanzielle Vorteile für Bauherren erzielt werden. Mit der UNTERLAGE soll noch vor der Ausschreibung ein Konzept für eine sichere und reibungslose Instandhaltung geschaffen werden [92]. Deshalb wird mit der UNTERLAGE in der Planungsphase begonnen, sie wird im Verlauf eventuellen Änderungen angepaßt und nach Abnahme des Bauwerkes dem Bauherren übergeben.

Tabelle 5.5 Beispiel eines SIGEPLANes (Ausschnitt)

SIGEPLAN : PHOENIX Import & Export AG – Neubau eines Regallagers mit Ladestation Stand: 20.07.2003

Ablaufplan

Bauherr:	Phoenix AG	44215 Essen	Bahnhofstraße 20	Tel.: 0201/467 125	Fax: 0201/467 125
Baustelle:		44326 Hattingen	Hauptstraße 21–32	Tel.: 0232/213 456	Fax: 0232/213 456
Koordinator:	Dipl.-Ing. Stefan Weise	44513 Essen	Birkenweg 12	Tel.: 0201/369 572	Fax: 0201/369 572

Kalenderwoche 2003 — Kalenderwochen 21–49: MAI / JUNI / JULI / AUGUST / SEPTEMBER / OKTOBER / NOVEMBER

Pos.	Gebäude	Gewerk – Vorgang	Besondere Gefährdung	Vorhaltezeitraum
1	BÜRO	Baustelleneinrichtung		22.05.–01.12.2003
2		Erdarbeiten / Kanal		29.05.–11.08.2003
3		Rohbau		13.06.–01.09.2003
4		Dachdecker		04.09.–15.09.2003
5		Fenster		28.08.–01.09.2003
6		Fassade		11.09.–29.09.2003
7		Trockenbau		04.09.–20.10.2003
8		Estrich		25.09.–29.09.2003
9		Fliesen / Bodenbelag		04.10.–03.11.2003
10		Türen		06.11.–10.11.2003
11		Maler		04.10.–31.10.2003
12		Heizung, Lüftung, Sanitär		11.09.–27.10.2003
13		Elektro		11.09.–03.11.2003
		Ausbau		28.08.–10.11.2003
14	HALLE	Ortbeton in Brandwand		11.07.–04.08.2003
15		Fundamente		17.07.–04.08.2003
16		FT-Stützen und Binder		21.08.–15.09.2003
		Autokranstellung		21.08.–15.09.2003
17		Dachdeckung		18.09.–05.10.2003
18		Dachdichtung		09.10.–02.11.2003
		Schutzdächer an Gebäudeöffnungen		18.09.–02.11.2003
		Auffangnetz / Dachfanggerüst		18.09.–02.11.2003
19		Fassade		18.09.–06.11.2003
		Fassadengerüst		18.09.–06.11.2003
		Dachfanggerüst (Attika)		18.09.–06.11.2003
20		Bodenplatte		09.10.–27.10.2003
		Fahrwalzen und Walzen im Mitgängerbetrieb		09.10.–27.10.2003
21		Industrieestrich		13.11.–24.11.2003
22	AUSSENANLAGE			23.10.–01.12.2003

Die UNTERLAGE wird üblicherweise vom SIGE-Koordinator erstellt und soll folgende Aufgaben erfüllen:

- Zusammenstellung aller Merkmale des Bauwerkes,
- Beschreibung zweckdienlicher Angaben hinsichtlich der Arbeitssicherheit und des Gesundheitsschutzes,
- Zusammenstellung aller vorgesehenen Sicherheitseinrichtungen für spätere Instand-haltungs- und Wartungsarbeiten.

Ein Beispiel für eine sinnvolle Ergänzung eines Bauwerkes stellen Gerüstverankerungs-systeme bei mehrschaligen oder vorgehängten Fassaden dar. Diese dienen während der Bauphase als sichere und tragfähige Verankerungen für Arbeits- und Schutzgerüste. Für die Instandhaltung können Gerüste kostengünstig wieder angeschlossen werden, wodurch teure Fassadenbefahranlagen überflüssig werden. Die Montage der Gerüstverankerungs-systeme muß allerdings schon in der Planungsphase berücksichtigt werden (s. a. Kapi-tel 7).

Tabelle 5.6   Beispiel einer erstellten UNTERLAGE

UNTERLAGE für Wohn- und Geschäftshaus, An den Eichen, Wuppertal								
SIGEKO:			Dipl.-Ing. Stypa, Velbert			Datum:		15.08.2003
			Unterschrift:					
Anlage bzw. Bauteil	Arbeiten		Gefährdung	Sicherheits-technische Einrichtung	Pläne/ Ordner	Posi-tion	Bemerkungen Hinweise	
	Art	Häufig-keit						
Außenanlage	Erdarbeiten	nach Bedarf	Stromschlag	Bestandspläne	Nr. A1	009		
Abwasserleitungen	Revision	1 × Jahr	Absturz	begehbare Schächte	Nr. A2	010		
Außenbeleuchtung	Reinigung der Lampen	2 × Jahr	Absturz	Anlegeleiter	Nr. A3	014	Arbeitsplatzhöhe ca. 3,5 m	
Dach	Zugang	2 × Jahr	Absturz	Steigleiter innen	Nr. D1	015		
	Reinigung Dachrinnen	1 × Jahr	Absturz	Dachfanggerüst	Nr. D2	017		
	Reinigung Oberlichter	1 × Jahr	Absturz	Dachfanggerüst	Nr. D3	022		
	Schornstein-fegerarbeiten	alle 2 Jahre	Absturz	Dachausstieg Tritte und Standplatz	Nr. D3	021		
Fassade Süd	Reinigung	alle 4 Jahre	Absturz	Fassadengerüst	Nr. F1	031	Arbeitsgerüst GG 3 Verankerungssysteme Verankerung 8 m versetzt Kappen entfernen	
Fassade Nord	Reinigung	alle 4 Jahre	Absturz	Fassadengerüst	Nr. F2	032	Arbeitsgerüst GG 3 Verankerungssysteme Verankerung 8 m versetzt Kappen entfernen	
Fassade West	Reinigung	alle 4 Jahre	Absturz	Fassadengerüst	Nr. F3	033	Arbeitsgerüst GG 3 Verankerungssysteme Verankerung 8 m versetzt Kappen entfernen	

Obwohl die Baustellenverordnung und ihre Forderungen einen positiven Ansatz für die Unfallverhütung darstellen, befriedigen die Anwendung und Wirkung durchaus nicht. Die Umsetzung der europäischen Richtlinie erfolgte zu langsam (von 1992 bis 1998) und nur halbherzig [9]. Die unbefriedigend geregelte Honorierung und Bezahlung des SIGE-Koordinators verursacht eine unzulängliche Erstellung des SIGEPLANes. Die mit Baupreisen von 1992 kämpfenden Bauherren beauftragen Architekten oder Bauleiter pauschal mit der Koordination der Bauarbeiten, und zwar zusätzlich zu ihren eigentlichen Aufgaben, ohne für den Koordinationsaufwand ein angemessenes Honorar zu zahlen. Dadurch wird zwangsläufig an der Zeit für die Erstellung des SIGEPLANes und an der Häufigkeit der Baustellenrevision gespart [49]. Der Effekt, daß sicheres Arbeiten zu niedrigeren Kosten und qualitativ höheren Leistungen führt, wird nicht wahrgenommen. Hier ist der Gesetzgeber gefordert, unbedingt mit wirksamen Regelungen Abhilfe zu schaffen [110].

5.4.3 Betriebssicherheitsverordnung

Aufgrund der nachhaltig hohen Unfallzahlen, insbesondere von Abstürzen, auf europäischen Baustellen hat die EU-Kommission die Richtlinie 2001/45/EG vom 27. Juni 2001 [229] zur Änderung der Arbeitsmittelbenutzungsrichtlinie 89/655/EWG hinsichtlich der Arbeitsmittel an hochgelegenen Arbeitsplätzen verabschiedet. Die Bundesregierung setzte diese Richtlinie ins deutsche Recht mit der Betriebssicherheitsverordnung (BetrSichV) um, die am 2. Oktober 2002 in Kraft getreten ist [238]. Mit dieser Verordnung sollte ein zeitgemäßes, an die europäischen Vorgaben angepaßtes und anwendungsfreundliches Betriebs- und Anlagensicherheitsrecht geschaffen werden. Der Wortlaut der Verordnung entspricht weitgehend dem Inhalt der europäischen Richtlinie.

Der Anwendungsbereich der Betriebssicherheitsverordnung erstreckt sich auf die Bereitstellung von Arbeitsmitteln durch Arbeitgeber sowie auf die Benutzung dieser durch Beschäftigte bei der Arbeit (§ 1, Abs. 1). Die Bereitstellung von Arbeitsmitteln bezieht sich auf alle diesbezüglichen Maßnahmen des Arbeitgebers, so daß gewährleistet wird, daß den Beschäftigten nur der Verordnung entsprechende Arbeitsmittel zur Verfügung gestellt werden [36]. Diese Verordnung enthält demnach Regelungen bezüglich der Arbeits- und Betriebssicherheit, die für das Handwerk Gerüstbau von weitreichender Bedeutung sind, da Gerüste eindeutig als Arbeitsmittel definiert werden. So finden sich im Anhang 2, Punkt 5 der Verordnung Vorschriften hinsichtlich der Benutzung einschließlich des Auf-, Um- und Abbaues von Gerüsten [104].

Kernforderungen der Betriebssicherheitsverordnung sind:

* Gefährdungsbeurteilung,
* Prüfung von Gerüsten,
* Kennzeichnung und Absperrung von nicht fertiggestellten Gerüsten,
* Unterweisung der Beschäftigten.

Neben der Baustellenverordnung verlangt insofern ebenfalls die Betriebssicherheitsverordnung die Anfertigung der Gefährdungsbeurteilung durch den Arbeitgeber vor Aufnahme der Tätigkeit (§ 3, Abs. 1). Dabei hat er die notwendigen Maßnahmen, die für eine sichere Bereitstellung und Benutzung von Arbeitsmitteln notwendig sind, zu ermitteln (§ 3, Abs. 3).

Eine wichtige Forderung stellt die Prüfung von Gerüsten dar (§ 10). Der Arbeitgeber muß sicherstellen, daß nach der ersten Montage, vor Inbetriebnahme, nach dem Umbau oder Aufbau auf einer anderen Baustelle Gerüste geprüft werden. Die Prüfung darf nur von sog. befähigten Personen durchgeführt werden (§ 2, Abs. 7). Ferner hat der Arbeitgeber sicherzustellen, daß die Prüfungen den Ergebnissen der Gefährdungsbeurteilung genügen. Die Ergebnisse der Prüfung müssen aufgezeichnet und über einen angemessenen Zeitraum aufbewahrt werden.

Die Prüfung von Gerüsten soll durchgeführt werden:

*   nach der Montage,
*   vor der ersten Inbetriebnahme,
*   an einem neuen Standort,
*   durch befähigte Personen.

Gerüste dürfen laut der Betriebssicherheitsverordnung ausschließlich unter der Aufsicht einer befähigten Person und nur von fachlich geeigneten Beschäftigten auf-, um- oder abgebaut werden (Anhang 2, Abs. 5.2.6).

Befähigte Personen im Sinne dieser Verordnung sind Mitarbeiter, die:

*   erforderliche Fachkenntnisse besitzen,
*   eine angemessene Unterweisung erhalten haben,
*   eine ausreichende Berufsausbildung und Berufserfahrung und
*   zeitnah eine gleichwertige Tätigkeit verrichtet haben.

Daß die Ausbildung der Aufsichtführenden sowohl unter den Gerüstbauern als auch bei anderen Baugewerken noch zu wünschen übrig läßt, zeigt die Auswertung der von den Berufsgenossenschaften durchgeführten Schwerpunktaktion 2001 „Kein Absturz vom Gerüst". Demnach entsprechen die Aus- und Weiterbildung sowie die innerbetriebliche Unterweisung bei weitem nicht den Anforderungen der Betriebssicherheitsverordnung [50].

Die Unterweisung der Beschäftigten soll sich laut Betriebssicherheitsverordnung auf folgende Bereiche erstrecken:

*   das Verstehen des Planes für den Auf-, Um- und Abbau der Gerüste,
*   den sicheren Umgang beim Auf-, Um- und Abbau der Gerüste,
*   vorbeugende Maßnahmen gegen Absturz beim Umgang mit Gerüsten,
*   Sicherheitsmaßnahmen bei sich gefährlich ändernden Witterungseinflüssen,
*   zulässige Belastungen.

Tabelle 5.7   Erworbene Kenntnisse von Aufsichtführenden [50]

Kenntnisse durch	Gerüstbauer	andere Gewerke
Ausbildung	25 %	22 %
Unterweisung	44 %	38 %
Praxis	31 %	40 %

Kann das Gerüst nicht als eine in der Aufbau- und Verwendungsanleitung festgelegte Regelausführung aufgebaut werden (Anhang 2, Abs. 5.2.1), ist für das Gerüst oder für den einzelnen Bereich des Gerüstes eine „Festigkeits- und Standfestigkeitsberechnung" vorzunehmen. Gemeint ist hier wohl ein statischer Nachweis im Einzelfall. Für das gewählte Gerüst muß der verantwortliche Unternehmer einen Plan für den Aufbau, die Benutzung und den Abbau erstellen (Anhang 2, Abs. 5.2.2). Mit dieser verschärften Forderung ist der Nachweis der Brauchbarkeit von Gerüsten, die nicht der Regelausführung entsprechen, allein durch fachliche Erfahrung (DIN 4420 Teil 1, Tabelle 9) nicht mehr möglich. Diese Bestimmung steht im krassen Widerspruch zu den Bestimmungen hinsichtlich der befähigten Personen.

Im Gegensatz zu den bisherigen Bestimmungen, nach denen erst ein fertiggestelltes Gerüst mit einer Kennzeichnung zu versehen ist, müssen nach den Vorschriften der Betriebssicherheitsverordnung nicht fertiggestellte Gerüste deutlich gekennzeichnet werden, insbesondere während der Auf-, Um- oder Abbauphase (Anhang 2, Abs. 5.2.5). Diese Kennzeichnung erfolgt mit dem Verbotszeichen „Zutritt verboten". Das Betreten der Gefahrenzonen muß durch Absperrungen verhindert werden.

| Zutritt verboten |

Bild 5.7
Kennzeichnung eines nicht fertiggestellten Gerüstes [51]

Im Gegensatz zum Gerätesicherheitsgesetz, in dem als Adressat eindeutig der Hersteller auszumachen ist, richtet sich die Betriebssicherheitsverordnung an den Unternehmer, der Mitarbeiter auf Gerüsten arbeiten läßt, sowie an die Beschäftigten selbst, sofern sie auf Gerüsten arbeiten [241]. Der Gerüsthersteller wurde mit der Betriebssicherheitsverordnung nicht direkt angesprochen. Über den Umweg der Anpassung der Zulassungsrichtlinie für Gerüste hat das DIBt beschlossen, nur den Systemgerüsten eine allgemeine bauaufsichtliche Zulassung zu verlängern oder neu zu erteilen, die dem Benutzer die Erfüllung der Forderungen der Betriebssicherheitsverordnung ermöglichen [89].

Als eine Möglichkeit zur Verminderung der Absturzgefahr von der obersten Gerüstlage beim Auf-, Um- und Abbau von Systemgerüsten wurde von der Firma Hünnebeck im Jahr 1999 ein Zusatzteil entwickelt, das den sog. „Vorlaufenden Seitenschutz" an Rahmengerüstsystemen ermöglicht [129]. Eine ähnliche Konstruktion haben die Firmen Layher, Plettac und Rux vorgestellt. Die Firma PERI hat im Jahr 2000 mit dem Gerüst UP T 70 ein System auf den Markt gebracht, das durch den aufgelösten Vertikalrahmen ebenso den „Vorlaufenden Seitenschutz" der obersten Gerüstlage ermöglicht. Zeitgleich hat die Firma Hünnebeck mit dem Mast-Konsol-Gerüstsystem GEKKO eine neuartige Konstruktion vorgestellt, mit der gleichfalls der Schutz der obersten Lage eines Gerüstes möglich ist, und zwar noch bevor der Gerüstbauer diese Lage betritt.

Bild 5.8
Prototyp des „Vorlaufenden
Seitenschutzes" aus dem Jahr
1999 [283]

SUGGESTED TEST METHOD B1 - DYNAMIC TEST

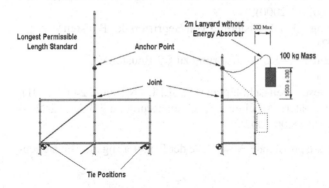

Bild 5.9
Sicherung der obersten
Gerüstlage bei Gerüstmontage
in Großbritannien [113]

In Großbritannien wurde die Richtlinie 2001/45/EG großzügig ins englische Recht umgesetzt. So haben britische Gerüstbauer dank der heimischen Gesetzgebung die Möglichkeit
erhalten, beim Auf-, Um- oder Abbau von Gerüsten auf der obersten Gerüstlage mit Höhensicherungsgeräten zu arbeiten [113].

5.4.4   Regeln zum Arbeitsschutz auf Baustellen (RAB)

Um der schleppenden Umsetzung der Baustellenverordnung entgegen zu treten, hat das
Bundesministerium für Arbeit und Sozialordnung (BMA) Mitte 1998 ein Aktionsprogramm
angefacht. Im Zuge dieses Programms wurde ein Arbeitskreis gebildet, der unter der Bezeichnung „Ausschuß für Sicherheit und Gesundheitsschutz auf Baustellen" (ASGB) Regeln aufstellt, die den Stand der Technik bezüglich Arbeitssicherheit auf Baustellen wie-
dergeben.

Dem ASGB gehören fachkundige Vertreter aus folgenden Bereichen an:

- der Bau-Berufsgenossenschaften,
- der staatlichen Arbeitsschutzverwaltung,
- der Arbeitgeberverbände,
- der Gewerkschaft IG Bauen-Agrar-Umwelt und
- zwei Sachverständige.

Mit den „Regeln zum Arbeitsschutz auf Baustellen" (RAB) sollen Bauherren, Unternehmern und Beschäftigten Lösungsansätze angeboten werden, wie die zum Teil umfangreichen staatlichen Arbeitsschutzvorschriften erfüllt werden können.

Dazu wurden vier Projektgruppen gebildet:

- Projektgruppe 1 veranschaulicht die Bestimmungen der Baustellenverordnung,
- Projektgruppe 2 benennt die Eigenschaften des SIGE-Koordinators,
- Projektgruppe 3 legt Mindestanforderungen an den SIGEPLAN fest und
- Projektgruppe 4 bereitet die Umsetzung der Betriebssicherheitsverordnung vor.

Bisher wurden vom ASGB folgende Regeln verabschiedet:

- RAB 01   Gegenstand, Zustandekommen, Aufbau, Anwendung und Wirksamwerden der Regeln (Stand 02.11.2000),
- RAB 10   Begriffsbestimmung – Konkretisierung von Begriffen der BaustellV (Stand 18.06.2002),
- RAB 30   Geeigneter Koordinator – Konkretisierung zu § 3 BaustellV (Stand 24.04.2001),
- RAB 31   Sicherheits- und Gesundheitsschutzplan – SIGEPLAN (Stand 24.04.2001),
- RAB 32   UNTERLAGE für spätere Arbeiten – Konkretisierung zu § 3 Abs. 2 Nr. 3 der BaustellV (Stand 18.06.2002).

Die Regeln RAB sollen künftig entsprechende Abschnitte der Erläuterung zur Baustellenverordnung ersetzen [98–102].

6 Gerüstaufbau

6.1 Einleitung

Die Erstellung von Arbeits- oder Schutzgerüsten, die einen sicheren Arbeitsplatz für nachfolgende Gewerke zu gewährleisten oder Beschäftigte vor Abstürzen zu bewahren haben, ist der wesentliche Zweck des Gerüstbaues. Der Gerüstaufbau selbst muß so gestaltet werden, daß die mit den Gerüstbauarbeiten betrauten Personen keinen unnötigen Gefahren ausgesetzt werden. Für die sichere Nutzung des Gerüstes ist die bauliche Durchbildung von Bedeutung. Die sichere Gerüstbautätigkeit wiederum bestimmt die Einhaltung der richtigen Montageabfolge [146].

Das Aufbauen von Gerüsten und damit zusammenhängende Bereiche stehen im Vordergrund dieses Kapitels. In diesen Komplex gehören Verantwortung und Haftung der am Bau Beteiligten sowie Logistik im Gerüstbaubetrieb. Logistik umfaßt hier speziell alle inner- und zwischenbetrieblichen Aufgaben hinsichtlich Bereithaltung, Lagerung, Transport und Umschlag auf der Baustelle. Ausgesuchte Bereiche der Logistik, insbesondere Transport und Lagerung, werden für den Gerüstbauunternehmer von immer größerer Bedeutung, läßt sich doch durch Freisetzung von ungenutzten legalen Ressourcen die Konkurrenzfähigkeit steigern. Aber auch die Tätigkeit des vor Ort wirkenden Gerüstbauers wird nachhaltig durch die Organisation des Gerüstbaubetriebes beeinflußt. Kontinuierlicher wirtschaftlicher Druck auf die Gerüstbauunternehmen erfordert eine Ausschöpfung aller Kapazitäten, selbst in Bereichen, die bisher nur am Rande Aufmerksamkeit gefunden haben. So findet effiziente und durchdachte Logistik neben der Verantwortung für die Gesundheit beim Gerüstaufbau in zunehmendem Maße Beachtung. Das Ziel dieses Umdenkens sind beträchtliche Kosteneinsparungen bei gleichzeitiger Schaffung eines sicheren Arbeitsplatzes.

Verantwortung und Haftung für ausgeführte Gerüstbauarbeiten können keinesfalls als losgelöstes rechtliches Problem behandelt werden. Bei der Erfüllung seiner Aufgaben muß jeder Unternehmer, Aufsichtführender und Beschäftigter eine Reihe von Vorschriften, die seinen Aufgabenbereich betreffen, berücksichtigen. Daraus ergeben sich bestimmte Rechte und Pflichten, die, werden sie nicht erfüllt, zu unterschiedlichen rechtlichen Folgen für den Betroffenen führen können. Bei einer verantwortungsvollen Aufgabenerfüllung ist es daher unerläßlich, den Inhalt und die wichtigsten Zusammenhänge des betreffenden Rechts zu kennen.

6.2 Verantwortung und Haftung

Gerüstbauarbeiten zeichnen sich durch hohe Anforderungen an den Arbeitsschutz sowie die Verantwortung für die Gesundheit und das Leben Dritter aus [108, 112]. Diese Verantwortung beinhaltet sowohl ein sicherheitsorientiertes Vorgehen beim Auf-, Um- und Abbau der Gerüste als auch eine sichere bauliche Durchbildung der Gerüste.

6.2.1   Baurecht

Das Baurecht umfaßt als übergeordneter Begriff alle Normen, die zur Ordnung und Sicherheit des Bauens Beachtung finden müssen. Alle Vorschriften, die Bestimmungen zur Gewährleistung der öffentlichen Sicherheit und Ordnung enthalten, sind im Bauordnungsrecht und somit im Landesrecht enthalten, das auf das Bundesbaurecht – Baugesetzbuch (BauGB) – abgestimmt wurde [240]. Alle Bundesländer haben sich auf ein einheitliches Muster zur Bauordnung – die sog. Musterbauordnung (MBO) – geeinigt, die inzwischen mehrfach fortgeschrieben wurde (letzte Fassung vom November 2002) [243].

Das Bundesbaurecht setzt durch die Musterbauordnung (MBO) einen Rahmen fest, den die Länder in den jeweiligen Landesbauordnungen ausfüllen. In der Landesbauordnung wird das Baurecht geregelt und durch Bekanntmachung der bauaufsichtlich eingeführten Technischen Baubestimmungen technisch ergänzt. Im folgenden wird stellvertretend auf die Landesbauordnung NRW (BauO NRW) Bezug genommen [242].

Die an der Musterbauordnung orientierte Landesbauordnung regelt in erster Linie folgende Aufgaben:

* Abwehr von Gefahren für die öffentliche Sicherheit und Ordnung,
* Sozial- und Wohlstandsaufgaben,
* Baugestaltung,
* Vollzug der städtebaulichen Planung und
* Vollzug von Anforderungen aufgrund anderer Rechtsvorschriften, die an bauliche Anlagen gestellt werden.

Zum Bereich der Gefahrenabwehr gehören insbesondere Vorschriften über die Standsicherheit, den Brandschutz, den Schall- und Wärmeschutz, die Verkehrssicherheit sowie den Gesundheitsschutz.

Aus verschiedenen Bereichen,

* dem Öffentlichen Recht (Gewerbeordnung und Landesbauordnung),
* dem Autonomen Recht (Sozialgesetzbuch und Unfallverhütungsvorschriften) und
* den anerkannten Regeln der Technik

leitet sich die Verantwortung der am Bau Beteiligten ab, auch die gegenseitige Abgrenzung.

Aus öffentlichem Interesse bestimmt die Gewerbeordnung im § 120 a: „... Gewerbeunternehmer sind verpflichtet, Arbeitsräume, Betriebsvorrichtungen, Maschinen und Gerätschaften so einzurichten und zu unterhalten und den Betrieb so zu regeln, daß die Arbeiter gegen Gefahren für Leib und Gesundheit soweit geschützt sind, wie es die Natur des Betriebes gestattet.“

6.2.2   Am Bau Beteiligte

Als Verantwortliche werden benannt:

- der Bauherr,
- der Entwurfsverfasser,
- der Unternehmer und
- der Bauleiter.

Die Aufgaben der am Bau beteiligten Personen werden im Vierten Teil der Landesbauordnung Nordrhein-Westfalen vom 9. Mai 2000 (BauO NRW) geregelt. Im folgenden wird bei der Textwiedergabe wegen der Kürze auf die weibliche Form der im Gesetzestext genannten Personen verzichtet:

- „Bei der Errichtung [...] baulicher Anlagen [...] ist der Bauherr und im Rahmen ihres Wirkungskreises die anderen am Bau Beteiligten dafür verantwortlich, daß die öffentlich-rechtlichen Vorschriften eingehalten werden." (BauO NRW, § 56).

- „Der Bauherr hat zur Vorbereitung und Ausführung eines genehmigungsbedürftigen Bauvorhabens einen Entwurfsverfasser, einen Unternehmer und einen Bauleiter zu beauftragen. [...]" (BauO NRW, § 57, Abschnitt 1).

- „Der Entwurfsverfasser muß nach Sachkunde und Erfahrung zur Vorbereitung des jeweiligen Bauvorhabens geeignet sein. Er ist für die Vollständigkeit und Brauchbarkeit seines Entwurfs verantwortlich. Der Entwurfsverfasser hat dafür zu sorgen, daß die für die Ausführung notwendigen [...] [Unterlagen] den öffentlich-rechtlichen Vorschriften entsprechen." (BauO NRW, § 58, Abschnitt 1).

- „Jeder Unternehmer ist für die ordnungsgemäße, den allgemein anerkannten Regeln der Technik und den Bauvorlagen entsprechende Ausführung der von ihm übernommenen Arbeiten und [...] für [...] die Einhaltung der Arbeitsschutzbestimmungen verantwortlich." (BauO NRW, § 59, Abschnitt 1).

- „Der Bauleiter hat darüber zu wachen, daß die Baumaßnahme dem öffentlichen Baurecht, insbesondere den allgemein anerkannten Regeln der Technik und den Bauvorlagen entsprechend durchgeführt wird, und die dafür erforderlichen Weisungen zu erteilen. Er hat [...] auf den sicheren bautechnischen Betrieb der Baustelle, insbesondere auf das gefahrlose Ineinandergreifen der Arbeiten [...] und auf die Einhaltung der Arbeitsschutzbestimmungen zu achten. Die Verantwortlichkeit der Unternehmer bleibt unberührt." (BauO NRW, § 59a, Abschnitt 1).

Verantwortung des Unternehmers

Neben dem Öffentlichen Recht (BauO NRW, § 59) richtet sich das Autonome Recht der Berufsgenossenschaften an den Unternehmer.

Das Autonome Recht der Berufsgenossenschaften ist, vergleichbar dem Öffentlichen Recht, strukturiert in:

- Unfallverhütungsvorschriften – Berufsgenossenschaftliche Vorschriften für Sicherheit und Gesundheit bei der Arbeit,
- Sicherheitsregeln – Berufsgenossenschaftliche Regeln für Sicherheit und Gesundheit bei der Arbeit und
- Berufsgenossenschaftliche Informationen und Grundsätze.

Das Autonome Recht der Berufsgenossenschaften richtet sich ausschließlich an Mitgliedsbetriebe der Berufsgenossenschaften, entsprechend ihrer sachlichen und örtlichen Zuständigkeit. Im § 2, Abschnitt 1 der Unfallverhütungsvorschrift „Allgemeine Vorschriften BGV A 1" heißt es: „Der Unternehmer hat Maßnahmen zur Verhütung von Arbeitsunfällen, Berufskrankheiten und arbeitsbedingten Gesundheitsgefahren sowie für eine wirksame Erste Hilfe zu treffen" [155].

Verantwortung der Mitarbeiter

Der Unternehmer steht in der Kette der Verantwortlichkeit an oberster Stelle [19]. Diese Stellung wird neben den o. g. Bestimmungen auch durch die Baustellenverordnung und durch die Betriebssicherheitsverordnung bekräftigt (s. a. Kapitel 5).

Aber nicht nur der Unternehmer, sein Bauleiter und der Kolonnenführer müssen Sicherheitsvorschriften beachten. Jeder Beschäftigte ist ausdrücklich verpflichtet, „[…] nach seinen Möglichkeiten alle Maßnahmen zur Verhütung von Arbeitsunfällen […] zu unterstützen und die entsprechenden Anweisungen des Unternehmers zu befolgen (BGV A 1, § 14)". Darüber hinaus werden alle Beschäftigten zur bestimmungsgemäßen Verwendung von Einrichtungen (BGV A 1, § 15) und zur Beseitigung von Mängeln (BGV A 1, § 16) angehalten [155].

Pflichtenübertragung

Der Unternehmer garantiert bei der Übernahme eines Arbeitsauftrages u. a. für die Einhaltung der von ihm festgelegten Arbeitsschutzmaßnahmen. Für die Durchführung der Arbeiten kann der Unternehmer einen Bauleiter (Bauführer) benennen und einige seiner Pflichten auf ihn übertragen. Ein Bauleiter muß fachlich für die Ausübung dieser Tätigkeit qualifiziert sein. Eine weitere Stufe in der Kette stellt der Kolonnenführer dar. Er ist vor Ort tätig, muß weisungsbefugt sein und über erforderliche Kenntnisse für eine sichere Durchführung der Gerüstbauarbeiten verfügen.

Die Übertragung von Pflichten hinsichtlich der Verhütung von Arbeitsunfällen bedarf einer schriftlichen Form (BGV A 1, § 12). Der Unternehmer darf diese Verpflichtung auf fachlich geeignete Aufsichtspersonen übertragen; diese Personen müssen jedoch zwingend weisungsbefugt sein [155].

Jeder Beschäftigte, der vom Unternehmer Pflichten hinsichtlich der Unfallverhütung übernommen hat, ist gut beraten, die Übertragung schriftlich festzuhalten und aufzubewahren.

Bestätigung der Übertragung von Unternehmerpflichten

(§ 9 Abs. 2 Nr. 2 OWIg, § 15 Abs. 1 Nr. 1 SGB VII, § 3 Abs. 1 und 2 ArbSchG)

Herrn / Frau _____

werden für den Betrieb / die Abteilung*) _____

_____

der Firma _____

_____

(Name und Anschrift der Firma)

die dem Unternehmen hinsichtlich des Arbeitsschutzes und der Verhütung von Arbeitsunfällen, Berufskrankheiten und arbeitsbedingten Gesundheitsgefahren obliegenden Pflichten übertragen, in eigener Verantwortung

- – Einrichtungen zu schaffen und zu erhalten*)
- – Anordnungen und sonstige Maßnahmen zu treffen*)
- – eine wirksame Erste Hilfe sicherzustellen*)
- – arbeitsmedizinische Untersuchungen oder sonstige arbeitsmedizinische Maßnahmen zu veranlassen*)

soweit der Betrag von _____ € nicht überschritten wird.

Dazu gehören insbesondere:

_____

_____

_____   _____

Ort   Datum

_____   _____

Unterschrift des Unternehmers   Unterschrift des Verpflichteten

*) Nichtzutreffendes streichen

Bild 6.1 Muster für die Erklärung der Pflichtenübertragung [235, 248, 250]

Linienverantwortung

Innerhalb der betrieblichen Organisationsstruktur ergibt sich eine Hierarchie der Verantwortung, die im Arbeitsvertrag eines jeden Beschäftigten ihren Niederschlag findet. Aufgaben, die sich aus dem Inhalt des Arbeitsvertrages ergeben, bedürfen somit keiner gesonderten Pflichtenübertragung im Sinne von § 12 der BGV A 1. Den Zusammenhang der Aufgaben innerhalb einer betrieblichen Arbeitsschutzorganisation bezeichnet man als Linienverantwortung.

Neben der Linienverantwortung werden die Aufgaben des Arbeitsschutzes von der Sicherheitsfachkraft (FASi) und vom Betriebsarzt aufgrund des Arbeitssicherheitsgesetzes (ASiG) innerhalb der Stabsverantwortung wahrgenommen [78].

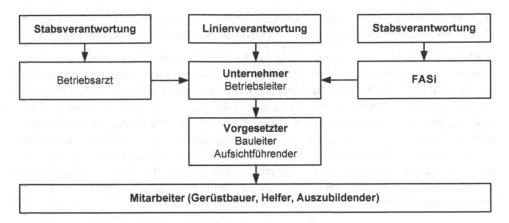

Bild 6.2 Betriebliche Arbeitsschutzorganisation [78]

6.2.3   Unterweisung

Nur eine umfassende Unterweisung der Beschäftigten gewährleistet einen sicheren Umgang mit Gerüsten. Hierfür ist der Unternehmer verantwortlich, der seine Mitarbeiter vor Aufnahme der Tätigkeit und danach in angemessenen Zeitabständen oder nach Bedarf über die beim Gerüstbau auftretenden Gefahren sowie über die Schutzmaßnahmen informieren muß (BGV A 1, § 7, Abschnitt 2). Auch sicherheitsrelevante Neuentwicklungen im Gerüstbereich müssen an Mitarbeiter weitergegeben werden. Zur Unterweisung gehört ebenfalls ein ständiges Anhalten der Mitarbeiter zu einer sicheren Arbeitsweise. Im Rahmen dieser Sicherheitsgespräche können Mitarbeiter an der Gefährdungsbeurteilung beteiligt werden, was zur Erweiterung des Mitarbeiterwissens und zu einer optimalen Umsetzung der Schutzmaßnahmen sowie Arbeitsanweisungen führt.

6.2.4   Verantwortung im Gerüstbau

Der betriebssichere Auf-, Um- und Abbau von Gerüsten obliegt der Verantwortung des Unternehmers, der die Gerüstbauarbeiten ausführt. Der Gerüstersteller ist auch für eine den anerkannten Regeln der Technik entsprechende Gerüstausführung verantwortlich (BGR 166, Abschnitt 9.1.2).

Gerüstersteller

Der Gerüstbauunternehmer hat Gerüstbauarbeiten von einem fachlich geeigneten Vorgesetzten leiten zu lassen, der die vorschriftsmäßige Durchführung der Arbeiten zu gewährleisten hat und in der Lage ist, eine eventuelle Abweichung des Gerüstaufbaues von der Regelausführung durch seine fachliche Erfahrung beurteilen zu können, z. B. zu entscheiden, ob ein Standsicherheitsnachweis erforderlich ist (BGR 166, Abschnitt 9.1.3). Die Prüfung der handwerklichen Gerüste mit der Fähigkeit zur Beurteilung nach fachlicher Erfahrung ist auch in DIN 4420 Teil 1, Abschnitt 9 und Tabelle 19 verankert. Diese Regelung des Autonomen Rechts und der anerkannten Regeln der Technik steht neuerdings im krassen Widerspruch zur Regelung der Betriebssicherheitsverordnung (s. Abschnitt 5.5.3).

Der Unternehmer ist dafür verantwortlich, daß die Gerüstbauarbeiten von einem weisungsbefugten Aufsichtführenden überwacht werden, der für eine arbeitssichere Ausführung zu sorgen hat und der hierfür über ausreichende Kenntnisse und Erfahrung verfügt (BGV C 22, § 4, Abschnitt 2 und BGR 166, Abschnitt 9.1.4). Die personelle Disposition wird im Rahmen der Arbeitsvorbereitung getroffen (s. Kapitel 5). Beim Einsatz von Anseilschutz muß der Aufsichtführende den geeigneten Anschlagpunkt festlegen und dafür sorgen, daß die Mitarbeiter das Sicherheitsgeschirr benutzen (BGV C 22, § 12, Abschnitt 3). Darüber hinaus trägt der Unternehmer im vorgesehenen Arbeitsbereich die Verantwortung für die Ermittlung und Beseitigung von Gefahren (s. Abschnitt 3.1.3) für seine Mitarbeiter (BGR 166, Abschnitt 9.2.1).

Gerüstbenutzer

Jeder Unternehmer, der Gerüste benutzt, ist für

- die bestimmungsgemäße Verwendung und
- die Erhaltung der Betriebssicherheit

der benutzten Gerüste verantwortlich.

Tabelle 6.1 Zusammenstellung der Weisungsbefugnisse am Arbeitsplatz

Wo	Wer	Rechtsgrundlage	Befugnis
Baustelle	Untere Bauaufsichtsbehörde	Bauordnung der Länder BauO NRW	Bauaufsichtsbeamter (A)
	Staatliches Amt für Arbeitsschutz	Arbeitsschutzgesetz ArbSchG Baustellenverordnung BaustellV	Gewerbeaufsichtsbeamter (A) SIGE-Koordinator (F)
	Bau-Berufsgenossenschaft	Unfallverhütungsvorschriften BGV	technische Aufsichtsperson (A)
	privater Gutachter	Qualitätsnormen DIN Unfallverhütungsvorschriften BGV	Sachverständiger (F)
Unternehmen	Unternehmer	Arbeitsschutzgesetz ArbSchG Unfallverhütungsvorschriften BGV	(W)
	Aufsichtführender	Arbeitsvertrag Pflichtenübertragung Unfallverhütungsvorschriften BGV	(W)
	Fachkraft für Arbeitssicherheit (FASi)	Arbeitsschutzgesetz ArbSchG Unfallverhütungsvorschriften BGV	(B)
	Sicherheitsbeauftragter	7. Sozialgesetzbuch SGB VII	(B)
	Betriebsarzt	Arbeitssicherheitsgesetz ASiG	(B)
	Betriebsrat	Betriebsverfassungsgesetz	(M)
	Mitarbeiter	Arbeitsschutzgesetz ArbSchG Unfallverhütungsvorschriften BGV	

Befugnis: (A) = Anordnung, (B) = Beratung, (F) = Feststellung, (M) = Mitbestimmung, (W) = Weisung

Der Unternehmer ist dafür zuständig, daß Gerüste vor ihrer Fertigstellung nicht betreten werden dürfen (BGR 166, Abschnitt 11.1.1). Konstruktive Änderungen am Gerüst dürfen nur vom Gerüstersteller vorgenommen werden (BGR 166, Abschnitt 11.1.5) und nur in Ausnahmefällen vom Gerüstbenutzer selbst. Alle Mitarbeiter, die Gerüste benutzen, sind für die Erhaltung der Betriebssicherheit verantwortlich.

Vor der Benutzung des Gerüstes muß sich der Unternehmer oder seine Mitarbeiter vergewissern, daß das Gerüst frei von augenscheinlichen Mängeln ist (BGV C 22, § 4, Abschnitt 3; BGR 166, Abschnitt 11.2). Werden bei der Prüfung Schäden festgestellt, müssen die betroffenen Bereiche abgesperrt und der Gerüstersteller benachrichtigt werden. Bis zur Beseitigung dieser Mängel dürfen die abgesperrten Bereiche nicht betreten werden (BGR 166, Abschnitt 11.2.2).

Gerüste dürfen ausschließlich über sichere Zugänge betreten und verlassen werden (BGR 166, Abschnitt 11.1.2). Das Abspringen auf Gerüstbeläge sowie das Abwerfen von Gegenständen auf Beläge ist verboten (BGR 166, Abschnitt 11.1.3).

6.2.5 Haftung

Der rechtliche Begriff der Haftung besagt, daß alle Personen, die für ein Fehlverhalten verantwortlich sind, persönliche Nachteile befürchten müssen [41]. Es bedeutet für Unternehmer, Aufsichtführende und Beschäftigte, die ihren Pflichten aus dem Bereich des Arbeitsschutzes nicht nachgekommen sind, daß sie mit rechtlichen Konsequenzen in Form von

- Strafe,
- Bußgeld oder
- Schadensersatz

rechnen müssen.

Diese Rechtsfolgen ergeben sich aus

- dem Strafrecht,
- dem Ordnungswidrigkeitsrecht,
- dem Zivilrecht und
- dem Arbeitsrecht.

Strafrechtliche Haftung

Das deutsche Strafrecht schützt alle Rechtsgüter, die für das Zusammenleben in der staatlichen Gemeinschaft unverzichtbar sind, wie Leben, Gesundheit oder Freiheit des Einzelnen, aber auch das Eigentum [247]. Im Zusammenhang mit Arbeitsunfällen sind folgende Tatbestände von Bedeutung:

- fahrlässige Tötung (StGB, § 222),
- fahrlässige Körperverletzung (StGB, § 230),
- Baugefährdung (StGB, § 323).

Nach dem Strafgesetzbuch (StGB) können Geld- und Haftstrafen verhängt werden. Die Strafverfolgung obliegt allein den Staatsanwaltschaften und Gerichten [35]. Voraussetzung für eine strafrechtliche Verfolgung aufgrund sicherheitstechnischer Verfehlungen sind:

- persönliche Verursachung,
- der Unfall führte zu einer Verletzung oder zum Tod,
- der Unfall wurde durch eine rechtswidrige Handlung verursacht,
- die rechtswidrige Handlung erfolgte schuldhaft,
- es wird ein Schuldvorwurf erhoben.

Die persönliche Verursachung kann durch

- Handlung (aktives Tun),
- Unterlassung (Garantenstellung),
- Fahrlässigkeit oder
- Vorsatz

erfolgt sein.

Fahrlässig handelt, wer die Sorgfalt außer acht läßt, zu der er nach seinen persönlichen Kenntnissen und Fähigkeiten verpflichtet und imstande war. Ob ein fahrlässiges Handeln vorliegt, wird anhand der persönlichen Ausbildung, Erfahrung und Intelligenz entschieden.

Die Rechtsprechung unterscheidet zwischen

- einer *unbewußten Fahrlässigkeit*, wenn die Möglichkeit des Unfalleintritts nicht bedacht wurde, und
- einer *bewußten (groben) Fahrlässigkeit*, wenn der Eintritt des Unfalls für möglich gehalten wurde.

Bedingt vorsätzlich handelt, wer den Eintritt des Unfalls für möglich hält und ihn billigend in Kauf nimmt.

Direkt vorsätzlich handelt, wer die Folgen seiner Handlung kennt und diese mit Wissen und Wollen bewußt herbeiführt.

Besonders wichtig ist der Zusammenhang beim Unterlassen einer gebotenen Handlung mit einer fest umrissenen Rechtsverpflichtung des Verantwortlichen zum Tätigwerden bei der Unfallverhütung, der sog. Garantenstellung. Diese kann sich ergeben aus:

- einer Rechtsvorschrift, z. B. Bauordnung,
- einem Vertrag, z. B. aus der Pflichtenübertragung,
- einem vorausgegangenen gefährdenden Tun, was auf jeden Unternehmer und seine Mitarbeiter zutreffen kann.

Eine moralische oder allgemeine Verpflichtung zum Tätigwerden alleine reicht hierbei nicht aus.

Zivilrechtliche Haftung

Jeder, der einen anderen schuldhaft schädigt, muß im Sinne des Zivilrechts nach dem Schadensersatzprinzip die finanziellen Folgen seiner Handlung tragen. § 823 des Bürgerlichen Gesetzbuches (BGB) besagt, daß beim Vorliegen einer vorsätzlichen oder fahrlässigen Verletzung von Gesundheit, Leben oder Sachen der Verursacher zum Schadensersatz gegenüber dem Geschädigten verpflichtet ist [239]. Eine abgeschlossene Betriebshaftpflichtversicherung kann den Schadensersatz für Sachschäden übernehmen.

Bei Arbeitsunfällen wird das Schadensersatzprinzip von den Regelungen des Unfallversicherungsrechts abgelöst. Für Personenschäden ist der Unfallversicherungsträger zuständig, dem jeder Unternehmer kraft Gesetzes angehören muß. Der fachlich zuständige Unfallversicherungsträger, für die gewerblichen Unternehmer sind es die Berufsgenossenschaften, löst die Haftung des Unternehmers gegenüber den Betriebsangehörigen und die Haftung der Betriebsangehörigen untereinander für Körperschäden und deren Folgen ab (Haftungsprivileg, SGB VII, § 104). Unternehmer als Mitglieder einer Berufsgenossenschaft finanzieren durch ihre Beiträge die anfallenden Kosten für die Leistungen der Berufsgenossenschaft nach dem Prinzip der „nachträglichen Bedarfdeckung" (SGB VII, § 152). Der Ersatzanspruch des Geschädigten geht im Schadensfall an die Berufsgenossenschaft über. Sie hat die Leistungen zu erbringen (SGB VII, § 133) und kann hinsichtlich ihrer Aufwendungen gegen den Schädiger Rückgriffansprüche stellen.

Die Berufsgenossenschaften sind verpflichtet, bei Arbeitsunfällen Rehabilitations- und Geldleistungen für Körperschäden und deren Folgen zu erbringen. Dazu gehören Kosten für Heilbehandlung, Lohnersatz, Sozialversicherungsbeiträge, Berufshilfe und Rente. Im Unterschied zur Krankenversicherung ist der Unfallversicherungsträger verpflichtet, nicht nur die notwendigen, sondern alle geeigneten Mittel für die Wiederherstellung der Gesundheit und Leistungsfähigkeit nach einem Arbeitsunfall zu erbringen (SGB VII, § 1).

Die Berufsgenossenschaften sind verpflichtet, auch bei selbstverschuldetem Arbeitsunfall Leistungen zu erbringen, es sei denn, der Arbeitsunfall ist absichtlich herbeigeführt worden (SGB VII, § 105). Die allgemeine Schadensersatzpflicht gilt auch für Unfälle, bei denen betriebsfremde Personen verletzt werden. Diese werden von der Berufsgenossenschaft entschädigt, bei welcher der Betriebsfremde versichert ist (SGB VII, § 133).

Haftung nach dem Ordnungswidrigkeitsrecht

Die Straßenverkehrsordnung, das Baurecht oder die Unfallverhütungsvorschriften stellen Gemeinschaftsregeln dar, an die sich Gemeinschaftsmitglieder halten müssen. Wird durch ein Gemeinschaftsmitglied gegen diese Regeln verstoßen, hat das Gesetz über Ordnungswidrigkeiten (OWiG) die Aufgabe, diesen Verstoß zu ahnden und die Einhaltung der Regel sicherzustellen [244]. Aufgrund des Sozialgesetzbuches SGB VII werden Verstöße gegen Unfallverhütungsvorschriften von der zuständigen Berufsgenossenschaft geahndet (SGB VII, § 209). Der Unternehmer haftet als Verantwortlicher für die Einhaltung der Arbeitsschutzvorschriften und ist beim Vorliegen eines Verstoßes gegen diese laut Satzung der Berufsgenossenschaft verpflichtet, Bußgeld an die zuständige Berufsgenossenschaft zu zahlen [24].

6.3   Beladung, Transport und Entladung

Der aufsichtführende Kolonnenführer erhält den Einsatzplan für den Gerüstaufbau meistens am Tag vor dem Beginn des Gerüstaufbaues. Er kann mit seiner Kolonne anhand der Stückliste und der Systemskizze die Beladung des Transportmittels vornehmen. Für einen reibungslosen Ablauf der Gerüstbauarbeiten spielt die Reihenfolge der Beladung des LKWs eine wichtige Rolle.

6.3.1   Beladung

Die beim Aufbau zuerst benötigten Gerüstbauteile müssen auch zuerst entladen werden können. Die Beladung erfolgt in den meisten Fällen per Hand. Werden allerdings am Lagerplatz Gabelstapler benutzt, ist darauf zu achten, daß die Bauteile am Einsatzort auch von Hand entladen werden können, da dort in den meisten Fällen keine Hubhilfen zur Verfügung stehen. Für die Beladung ist nach der StVO allein der betreffende Fahrer verantwortlich, der darauf zu achten hat, daß die Gerüstbauteile verzurrt werden, die Ladung beim Transport gesichert bleibt und keine Verkehrsteilnehmer gefährdet.

6.3.2   Transport

Der Fahrzeugführer muß beachten, daß das zulässige Gesamtgewicht sowie die zulässigen Achslasten des LKWs nicht überschritten werden. Dabei soll der Ladungsschwerpunkt möglichst auf der Längsmittellinie des Fahrzeuges liegen und so niedrig wie nur möglich gehalten werden, damit das Fahrverhalten des LKWs nicht unnötig negativ beeinflußt wird. Hilfreich können dabei sog. Lastverteilungspläne der Fahrzeug- und Aufbautenhersteller sein.

Bild 6.3
Beladung des LKWs
mit Gerüstbauteilen
und Sichtkontrolle auf
Beschädigungen [283]

Bild 6.4 Am LKW fest installierte automatische Zurrgurte und Behälter für Kleinteile [283]

Für den Transport ist zu beachten, daß Bauteile nicht ineinander rutschen oder verkeilen können. Verkeilte Bauteile können beschädigt werden und die spätere Entladung behindern. Bereits beschädigte Teile sollten beim Beladen aussortiert werden, damit sie erst gar nicht zur Baustelle gelangen.

6.3.3   Entladen der Gerüstbauteile

Beim Entladen ist darauf zu achten, daß andere Verkehrsteilnehmer oder Beschäftigte nicht gefährdet werden. Der Gefahrenbereich um das Transportmittel ist abzusperren. Werden abgeladene Teile zwischengelagert und nicht sofort verbaut, muß gesichert sein, daß diese nicht umkippen. Sie dürfen auch nicht in Verkehrswegen gelagert werden oder Notausgänge blockieren.

6.3.4   Transportmittel

Als Transportmittel zu und auf Baustellen werden überwiegend benutzt:

- LKW bis 7,5 t mit und ohne Anhänger,
- LKW über 7,5 t mit und ohne Anhänger,
- Zugmaschinen mit Anhänger sowie
- Sattelschlepper.

Die o. g. Transportmittel können ausgerüstet werden als:

- Fahrzeuge mit Serienpritsche,
- Fahrzeuge mit Wechselpritsche oder
- Containerfahrzeuge.

Für die Wahl der Fahrzeuge ist das verwendete Gerüstmaterial von entscheidender Bedeutung, da hier Abmessungen und Gewicht des zu transportierenden Gerüstmaterials über die Wahl bestimmen. Für die Berechnung der Zuladung kann von einem durchschnittlichen Gewicht zwischen 12 kg/m^2 und 18 kg/m^2 für ein Systemgerüst der Gerüstgruppe 3 ausgegangen werden.

Tabelle 6.2 Gewichtszuordnung von Gerüstmaterial für ein Gerüstsystem GG 3 und Stahlvertikalrahmen [58]

Feldlänge	Belagtyp	Gewicht	
		je Feld	je Fläche
[m]		[kg]	[kg/m²]
3,00	Alu-Boden	74	12,6
3,00	Stahlboden	96	16,0
2,50	Alu-Boden	68	13,6
2,50	Stahlboden	87	17,4

Für kleinere Mengen von Gerüstmaterial und für kleinere Baustellen empfiehlt sich die Wahl eines Fahrzeuges mit bis 7,5 t zulässigem Gesamtgewicht, das mit Serienpritschen oder mit individuellen Sonderaufbauten ausgerüstet wird. Diese Fahrzeuge erfordern relativ geringe Anschaffungskosten, können fast jede Baustelle anfahren und dürfen von jedem Monteur mit gängigem PKW-Führerschein bewegt werden. Diese Vorteile werden dadurch relativiert, daß sich Serienpritschen kaum für den rauhen Baubetrieb eignen, so daß eine spezielle Verschleißschicht und geeignete Werkzeugboxen nachgerüstet werden müssen, wodurch wiederum die Anschaffungskosten erhöht werden. Berücksichtigt werden muß, daß ein breiter Pritschenaufbau die vorhandene Nutzlast reduziert, so daß eine möglichst hohe Achsbelastung gewählt werden sollte. Ist ein Hängerbetrieb vorgesehen, muß eine höhere Motorleistung bestellt werden [58].

LKW mit einem zulässigen Gesamtgewicht über 7,5 t sollten nach Möglichkeit nur für Transporte von großen Gerüstmaterialmengen eingesetzt werden. Diese LKWs eignen sich aber besonders für die Versorgung von Baustellen im Fernbereich. Die maximale Zuladung eines LKWs mit 18,0 t zulässigem Gesamtgewicht beträgt 7,5 t. Berücksichtigt werden muß, daß diese Fahrzeuge nur vom Personal mit einer entsprechenden Fahrerlaubnis geführt werden dürfen. Darüber hinaus muß für die Be- und Entladung ein geeignetes Hubmittel mit einer ausreichenden Hubhöhe und Tragkraft eingesetzt werden. Sinnvoll erscheint in diesem Fall die Ausrüstung mit einem LKW-Ladekran und mit einer mittleren Fahrerhauskabine. Die höheren Anschaffungs- und Unterhaltungskosten sollten in jedem Fall genau kalkuliert werden.

Die Übernahme des Materialtransports durch Speditionsunternehmen stellt in vielen Fällen eine kostengünstige Alternative dar und bietet sich als Mischlösung an. So kann der eigene Fuhrpark relativ klein gehalten werden, was Unterhaltungskosten spart. Die Fremdvergabe von Transportaufträgen entlastet zudem die eigenen Montagekolonnen, da diese nur für die eigentliche Gerüstbautätigkeit eingesetzt werden und macht spezielles Fahrpersonal überflüssig. Der Mischbetrieb setzt allerdings eine exakte Arbeitsvorbereitung und Palettierung von Gerüstmaterial voraus.

Sind alle vorbereitenden Arbeiten abgeschlossen, das Gerüstmaterial vollständig und im korrekten Zustand sicher zum Einsatzort gebracht, gilt es, unter Berücksichtigung aller erforderlichen Aspekte das vordergründige Ziel zu erfüllen und ein in jeder Hinsicht funktionstüchtiges und sicheres Gerüst zu erstellen.

6.4   Bauliche Durchbildung

Unterbau

Gerüste müssen so aufgestellt werden, daß sie die auf sie einwirkenden Lasten sicher in tragfähigen Untergrund ableiten können. Dazu ist erforderlich, daß Vertikalrahmen immer auf vollflächig aufliegenden Fußplatten oder Spindelfüßen aufgestellt werden. Bei Gründung auf tragfähigem Erdreich sind lastverteilende Unterlagen, z. B. Bohlen oder Kanthölzer, zu verwenden (DIN 4420 Teil 1, Abschnitt 8.2.3). Mehrlagiger Unterbau muß kippsicher sein, lose Steine sind unzulässig.

Aussteifung

Gerüste müssen ausgesteift werden, was durch in Knotenpunkten angeschlossene Diagonalen in der äußeren vertikalen Ebene erfolgt. Jeweils einer Vertikaldiagonalen dürfen in der Regel höchstens fünf Gerüstfelder zugewiesen werden (DIN 4420 Teil 1, Abschnitt 5.3.2). In der waagerechten Ebene werden Systemgerüste durch auf volle Gerüstbreite ausgelegte Beläge ausgesteift (BGR 166, Abschnitt 7.2.1.3). Modulgerüste benötigen für die horizontale Aussteifung eventuell Horizontaldiagonalen, es sei denn, die benutzten Beläge sind mit einer Abhebesicherung ausgestattet.

Verankerung

Systemgerüste müssen verankert werden, da sie freistehend nicht standsicher sind. Das Ankerraster muß dem Zulassungsbescheid entnommen werden. Bei den zur Zeit marktüblichen Rahmengerüsten muß jeder innere Rahmenzug 8,00 m versetzt verankert werden. Randständer sind in einem Abstand von maximal 4,00 m zu verankern. Rahmengerüste aus Aluminium und Modulgerüste müssen in der Regel durchgehend in einem Abstand von 4,00 m verankert werden. Die Gerüsthalter sind mit Normalkupplungen je nach Zulassung am inneren und äußeren Ständer im Knotenbereich anzuschließen (DIN 4420 Teil 1, Abschnitt 5.3.3). Bei Abweichungen von dieser Regelausführung müssen die in der Aufbauanleitung angegebenen Maßnahmen beachtet werden. So ist z. B. bei Befestigung des Gerüsthalters nur an dem inneren Ständer jede dritte Verankerung V-förmig auszubilden („Bockanker"). Wird darüber hinaus aus konstruktiven Gründen oder durch örtliche Gegebenheiten der Fassade eine andere Verankerungsart gewählt, muß durch eine statische Berechnung im Einzelfall nachgewiesen werden, daß die auftretenden Verankerungskräfte in den Verankerungsgrund sicher eingeleitet werden können. Die Gerüsthalter müssen an geeignete Befestigungsmittel in der Fassade angeschlossen werden. Bei Stahlbetonfassaden können Dübelspreizkörper und Gerüstösen mit einer Bauartzulassung verwendet werden. In Mauerwerksfassaden haben sich Nylondübel und Gerüstösen bewährt. Die ausreichende Tragfähigkeit muß jedoch im Einzelfall überprüft werden. Die *„BG-Regeln Gerüstbau – Systemgerüste"* schreiben in der neuesten Fassung (Ausgabe April 2000) vor, daß als Befestigungsmittel Ringschrauben mit einem Mindestdurchmesser von Ø 12 mm zu verwenden sind (BGR 166, Abschnitt 7.6.1.3). Faserseile oder Rödeldraht dürfen nicht verwendet werden. Aufgrund der Bedeutung, welche der Verankerung im Gerüstbau zukommt, wird im Kapitel 7 dieses Thema gesondert behandelt.

Belag

Für die Gerüstmontage ist der Belag in einer Breite von mindestens 0,50 m auszulegen. Bei Systemgerüsten, bei denen er gleichzeitig Aussteifungselement ist, muß die volle Gerüstbreite ausgelegt sein. Ansonsten muß er nur in genutzten Gerüstlagen voll ausgelegt werden (BGR 166, Abschnitt 7.2.1.3).

Seitenschutz

Genutzte Belagflächen müssen bei Systemgerüsten mit einem aus Geländer- und Zwischenholm sowie Bordbrett bestehenden Seitenschutz umwehrt sein (BGR 166, Abschnitt 7.3.1.1). Während des Auf- und Abbaues darf beim Vertikaltransport von Hand auf das Bordbrett in Gerüstfeldern, in denen Mitarbeiter zum Transport postiert sind, verzichtet werden. Ferner darf in Gerüstlagen, die ausschließlich für den Horizontaltransport beim Auf- und Abbau des Gerüstes benutzt werden, auf den Zwischenholm und das Bordbrett verzichtet werden. Beträgt der Abstand zwischen dem Belag und dem Gebäude weniger als 0,3 m, darf der Seitenschutz gänzlich entfallen (BGR 166, Abschnitt 7.3.1.2).

Schutzwände

Für die Ausbildung von Schutzwänden werden von Gerüstherstellern Stahlschutzwände angeboten, die in der Regel 1,00 m hoch sind. Für die Montage einer Dachdeckerschutzwand müssen somit zwei Bauteile übereinander montiert werden. Immer beliebter werden Schutzwände aus Seitenschutznetzen, die vor Ort mit dem Seitenschutz des Gerüstes verbunden werden müssen. Die Geländerriegel müssen Masche für Masche an oberen und unteren Netzrändern durchgefädelt und an Dachdeckerpfosten befestigt werden. Alternativ dürfen auch geeignete Gerüstrohre verwendet werden (BGR 166, Abschnitt 7.4.3). Abweichend von dieser Regelung können Schutznetze mit fest eingearbeiteten Gurtschnellverschlüssen verwendet werden, wenn diese alle 0,75 m am Netzrand angebracht sind. Diese Netzausführung bringt bei der Montage eine enorme Zeitersparnis. Zudem wird ausgeschlossen, daß die Netzbefestigung verloren geht. Vertikale Netzenden müssen mit Muskelkraft straff durch ein Anschlingseil alle 0,75 m an Pfosten des Seitenschutzes befestigt werden. Das Ende des Anschlingseils ist fest zu verknoten. Netzstoß kann entweder als 0,75 m breite Überlappung oder mit einem Kopplungsseil erfolgen, das Masche für Masche die Netzenden verbindet (BGR 166, Abschnitt 7.4.4).

Jedes Seitenschutznetz muß vor dem Einsatz und während der Benutzung auf augenfällige Mängel geprüft werden. Nur unbeschädigte Schutznetze dürfen eingesetzt und verwendet werden [131].

Das Material der Faserseile des Schutznetzes besteht in der Regel aus Polyamid oder Polypropylen, das durch UV-Strahlung einem Alterungsprozeß unterliegt. Daher dürfen Schutznetze nur innerhalb von zwölf Monaten nach der Herstellung ohne Prüfung des Netzgarnes verwendet werden. Danach muß alle zwölf Monate nachgewiesen werden, daß die vom Hersteller angegebene Mindestbruchkraft des Fadens erreicht wird. In jedem Schutznetz sind daher neben dem Kennzeichnungsetikett locker eingeknotete Prüffäden eingearbeitet. Dieser Prüffaden muß zwölf Monate nach dem Herstellungsdatum herausgeknotet und an den Hersteller oder an eine Materialprüfanstalt zur Festigkeitsprüfung eingereicht werden. Nach bestandener Prüfung kann das Schutznetz ohne Bedenken weitere zwölf Monate verwendet werden (BGR 166, Abschnitt 7.4.5).

Aufstiege

Als Aufstiege müssen systemgebundene Gerüstinnenleitern oder Treppen verwendet werden (BGR 166, Abschnitt 7.5). Außenleitern dürfen nur für Gerüstlagen bis 5,00 m benutzt werden (BGR 166, Abschnitt 7.5.3.3). Diese Lösung ist nur zu wählen, wenn aufgrund der Verkehrssicherungspflicht die untere Systemleiter entfernt werden muß [152].

6.5   Montage

Alle Systemgerüste müssen entsprechend der Aufbau- und Verwendungsanleitung aufgebaut werden (BGR 166, Abschnitt 9.1.1). Darüber hinaus müssen alle von der Arbeitsvorbereitung erstellten Zeichnungen und Skizzen sowie Montageanweisungen berücksichtigt werden. Dabei muß stets nach dem Grundsatz gehandelt werden, daß die Gerüstbauarbeiten so durchzuführen sind, daß die Zeitspanne für Tätigkeiten, bei denen Absturzgefahr besteht, so kurz wie möglich zu halten ist (BGR 166, Abschnitt 9.4.2). Die Montageabfolge, die diesen Grundsatz befolgt, wird im weiteren dargestellt. Daß Gerüstbauer während der Gerüstbauarbeiten mit Sicherheitsschuhen, Arbeitshandschuhen und Schutzhelmen ausgestattet sind, ist selbstverständlich.

6.5.1   Aufbau der ersten Gerüstlage

Je nach Art des verwendeten Systemgerüstes unterscheiden sich die Aufbauvarianten in Abhängigkeit von der Konstruktion des Gerüstes:

* Rahmengerüste mit Vertikalrahmen, in der Höhe der Belagebene gestoßen,
* Rahmengerüste mit Vertikalrahmen, in der Höhe der Geländerholme gestoßen,
* Modulgerüste mit Einzelständern.

Für alle diese Konstruktionsvarianten sind die vorbereitenden Arbeiten von gleich großer Bedeutung. An erster Stelle müssen die Gerüstbauteile vor dem Einbau durch Sichtkontrolle auf Beschädigungen geprüft werden. Beschädigte Bauteile dürfen auf keinen Fall eingebaut werden (BGR 166, Abschnitt 9.4.1). Sind bei einem früheren Einsatz, am Lager, beim Beladen oder auf dem Transportweg Gerüstbauteile beschädigt worden, ist hier die letzte Gelegenheit gegeben, defekte Bauteile auszusortieren.

Der Aufbau des ersten Gerüstfeldes ist sowohl für den sicheren Weiterbau als auch für eine betriebssichere Nutzung besonders wichtig. Erfolgt die Gründung nicht präzise, passen die Gerüstbauteile in den oberen Lagen nicht mehr zusammen. Diese werden dann mit Gewalt in die gewünschte Lage gebracht, wodurch die Bauteile beschädigt werden oder Zwängungen entstehen, so daß sie bei Belastung unkontrolliert herausspringen können. Erst durch ein sauberes Ansetzen werden der Gerüstverlauf und die Ausrichtung der Gerüst-

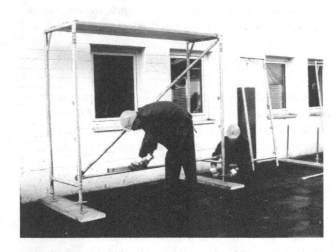

Bild 6.5
Aufbau und Ausrichten
des ersten Gerüstfeldes [279]

flächen zur Fassade festgelegt und der gewünschte Abstand zur Fassade erzielt; durch die Justierung der verstellbaren Fußspindeln wird die richtige Höhe der Arbeitsflächen erreicht. Größere Unebenheiten der Aufstellebene müssen mit Ausgleichsrahmen überbrückt werden. Der Ausgleichsrahmen darf in der Regel nicht in höherliegenden Gerüstebenen eingebaut werden. Der Aufbau muß immer am höchsten Punkt der Aufstellebene beginnen. Jeder Ständer des Vertikalrahmens ist mit einem Spindelfuß oder Fußstück zu versehen. Als Montagehilfe im ersten Feld können zwei Schutzgeländer verwendet werden, wobei das obere nach dem Einbau der Diagonalen und der Beläge wieder entfernt werden kann. Der untere Riegel muß als Aussteifung der Fußpunkte verbleiben. Danach ist an der Außenseite des Gerüstes die Diagonale einzubauen. Bei Vertikalrahmen ohne der unteren Befestigung für Diagonalen muß in der ersten Lage ein „Fußstück" eingesetzt werden. Als nächstes können die Beläge oben auf dem Vertikalrahmen montiert werden. Das so aufgebaute Gerüstfeld ist senkrecht und waagerecht auszurichten, und der Wandabstand ist erneut zu überprüfen. Das erste Feld muß eine stabile Einheit bilden, an die alle weiteren Felder „angehängt" werden können.

Die weiteren Felder der ersten Gerüstlage werden in gleicher Weise erstellt. Die Vertikalrahmen werden im Fußpunkt mit Längsriegeln verbunden und oben mit Belagelementen ausgelegt. In jedem fünften Feld ist eine Diagonale anzuordnen. Die Lage der ersten Leitergangstafel ist so festzulegen, daß der Aufstieg auch auf die erste Gerüstlage über eine Innenleiter erfolgen kann.

6.5.2 Beläge, Vertikalrahmen und Verankerungen

Beim Auslegen der Beläge sind zwei Varianten zu beachten, die unterschiedliche Verfahren erforderlich machen.

Beläge

Die weiteste Verbreitung haben Beläge gefunden, die gleichzeitig eine aussteifende Funktion haben. Sie sind nur so breit, daß zwei bis drei Beläge über Kopf in den obersten Vertikalrahmen eingesetzt werden.

Als statisch tragende Gerüstbauteile werden die bis zu 35 kg schweren Horizontalrahmen (Stahlmatten) verwendet, die ebenfalls über Kopf in die obersten Vertikalrahmen einzusetzen sind. Danach müssen sie von oben mit Holzbelägen ausgelegt werden, die gegen Abheben zu sichern sind.

Bei beiden Auslegeverfahren muß besonders darauf geachtet werden, daß der Seitenschutz sofort nach dem Einstecken der Vertikalrahmen angebracht wird. In der Praxis wird dies häufig aufgeschoben, da z. B. das Heranziehen der Gerüstbeläge ohne Seitenschutz einfacher zu bewältigen ist. Da der Gerüstbauer beim Einbau der Beläge über Kopf nur durch den Seitenschutz gesichert ist, ist die Montage des Seitenschutzes unbedingt vorher vorzunehmen.

Beim Einsatz von Horizontalrahmen auf den unteren, nicht als Arbeitslage genutzten Gerüstlagen muß beachtet werden, daß diese vollständig ausgelegt werden, denn nur so hat der Gerüstbauer eine uneingeschränkte Stand- und Gehfläche zur Verfügung, auf der er Gerüstbauteile transportieren und über Kopf einbauen kann. Verschmutzte Belagklauen müssen gereinigt werden, damit sie einwandfrei an den Vertikalrahmen befestigt werden können. Bei Modulgerüsten ist die Belagsicherung systembedingt ein separates Gerüstbauteil, ohne das die Beläge nicht gegen Abheben gesichert sind und deshalb herausspringen können. Daher muß sofort nach dem Einbau der Beläge die Belagsicherung montiert werden.

Vertikalrahmen

In Systemgerüsten werden 2,00 m hohe Vertikalrahmen verwendet, die ineinander gesteckt werden. Wird die nächste Gerüstlage erstellt, muß der Gerüstbauer die oberste Lage betreten und die neuen Ständer in die Vertikalrahmen der darunterliegenden Gerüstlage einstecken. Bei der Montage der Vertikalrahmen ist der Gerüstbauer systembedingt durch keinen Seitenschutz gesichert, da dieser nicht vor dem Einstecken der Ständer montiert werden kann.

Verankerungen

Gerüstverankerungen erhalten die Standsicherheit des Gerüstes, verringern die Knicklänge des Rahmenzuges und übertragen die Windlasten in die Fassade. Dabei ist zu beachten, daß die Anker unbedingt in Knotennähe befestigt werden müssen. Beim Setzen der Ankerbohrungen muß auf eine sichere Position des Gerüstbauers geachtet werden (zur Problematik der Verankerungen, s. Kapitel 7).

Bild 6.6
Einstecken der Vertikalrahmen [279]

Bild 6.7
Montage des Gerüsthalters [279]

Bild 6.8
Einbau des Bordbrettes
an der Gerüstflanke [279]

6.5.3   Aufbau weiterer Gerüstlagen

Das Absturzrisiko ist beim Aufbau oberer Gerüstlagen nicht ganz auszuschließen. Daß absturzgefährdete Arbeiten auf ein Minimum zu beschränken sind, bleibt hier der vorrangige Handlungsgrundsatz. Unter Berücksichtigung dieser Prämisse haben sich in der Praxis Aufbauvarianten durchgesetzt, die im folgenden aufgezeigt werden.

Das Systemgerüst mit in Höhe der Belagebene gestoßenen Vertikalrahmen ist das am häufigsten verwendete. Für den Aufbau bieten sich unterschiedliche Verfahren an:

Variante 1

Die Vertikalrahmen werden ausgehend vom entferntesten Rahmenzug zu dem Gerüstfeld hin montiert, in dem der Vertikaltransport (von Hand oder mit Gerüstaufzug) durchgeführt wird. Unmittelbar nach dem Aufstellen der dafür erforderlichen Vertikalrahmen sind die Geländerholme, ausgehend von dem Gerüstfeld, in dem der Vertikaltransport durchgeführt wird, zu montieren. Anschließend ist der Seitenschutz um Zwischenholme und Bordbretter, auch an den Stirnseiten, zu vervollständigen, die Diagonalen und die Verankerung sind einzubauen sowie die Beläge und der Leitergang über den Vertikalrahmen zu verlegen.

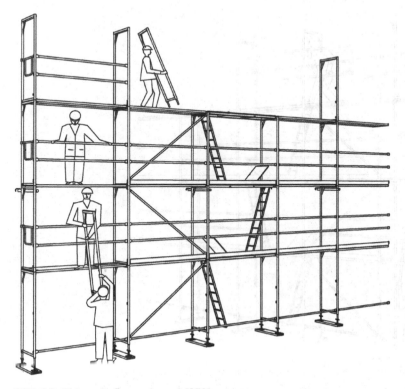

Bild 6.9 Skizze Aufbauvariante 1 [279]

Variante 2

Der Vertikalrahmen wird ausgehend von dem Gerüstfeld, in dem der Vertikaltransport durchgeführt wird, montiert. Anschließend ist der Seitenschutz, bestehend aus Geländer und Zwischenholm, an den zuvor aufgestellten Vertikalrahmen zu befestigen. Erst dann darf ein weiterer Vertikalrahmen montiert werden. Anschließend sind die fehlenden Teile des Seitenschutzes an den Längs- und Stirnseiten zu ergänzen. Diagonalen, Verankerung sowie Beläge und der Leitergang über den Vertikalrahmen sind anschließend in dieser Reihenfolge zu montieren.

Beide Varianten haben Vor- und Nachteile. Variante 1 zeichnet sich dadurch aus, daß der Horizontaltransport der Vertikalrahmen ungehindert durchgeführt werden kann. Nachteilig ist die ungesicherte Situation, in welcher der Gerüstbauer ohne Seitenschutz über längere Strecken mit den relativ schweren und unhandlichen Vertikalrahmen absturzgefährdet ist.

Variante 2 ist dadurch gekennzeichnet, daß der ungesicherte Horizontaltransport der Vertikalrahmen „nur" über eine Gerüstfeldlänge erfolgt. Von Nachteil ist der durch die bereits montierten Vertikalrahmen behinderte Horizontaltransport der weiteren Rahmen, der mit zunehmender Entfernung zur Montagestelle größer wird. Hierbei können sich die Gerüstbauer stoßen oder hängenbleiben und abstürzen.

Bild 6.10 Skizze Aufbauvariante 2 [279]

Bild 6.11
Skizze Aufbauvariante 3 mit horizontalem
Vorrücken der Transportkette [283]

Variante 3

Eine Abwandlung der Variante 2 bietet eine weitere Möglichkeit, die oberste Gerüstlage zu montieren. Sie besteht darin, daß nicht der Gerüstbauer auf der obersten Gerüstlage den Horizontaltransport ausführt, sondern die Vertikaltransportkette nach dem Aufbau eines Gerüstfeldes weiter in Richtung der Einbaustelle vorrückt. Der montierende Gerüstbauer legt hierbei kürzere Strecken (nur 1 Gerüstfeld) auf dem nicht vollständig mit Seitenschutz versehenen Belag zurück als bei Variante 1. Er kann sich hier auch an weniger Stellen (nur an einem V-Rahmen) mit dem transportierten Vertikalrahmen stoßen oder hängenbleiben als bei Variante 2. Diese Variante ist allerdings nur dann durchführbar, wenn der Transportweg entlang des Gerüstes frei ist und der Vertikaltransport von Hand durchgeführt wird.

Systemgerüste mit Vertikalrahmen oder -traggliedern, die in Höhe der Geländerholme gestoßen werden, sind weniger verbreitet, als die oben beschriebenen.

Variante 4

Es besteht die Möglichkeit, daß vor dem Stellen der Vertikalrahmen für die nächsthöher liegende Gerüstebene, die Geländerholme montiert werden können. Damit wird der sog. „Vorlaufende Seitenschutz" ermöglicht. Der Gerüstbauer kann aus einer durch Seitenschutz gesicherten Lage die Vertikalstiele, die Vertikaldiagonalen und die Beläge montieren. Durch den innenliegenden Leitergang kann er dann auf eine durch Seitenschutz gesicherte Gerüstlage aufsteigen und die Montage weiterer Lagen vornehmen. Zur Zeit können in Deutschland nur zwei Gerüstsysteme so aufgebaut werden: das Hünnebeck GEKKO und das Peri UP T 70.

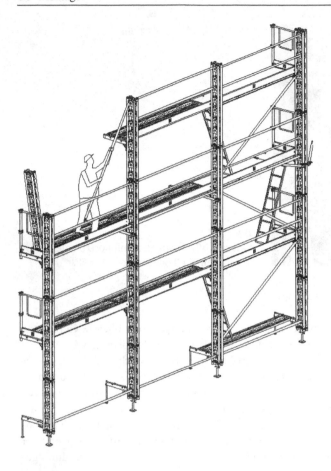

Bild 6.12
Skizze Aufbauvariante 4 mit
„Vorlaufendem Seitenschutz"
[279]

Variante 5

Bei Fassadengerüsten aus Modulgerüsten mit Einzelständern ist nur eine Aufbauvariante sinnvoll. Danach sind die Ständer, ausgehend von dem Gerüstfeld, in dem der Vertikaltransport durchgeführt wird, zu montieren. Unmittelbar nach dem Stellen der dafür erforderlichen Ständer sind die Geländerholme zu montieren. Auch hier ist zuerst der Seitenschutz zu vervollständigen, danach sind die Diagonalen und die Verankerungen zu setzen. Abschließend sind die Beläge und der Leitergang in der obersten Gerüstlage zu verlegen. Es ist unbedingt erforderlich, auf den Einbau der Abhebesicherung für die Beläge zu achten.

Variante 6

Die Variante 5 kann auch so gestaltet werden, daß Vertikalstiele durch gezielte Anordnung über die oberste Gerüstebene 1,00 m hinausragen. Vom Leitergangsfeld aus kann der Seitenschutz zunächst in der obersten Lage vervollständigt werden. Danach kann mit speziellen Geländerriegeln der Seitenschutz im nächsten Gerüstfeld aufgebaut werden. Auch hier arbeitet der Gerüstbauer an der obersten Gerüstlage von einer durch Seitenschutz gesicherten Position aus.

Variante 7

Die oberste Gerüstlage von Raumgerüsten kann nur an den Außenseiten absturzsicher gestaltet werden (s. Aufbauvarianten 4 und 6). Gegen Absturz ins Gerüstinnere kann ohnehin nicht wirksam gesichert werden. Deshalb müssen zumindest die Gerüstlagen, die zum Gerüstbau begangen werden, mit mindestens 0,50 m breiten Belägen ausgelegt werden. Werden diese Gerüstlagen nur zum Transport und zur Montage einzelner Gerüstbauteile genutzt und führen sie maximal über zwei Gerüstfelder, reichen sogar 0,25 m breite Beläge aus (BGR 166, Abschnitt 9.4.8).

Bei allen hier dargestellten Aufbauvarianten ist zu beachten, daß vor Aufbau der nächsten Gerüstebene nach Möglichkeit der Seitenschutz an den Längs- und Stirnseiten vervollständigt wird, die Diagonalen in jedem fünften Feld oder turmartig einzubauen sind, die Verankerung entsprechend der Aufbauanleitung fortlaufend mit dem Gerüstaufbau zu setzen ist (BGR 166, Abschnitt 9.4.10) und daß erst aus der durch den Seitenschutz gesicherten Position die Beläge in der obersten Lage zu verlegen sind. Um den weiteren sicheren Aufstieg zu ermöglichen, sind Leitergangtafeln für den innenliegenden Leitergang zu verlegen. Diese Vorgänge sind unbedingt in der genannten Reihenfolge auszuführen, damit der Gerüstbauer so schnell wie möglich einen durch Seitenschutz gesicherten und durch Diagonalen und Verankerung standsicheren Arbeitsplatz zur Verfügung hat.

Um die Forderungen der Betriebssicherheitsverordnung zu erfüllen, müssen künftig für alle Rahmen-Gerüstsysteme Zusatzpfosten angeboten werden, mit deren Hilfe der „Vorlaufende Seitenschutz" realisiert werden kann. Der Einsatz dieser zusätzlichen Gerüstbauteile bedeutet für den Gerüstbauer einen erheblichen Mehraufwand, wobei die Kosten kaum an den Kunden weitergeben werden können. Ohne zusätzliche Schutzmaßnahmen sind die Aufbauvarianten 2 und 3 als die weniger absturzgefährdenden im Vergleich zur Aufbauvariante 1 einzustufen und somit zu bevorzugen.

Eine Benutzung des Sicherheitsgeschirres ist für den Regelaufbau nicht sinnvoll, da in den seltensten Fällen geeignete Anschlagpunkte oberhalb der Absturzkante vorhanden sind. Für einige wenige Fälle dagegen, z. B. bei der Montage von Überbrückungsträgern und bei vorhandenem Anschlagpunkt, ist die Verwendung des Sicherheitsgeschirres unerläßlich. Neue Gerüstkonstruktionen und zusätzliche Gerüstbauteile begünstigen die Aufbauvarianten 4 und 6, wodurch eine erhöhte Sicherheit bei der Montage der obersten Gerüstlage überhaupt erst möglich wird. Die künftige Entwicklung der Unfallzahlen wird zeigen, ob der erhöhte

Tabelle 6.3 Vorlaufender Seitenschutz

Aufbau	Vorlaufender Seitenschutz
Variante 1	nur mit Zusatzteilen möglich
Variante 2	nur mit Zusatzteilen möglich
Variante 3	nur mit Zusatzteilen möglich
Variante 4	möglich
Variante 5	nur mit Zusatzteilen möglich
Variante 6	nur mit Zusatzteilen möglich
Variante 7	nach innen nicht möglich

Aufwand gerechtfertigt war. Angesichts fehlender signifikanter Unfallzahlen ist jedoch die Forderung nach dem erhöhten Aufwand bei der Montage der obersten Gerüstlage fraglich.

6.5.4   Vertikaltransport

Die zum Gerüstbau notwendigen Teile und Werkzeuge müssen vom Boden zum Einsatzort befördert werden. Dieser Vertikaltransport kann von Hand oder mit Hilfe von Gerüstaufzügen erfolgen.

BGR 166 schreibt im Abschnitt 9.5.1 vor, daß für Gerüste mit mehr als 8,00 m Belaghöhe über Aufstellfläche beim Aufbau (und Abbau) Bauaufzüge verwendet werden müssen. Es können sowohl spezielle Gerüstaufzüge als auch handbetriebene Seilrollenaufzüge benutzt werden.

Bauaufzüge

Werden Anstellaufzüge verwendet, muß die obere Ladestelle so ausgebildet sein, daß der Gerüstbauer sich nicht über die Absturzkante beugen muß, wenn er die schweren Gerüstbauteile aus dem Aufzugskorb entnimmt. Die obere Entladestelle muß ab 2,00 m Absturzhöhe mit einem Seitenschutz versehen sein, die untere Ladestelle muß abgesperrt werden. Die Gerüstverankerung muß im Bereich des Aufzuges entsprechend der Aufbauanleitung verstärkt werden.

Bei Baustellen größeren Umfangs sollten gleichzeitig mehrere Gerüstbauaufzüge eingesetzt werden, um die horizontalen Transportwege und die damit verbundenen Gefahren sowie die körperliche Belastung der Gerüstbauer auf ein Minimum zu reduzieren.

Auf den Einsatz von Gerüstaufzügen darf nur verzichtet werden, wenn die Gerüstfeldhöhe nicht mehr als 14,00 m über der Aufstellfläche liegt und die Längenabwicklung nicht mehr als 10,00 m beträgt (BGR 166, Abschnitt 9.5.2). In diesem Fall darf der Vertikaltransport der Gerüstbauteile von Hand erfolgen.

Transport von Hand

Diese Transportart ist mit besonderen Belastungen und Gefahren für den Beschäftigten verbunden, denn der Handtransport verlangt von dem Gerüstbauer, daß er sich aus dem Gerüstbereich beugt, ein bis zu 35 kg schweres Gerüstbauteil entgegennimmt und in dieser Körperhaltung außerhalb des Gerüstes zum nächsten Gerüstbauer hochstemmt. Deshalb ist es besonders wichtig, daß eine vollständige Transportkette gebildet wird. Auf jeder Gerüstlage, mit der Aufstellebene beginnend, muß sich eine Person befinden (BGR 166, Abschnitt 9.5.3).

In den Gerüstfeldern, in denen eine Person postiert ist, muß während des Vertikaltransportes der Seitenschutz aus einem Geländer- und einem Zwischenholm bestehen (BGR 166, Abschnitt 9.5.3). Diese Vorgabe kann bei unzureichendem personellen Einsatz nicht eingehalten werden. Ist lediglich auf jeder zweiten Gerüstlage ein Gerüstbauer postiert, muß der

Bild 6.13
Materialtransport von Hand [283]

Beschäftigte das Gerüstbauteil aus vorgebeugter Hocke entgegennehmen, sich mit ihm aufrichten und nach oben streckend hochstemmen. Bei dieser Tätigkeit wird oft regelwidrig der Seitenschutz zum Teil wieder entfernt, da er beim Hochreichen im Weg ist und ein Umgreifen erfordert. Nur eine ausreichende Anzahl von Beschäftigten ermöglicht einen sicheren Transport der Gerüstbauteile von Hand und verhindert eine vorzeitige Ermüdung.

Abschließend ist der Vertikaltransport von Kleinteilen zu berücksichtigen. Um Unfälle durch herabfallende Kleinteile zu verhindern, bietet sich an, diese in geschlossenen Behältern zu transportieren, z. B. Kupplungen oder Ringschrauben in Kunststoffeimern. Ferner ist darauf zu achten, daß diese nicht lose auf den Gerüstlagen abgelegt werden, um zusätzliche Gefahren, z. B. Stolpern, auszuschließen.

6.6   Prüfungen

Nach Fertigstellung der Gerüstbauarbeiten und vor Übergabe an den Benutzer muß der für den Aufbau des Gerüstes verantwortliche Unternehmer dafür Sorge tragen, daß das Gerüst auf einwandfreie Beschaffenheit der Gerüstbauteile und auf die Übereinstimmung mit der Aufbau- und Verwendungsanleitung geprüft wird (BGR 166, Abschnitt 9.6). Damit wird die im Abschnitt 3.1.2 angesprochene Überprüfung der Brauchbarkeit vor Ort durchgeführt. Dazu gehört die Überprüfung des Gerüstes auf Standsicherheit sowie auf Arbeits- und Betriebssicherheit.

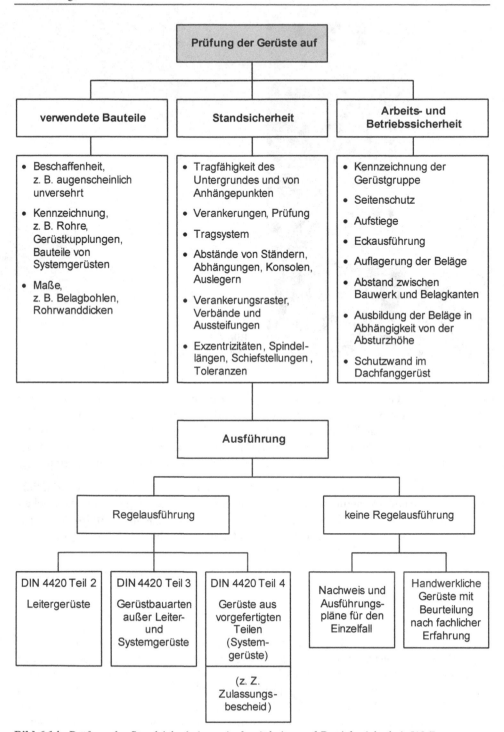

Bild 6.14 Prüfung der Standsicherheit sowie der Arbeits- und Betriebssicherheit [196]

Der Gerüstbauunternehmer ist gut beraten, wenn er die Übergabe an den Besteller eines ordnungs- und wunschgemäß aufgebauten Gerüstes schriftlich und mit Photos dokumentiert. Unter Umständen können Schadensersatzansprüche gegenüber dem Gerüstaufsteller geltend gemacht werden, wenn bei der Benutzung des Gerüstes ein Handwerker zu Schaden kommt. Diese Ansprüche können aus dem BGB, § 836, abgeleitet werden („Haftung bei Einsturz eines Bauwerkes"). Der Geschädigte muß zwar nachweisen, daß für den Unfall eine fehlerhafte Errichtung oder Unterhaltung des Gerüstes ursächlich war, er muß aber nicht beweisen, daß der Gefahrenzustand auf ein Verschulden irgendwelcher Personen zurückzuführen ist. Vielmehr muß allein der Gerüstbauer nachweisen, daß das von ihm erstellte Gerüst allen sicherheitstechnischen Anforderungen im ausreichendem Maße genügt.

6.6.1 Prüfung der Standsicherheit

Die Prüfung der Standsicherheit wird in folgender Reihenfolge durchgeführt: Tragfähigkeit des Unterbaues, die Ausbildung des Fußpunktes, das Tragsystem mit Aussteifung durch Diagonalen und Beläge, Lage und Anzahl der Diagonalen, Verankerungen und Verankerungsraster sowie sonstige erforderliche Aussteifungen und Verbände, z. B. bei Gitterträgern oder Durchgangsrahmen. Darüber hinaus sind die verwendeten Gerüstbauteile auf ihre Beschaffenheit, Beschädigungen und augenfällige Mängel zu kontrollieren.

6.6.2 Prüfung der Verankerung

Die Tragfähigkeit der Befestigungsmittel im Verankerungsgrund, an welche die Gerüsthalter angeschlossen werden, muß für die vorhandenen Verankerungskräfte nachgewiesen werden.

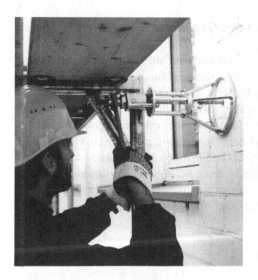

Bild 6.15
Prüfung der Verankerung [279]

Der Nachweis kann durch eine Bauartzulassung des Deutschen Instituts für Bautechnik, durch eine statische Berechnung oder durch Probebelastungen erfolgen (BGR 166, Abschnitt 7.6.2.2). Geeignete Befestigungsmittel in Abhängigkeit vom Fassadenaufbau werden im Kapitel 7 aufgeführt. Sind Probebelastungen erforderlich, müssen diese an der Verwendungsstelle und mit einem vom Fachausschuß „Bau" der BGZ geprüften Gerät durchgeführt werden (BGR 166, Abschnitt 7.6.3). Der Prüfumfang muß beim Verankerungsuntergrund aus Stahlbeton mindestens 10 %, bei anderen Baustoffen mindestens 30 % aller Verankerungen umfassen, jedoch müssen es mindestens fünf Probebelastungen sein. Die Probelast muß das 1,2fache der vorhandenen Verankerungskraft senkrecht zur Fassade betragen (BGR 166, Abschnitt 7.6.3.4). Mit dem in den *„BG-Regeln Gerüstbau – Systemgerüste"* abgedruckten Verankerungsprüfprotokoll können die Prüfergebnisse, die für die Dauer der Standzeit des Gerüstes aufzubewahren sind, dokumentiert werden (BGR 166, Abschnitt 7.6.3.6).

6.6.3   Prüfung der Arbeits- und Betriebssicherheit

Damit die nachfolgenden Gewerke, welche das Gerüst nutzen werden, unfallfrei arbeiten können, muß das Gerüst unter den Gesichtspunkten der Arbeits- und Betriebssicherheit geprüft werden. Dazu gehören die Überprüfung

- des Abstandes zwischen Belagkanten und Fassade,
- der Vollständigkeit des Seitenschutzes,
- der Auflagerung und der vollständigen Auslegung der Belagflächen,
- der Einrüstung der Gebäudeecken,
- der Lage und Ausbildung der Aufstiege,
- der Ausbildung der Beläge in Abhängigkeit von der Absturzhöhe bei Fang- und Dachfanggerüsten,
- der Beschaffenheit der Schutzwand im Dachfanggerüst.

6.6.4   Kennzeichnung und Übergabe des Gerüstes

Ist nach Überprüfung der stand-, arbeits- und betriebssichere Aufbau des Gerüstes festgestellt, ist dieses entsprechend zu kennzeichnen. Die Kennzeichnung ist für die Dauer der Benutzung deutlich erkennbar am Gerüst anzubringen. Sie muß folgende Angaben enthalten: DIN 4420, die Gerüstgruppe und das zulässige Nutzgewicht sowie den Gerüstersteller (BGR 166, Abschnitt 10). Ein nicht vollständig fertiggestelltes oder mit Mängeln behaftetes Gerüst ist als solches ebenfalls zu kennzeichnen. Der Zugang auf solch ein Gerüst ist zu sperren, z. B. durch Entfernung der Systemleiter. Die Prüfung des Gerüstes sollte dokumentiert werden. Bestens dazu geeignet ist das in den *„BG-Regeln Gerüstbau – Systemgerüste"* abgedruckte Prüfprotokoll. Nach erfolgter Kennzeichnung und Freigabe durch den Gerüstersteller kann das Gerüst an den Benutzer übergeben werden.

6.7   Gerüstvorhaltung und Gerüstumbau

Nach der endgültigen Fertigstellung und Übergabe des Gerüstes an den Benutzer bleibt das Gerüst in der Regel mindestens vier Wochen aufgebaut. Je nach Nutzung und Verwendung sind aber auch Vorhaltezeiten von ca. einem Jahr möglich. In dieser Zeit können an dem Gerüst diverse Umbaumaßnahmen erforderlich werden, z. B. Aufstockung des Gerüstes, Einbau von Verbreiterungskonsolen oder Veränderung des Ankerrasters.

6.7.1   Gerüstvorhaltung

Durch die auf dem Gerüst durchzuführenden Arbeiten können Bauteile beschädigt werden, was die Sicherheit beeinträchtigen kann. Für das bestimmungsgemäße Verwenden und Erhalten der Betriebssicherheit ist jeder Unternehmer, der die Gerüste benutzt, verantwortlich (BGR 166, Abschnitt 11.1.1). Der Gerüstnutzer darf das Gerüst vor seiner endgültigen Fertigstellung nicht betreten. Vor Benutzung nach längeren Arbeitspausen oder nach außergewöhnlichen Einwirkungen, wie z. B. starkem Sturm, starkem Schneefall oder Erschütterungen, muß der Benutzer durch Sichtkontrolle das Gerüst auf augenscheinliche Mängel überprüfen. Werden dabei Mängel festgestellt, ist der Gerüstersteller unverzüglich zu benachrichtigen, damit er die Mängel beseitigen kann. Die mit Mängeln behafteten Gerüstbereiche dürfen bis zu deren Beseitigung nicht benutzt werden.

Eine gute Lösung für eine schnelle und wirksame Mängelbehebung stellt ein Wartungsvertrag zwischen dem Auftraggeber der Bauarbeiten und dem Gerüstersteller dar.

6.7.2   Gerüstumbau

Planmäßige, weitergehende oder geänderte Anforderungen an das Gerüst während der Vorhaltezeit machen vielfach einen Umbau des Gerüstes erforderlich. Die Veränderungen müssen den bisherigen Gerüstaufbau berücksichtigen und dürfen zu keinen Überbeanspruchungen führen. Ferner müssen sie im Einklang mit der bauaufsichtlichen Zulassung stehen. Werden Änderungen unumgänglich, die außerhalb der Regelausführung liegen, gilt auch für sie die im Abschnitt 3.1.2 geschilderte Notwendigkeit eines statischen Nachweises im Einzelfall. Erst nach Prüfung der Änderungen dürfen diese auch praktisch umgesetzt werden.

Änderungen am Gerüst dürfen nur durch den für den Gerüstbau verantwortlichen Gerüstersteller vorgenommen werden. Vielfach ist es in der Praxis dennoch unumgänglich, daß Veränderungen vom Gerüstnutzer selbst durchgeführt werden. Bei Arbeiten an der Fassade ist es erforderlich, daß Verankerungen gelöst werden, um an diesen Stellen z. B. Wärmedämmung einbauen zu können. Hierbei ist es sehr wichtig, daß vor Lösung der Verankerung für einen gleichwertigen Ersatz gesorgt wird, damit die entstehenden Ankerkräfte von der verbliebenen Verankerung sicher aufgenommen werden können (BGR 166, Abschnitt 9.4.11). Ein gleichwertiger Ersatz ist z. B. eine versetzte Ankerlage. Fehlende bzw. nicht ordnungsgemäß wiederhergestellte Verankerungen können vor allem bei bekleideten Gerüsten schneller zu Einstürzen führen.

Prüfprotokoll für Arbeits- und Schutzgerüste
(§ 6 BGV C 22, DIN 4420 Teil 1 Abs. 9)

Gerüstersteller: PeinigerRöRo_____
Bauvorhaben: HKM Duisburg_____   **Bauteil:** _____

☒ Arbeitsgerüst   ☐ Schutzgerüst   ☐ Fanggerüst   ☐ Dachfanggerüst

Bekleidung   ☐ mit Netzen   ☐ mit Planen   ☐ _____

Gerüstgruppe	☐ Gruppe 1	☐ Gruppe 2	☒ Gruppe 3
	☐ Gruppe 4	☐ Gruppe 5	☐ Gruppe 6

☒ Regelausführung   ☐ nach statischem Einzelnachweis

1. Gerüstbauteile
augenscheinlich unbeschädigt   ☒

4. Beläge
4.1 Gerüstbohlen   ☐
4.2 Systembeläge   ☒

2. Standsicherheit
2.1 Tragfähigkeit der Aufstandsfläche   ☒
2.2 Spindelauszugslänge   ☒
2.3 Längsriegel in Fußpunkthöhe   ☒
2.4 Verstrebungen   ☒
2.5 Gitterträger   ☐
2.6 Sonderkonstruktionen nach Bauunterlagen   ☐

5. Arbeits- und Betriebssicherheit
5.1 Seitenschutz   ☒
5.2 Wandabstand   ☒
5.3 Aufstiege, Zugänge   ☒
5.4 Eckausbildung   ☐
5.5 Schutzwand im Dachfanggerüst   ☐

3. Verankerungen (bei Bekleidungen erhöhte Kräfte beachten)
3.1 Verankerungsraster   ☒
3.2 Ankerprotokoll vorhanden   ☒

* nur ankreuzen, wenn Punkt geprüft und in Ordnung

☒ Prüfung des Arbeits- und Schutzgerüstes abgeschlossen
☒ Gerüst ist freigegeben   ☒ Kennzeichnung ist angebracht
☐ Gerüst ist nicht freigegeben   ☐ Sperrkennzeichnung ist angebracht

Bemerkungen: _____
_____
_____

Ort, Datum: Duisburg, den 28.09.2002_____   Auftragnehmer: _____

Ort, Datum: Duisburg, den 28.09.2002_____   Auftraggeber: _____

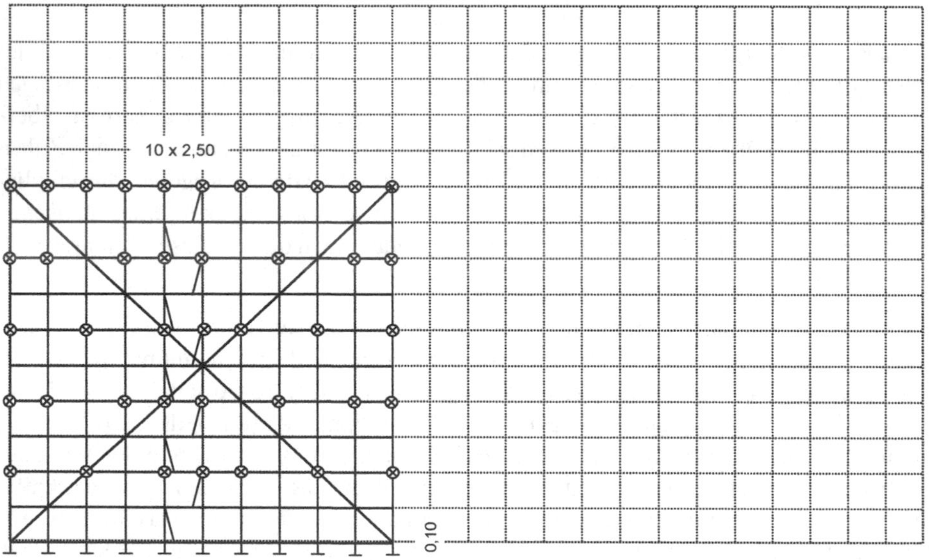

10 x 2,50

0.10

Bild 6.16 Prüfprotokoll

Bild 6.17
Gerüsteinsturz infolge
unzureichender Verankerung
[279]

Gleiche Forderungen sind an alle tragenden und aussteifenden Teile des Systemgerüstes zu stellen, z. B. an Diagonalen. Diese werden vielfach kurzfristig abmontiert, um das Gerüst mit Material zu beschicken. Oft wird dann der Wiedereinbau versäumt, was zu Schwachstellen in der Gerüstkonstruktion führt und unter der gestiegenen Belastung zu einem Gerüsteinsturz führen kann. Kurzfristig abmontierte Teile des Seitenschutzes gefährden die Betriebssicherheit und können zu Absturzunfällen führen. Auch nicht richtig montierte Seitenschutzgeländer stellen eine erhebliche Gefahr dar, weil sich der Beschäftigte auf einen vermeintlichen Schutz verläßt, der im Bedarfsfall die gestellten Anforderungen nicht erfüllen kann. Nur durch regelmäßige Kontrollen des Zustandes des Gerüstes können diese Gefahren vermieden oder Mängel behoben werden. Diese Kontrollen können vom Benutzer selbst oder von dem durch einen Wartungsvertrag verpflichteten Gerüsteller durchgeführt werden.

Einige Systemgerüste ermöglichen durch abgerundete Auflager der Beläge, daß die Endfelder auch senkrecht abgebaut und an anderen Stellen wieder angebaut werden können, wodurch das Gerüst mit dem Arbeitsfortschritt „wandern" und Gerüstmaterial eingespart werden kann.

6.8   Gerüstabbau

Eine vielfach unterschätzte, jedoch sehr gefährliche Aufgabe stellt der Abbau von Gerüsten dar. Dieser wird meist am Ende der Arbeitsschicht durchgeführt, um die abgebauten Gerüstbauteile direkt zum Lager fahren zu können, oder einfach nur, weil dem Aufbau von Gerüsten wirtschaftlicher Vorrang eingeräumt wird. Die Beschäftigten sind dann körperlich ermüdet, was zu Konzentrationsschwächen und somit zur Unfällen führen kann. Um so wichtiger ist es, auf die Gefahren, die mit dem Gerüstabbau verbunden sind, hinzuweisen sowie einen sicheren Weg bei der Demontage aufzuzeigen.

6.8.1   Demontage

Der Gerüstabbau ist unbedingt systematisch in der umgekehrten Reihenfolge wie der Gerüstaufbau vorzunehmen (BGR 166, Abschnitt 9.4.12). Vielfach kann jedoch beobachten werden, daß an erster Stelle auf dem Weg in die oberste Gerüstlage der Seitenschutz komplett
von unten nach oben demontiert wird. Dabei werden die abgebauten Gerüstteile einfach
abgeworfen und können dabei beschädigt werden oder andere gefährden. Wird eine
Transportkette gebildet, werden oft nur in jeder zweiten Lage Mitarbeiter postiert, weil der
Transport von oben nach unten leichter ist. Diese Vorgehensweise birgt viele Gefahren.
Durch die abgeworfenen Bauteile besteht die Gefahr, daß Mitarbeiter getroffen und verletzt werden (BGR 166, Abschnitt 9.5.4). Durch den vorzeitig demontierten Seitenschutz
besteht erhöhte Absturzgefahr. Vorzeitig gelöste Verankerungen oder ausgebaute Diagonalen gefährden die Stabilität des Gerüstes, was zum Einsturz führen kann. Nur durch die
Einhaltung der Reihenfolge: zuerst die oberen Beläge, anschließend die obersten Verankerungen und Diagonalen und erst dann der Seitenschutz und die Vertikalrahmen, können
diese Gefahren auf ein Minimum reduziert werden.

Die vollständige, d. h. in jeder Gerüstlage mit Mitarbeitern besetzte Transportkette ist unbedingt einzuhalten, damit ein sicherer Vertikaltransport gewährleistet wird. So ist lediglich
bei der Demontage der Vertikalrahmen der obersten Gerüstlage der Gerüstbauer kurzzeitig durch kein Schutzgeländer gesichert. Hierbei kann es zu besonderen Gefährdungen
kommen. Die durch Benutzung des Gerüstes unter Umständen verformten Bauteile müssen unter Krafteinwirkung ausgebaut werden. Der Gerüstbauer kann bei dem Versuch, den
festsitzenden Vertikalrahmen zu lösen, sein Gleichgewicht verlieren und, da kein Seitenschutz mehr vorhanden ist, abstürzen. Auch hier gilt der Grundsatz, daß die Zeitspanne für
Tätigkeiten, bei denen Absturzgefahr besteht, so kurz wie möglich zu halten ist (BGR 166,
Abschnitt 9.4.2).

Beim Gerüstabbau aussortierte beschädigte Teile müssen von den übrigen sichtbar getrennt werden, um eine Vermischung beim Transport zu vermeiden. Ein zügiger Abtransport
aller abgebauten Teile ist geboten, da ihr Verbleib auf der Baustelle eine unnötige Behinderung darstellt.

Bild 6.18
Unzulässiges Abwerfen
von Gerüstbauteilen [283]

Bild 6.19
Gerüstabbau [283]

6.8.2   Lagerung und Instandhaltung

Ein Unternehmer kann grundsätzlich zwischen einem mobilen und einem stationären Lager wählen. Im mobilen Lager werden ganze Gerüsteinheiten auf LKW, Anhängern oder Containern zwischengelagert. Herkömmliche stationäre Lager basieren auf dem Prinzip der Trennung von Gerüstkomponenten. Der wirtschaftliche Erfolg eines geplanten Bauvorhabens setzt eine zielgerechte Vorbereitung voraus, wobei aus Sicht des Autors ein geordnetes, stationäres Lager zu den dafür wichtigen Voraussetzungen zählt.

Im stationären Lager können Gerüstbauteile auf unterschiedliche Weise untergebracht werden:

- in Freilagerung,
- in Flachlagerung,
- in Hochlagerung oder
- in Hallen.

Bei der *Freilagerung* werden Gerüstbauteile auf freier, nicht überdachter Fläche abgestellt. Diese Art der Lagerung stellt die kostengünstigste Alternative dar und setzt lediglich einen befestigten Untergrund voraus.

Bei einer *Flachlagerung* wird das Gerüstmaterial nicht höher als 2,00 m gelagert, damit noch eine Handverladung möglich bleibt.

Werden Gerüstbauteile sortiert über einer Höhe von 2,00 m abgelegt, spricht man von der *Hochlagerung*. Hierbei ist der Einsatz von Gabelstaplern, stationären oder mobilen Kranen unumgänglich. Die Sortierung der Bauteile wird mit Hilfe von Paletten, Boxen, Bündeln oder in Regalen vorgenommen. Hilfreich ist die Wahl einer Palettenart, die für alle Bauteilarten, wie Geländer, Diagonalen, Gerüstrohre oder Bordbretter, verwendbar ist.

Eine Lagerung des Gerüstmaterials in witterungsgeschützten *Hallen* stellt die beste, aber auch die kostenintensivste Art der Aufbewahrung dar. Sie ist unabhängig vom Wetter, ermöglicht eine gleichzeitige Nutzung als Werkstatt und stellt versicherungstechnisch den besten Diebstahlschutz dar.

Bei allen Lagerarten müssen folgende Voraussetzungen erfüllt werden:

- Der Lagerplatz muß eine ausreichende Größe aufweisen, z. B. reicht für ca. 30.000 m^2 Gerüstmaterial ein ca. 2.000 m^2 großes Grundstück aus.
- Es muß eine ausreichende Zufahrtsmöglichkeit und Verkehrsanbindung gegeben sein.
- Der Einschwenkbereich und die Wendemöglichkeit für LKW muß beachtet werden, z. B. bei einem Radabstand von 5,90 m beträgt der Wendekreis eines LKWs 21,00 m.
- Es müssen genügend Stellplätze mit Ölabscheider für Fahrzeuge vorhanden sein.
- Für Lagermitarbeiter müssen nach der Arbeitsstättenverordnung hinreichend ausgerüstete und in ausreichender Anzahl vorhandene Unterkünfte verfügbar sein.
- Der Lagerplatz muß gegen Zutritt von Unbefugten eingefriedet sein.

Für einen reibungslosen Ablauf der Belade- und Entladevorgänge ist eine gut durchorganisierte Lagerung von Gerüstbauteilen unabdingbar. Dabei sollen Sicherheit und Wirtschaftlichkeit mit dem Ziel im Vordergrund stehen, keine beschädigten Gerüstbauteile in Einsatz zu bringen. Damit das Gerüstmaterial möglichst lange intakt bleibt, muß bei der Lagerung ein schonender Umgang mit dem Gerüstbaumaterial gewährleistet werden. Die abgebauten Gerüstbauteile müssen am Lagerplatz entweder abgeladen und einsortiert oder für eine neue Baustelle umgeladen werden. Bauteile für neue Kommissionen müssen aus dem Lagerbestand zusammengestellt werden. Gerüstbauteile, die nach einem längeren Einsatz ins Lager zurückkommen, müssen überprüft und eventuell gewartet werden. Diese Aufgaben werden um so aufwendiger, je mehr Gerüstsysteme auf einem Lagerplatz gelagert werden. Da in der Regel Lagerflächen knapp sind, ist der Gerüstbauunternehmer oft gezwungen, die Gerüstbauteile platzsparend unterzubringen [143].

Rahmenpaletten und Stapelgestelle

Durch die Verwendung von Rahmenpaletten für Vertikalrahmen, von Stapelgestellen für Beläge, Diagonalen und Schutzgeländer, systemfreie Gerüstrohre und Bordbretter sowie von Gitterboxen und Behältern für Kleinteile, wie Kupplungen oder Bordbretthalter, können die erforderliche Funktionalität und Sicherheit erzielt werden. Werden Gerüstbauteile mit Hilfe von Gurten oder Bändern gebündelt, können diese auf Regalen abgestellt werden. Regale können als Palettenregale, Kragarmregale oder als Kleinteilregale ausgebildet sein. Voraussetzung für die Regalbenutzung ist allerdings der Einsatz von Hubhilfen, wie Gabelstapler oder Kran.

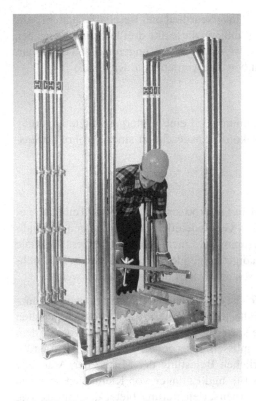

Bild 6.20 Rahmenpalette für Vertikalrahmen
[279]

Bild 6.21 Stapelgestell für Beläge [279]

Standsicherheit

Paletten und Stapelgestelle sind stets so aufzubauen, daß sie nicht kippen oder umstürzen
und dabei Beschäftigte verletzen. Unterschiedliche Gerüstsysteme müssen getrennt gelagert werden, um Verwechslungen zu vermeiden. Grundsätzlich werden Bauteile nach Art,
Sorte, Güte und Abmessung gelagert. Bei allen Lagerungsarten muß die Standsicherheit
beachtet werden. Gestapelte Gerüstbauteile dürfen beim Verladen nicht umstürzen oder
umkippen. Ferner müssen alle Lagerbereiche leicht und sicher zugänglich sein.

Holzbauteile

Gerüstbauteile aus Holzwerkstoffen sollen möglichst trocken gelagert werden. Dafür sind
geschlossene Hallen nicht zwingend erforderlich. Auch überdachte offene Hallen erfüllen
diese Aufgaben, zumal sie eine gute Durchlüftung und leichten Zugang bieten. Wichtig
dabei ist, daß die Bauteile nicht direkt auf dem Boden gestapelt werden, da von unten
Feuchtigkeit in das Holz ziehen kann, was zum Befall durch Schimmel und zur Fäulnis
führt. Besonders sorgfältig ist bei der Lagerung von systemfreien Bohlen vorzugehen.
Jede neue Holzbohle muß darauf überprüft werden, ob sie nicht durch falsche Lagerung
gerissen ist und ob sie der geforderten Holzqualität entspricht. Sind noch Sperrholzrahmen-

tafeln im Einsatz, müssen diese auf äußerliche Unversehrtheit und Beschaffenheit im Auflagerbereich überprüft werden. Darüber hinaus müssen diese alle drei Jahre nach Angaben der Hersteller einer Biegeprüfung unterzogen werden. Die Prüfungen müssen dokumentiert und die Protokolle müssen fünf Jahre aufbewahrt werden (s. a. Kapitel 8).

Metallbauteile

Auch für Gerüstbauteile aus Stahl und Aluminium wird eine wettergeschützte Lagerung empfohlen, da sich dies, obwohl diese Teile korrosionsgeschützt sind, auf ihre Lebensdauer positiv auswirkt.

Kleinbauteile

Für Kleinteile sind als Lagerbehälter besondere Gitterboxen gut geeignet. Teile, die gewartet werden müssen, sind getrennt zu lagern. Gewindeteile von Kupplungen und Fußspindeln sind mit einem Öl-Fett-Gemisch einzupinseln. Leicht beschädigte Gerüstbauteile müssen instandgesetzt werden. Stark beschädigte tragende Gerüstbauteile, z. B. durchtrennte oder verbogene Vertikalrahmen, müssen aussortiert und verschrottet werden.

Auch in einem modernen Gerüstbaufachbetrieb ist eine manuelle Ladetätigkeit nicht gänzlich aus dem Alltag wegzudenken. Diese sollte jedoch so gering wie möglich gehalten werden, zumal oft dieselben Mitarbeiter, die später das Gerüst aufbauen, zuvor auf dem Lager die benötigten Teile kommissionieren müssen. Hier gelten gleichfalls die Ausführungen im Kapitel 5 hinsichtlich der körperlichen Belastung der Mitarbeiter. Manuelle Ladetätigkeit sollte sich in der Regel auf das Be- und Entlagen von Kleinteilen oder von losen Teile beschränken. Eine wesentliche Arbeitserleichterung bietet der Einsatz von mechanischen Hebezeugen. In Gerüstlagern werden vornehmlich Gabelstapler und Krane eingesetzt, zunehmend auch LKW-Ladekrane und Handhubwagen. Der Einsatz eines LKW-Ladekrans ist nur bei größeren Einsätzen, d. h. ab einem Ladevolumen über 1.000 m^2 Gerüst wirtschaftlich. Der LKW-Ladekran sollte eine Nutzlast von mindestens 1 t über die gesamte, hydraulisch erreichbare Auslegeweite erreichen können. Die durchschnittlichen Traglasten betragen für einen Handhubwagen zwischen 1,2 t und 2,5 t. Beim Einsatz eines Turmdreh- oder Brückenkrans muß die zusätzliche Ausbildung des Mitarbeiters zum Erlangen des Kranscheins bedacht werden.

Ein gut organisiertes Gerüstbauteillager, ein schonender Umgang mit Gerüstbaumaterial bei der Lagerung sowie gleichzeitig eine gewissenhafte Überprüfung und Wartung der Bauteile begünstigen eine kostengünstige und störungsfreie Abwicklung der Gerüstbauaufträge. Durch Verwendung von Rahmenpaletten, Stapelgestellen für sonstige Bauteile sowie von Gitterboxen und Behältern für Kleinteile können Gerüstlager transparent und effizient gestaltet werden. Diese Zubehörteile werden von nahezu allen Gerüstherstellern angeboten. Auch eine sinnvolle Reihenfolge der Beladung des LKWs und eine richtige Sicherung der Ladung beim Transport verhelfen zu einer effizienten Arbeitsweise beim Entladen des Gerüstmaterials, was ebenfalls einen erheblichen Einfluß auf die entstehenden Kosten beim Gerüstaufbau hat. Alle logistischen Bereiche müssen effizient funktionieren und reibungslos ineinander greifen. Nur so ist ein wirtschaftlicher Erfolg eines Gerüstbauunternehmens zu erreichen [143].

7 Gerüstverankerung

7.1 Einleitung

„Gerüste, die freistehend nicht standsicher sind, müssen verankert werden." So leitet DIN 4420 Teil 1 (12.1990) den Abschnitt über die Bestimmungen für Gerüstverankerung ein. Beim Unfallgeschehen im Zusammenhang mit umgestürzten Gerüsten können zwei Unfallursachen herausgehoben werden: entweder verwendeten Gerüstbauer nicht die passende, d. h. sichere Methode der Gerüstverankerung oder die tatsächlich aufgetretene Belastung hat ausnahmsweise die angenommene Belastung überschritten.

Eine Gerüstverankerung besteht aus einem Gerüsthalter, der üblicherweise mit Gerüstkupplungen am Vertikaltragglied des Gerüstes befestigt wird, sowie aus einem Verankerungsmittel, das im Verankerungsuntergrund eingebaut wird. Den größten Unsicherheitsfaktor stellt dabei die Belastbarkeit der Verankerungsmittel dar, denn die vielfältigen Einflußfaktoren in der Gesamtheit ihrer Verzahnung zu berücksichtigen, ist für den Gerüstbauer eine große Herausforderung.

Durch gestiegene Anforderungen infolge der angewendeten Arbeitsverfahren, aber auch durch Umweltschutzauflagen werden Arbeitsgerüste zunehmend mit Netzen und Planen bekleidet. Eine Gerüstbekleidung erhöht die Verankerungskräfte wesentlich, was einen erheblichen Einfluß auf die Wahl und Ausbildung der Verankerungs- und Gerüstkonstruktion hat.

Können aus bestimmten Gründen Gerüste an Fassaden nicht verankert werden, müssen zusätzliche Maßnahmen ergriffen werden. Auch diese Problematik wird in diesem Kapitel behandelt.

Dürfen Gerüstverankerungen nicht mit Dübeln und Ringösenschrauben an Fassaden befestigt werden, sind vor Ort aus Stahlrohren und Kupplungen Klammern anzufertigen [5]. Diese Konstruktionen kommen sehr häufig bei Skelettbauten vor, bei denen Gerüste an Stahlbetonstützen verankert werden. Bei vorgehängten Fassaden, zweischaligem Mauerwerk und Fassaden aus Stahl oder Glas können sog. Gerüstverankerungssysteme verwendet werden. Bauherren, Planer und ausführende Gerüstbauer sollten im allgemeinen Interesse über diese Systeme gut informiert sein.

Neben allgemeinen Grundlagen der Gerüstverankerung, einer Darstellung üblicher Verankerungsschemata von Systemgerüsten und wichtigster Eigenarten von Verankerungsmitteln, ist die Problematik der Gerüstbekleidung ein weiterer Schwerpunkt dieses Kapitels. Fernerhin werden ausgewählte Lösungen für unverankerte Gerüste sowie Gerüstverankerungssysteme selbst vorgestellt.

7.2   Verankerung von Systemgerüsten

7.2.1   Grundlagen

Die Gerüstverankerung darf ausschließlich an standsicheren und festen Bauteilen einer Fassade angebracht werden. In der Regel sind dies Decken, Stützen oder tragfähige Wände. Nicht verwendet werden dürfen sekundäre, nicht tragfähige Bestandteile von Gebäuden, wie Fallrohre, Dachrinnen, Schneefanggitter, Blitzableiter, Fensterrahmen, aber auch nicht tragfähige Fensterpfeiler, gemauerte Brüstungen oder vorgehängte Fassaden. Die Gerüstverankerung muß stets fortlaufend mit dem Gerüstaufbau montiert werden. Beim Gerüstabbau darf sie nur systematisch in umgekehrter Reihenfolge wie beim Aufbau entfernt werden. Während der Standzeit des Gerüstes darf die Verankerung nicht ohne gleichwertige Ersatzmaßnahmen entfernt werden.

Aufgabe einer Gerüstverankerung

Eine Verankerung bildet für das Gerüst ein festes Auflager, sie soll wirksam ein Kippen des Gerüstes verhindern und verkürzt die Knicklänge seiner Ständerrohre. Auch muß sie Lasten aus einer Schiefstellung des Gerüstes aufnehmen. An erster Stelle aber muß eine Verankerung die auf das Gerüst wirkenden Windlasten sicher in den Verankerungsuntergrund ableiten.

Grundsätzlich dürfen einer Gerüstverankerung ausschließlich horizontale Lasten zugeordnet werden. Die Gerüstverankerung muß dabei druck- und zugfest ausgebildet sein.

Verankerungskräfte

Auf Standgerüste vor einem Gebäude wirken neben den Arbeits- und Eigengewichtslasten vorwiegend Windlasten, die beim Nachweis der Standsicherheit berücksichtigt werden müssen. Diese Lasten müssen in einen tragfähigen Untergrund sicher abgeführt werden.

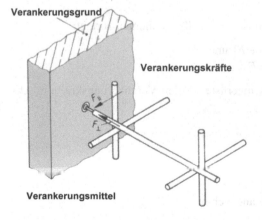

Verankerungsgrund

Verankerungskräfte

Verankerungsmittel

Bild 7.1
Verankerungskräfte [198]

Das Eigengewicht der Gerüstbauteile wird nach den Herstellerangaben des jeweils verwendeten Gerüstsystems bestimmt. Die Windbelastung und die Verkehrslasten müssen nach DIN 4420 Teil 1 berücksichtigt werden. Für die Berechnung der Windbelastung sind die Windangriffsfläche und die Höhe des Gerüstes von Bedeutung. Der für die Ermittlung der Windbelastung maßgebliche Staudruckbeiwert wächst linear mit der Höhe des Gerüstes an. Verkehrslasten sind in Abhängigkeit vom Nutzgewicht in sechs Gerüstgruppen unterteilt. Die einzelnen Gerüstgruppen wurden von der Bau-Berufsgenossenschaft den wichtigsten Gewerken zugeordnet. So sind in der Gerüstgruppe 3 Tätigkeiten aufgeführt, wie Verputz-, Maler-, Verfugungs-, Beschichtungs- oder Fassadenbekleidungsarbeiten sowie Dachdeckungsarbeiten. Tätigkeiten wie Maurer- oder Bewehrungsarbeiten sind den Gerüstgruppen 4, 5 und 6 zugeordnet. Die Verkehrslasten können DIN 4420 Teil 1 entnommen werden.

Infolge der äußeren Belastung treten in der Verankerung unterschiedliche Kräfte auf: Druck-, Zug- und Querkräfte sowie deren Kombinationen.

Eine äußere *zentrische Zugkraft* versucht, das Verankerungsmittel aus dem Bohrloch herauszuziehen und aktiviert je nach Bauart des Mittels unterschiedliche innere Kräfte: Reibung zwischen Dübel und Bohrlochwand, Pressung zwischen dem Konus eines Hinterschnittdübels und der Bohrlochwand oder Schub im Steg einer Hohlwand beim Injektionssystem.

Eine *zentrische Druckbelastung* aktiviert Reibungskräfte, verursacht aber hauptsächlich Pressung zwischen dem Dübelkopf und der Stirnfläche des Bohrloches.

Eine Belastung parallel zur Fassade wirkt rechtwinklig zur Stabachse des Verankerungsmittels und erzeugt an erster Stelle eine *Querkraft*, die von der Schubfläche des Verankerungsmittels aufgenommen wird. Darüber hinaus wird Druckspannung zwischen dem Verankerungsmittel und der Bohrlochwand aktiviert. Je nach Abstand der Querkraft vom Verankerungsuntergrund entsteht im Verankerungsmittel ein Biegemoment, das zusätzliche Druckspannung erzeugt.

Eine reine Belastung allein aus Druck-, Zug- oder Querkraft tritt in der Regel nicht auf. Praxisrelevant ist eine gleichzeitige Beanspruchung aus Zug- und Querkraft, die *Schrägzug* genannt wird.

Die resultierenden Verankerungskräfte werden in zwei Komponenten zerlegt:

- Verankerungskraft senkrecht zur Fassade $F_\perp$ und
- Verankerungskraft parallel zur Fassade $F_{||}$.

Für alle bauaufsichtlich zugelassenen Systemgerüste werden Verankerungskräfte in Abhängigkeit

- von der Belastung,
- vom Aufbau,
- von der Bekleidung und
- vom Verankerungsraster

in der Aufbau- und Verwendungsanleitung angegeben.

Tabelle 7.1 Verankerungskräfte für unbekleidete Systemgerüste, Stahlrohr-Kupplungsgerüste und Holzleitergerüste [198]

Gerüstart	Gerüst-höhe [m]	Veran-kerungs-raster[1] [m]	offene Fassade[2] [kN]		geschlossene Fassade[3] [kN]		Vorschrift
			$P_\perp$	$P_\|$	$P_\perp$	$P_\|$	
Stahlrahmengerüst Ständerabstand $L \le 3,00$ m	$\le 24,00$	8,00	3,9	1,3	1,3	1,3	Zulassungs-bescheid
	$\le 24,00$	4,00	2,2	1,0	0,7	1,0	
Stahlrohr-Kupplungsgerüst Ständerabstand $L \le 1,20$ m	$\le 10,00$	8,00	1,6	0,6	0,6	0,6	DIN 4420 Teil 3 und BGR 167 Stahlrohr-Kupplungs-gerüste
	$\le 10,00$	4,00	0,9	0,3	0,4	0,3	
	$\le 20,00$	8,00	1,9	0,6	0,7	0,6	
	$\le 20,00$	4,00	1,0	0,3	0,4	0,3	
	$\le 30,00$	8,00	2,0	0,7	0,8	0,7	
	$\le 30,00$	4,00	1,1	0,4	0,5	0,4	
Stahlrohr-Kupplungsgerüst Ständerabstand $L \le 1,50$ m	$\le 10,00$	8,00	2,0	0,7	0,7	0,7	
	$\le 10,00$	4,00	1,1	0,4	0,5	0,4	
	$\le 20,00$	8,00	2,3	0,8	0,9	0,8	
	$\le 20,00$	4,00	1,3	0,4	0,5	0,4	
	$\le 30,00$	8,00	2,5	0,9	1,0	0,9	
	$\le 30,00$	4,00	1,4	0,5	0,6	0,5	
Stahlrohr-Kupplungsgerüst Ständerabstand $L \le 2,00$ m	$\le 10,00$	8,00	2,7	0,9	1,0	0,9	
	$\le 10,00$	4,00	1,4	0,5	0,6	0,5	
	$\le 20,00$	8,00	3,1	1,0	1,2	1,0	
	$\le 20,00$	4,00	1,7	0,5	0,7	0,5	
	$\le 30,00$	8,00	3,3	1,2	1,3	1,2	
	$\le 30,00$	4,00	1,9	0,6	0,8	0,6	
Stahlrohr-Kupplungsgerüst Ständerabstand $L \le 2,50$ m	$\le 10,00$	8,00	3,4	1,2	1,3	1,2	
	$\le 10,00$	4,00	1,8	0,6	0,8	0,6	
	$\le 20,00$	8,00	3,9	1,3	1,5	1,3	
	$\le 20,00$	4,00	2,1	0,7	0,9	0,7	
	$\le 30,00$	8,00	4,1	1,5	1,6	1,5	
	$\le 30,00$	4,00	2,3	0,8	1,0	0,8	
Holzleitergerüst Ständerabstand $L \le 2,75$ m	$\le 24,00$	4,00	3,0	1,0	1,5	1,0	DIN 4420 Teil 2

[1] Verankerungsraster: Unter Verankerungsraster ist der horizontale und der vertikale Abstand der Gerüstverankerung innerhalb des Fassadengerüstes zu verstehen. Das Regelverankerungsraster der einzelnen Gerüstarten ist den Sicherheitsregeln bzw. den Zulassungsbescheiden zu entnehmen.

[2] Offene Fassade: Werte enthalten einen Anteil der Öffnungen in der Fassade von 60 % gegenüber der Ansichtsfläche der Fassade.

[3] Geschlossene Fassade: Werte beinhalten eine geschlossene Fassade ohne Öffnungsanteile.

7.2.2 Verankerungsraster

Der maximale horizontale und vertikale Abstand der Verankerungen wird in der statischen Berechnung ermittelt. Für Regelausführungen von Systemgerüsten liefert die Aufbau- und Verwendungsanleitung alle für den Aufbau erforderlichen Angaben. Gerüsthalter werden in der Regel in unmittelbarer Nähe der Knotenpunkte angebracht. Ausnahmsweise können Gerüsthalter bis zu 0,40 m vom Knoten entfernt angebracht werden.

Die Aufbau- und Verwendungsanleitung schreibt die Befestigung der Gerüsthalter vor. Gerüsthalter können je nach Konstruktion und Belastung

- nur am inneren Ständer (kurze Gerüsthalter),
- am inneren und am äußeren Ständer (lange Gerüsthalter) oder
- V-förmig am inneren Ständer („Bockanker")

befestigt werden.

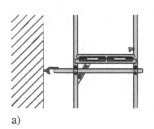 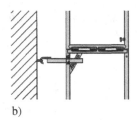 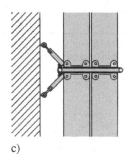

a)   b)   c)

Bild 7.2 Verankerungsarten:
   a) Verankerung am inneren und am äußeren Stiel
   b) Verankerung nur am inneren Stiel (nur in Verbindung mit „Bockanker")
   c) V-förmige Verankerung („Bockanker") [279]

Ist aus konstruktiven Gründen oder wegen der Beschaffenheit der Fassade eine andere Verankerungsart erforderlich, muß durch eine statische Berechnung im Einzelfall nachgewiesen werden, daß die auftretenden Verankerungskräfte sicher in den Verankerungsuntergrund eingeleitet werden können.

Bei den zur Zeit auf dem Markt üblichen Konstruktionen von unbekleideten Rahmengerüsten aus Stahl sind folgende Verankerungsabstände üblich:

- jeder innere Rahmenzug wird 8,00 m versetzt verankert,
- Randständer werden alle 4,00 m verankert.

Unbekleidete Rahmengerüste aus Aluminium und Modulgerüste werden in der Regel durchgehend alle 4,00 m verankert. Das gleiche Verankerungsraster gilt für mit Netzen bekleidete Rahmengerüste. Verplante Gerüste müssen in der Regel durchgehend alle 2,00 m verankert werden.

Das Verankerungsraster wird oft als Vergleichskriterium zur Beurteilung der Leistungsfähigkeit eines Gerüstsystems herangezogen. In der Tabelle 7.2 sind die Verankerungs-

Tabelle 7.2   Verankerungsschemata für ausgewählte Gerüstsysteme

Her-steller	System	Fassade	Beklei-dung	GG	Feld-länge [m]	Innen-stiele [m]	Rand-stiele [m]	Anmer-kung
Hünnebeck	BOSTA 70	geschlossen	ohne	3	3,00	8,00	4,00	KV2
			Netz	3	3,00	8,00	4,00	KV2
			Plane	3	3,00	2,00	2,00	KV2
		offen	ohne	3	3,00	8,00	4,00	KV2
			Netz	3	3,00	4,00	4,00	KV2
			Plane	3	3,00	2,00	2,00	KV2
	BOSTA 100	geschlossen	ohne	6	2,50	8,00	4,00	KV2
			Netz	6	2,50	4,00	4,00	KV2
			Plane	6	2,50	2,00	2,00	KV2
		offen	ohne	6	2,50	8,00	4,00	KV2
			Netz	6	2,50	4,00	4,00	KV2
			Plane	6	2,50	2,00	2,00	KV2
		geschlossen	ohne	5	3,00	8,00	4,00	KV2
			Netz	5	3,00	4,00	4,00	KV2
			Plane	5	3,00	2,00	2,00	KV2
		offen	ohne	5	3,00	8,00	4,00	KV2
			Netz	5	3,00	4,00	4,00	KV2
			Plane	5	3,00	2,00	2,00	KV2
	GEKKO	geschlossen	ohne	3	3,00	8,00	8,00	KV2
			Netz	3	3,00	4,00	4,00	KV2
			Plane	3	3,00	4,00	4,00	KV2
		offen	ohne	3	3,00	8,00	8,00	KV2
			Netz	3	3,00	4,00	4,00	KV2
			Plane	3	3,00	4,00	4,00	KV2
Layher	BLITZ 70 S	geschlossen	ohne	3	3,07	8,00	4,00	KV2
			Netz	3	3,07	8,00	4,00	KV2
			Plane	3	3,07	2,00	2,00	KV2
		offen	ohne	3	3,07	8,00	4,00	KV2
			Netz	3	3,07	4,00	2,00	KV2
			Plane	3	3,07	2,00	2,00	KV2
	BLITZ 100 S	geschlossen	ohne	6	2,07	8,00	4,00	nur KV1
			Netz	6	2,07	8,00	4,00	nur KV1
			Plane	6	2,07	2,00	2,00	nur KV1
		offen	ohne	6	2,07	8,00	4,00	nur KV1
			Netz	6	2,07	4,00	4,00	nur KV1
			Plane	6	2,07	2,00	2,00	nur KV1
		geschlossen	ohne	4	3,07	8,00	4,00	KV2
			Netz	4	3,07	8,00	4,00	KV2
			Plane	4	2,57	2,00	2,00	KV2
		offen	ohne	4	3,07	8,00	4,00	KV2
			Netz	4	3,07	2,00	4,00	KV2
			Plane	4	2,57	2,00	2,00	KV2

Tabelle 7.2 (Fortsetzung)

Her-steller	System	Fassade	Beklei-dung	GG	Feld-länge [m]	Innen-stiele [m]	Rand-stiele [m]	Anmer-kung
PERI	UP 70 T	geschlossen	ohne	3	3,00	8,00	8,00	KV2
			Netz	3	3,00	8,00	4,00	KV2
			Plane	3	3,00	2,00	2,00	KV2
		offen	ohne	3	3,00	8,00	8,00	KV2
			Netz	3	3,00	4,00	4,00	KV2
			Plane	3	3,00	2,00	2,00	KV2
Plettac	SL 70	geschlossen	ohne	3	3,00	8,00	4,00	KV2
			Netz	3	3,00	8,00	4,00	KV2
			Plane	3	3,00	4,00	2,00	KV2
		offen	ohne	3	3,00	4,00	4,00	KV2
			Netz	3	3,00	4,00	4,00	KV2
			Plane	3	3,00	2,00	2,00	KV2
	SL 100	geschlossen	ohne	6	2,00	8,00	4,00	KV2
			Netz	6	2,00	8,00	4,00	KV2
			Plane	6	2,00	4,00	4,00	KV2
		offen	ohne	6	2,00	8,00	4,00	KV2
			Netz	6	2,00	8,00	4,00	KV2
			Plane	6	2,00	4,00	4,00	KV2
		geschlossen	ohne	4	2,50	8,00	4,00	KV2
			Netz	4	2,50	8,00	4,00	KV2
			Plane	4	2,50	2,00	2,00	KV2
		offen	ohne	4	2,50	8,00	4,00	KV2
			Netz	4	2,50	4,00	4,00	KV2
			Plane	4	2,50	2,00	2,00	KV2
Rux	SUPER 65	geschlossen	ohne	3	3,00	8,00	4,00	KV2
			Netz	3	3,00	8,00	4,00	KV2
			Plane	3	3,00	2,00	2,00	KV2
		offen	ohne	3	3,00	8,00	4,00	KV2
			Netz	3	3,00	4,00	4,00	KV2
			Plane	3	3,00	2,00	2,00	KV2
	SUPER 100	geschlossen	ohne	6	2,00	8,00	4,00	nur KV1
			Netz	6	2,00	8,00	4,00	nur KV1
			Plane	6	2,00	2,00	2,00	nur KV1
		offen	ohne	6	2,00	8,00	4,00	nur KV1
			Netz	6	2,00	4,00	4,00	nur KV1
			Plane	6	2,00	2,00	2,00	nur KV1
		geschlossen	ohne	4	3,00	8,00	4,00	KV2
			Netz	4	3,00	8,00	4,00	KV2
			Plane	4	3,00	2,00	2,00	KV2
		offen	ohne	4	3,00	8,00	4,00	KV2
			Netz	4	3,00	4,00	4,00	KV2
			Plane	4	3,00	2,00	2,00	KV2

KV1:   Konsolvariante 1 mit Innenkonsole in jeder Lage
KV2:   Konsolvariante 2 mit Innenkonsole in jeder Lage und Außenkonsole in der obersten Lage

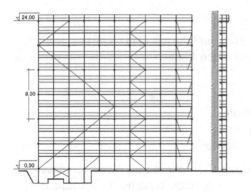

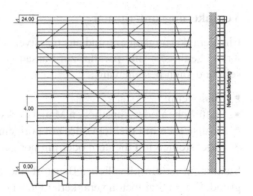

Bild 7.3 Typische Verankerungsanordnung
eines unbekleideten Gerüstes [279]

Bild 7.4 Typische Verankerungsanordnung
eines mit Netzen bekleideten
Gerüstes [279]

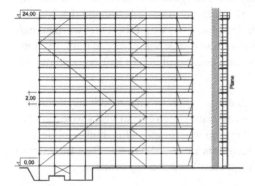

Bild 7.5 Typische Verankerungsanordnung eines
mit Planen bekleideten Gerüstes [279]

schemata der in Deutschland üblichen Gerüstsysteme in der Maximalausstattung (Konsolvariante KV2 – Innenkonsole in jeder Lage, Außenkonsole in der obersten Lage) zusammengestellt.

7.2.3 Verankerungsmittel

Eine fachgerecht ausgeführte Gerüstverankerung setzt eine von Beginn an zielorientierte
und an die Randbedingungen angepaßte Vorgehensweise voraus [63]. Die Tragfähigkeit
von Verankerungssystemen hängt im wesentlichen von folgenden Faktoren ab:

• Verankerungsuntergrund,
• Bohrlochqualität,
• Dübelwerkstoff,
• Tragverhalten.

Verankerungsuntergrund

Ein Verankerungsuntergrund aus massiven Stoffen muß die aus dem Gerüst eingeleiteten Kräfte senkrecht und parallel zur Fassade aufnehmen können. Er muß hierfür geeignet sein und kann bestehen aus:

- Stahlbeton,
- natürlichen oder künstlichen Mauerwerkssteinen,
- Vollsteinen mit dichtem oder mit porigem Gefüge,
- Lochsteinen mit dichtem oder mit porigem Gefüge.

Stahlbeton ist ein künstlicher Baustoff und eignet sich sehr gut als Verankerungsuntergrund. Ein im Stahlbeton verankerter Dübel muß einen freien Randabstand von mindestens 10,0 cm haben. Natursteine eignen sich nur dann als Verankerungsuntergrund, wenn sie ein homogenes Gefüge aufweisen sowie ausreichende Abmessungen und Tragfähigkeit besitzen. Bildet Mauerwerk den Verankerungsuntergrund, muß ein geeignetes Bohrverfahren gewählt werden. Aufgrund der geringeren Festigkeit als beim Stahlbeton ist ein freier Randabstand von mindestens 40,0 cm erforderlich, um Abplatzungen des Mauerwerks zu vermeiden. Beim Setzen von Dübeln im Mauerwerk muß beachtet werden, daß nur Lagerfugen benutzt werden dürfen oder im Stein selbst gebohrt werden muß. In Stoßfugen des Mauerwerks dürfen keine Dübel als Verankerungsmittel für Gerüstverankerungen gesetzt werden.

Verankerungen in Stahlkonstruktionen bedürfen eines angeschweißten oder angeschraubten Befestigungspunktes. Die äußere Wand eines zweischaligen Mauerwerks sowie vorgehängte Fassaden eignen sich nicht als Verankerungsuntergrund. Hier muß ein Gerüstverankerungssystem eingesetzt werden. Die Kenntnis über den Wandaufbau bildet eine wichtige Voraussetzung für die Wahl eines geeigneten Verankerungsmittels.

Bohrverfahren

An erster Stelle muß ein Bohrloch in einem vom Verankerungsuntergrund abhängigen Bohrverfahren hergestellt werden. Bei der Herstellung von Bohrungen für Verankerungsmittel unterscheidet man folgende Verfahren:

- Drehbohren,
- Schlagbohren und
- Hammerbohren.

Beim *Drehbohren* dreht sich der Bohrer ohne Schlagenergie durch Andrücken des Bohrwerkzeuges in den Verankerungsuntergrund hinein. Dieses Verfahren ist bei Lochsteinen, Ziegeln und Leichtbeton anzuwenden. Auf keinen Fall darf bei diesem Untergrund das Schlagbohren oder Hammerbohren eingesetzt werden, denn dabei können die Stege brechen, wodurch das Bohrloch eine zu große Abmessung bekommt, was wiederum zu einer Beeinträchtigung der Tragfähigkeit des Verankerungsmittels führt.

Während des *Schlagbohrens* mit einer Schlagbohrmaschine werden durch den Bohrer neben der Drehbewegung viele kleine Schläge mit einer relativ kleinen Energie in den Untergrund eingeleitet, wodurch der Bohrer leichter und schneller an Vorschub gewinnt.

Tabelle 7.3 Geeignete Bohrverfahren in Abhängigkeit vom Verankerungsuntergrund

Verankerungsgrund	Bohrverfahren		
	Drehbohren	Schlagbohren	Hammerbohren
Vollbaustoffe mit dichtem Gefüge, z. B. Stahlbeton	nicht geeignet	geeignet	geeignet
Lochsteine	geeignet	nicht geeignet	nicht geeignet
Baustoffe mit geringer Festigkeit	geeignet	nicht geeignet	nicht geeignet
Porenbeton	geeignet	nicht geeignet	nicht geeignet

Beim *Hammerbohren* mit einem Bohrhammer wird der Bohrer hingegen gedreht und unter gleichzeitig wirkenden wenigen Schlägen mit großer Energie in den Untergrund getrieben [117].

Gerüstbauarbeiten an Asbestzementfassaden sind aufgrund kostenintensiver Sicherheitsbestimmungen aufwendig und teuer. Beim Bohren der Verankerungslöcher müssen in der Regel Asbestzementplatten durchgebohrt werden, wobei die Konzentration von 15.000 Fasern/m^3 Atemluft nicht überschritten werden darf. Diese Forderung läßt sich am einfachsten mit einem beim Berufsgenossenschaftlichen Institut für Arbeitssicherheit (BIA) zugelassenen Arbeitsverfahren erreichen; bei diesem Verfahren wird der entstehende asbesthaltige Bohrstaub direkt an der Entstehungsstelle abgesaugt. Gerüstbaubetriebe, die dieses Verfahren praktizieren wollen, müssen über einen sachkundigen Aufsichtführenden verfügen, der seine Kenntnisse in einem Kurzlehrgang bei der Gerüstbauer-Innung oder beim Bundesverband Gerüstbau erwerben kann.

Bohrlöcher

Eine wichtige Rolle spielt die Herstellung des Bohrloches. Folgende Bedingungen müssen beachtet werden:

• Es dürfen ausschließlich Hartmetallbohrer verwendet werden, für Mauerwerksteine die sog. Mauerwerksbohrer.
• Die Bohrrichtung darf während des Bohrens nicht geändert werden.
• Nach dem Bohren muß der Bohrstaub aus dem Bohrloch vollständig ausgeblasen werden.
• Der Bohrerdurchmesser entspricht in der Regel dem Dübeldurchmesser.
• Die Bohrlochlänge liegt in der Regel 10 bis 15 mm über der Dübellänge.
• Bei Fehlbohrungen ist je nach verwendetem Dübel entweder eine neue Bohrung im Abstand von ≥ 2 × Bohrlochtiefe oder nach dem Verfüllen des verfehlten Loches mit Reparaturmörtel eine neue Bohrung im Abstand von ≥ 2 × Bohrlochdurchmesser anzufertigen.

Verankerungssysteme

In die gebohrten und gesäuberten Löcher werden anschließend Befestigungselemente, d. h. Dübel oder Anker, eingesetzt.

Zugelassene Metalldübel werden aus galvanisch verzinktem Stahl gefertigt. Unterliegen Metalldübel besonders korrosiven Beanspruchungen, z. B. bei Außenanwendung, müssen sie aus nichtrostendem Stahl (V4A) hergestellt sein. Kunststoffdübel werden aus Polyamid hergestellt.

Das Tragverhalten von Dübeln kann in folgende Gruppen eingeteilt werden:

• kraftkontrollierte Spreizdübel aus Metall mit einer Tragwirkung aus Spreizen im Bohrloch (Reibschluß),
• wegkontrollierte Spreizdübel aus Metall oder Kunststoff ebenfalls mit einer Tragwirkung aus Spreizen im Bohrloch (Reibschluß),
• Hinterschnittdübel aus Metall oder Kunststoff mit einer formschlüssigen Verankerung im Bohrloch (Formschluß),
• Injektionssysteme mit einer Kombination aus Stoff- und Formschluß im Hohluntergrund,
• chemische Verbunddübel mit einem Haftverbund im Volluntergrund (Stoffschluß).

Bei *Spreizdübeln* werden Reibungskräfte zwischen dem aufgeweiteten Dübel und der Bohrlochwand aktiviert. Die Spreizkraft kann entweder kraft- oder wegkontrolliert sein. Beim *kraftkontrollierten Spreizdübel* wird das aufgebrachte Drehmoment gemessen. Beim *wegkontrollierten Spreizdübel* wird ein Konus in die Spreizhülse eingeschoben, dessen Weg gemessen werden kann.

Metallspreizdübel (Kompaktdübel) dürfen aufgrund der auftretenden hohen Kräfte nur im Stahlbeton verwendet werden.

Hinterschnittdübel übertragen Ankerkräfte über eine formschlüssige Verzahnung mit der Bohrlochwand.

Beim *Injektions-* und *Injektionsnetzanker* verzahnt sich ausgepreßte und ausgehärtete Zementschlämme mit den Stegen der Hochlochsteine.

Verbunddübel übertragen Ankerkräfte über einen ausgehärteten Zweikomponenten-Klebstoff auf die Bohrlochwand [118].

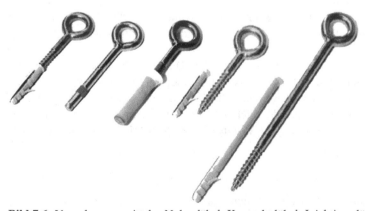

Bild 7.6 Verankerungsmittel – Nylondübel, Kompaktdübel, Injektionsdübel [283]

Verankerungsschrauben

Für Verankerungen von Standgerüsten an Fassaden werden Ringösenschrauben mit einem Augendurchmesser von Ø 23 mm verwendet. Die Ringösenschrauben haben ein Holzgewinde für die Anbindung an Nylondübel oder ein metrisches Gewinde für die Anbindung an Metallspreizdübel. Für die Ringösenschrauben sind mindestens die Festigkeitsklasse 4.6 und ein Durchmesser von Ø 12 mm vorgeschrieben (BGR 166, Abschnitt 7.6.1.3). Als Korrosionsschutzmaßnahme müssen die Schrauben mindestens galvanisch verzinkt sein. Das Auge muß geschweißt sein [7].

Auf dem Schaft der Ringösenschraube sind Einschraubmarkierungen angebracht, die letzte ca. 2,0 cm vom Ring entfernt. Unabhängig von der Nutzlänge müssen alle Ringösenschrauben, die als Gerüstverankerung benutzt werden, bis zur letzten Markierung eingeschraubt werden. Nur so ist die Ringösenschraube in der Lage, wirkungsvoll Verankerungskräfte parallel zur Fassade zu übertragen. Insbesondere bei Gerüstverankerungen an Wärmedämmfassaden werden Ringösenschrauben angetroffen, die weit mehr als 10,0 cm aus der Wand hinausragen. Hier müssen unbedingt ingenieurmäßige Lösungen, z. B. in Form von Gerüstverankerungssystemen, als Verankerung eingesetzt werden.

Für alle Verankerungssysteme mit aus der Wand herausstehenden Gewindebolzen muß eine Ringmutter verwendet werden. Die Ringmutter muß nach DIN 582 mindestens aus vergütetem, galvanisch verzinktem Stahl C15 angefertigt sein. Die Ringmutter wird auf den Gewindebolzen bis zur Innenkante des Ringes aufgeschraubt.

Der Gerüsthalter kann anschließend in die Öse der Ringösenschraube oder Ringmutter eingesetzt und mit dem Gerüst verbunden werden.

Beim Abbau des Gerüstes wird die Verankerungsschraube entfernt. Das offene Bohrloch wird entweder mit Putz verschlossen oder mit einer Kunststoffkappe abgedeckt. Eine Kunststoffkappe verhindert das Eindringen von Feuchtigkeit über das Bohrloch in die Fassade und ermöglicht die Wiederverwendung des Bohrloches.

7.2.4   Verankerungslösungen und Anwendungsbereiche

Die Wahl des geeigneten Befestigungsmittels ist im hohen Maße von der Beschaffenheit des Verankerungsuntergrundes abhängig. Das Befestigungsmittel muß in Abhängigkeit vom Verankerungsuntergrund und von der Größe der zu übertragenden Verankerungskraft gewählt werden. Die hier aufgeführten Lösungen für Verankerungen von Fassadengerüsten basieren auf Herstellerangaben und auf Untersuchungen mit Dübelprüfgeräten, bei denen Auszugskräfte von Gerüstschrauben gemessen wurden [39].

Die Auszugsversuche wurden an Untergründen durchgeführt, die in der Praxis am häufigsten vorkommen und für die eine Verankerung möglich erscheint:

- Stahlbeton,
- Kalksandstein,
- Hohlblock aus Leichtbeton,

- Hochlochziegel,
- Porenbeton,
- Holz.

Tabelle 7.4 Materialübersicht für Gerüstbefestigung

Befestigungsmaterial	Hersteller		
	Hilti	Upat	Fischer
Nylondübel	GD 14/70 GD 14/135	U 14/070 G Ultra U 14/100 G Ultra U 14/135 G Ultra	S 14 ROE 70 S 14 ROE 135 S 14 ROE 135 R
Gerüstschrauben	GRS 12/90 GRS 12/120 GRS 12/160	RSG 12/090 RSG 12/120 RSG 12/160	GS 12 × 90 GS 12 × 120 GS 12 × 160
Schlaganker	HKDM 12 kompakt	USA RM 12	FZEA 14 × 40 M12
Siebhülse	HIT S 22/85	UPM SH 20/100 M UPM SH 16/075 M	FIP 20 × 85
Ankerhülse	HIT IG M 12	UPM EH 12/100	FIP Ankerhülse
Auspreßgeräte	HIT P 2000	UPM 33	FIPS P
Kartuschen mit Injektionsmitteln	HIT C 20 HIT C 100	UPM 33	FIP K
Gerüstschraube mit metrischem Gewinde	GO 12/60	RSM 12/050	FIG 12 × 40
Ausblaspumpen	Pumpe	Pumpe	Pumpe

Stahlbeton nach DIN 1045

Werden Fassadengerüste an tragenden Fassaden aus Stahlbeton verankert, sind in den wenigsten Fällen Schwierigkeiten zu erwarten.

Für die Verankerung werden folgende Dübel empfohlen:

- Nylondübel 14/70,
- Kompaktdübel M12.

Eine Verankerung mit *Nylondübeln* wird in folgender Reihenfolge hergestellt:

- Herstellen der Bohrung durch Schlagbohren,
- Ausblasen des Bohrloches mit einer Ausblaspumpe,
- Einsetzen des Dübels,
- Einschrauben der Gerüstschraube (mit Holzgewinde) bis zur Markierung.

Tabelle 7.5 Geeignete Nylon- und Kompaktdübel für Verankerungsuntergrund aus Stahlbeton

	Dübelbezeichnung	Gerüstschraube	Hersteller
Nylondübel	GD 14/70	GRS 12/90	Hilti
	U 14/70 G	RSG 12/090	Upat
	S 14 ROE 70	GS 12 × 90	Fischer
Kompaktdübel	GDHKD M12	GO 12/60	Hilti
	USA RM12	RSM 12/050	Upat
	FZEA 14 × 40 M12	FIG 12 × 40	Fischer

Eine Verankerung mit *Kompaktdübeln* wird in folgender Reihenfolge hergestellt:

* Herstellen der Bohrung durch Schlagbohren,
* Ausblasen des Bohrloches mit einer Ausblaspumpe,
* Einsetzen des Dübels und Spreizen des Ankers mit Hilfe des Einschlagwerkzeugs,
* Einschrauben der Gerüstschraube (mit metrischem Gewinde) bis zur Markierung.

Folgende Dübelauszugskräfte können erreicht werden:

* Nylondübel: $F_\perp \geq 9,0$ kN,
* Kompaktdübel: $F_\perp \geq 9,0$ kN.

Diese Verankerungslösungen bieten eine ausreichende Verankerung bis zu einer Aufbauhöhe von 25,00 m vor offenen und geschlossenen Fassaden für unbekleidete und bekleidete Fassadengerüste.

Kalksandstein nach DIN 106 Teil 1

Tragende Fassaden aus Kalksandstein stellen einen sicheren Untergrund für Gerüstverankerungen dar. Schwierigkeiten sind in den wenigsten Fällen zu erwarten.

Für die Verankerung werden folgende Dübel empfohlen:

* Nylondübel 14/70 bei Kalksandvollsteinen,
* Nylondübel 14/135 bei Kalksandlochsteinen.

Eine Verankerung mit *Nylondübeln* wird in folgender Reihenfolge hergestellt:

* Herstellen der Bohrung durch Schlagbohren,
* Ausblasen des Bohrloches mit einer Ausblaspumpe,
* Einsetzen des Dübels,
* Einschrauben der Gerüstschraube (mit Holzgewinde) bis zur Markierung.

Folgende Dübelauszugskräfte können erreicht werden:

* Nylondübel: $F_\perp \geq 4,5$ kN.

Diese Verankerungslösungen bieten eine ausreichende Verankerung bis zu einer Aufbauhöhe von 25,00 m vor offenen und geschlossenen Fassaden für unbekleidete und bekleidete Fassadengerüste. Je nach Ausführung des Kalksandsteines muß die Dübellänge angepaßt werden, damit die Lochkammern mit dem Dübel überbrückt werden können.

Tabelle 7.6 Geeignete Nylondübel für Verankerungsuntergrund aus Kalksandstein

	Dübelbezeichnung	Gerüstschraube	Hersteller
Vollstein	GD 14/70	GRS 12/90	Hilti
	U 14/70 G	RSG 12/090	Upat
	S 14 ROE 70	GS 12 × 90	Fischer
Lochstein	GD 14/135	GRS 12/160	Hilti
	U 14/135 G	RSG 12/160	Upat
	S 14 ROE 135	GS 12 × 160	Fischer

Hohlblockstein aus Leichtbeton nach DIN 18 151

Gerüstverankerungen an tragenden Fassaden aus Hohlblocksteinen müssen sorgfältig geplant werden, da die benötigten Auszugskräfte nur bedingt erreicht werden können, je nachdem, ob der Dübel in der Kammer oder im Steg angeordnet wird. In jedem Fall ist die Wahl eines längeren Dübels erforderlich, der die zweite Kammer des Hohlblocks überbrückt. Eine akkurate Ausführung ist besonders zu beachten.

Für die Verankerung werden folgende Dübel empfohlen:

- Nylondübel 14/135,
- Injektionssyteme.

Tabelle 7.7 Geeignete Nylondübel für Verankerungsuntergrund aus Leichtbetonhohlblock- und Hochlochziegeln

	Dübelbezeichnung	Gerüstschraube	Hersteller
Nylondübel	GD 14/135	GRS 12/160	Hilti
	U 14/135 G	RSG 12/160	Upat
	S 14 ROE 135	GS 12 × 160	Fischer

Eine Verankerung mit *Nylondübeln* wird in folgender Reihenfolge hergestellt:

- Herstellen der Bohrung durch Drehbohren,
- Ausblasen des Bohrloches mit einer Ausblaspumpe,
- Einsetzen des Dübels,
- Einschrauben der Gerüstschraube (mit Holzgewinde) bis zur Markierung.

Eine Verankerung mit *Injektionstechnik* wird in folgender Reihenfolge hergestellt:

- Herstellen der Bohrung durch Drehbohren,
- Ausblasen des Bohrloches mit einer Ausblaspumpe,
- Einsetzen der Siebhülse,
- Einspritzen des Injektionsmittels,
- Einsetzen der Ankerhülse,
- Abwarten der Aushärtezeit (ca. 1 h bei 20 °C),
- Einschrauben der Gerüstschraube (mit metrischem Gewinde bzw. mit Holzgewinde) bis zur Markierung.

Folgende Dübelauszugskräfte können erreicht werden:

- Nylondübel: $F_\perp \geq 3{,}0$ kN,
- Injektionssystem Hilti: $F_\perp \geq 6{,}0$ kN,
- Injektionssystem Upat: $F_\perp \geq 7{,}0$ kN.

Die Verankerung mit einem Nylondübel an Fassaden aus Leichtbetonhohlblocksteinen ist in der Regel nur vor geschlossenen Fassaden möglich. Die Injektionstechnik bietet für die meisten Fälle eine ausreichende Möglichkeit, Gerüste vor offenen und geschlossenen Fassaden zu verankern.

Tabelle 7.8 Geeignete Injektionssysteme für Verankerungsuntergrund
aus Leichtbetonhohlblock- und Hochlochziegeln

	Injektions-kartusche	Auspreß-gerät	Siebhülse	Ankerhülse	Gerüst-schraube	Her-steller
Injektions-dübel	HIT C 20 Standard	HIT P 2000	HIT-S 22/85	HIT-IGM 12	GO 12/60	Hilti
	UPM 33 Mörtel	UPM 33 Pistole	UPM-SH 200/100 M	UPM-EH 12/100	RSM 12/050 (metrisches Gewinde)	Upat
			UPM-SH 16/085 M	U 14/100G Nylondübel	RSG 12/120 (Holzgewinde)	Upat

Hochlochziegel nach DIN 106 Teil 1

Für die Verankerung in Hochlochziegeln gilt, was bereits bei Leichtbetonhohlblocksteinen gesagt wurde. Für Hohlblocksteine aus Leichtbeton können die gleichen Verankerungsmittel wie für Hochlochziegel verwendet werden. Die Vorgehensweise beim Einbau der Verankerungsmittel ist ebenfalls die gleiche.

Folgende Dübelauszugskräfte können erreicht werden:

- Nylondübel: $F_\perp \geq 1,5$ kN,
- Injektionssysteme: $F_\perp \geq 4,5$ kN.

Die Verankerung mit einem Nylondübel an geschlossenen Fassaden aus Hochlochziegeln ist bedingt, an offenen Fassaden aus Hochlochziegeln nur in Ausnahmefällen möglich. Die Injektionstechnik bietet hingegen für die meisten Fälle eine ausreichende Möglichkeit, Gerüste vor offenen und geschlossenen Fassaden zu verankern.

Porenbetonsteine, Porenbetonplansteine und Porenbetonwandtafeln nach DIN 4165

Fassaden aus Porenbeton stellen den problematischsten Verankerungsuntergrund dar. Bedingt durch die geringe Rohdichte des Porenbetons können keine nennenswerten Verankerungskräfte in den Untergrund eingeleitet werden, so daß eine Gerüstverankerung in Porenbeton intensiver Vorbereitung bedarf.

Für die Verankerung werden folgende Dübel empfohlen:

- Nylondübel 16/135,
- Injektionssysteme.

Eine Verankerung mit *Nylondübeln* wird in folgender Reihenfolge hergestellt:

- Herstellen der Bohrung durch Drehbohren,
- Ausblasen des Bohrloches mit einer Ausblaspumpe,
- Einsetzen des Dübels,
- Einschrauben der Gerüstschraube (mit Holzgewinde) bis zur Markierung.

Tabelle 7.9 Geeigneter Nylondübel für Verankerungsuntergrund aus Porenbeton

Dübelbezeichnung	Gerüstschraube	Hersteller
S 16 H 135 R	GS 12 × 160	Fischer

Tabelle 7.10 Geeignete Injektionssysteme für Verankerungsuntergrund aus Porenbeton

	Injektions-kartusche	Auspreß-gerät	Siebhülse	Ankerhülse	Gerüst-schraube	Her-steller
Injektions-dübel	HIT C 100 Standard	HIT P 2000	HIT-S 22/85	HIT-IGM 12	GO 12/60	Hilti
	UPM 33 Mörtel	UPM 33 Pistole	UPM-SH 200/100 M	UPM-EH 12/100	RSM 12/050 (metrisches Gewinde)	Upat
			UPM-SH 16/085 M	U 14/100G Nylondübel	RSG 12/120 (Holzgewinde)	Upat

Eine Verankerung mit *Injektionstechnik* wird in folgender Reihenfolge hergestellt:

- Herstellen der Bohrung durch Drehbohren,
- Ausblasen des Bohrloches mit einer Ausblaspumpe,
- Einsetzen der Siebhülse,
- Einspritzen des Injektionsmittels,
- Einsetzen der Ankerhülse,
- Abwarten der Aushärtezeit (ca. 1 h bei 20 °C),
- Einschrauben der Gerüstschraube (mit metrischem Gewinde bzw. mit Holzgewinde) bis zur Markierung.

Folgende Dübelauszugskräfte können erreicht werden:

- Nylondübel: $F_\perp \geq 1,5$ kN,
- Injektionssysteme: $F_\perp \geq 1,5$ kN.

Verankerung mit einem Nylondübel an geschlossenen oder an offenen Fassaden aus Porenbeton ist nur in Ausnahmefällen möglich und nur dann, wenn gleichzeitig die Verankerungsabstände deutlich verringert werden. Auch die Injektionstechnik bietet ohne Verringerung der Ankerabstände keine ausreichende Möglichkeit, Gerüste zu verankern.

Holzteile nach DIN 1052 und DIN 4070

Voraussetzung für eine ausreichende Verankerung von Fassadengerüsten an Holzbauteilen ist, daß die verwendeten Holzbauteile im Sinne von DIN 1052 oder DIN 4070 aus geeignetem Holz gefertigt sind.

Für die Verankerung wird folgende Schraube empfohlen:

- Gerüstschraube 12/90 mit Holzgewinde.

Tabelle 7.11 Empfohlene Verankerungssysteme in Abhängigkeit vom Verankerungsuntergrund

Verankerungsgrund	Empfohlenes Verankerungssystem				
	Nylondübel 14/70	Nylondübel 14/135	Nylondübel 16/135	Kompakt-dübel	Injektions-system
Stahlbeton	•[1]	–	–	•[1]	–
Vollsteine aus Kalksandstein	•[1]	–	–	–	–
Lochsteine aus Kalksandstein	–	•[1]	–	–	–
Hohlblock aus Leichtbeton	–	•[2]	–	–	•[2]
Hochlochziegel	–	•[2]	–	–	•[2]
Porenbeton	–	–	•[3]	–	•[3]

[1] Schlag- oder Hammerbohren, [2] Drehbohren, [3] mit Einschlagwerkzeug.

Das Holz muß vor dem Eindrehen der Holzschraube immer vorgebohrt werden. In der Regel kann folgende Auszugskraft erreicht werden:

- Holzschraube: $F_\perp \geq 9{,}0$ kN.

Diese Verankerungstechnik ermöglicht in den meisten Fällen eine sichere Verankerung von Fassadengerüsten.

Mit Hilfe der Tabelle 7.11 kann die Verankerungstechnik in Abhängigkeit vom Verankerungsuntergrund ausgewählt werden.

7.2.5 Prüfung der Verankerungsmittel

Die Bauordnung NRW fordert bei der Verwendung von Dübeln zur Befestigung tragender Konstruktionen den Nachweis der Verwendbarkeit (BauO NRW, § 20, Abschnitt 3). Dübel stellen in diesem Zusammenhang nicht geregelte Bauprodukte im Sinne der Bauordnung dar, für die der übliche Nachweis in Form einer allgemeinen bauaufsichtlichen Zulassung des DIBt geführt werden muß. Für Dübel als Verankerungsmittel von Gerüsten kann der Nachweis der Tragfähigkeit auf unterschiedliche Weise geführt werden (BGR 166, Abschnitt 7.6.2.2):

- durch eine Bauartzulassung des DIBt,
- durch eine statische Berechnung oder
- durch Probebelastungen.

Auf die Prüfung der Tragfähigkeit der Verankerungsmittel darf verzichtet werden, wenn:

- der Verankerungsuntergrund aus Stahlbeton nach DIN 1045 besteht und die erforderliche Verankerungskraft $F_\perp \leq 6{,}0$ kN ist oder
- bei anderem Verankerungsuntergrund die erforderliche Verankerungskraft $F_\perp \leq 1{,}5$ kN ist.

Eine Probebelastung des Verankerungsmittels muß in jedem Fall vor Ort an der Verwendungsstelle durchgeführt werden.

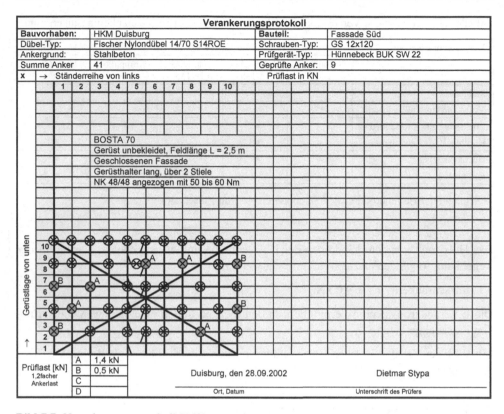

Bild 7.7 Verankerungsprotokoll [160]

Gesetzte Gerüstanker versagen, wenn sie die vorhandene Belastung nicht mehr aufnehmen und an den Verankerungsuntergrund weiterleiten können. Für das Versagen können unterschiedliche Faktoren ursächlich sein:

- zu geringe Anzahl der Gerüstverankerungspunkte,
- nicht sorgfältiger Einbau des Verankerungsmittels,
- ungenügende Festigkeit der Verankerungsschraube,
- nicht ausreichend tragfähiger Verankerungsuntergrund oder
- unvorhersehbar hohe Belastung, z. B. durch Wind.

Neben der richtigen Wahl und einem sorgfältigen Einbau des Verankerungsmittels muß der Gerüstbauer anhand der Aufbau- und Verwendungsanleitung oder der statischen Berechnung für eine ausreichende Anzahl der Verankerungspunkte sorgen. Darüber hinaus muß der Gerüsersteller die Tragfähigkeit der Verankerung insgesamt begutachten. Hält das Verankerungsmittel, ist aber der Verankerungsuntergrund nicht tragfähig genug, kann der Dübel samt Teilen des Untergrunds kegelförmig ausbrechen. Bei der Prüfung der Gerüstverankerung ist daher die Wahl des geeigneten Prüfgerätes, das den Einfluß des Untergrundes berücksichtigt, von entscheidender Bedeutung.

Tabelle 7.12 Beispiel für die Ermittlung der Mindestanzahl von Probebelastungen

Anzahl der Verankerungspunkte am gesamten Gerüst	Baustoff des Verankerungs-untergrundes	Berechnung der Anzahl der Probebelastungen	Anzahl der notwendigen Probebelastungen
20	Beton	$20 \times 0,1 = 2$	$5^{a)}$
20	Mauerwerk	$20 \times 0,3 = 6$	6
100	Beton	$100 \times 0,1 = 10$	10
100	Mauerwerk	$100 \times 0,3 = 30$	30

[a)] Maßgeblich ist die Mindestanzahl 5 von Probebelastungen.

Prüfungsumfang

Der Umfang der Prüfung muß beim Verankerungsuntergrund

- aus Stahlbeton mindestens 10 %,
- bei anderen Baustoffen mindestens 30 %

aller Verankerungen umfassen. Es müssen allerdings mindestens fünf Probebelastungen durchgeführt werden. Die Probelast muß das 1,2fache der vorhandenen Verankerungs-kraft senkrecht zur Fassade betragen (BGR 166, Abschnitt 7.6.3.4).

Es ist unabdingbar, mit einem Verankerungsprüfprotokoll die Prüfergebnisse zu doku-mentieren und diese für die Dauer der Standzeit des Gerüstes aufzubewahren (BGR 166, Abschnitt 7.6.3.6).

Ankerprüfgeräte

Probebelastungen dürfen nur mit einem vom Fachausschuß „Bau" der BGZ geprüften Gerät durchgeführt werden (BGR 166, Abschnitt 7.6.3). Der Gerüstbauer kann auf Geräte unter-schiedlicher Konstruktion zurückgreifen, die in Tabelle 7.13 zusammengestellt sind.

Als einziges Ankerprüfgerät erlaubt das Hünnebeck-Gerät die Prüfung des Verankerungs-mittels und des Verankerungsuntergrundes als ganzheitliches System, da durch die Kon-

Bild 7.8
Hünnebeck Ankerprüfgerät
[279]

Tabelle 7.13 Übersicht Ankerprüfgeräte

Hersteller	Bezeichnung	Gewicht Prüfgerät [kg]	Meßbereich	Bemerkungen
Hünnebeck	BUK-02	4,5	$\leq 9,0$ kN ± 5 %	handlich leichte Bedienung durch 1 Person berücksichtigt als einziges Gerät einen Ausbruchkegel im Untergrund
Layher	mechanisches Prüfgerät	4,0	$\leq 4,5$ kN ± 15 % $\leq 9,0$ kN ± 15 %	klein und handlich leichte Bedienung durch 1 Person empfindliche Bauweise Ausbruchkegel im Untergrund wird nicht berücksichtigt
Layher	elektronisches Prüfgerät	5,0	$\leq 9,0$ kN ± 3 %	Ausdruck der Prüfergebnisse möglich Bedienung durch 2 Personen umständliche Handhabung empfindliche Elektronik Ausbruchkegel im Untergrund wird nicht berücksichtigt
Lesser	mechanisches Prüfgerät	4,0	$\leq 9,0$ kN ± 15 %	klein und handlich leichte Bedienung durch 1 Person Probleme bei weichem Untergrund Ausbruchkegel im Untergrund wird nicht berücksichtigt
Rux	mechanisches Prüfgerät	4,5	$\leq 9,0$ kN ± 15 %	klein und handlich leichte Bedienung durch 1 Person empfindliche Bauweise Ausbruchkegel im Untergrund wird nicht berücksichtigt

struktion des Gerätes ein Ausbruchkegel berücksichtigt wird. Darüber hinaus müssen unbedingt die in Abschnitt 7.2.1 beschriebenen Voraussetzungen hinsichtlich der Tragfähigkeit der Fassadenteile berücksichtigt werden.

7.3 Bekleidete Gerüste

Wirtschaftliche Beweggründe, d. h. die Notwendigkeit, unabhängig von der Witterung das ganze Jahr über Arbeiten an Fassaden ausführen zu können, sowie gestiegene Anforderungen an den Umweltschutz und die daraus resultierenden Bestrebungen, Emissionen zu reduzieren, führten in den letzten Jahren zum verstärkten Einsatz von mit Netzen oder Planen bekleideten Gerüsten [10].

Die meisten Gerüstsysteme in Deutschland wurden vor 1990 entwickelt und waren somit als Konstruktionen für unbekleidete Gerüste vorgesehen. Die Zulassungsbescheide vor 1990 betrafen ausschließlich unbekleidete Gerüste.

Die Bekleidung von Gerüsten mit Netzen und Planen führt zu einer erheblich höheren Beanspruchung, insbesondere der Verankerung, als das bei unbekleideten Gerüsten der Fall ist [55]. Die zusätzliche Belastung wurde in den Zulassungen von Arbeits- und Schutzgerüsten durch eine beträchtliche Erhöhung der Anzahl und somit durch eine Verringerung der Abstände der Verankerungen berücksichtigt [56].

7.3.1 Gerüstnetze

Material

Marktübliche Gerüstnetze bestehen in der Regel aus einem Kunststoffgewebe mit Fasern aus Polyäthylen oder Polypropylen unterschiedlicher Maschenweite und Fadenstärke. Das Material ist gegen den Einfluß der ultravioletten Strahlung stabilisiert. So führt auch Sonnenstrahlung nicht zum Abfall oder gar zum Verlust der Reißfestigkeit des Netzes während seiner Lebensdauer.

Gemäß DIN 53 354 beträgt die Reißfestigkeit von Gerüstnetzen zwischen 0,40 kN und 0,55 kN je 5 cm Breite. Randstreifen von Gerüstnetzen haben in der Regel ein verstärktes, dichteres Gewebe mit eingearbeiteten Ösen. Die Ausreißfestigkeit der Randösen liegt zwischen 0,35 kN und 0,55 kN. Diese Festigkeitswerte bedeuten, daß ein Gerüstnetz je 1,00 m^2 mit einem Netzbinder an das Gerüst befestigt werden sollte, was einem Abstand von 50,0 cm entspricht. So werden weder das Netzgewebe noch die Randöse überlastet.

Winddurchlässigkeit

Der Aufbau der Netze hat einen entscheidenden Einfluß auf die Bemessung der Verankerung von mit Netzen bekleideten Gerüsten. Die Winddurchlässigkeit bestimmt die Größe des aerodynamischen Kraftbeiwertes, der nur in Windkanalversuchen bestimmt werden kann. Die statische Berechnung, die der allgemeinen bauaufsichtlichen Zulassung zugrunde

Bild 7.9
Mit Netzen bekleidetes
Fassadengerüst [279]

liegt, geht von aerodynamischen Kraftbeiwerten $c_{f\perp} = 0{,}60$ und $c_{f||} = 0{,}20$ aus. Für bekleidete Gerüste innerhalb der Regelausführung dürfen nur Gerüstnetze verwendet werden, die ein entsprechendes Prüfzeugnis aufweisen können. Die Verwendung von Gerüstnetzen mit größeren aerodynamischen Kraftbeiwerten führt automatisch zum Nachweis im Einzelfall, was einen erhöhten Aufwand für den Gerüstbauer bedeutet.

Netzbinder

In der Regel werden als Netzbinder Schnellverschlüsse aus Kunststoff angeboten, die eine an die Schutznetzfestigkeit angepaßte Belastbarkeit haben und je nach Hersteller einmal oder mehrfach verwendet werden können.

7.3.2 Gerüstplanen

Material

Mit Planen bekleidete Gerüste werden wesentlich stärker durch Wind belastet als mit Netzen bekleidete Gerüste. Durch Anbringen von windundurchlässigen Planen werden Gerüste zu allseits geschlossenen Baukörpern, auf die Windlasten in voller Größe einwirken.

Gerüstplanen bestehen in der Regel aus durch Gitter- oder Bändchengewebe verstärkten Polyäthylen-Folien. Ebenso wie Gerüstnetze werden auch Planen für Gerüste gegen den UV-Einfluß geschützt. Die Reißfestigkeit von Gerüstplanen beträgt nach DIN 53 354 je 5 cm Planenbreite 0,45 kN. Die am Rand verstärkten Planen haben ebenso wie Netze eingearbeitete Ösen, die eine Ausreißfestigkeit von 0,45 kN je Öse haben müssen.

Als Planenbinder können die gleichen Schnellverschlußbinder wie bei Netzen verwendet werden, mit dem Unterschied, daß die Anzahl der Binder mindestens verdoppelt werden muß.

Regelausführung

Die erhöhte Belastung aus Wind bedeutet für mit Planen bekleidete Systemgerüste innerhalb der Regelausführung, daß eine Verankerung an jedem Gerüstknoten erforderlich wird. Diese Maßnahme verhindert, daß die Verankerungskraft übermäßig groß wird und dann von den üblichen Verankerungsmitteln und Gerüsthaltern nicht mehr aufgenommen werden kann.

7.3.3 Vorhaltung von bekleideten Gerüsten

Während der Standzeit von bekleideten Gerüsten ist es von großer Bedeutung, daß Gerüstnetze und erst recht Planen immer allseits geschlossen bleiben. Etwaige Beschädigungen, vor allem an Traufen und Gebäudeecken, müssen sofort ausgebessert werden. Es muß fortwährend verhindert werden, insbesondere während der Herbststürme, daß Wind hinter die Bekleidung greift und diese an weiteren Stellen beschädigt. Die vom Wind bewegten beschädigten Bekleidungen verursachen eine erheblich vergrößerte und gleichzeitig dynamische Belastung des Gerüstes. Eine Verankerung, die für diese Art der Beanspruchung nicht konzipiert ist, kann versagen. Als „Sofortmaßnahme" muß unverzüglich die Bekleidung vom Gerüst entfernt werden, sofern sie nicht wirksam repariert werden kann.

7.3.4   Großplakat-Werbung an Gerüsten

Mitte der 90er Jahre des 20. Jh. „entdeckte" die Werbebranche Gerüste als Träger für ihre Werbemittel und positionierte daran temporäre Flächenwerbung, die in der Regel aus großformatigen Gitterfolien oder Planen besteht.

Gewöhnlich wird die weiche, nicht versteifte Werbeplane nur am Rand mit dem Gerüst verbunden. Eine solche großflächige Plane ist mit einem Segel vergleichbar. Die Lastabtragung erfolgt wie in einem Seil. Am Rand der Fläche entstehen horizontale und vertikale Auflagerkräfte, die das Gerüst wesentlich stärker belasten, als dies bei einem mit Planen bekleideten Gerüst geschieht.

Hinzu kommt die Problematik des Materials für die Flächenwerbung. In der Regel werden Netze mit einer geringen Winddurchlässigkeit und einem aerodynamischen Kraftbeiwert von $c_{f\perp} \approx 0,90$ verwendet. Für das verwendete Gerüst muß ein Nachweis im Einzelfall geführt werden.

Bei Großplakat-Werbung ist die Winddruckbelastung in der Auswirkung auf die Gerüstverankerung gleich dem Einfluß einer Gerüstverplanung. Noch kritischer ist der Sachverhalt beim Windsog. Ein Großplakat mit den Abmessungen 20,00 m × 20,00 m, das nur am Rande mit einem Gerüst verbunden wird, erzeugt eine linear veränderliche, dreiecksförmige Auflagerkraft. Unter der Annahme, daß bei größter Windbelastung die Plane im Zentrum einen Durchhang von ca. 1,00 m hat, ergeben sich in Feldmitte Lastspitzen von ca. 3,50 kN/m

Bild 7.10
Großplakat-Werbung an einem
Fassadengerüst [279]

in horizontaler und von ca. 17,00 kN/m in vertikaler Richtung. Diese Lasten erfordern eine maximale horizontale Verankerungskraft von ca. 9,00 kN, die nicht ohne weiteres realisiert werden kann. Darüber hinaus wird der Stiel des Vertikalrahmens mit ca. 50,00 kN belastet, was ungefähr um das Zweifache die Tragfähigkeit des Rohres überschreitet. Ferner werden den Belägen Druckkräfte in der Größenordnung von ca. 32,00 kN zugemutet, die diese ebenfalls nicht schadlos übernehmen können [11]. Deshalb darf eine solche Plane zur Flächenwerbung nicht ohne zusätzliche unterstützende Maßnahmen eingesetzt werden!

In dem hier skizzierten Fall muß die Gerüstkonstruktion saniert werden. Als Abhilfe bietet sich die Verstärkung der Gerüstkonstruktion durch Gitterträger an, die das Plakat einrahmen und die Lasten gleichmäßig in die Gerüstkonstruktion einleiten. Es muß ein Stahl-Gitterträger umlaufend angeordnet werden (hochkant). Darüber hinaus muß mindestens ein Alu-Gitterträger am oberen und unteren Rand des Plakats angeordnet werden (liegend). Die Gitterträger müssen mit Normalkupplungen an Stiele der Vertikalrahmen und Zwischenrohre angeschlossen werden. Darüber hinaus müssen die mittleren Verankerungspunkte an den Plakaträndern doppelt geankert werden.

Die dargestellte Lösung ist sehr aufwendig und kostenintensiv. Sie macht aber deutlich, daß großformatige Flächenwerbung nicht unbedacht an Gerüsten befestigt werden darf.

Die Abhilfemaßnahmen sind aus konstruktiver und ökonomischer Sicht aufwendig. Es ist wesentlich sinnvoller, den Werbeträger an die Gerüstkonstruktion anzupassen, z. B. durch Anordnung von angenähten oder angeschweißten Befestigungsbändern, die passend zur Feldlänge und Feldhöhe des Gerüstes angebracht werden, als die Gerüstkonstruktion dem Plakat anpassen zu müssen.

7.4   Freistehende Gerüste

An nicht tragfähigen Fassaden, z. B. aus Glas, Blech, historischem Naturstein oder vorgehängtem Mauerwerk, dürfen Arbeits- und Schutzgerüste nicht verankert werden. Häufig wird auch eine Gerüstverankerung von Bauherren oder Planern nicht gewünscht. Der ausführende Gerüstbauer steht in dieser Situation vor der schwierigen Problematik, die Standsicherheit seines Gerüstes auf anderem Wege zu gewährleisten.

Unverankerte Gerüste werden innerhalb der Regelausführung nicht beschrieben. Für diese Art von Gerüstaufbau muß in jedem Fall ein Standsicherheitsnachweis im Einzelfall geführt werden. Standardlösungen sind wegen der möglichen Unterschiede nicht zweckmäßig. Sinnvoll ist gleichwohl die Angabe grundsätzlicher Mittel, die, angepaßt an die jeweiligen Anforderungen, miteinander kombiniert werden können.

Für unverankerte Gerüste ist der Nachweis der Lagesicherheit maßgebend. In diesem Nachweis wird die Sicherheit gegen Gleiten, Abheben und Umkippen des Gerüstes untersucht. Dabei sind Teilsicherheitsbeiwerte anzunehmen, die von den üblichen Angaben abweichen (DIN 4420 Teil 1, Abschnitt 5.4.8.1):

- für günstig wirkende Lasten mit $\gamma_F = 1,00$ (superior),
- für ungünstig wirkende Lasten mit $\gamma_F = 1,50$ (inferior).

Beim Nachweis der Gleitsicherheit ist zu belegen, daß die Gleitkraft in der Lagerebene nicht größer ist als die Grenzgleitkraft. Für die Grenzgleitkraft dürfen Reibwiderstand und Scherwiderstand von mechanischen Verbindungen angesetzt werden.

Der Nachweis der Sicherheit gegen Abheben ist erfüllt, wenn die senkrecht zur Lagerebene gerichtete abhebende Kraft nicht größer als die pressende Kraft ist.

Die Sicherheit gegen Umkippen ist gegeben, wenn bei einer konstant angenommenen Pressung in einer Teilfläche der Lagerebene Gleichgewicht vorhanden ist.

Für die Erfüllung der Lagesicherheit von unverankerten Gerüsten sind folgende Maßnahmen hilfreich:

- Abstützkonstruktionen, die das Gerüst rückwärtig stützen, die auftretenden Horizontallasten umwandeln und als Vertikallasten in einen tragfähigen Untergrund ableiten,
- Stützkonstruktionen, die das Gerüst horizontal gegen das Bauwerk druckfest abstützen,
- Beschwerung der Abstützkonstruktionen mit Ballast,
- Verankerung der Abstützkonstruktion mit Bodenankern.

Die vorzusehende rückwärtige Abstützkonstruktion sichert das Gerüst gegen Umkippen und wird in der Regel vom Windsog belastet. Sie stellt eine räumliche Konstruktion dar, welche die Basis des zu sichernden Gerüstes verbreitert. Es muß besonders auf die ausreichende Aussteifung der Abstützkonstruktion geachtet werden. Oft werden lediglich einfache Gerüstrohre als Abstützung verwendet, die ohne ausreichende Aussteifung zur Ableitung der ihnen zugewiesenen Belastung nicht geeignet sind. Zweckmäßiger sind hier Konstruktionen aus Gitterträgern oder gar aus Modulgerüstteilen, die komplette Raumgerüste bilden können. Auch senkrecht zum Fassadengerüst angeordnete Felder aus Systemgerüsten, die miteinander verbunden werden, haben sich als Abstützkonstruktionen bewährt.

Dürfen in die Fassade Druckkräfte eingeleitet werden, können Gerüstspindeln verwendet werden, die an Vertikalstielen mit Normalkupplungen und Rohrstücken zu befestigen sind. Diese Maßnahme darf nur in Kombination mit einer Abstützung eingesetzt werden. Gegen Beschädigungen der Fassade müssen die Fußplatten der Spindeln z. B. mit Holz oder Kunststoff geschützt werden.

In Fällen, in denen in die Fassade keine Druckkräfte eingeleitet werden dürfen, muß der Winddruck in Vertikallast umgewandelt und in den tragfähigen Untergrund eingeleitet werden. Die Umwandlung der Wirkungsrichtung der Belastung erfolgt in der rückwärtigen Abstützkonstruktion. Unterstützend wirkt sich dabei aus, wenn Ballastgewichte vorgesehen werden können. Hierbei muß aber auf eine realisierbare und wirkungsvolle Verbindung der Gewichte mit der Gerüstkonstruktion geachtet werden, damit die entlastende Wirkung des Ballastes auch tatsächlich aktiviert werden kann. Überdies muß die dauerhafte Wirkung des Ballastes gewährleistet sein. So sollte der Ballast nicht aus Materialien bestehen, die auf der gleichen Baustelle verbaut werden, wie z. B. aus Mauersteinen.

In diesem Fall kann es geschehen, daß die Ballaststeine anderweitig Verwendung finden, was die Wirkung der Abstützung schwächen und zum Versagen führen könnte.

Als Alternative zum Ballast werden gern Bodenanker verwendet. Die ermittelten Verankerungskräfte basieren auf der Annahme, daß Reibungskräfte zwischen Metalloberfläche des Ankers und dem Boden aktiviert werden können. Die Praxis hat gezeigt, daß in einigen Fällen die erzielten Reibungskräfte sehr gering sind und der eingesetzte Bodenanker die ihm zugewiesenen Lasten nicht übertragen kann. In diesen Fällen hat sich ein schräges Einschlagen des Ankers als hilfreich erwiesen.

Unverankerte Gerüste stellen immer eine Sonderlösung dar und bedürfen einer besonders sorgfältigen Planung und Ausführung. In den meisten Fällen kann jedoch nach Einbeziehung aller Beteiligter eine standsichere und wirtschaftliche Lösung entwickelt werden. Eine Absprache mit der Bauaufsichtsbehörde oder dem Prüfingenieur über verringerte, kurzzeitig wirkende Windlasten oder reduzierte Sicherheitsfaktoren erweist sich hierbei stets als hilfreich und zuverlässig.

7.5   Verankerungssysteme

Gebäude mit vorgehängten hinterlüfteten Fassadenkonstruktionen, Glasfassaden sowie Fassaden aus zweischaligem Mauerwerk verkörpern den Stand der Technik beim Kommunal- und Wirtschaftsbau, aber auch beim Wohnungsbau, da hier sowohl die Anforderungen der Wärmeschutzverordnung als auch der zeitgemäßen Architektur erfüllt werden. Eine vorausschauende Planung der Bauausführung stellt hierbei eine unabdingbare Basis für ein kostengünstiges und sicheres Bauen dar.

Da jedes Bauvorhaben besondere Maßnahmen erfordert, überträgt in der Regel der Bauherr, der zunächst die Gesamtverantwortung für die Baumaßnahme trägt, im Planungsbereich die Aufgabe an einen geeigneten Entwurfsverfasser (Architekt). Dieser beauftragt dann jeweils den erforderlichen Sonderfachmann mit einzelnen Teilaufgaben. Damit die Erstellung eines Gebäudes zum technischen und wirtschaftlichen Erfolg wird, müssen schon in der Planungsphase die Sicherheitsanforderungen für die Bauausführung und die Anforderungen an die spätere Nutzung des Baues aufeinander abgestimmt werden.

Bild 7.11
Unwirksame Gerüstverankerung [283]

Für Gebäude mit Wärmedämmsystemen, mit vorgehängten hinterlüfteten Fassaden-konstruktionen, Glasfassaden sowie Fassaden aus zweischaligem Mauerwerk bieten mehrere Hersteller technisch ausgereifte Gerüstverankerungssysteme an. Der verantwortliche Entwurfsverfasser sollte den Einbau einer solchen Konstruktion bereits in der Planungsphase vorsehen, und zwar so, daß an gleichen Verankerungspunkten Arbeits- und Schutzgerüste während der Bauausführung und bei der späteren Fassadenwartung befestigt werden können. Diese Lösung ist in der Regel kostengünstiger als die Anschaffung zum Beispiel einer Fassadenbefahranlage [138]. Dem Planer stehen bei der Bewältigung seiner Aufgabe umfangreiche Hilfsmittel sowohl der Hersteller der Gerüstverankerungssysteme als auch der Systemgerüste selbst zur Verfügung. Die Grundlagen der Problematik der Gerüstverankerung werden im folgenden vorgestellt; außerdem werden Wege aufgezeigt, einwandfreie Verankerungspunkte für Gerüste in Fassaden vorzusehen.

Vorschriften

Fest verankerte Anschlagpunkte in Fassaden bilden Befestigungsstellen für Absturzsicherungen. Gleichzeitig können diese Anschlagpunkte als Verankerung benutzt werden, z. B. bei einer späteren, kostengünstigen und sicherheitstechnisch abgestimmten Fassadenwartung.

Diese Vorgehensweise ist nicht nur wirtschaftlich effizient, sie ist auch in der Gesetzgebung verankert. So schreibt die Bauordnung NRW vor: „... Können Fensterflächen nicht gefahrlos vom Erdboden, vom Innern des Gebäudes oder von Loggien oder Balkonen aus gereinigt werden, sind Vorrichtungen wie Aufzüge oder Anschlagpunkte für Sicherheitsgeschirr anzubringen, die eine Reinigung von außen ermöglichen." (BauO NRW, § 36, Abschnitt 1) [246]. Wenn diese Arbeiten also nicht auf gefahrlose Weise vom Erdboden oder vom Inneren des Gebäudes aus erfolgen können, müssen geeignete Einrichtungen, wie zum Beispiel Steigleitern oder Fassadenbefahreinrichtungen, geschaffen werden. Fehlen diese, müssen Einrichtungen wie Standgerüste, Fahrgerüste oder Hubarbeitsbühnen eingesetzt werden. Lediglich bei Außenwandhöhen des Gebäudes bis 8,00 m darf auf Verankerungsvorrichtungen verzichtet werden (DIN 4426, Abschnitt 3.4) [202].

DIN 4426 beschreibt die Aufgaben der Fassadenwartung wie folgt: „... Zur Instandhaltung zählen alle Arbeiten und Maßnahmen, die zur Bewahrung und Wiederherstellung des Soll-Zustandes sowie zur Feststellung und Beurteilung des Ist-Zustandes einer baulichen Anlage erforderlich sind." (DIN 4426, Abschnitt 2.1).

Bei mehrschaligen Außenwandkonstruktionen, wie vorgehängten Naturstein- und Betonfertigteilfassaden, oder beim zweischaligen Verblendmauerwerk müssen Verankerungslasten aus dem Arbeitsgerüst direkt in die tragende Innenschale eingeleitet werden. Eine nachträgliche Befestigung der Gerüstverankerung an die vorgehängte Fassade oder am Verblendmauerwerk ist aus Standsicherheitsgründen nicht zulässig. Die Gerüstverankerung muß also unbedingt vor Errichtung der Außenschale in die tragende Konstruktion eingebaut und durch die Verblendschale geführt werden. Freistehend nicht standsichere Arbeitsgerüste können hier am fertigen Bauwerk bei Bedarf verankert werden, ohne daß die Verblendschale beschädigt wird. Eine nachträgliche Kernbohrung mit einbetonierten Verankerungssystemen ist meistens aufwendig und in ihrer Wirksamkeit fragwürdig.

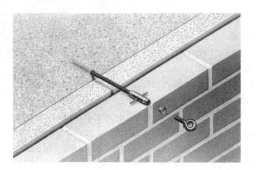

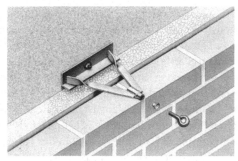

Bild 7.12 Gerüstverankerungssystem
ohne Diagonalen [278]

Bild 7.13 Gerüstverankerungssystem
mit Diagonalen [278]

Gerüstbelastung

Vertikale Lasten können über die Gerüstkonstruktion vom tragfähigen Untergrund aufgenommen werden. Horizontale Lasten müssen hingegen über die Gerüstverankerung in die tragende Gebäudekonstruktion eingeleitet werden. Diese Lasten wirken sowohl senkrecht als auch parallel zur Fassadenrichtung. Verankerungslasten als Zug- und Drucklasten senkrecht zur Fassade können vom Fassadenanker ohne Diagonalstreben übertragen werden. Verankerungslasten parallel zur Fassade können nur von Fassadenankern mit Diagonalstreben oder von solchen, die Biegemomente übertragen können, aufgenommen werden.

Bemessung der Gerüstverankerung

Die Anordnung der Gerüstverankerung und deren Bemessung müssen im Einklang mit DIN 4426 (DIN 4426, Abschnitt 3.4) und mit der allgemeinen bauaufsichtlichen Zulassung der verwendeten Gerüste bestimmt werden.

So darf der vertikale Abstand von 4,00 m zwischen den Verankerungsebenen nicht überschritten werden (DIN 4426 Abschnitt 3.4). Der horizontale Abstand der Verankerungspunkte muß an die Systemlängen der Gerüste angepaßt werden. Er beträgt für die am Markt vertretenen Gerüstsysteme zwischen 2,00 m und 3,00 m (respektive 2,07 m bis 3,07 m).

Für die Bemessung der Verankerungskonstruktion kann von folgenden Werten ausgegangen werden:

* rechtwinklig zur Fassade: 2,25 kN/m Fassadenlänge,
* parallel zur Fassade: 0,75 kN/m Fassadenlänge.

Beträgt der Abstand zwischen den Verankerungsebenen weniger als 4,00 m, darf linear interpoliert werden. An Traufkanten und Gebäudeecken müssen diese Kräfte verdoppelt werden (DIN 4426, Abschnitt 3.4).

Richtwerte für die Verankerungskräfte können anhand der Tabelle 7.2 bestimmt werden. Die genauen Verankerungskräfte müssen allerdings direkt einer Gerüstzulassung entnommen werden.

Tabelle 7.14 Hersteller von Gerüstverankerungssystemen

Produktanbieter	Anschrift
DEHA Ankersysteme GmbH & Co. KG (s. a. HALFEN-DEHA GmbH)	Breslauer Straße 3 64521 Groß-Gerau Tel.: 06152/939-0 Fax: 06152/939-100
Deutsche Kahneisen Gesellschaft mbH	Nobelstraße 51–55 12057 Berlin Tel.: 030/68283-02 Fax: 030/68283-497
HALFEN-DEHA Vertriebsgesellschaft mbH	Liebigstraße 14 40764 Langenfeld Tel.: 02173/970-0 Fax: 02173/970-123
KORO-AKKO GmbH	Carl-Friedrich-Gauß-Straße 5 63263 Neu-Isenburg Tel.: 06102/380-54 Fax: 06102/380-59
LUTZ Ankersysteme GmbH & Co. KG	Alfred-Zippe-Straße 2 97877 Wertheim Tel.: 09342/9600-0 Fax: 09342/9600-70
Josef Stuhldreier – Anker GmbH	Weiße Ahe 9–9a 58849 Herscheid Tel.: 02357/2294 Fax: 02357/2171

Bild 7.14
Gerüstverankerungssystem
KORO-Alu-KS-Hülse zum
Andübeln, Einbau nur in
waagerechter Fassadenfuge
[283]

Bild 7.15
Gerüstverankerungssystem
STUHLDREIER STAR-
JAG-H zum Andübeln, Einbau
nur in vertikaler Fassadenfuge
[283]

Bild 7.16
Gerüstverankerungssystem
LUTZ HDB 210 zum
Andübeln, Einbau nur in
waagerechter Fassadenfuge
[283]

Ausgesuchte Gerüstverankerungssysteme

Eine Marktumfrage des Autors ergab, daß Gerüstverankerungssysteme von einem halben Dutzend Firmen angeboten werden. Tabelle 7.14 beinhaltet eine Übersicht der Hersteller von Gerüstverankerungssystemen.

Da die Verankerungssysteme nach dem Einbau in die Fassade nicht nachträglich auf ihren Zustand hin überprüft werden können, müssen sie aus nichtrostendem Stahl nach DIN 17 440 (1.4571 alternativ 1.4401 (V4A)) oder aus Aluminium-Knetlegierungen nach DIN 1725 hergestellt sein. Teile aus verzinktem Stahl oder Edelstahl V2A dürfen nicht verwendet werden.

Einige der in Tabelle 7.15 zusammengefaßten Systeme weisen ein M12-Innengewinde auf, in das Ringösenschrauben mit einem Augendurchmesser von Ø 23 mm eingeschraubt werden können. Andere Systeme weisen Ringplatten auf, die in die Ankerhülse eingesteckt werden.

Gerüstverankerungssysteme werden als sichtbares oder verdeckt montiertes System eingebaut. Die Verankerungskonsolen werden hierbei an tragenden Konstruktionen aus Stahl angeschweißt, in Stahlbetonkonstruktionen einbetoniert oder mit Dübeln befestigt und durch die Verblendschale geführt. Bei Stahlbetonkonstruktionen ist unbedingt auf die richtige Wahl der Dübel in Abhängigkeit von der Betongüte und vom Einbauort zu achten (Betondruckzone oder gerissene Betonzugzone) [69]. Werden Dübel in der gerissenen Betonzugzone eingesetzt, dürfen nur solche mit einer bauaufsichtlichen Zulassung verwendet werden. Hinweise hierzu können den Dübelzulassungen oder dem Merkblatt „*Verwendung bauaufsichtlich zugelassener Dübel*" entnommen werden.

Die meisten Verankerungssysteme können den Abmessungen der Fassadenschicht durch Justieren oder Ablängen angepaßt werden. Ein Ausschneiden oder Durchdringen der Fassadenhaut ist in der Regel nicht erforderlich. Bauartbedingt können die Verankerungselemente in den Fugen angeordnet werden, so daß unterschiedliche Elemente für die horizontalen und vertikalen Fugen angeboten werden.

Zum Schutz gegen Verschmutzung des Innengewindes oder der Hülse werden die Gerüstankersysteme mit Kunststoffkappen in neutralen Farben, die nach dem Abbauen des Gerüstes wieder in der Öffnung anzubringen sind, versehen.

Bild 7.17
Verankerungssystem mit einer einschraubbaren Ringösenschraube an einer vorgehängten Fassade [283]

Tabelle 7.15 Ausgewählte Gerüstverankerungssysteme

Hersteller	Bezeichnung	Wandaufbau	Einbaurichtung	Werkstoff	Belastbarkeit [kN]
Deutsche Kahneisen GmbH	JGA-Q 210 bis 310 (20-mm-Raster)	von 175 mm bis 300 mm	Horizontalfuge	Edelstahl A4 (1.4571 oder 1.4401)	zul $F_\perp$ = 8,0 zul $F_\parallel$ = 0,9
	JGA-Z 175 bis 275 (20-mm-Raster)	von 165 mm bis 290 mm	Horizontal- und Vertikalfuge	Edelstahl A4 (1.4571 oder 1.4401)	zul $F_\perp$ = 5,0
HALFEN	HGA-Q 160 bis 260 (25-mm-Raster)	von 165 mm bis 285 mm	Horizontalfuge	Edelstahl A4 (1.4571 oder 1.4401)	zul $F_\perp$ = 5,2 zul $F_\parallel$ = 1,7
	HGN-ZN 115 bis 205 (30-mm-Raster)	von 155 mm bis 265 mm	Horizontal- und Vertikalfuge	Edelstahl A4 (1.4571 oder 1.4401)	zul $F_\perp$ = 5,0
KORO	ALU-KS-Hülse	bis 260 mm	Horizontalfuge	Aluminium (nach DIN 1725)	zul $F_\perp$ = 5,0 zul $F_\parallel$ = 1,7
	ALU-SM-Hülse	bis 260 mm	Vertikalfuge	Aluminium nach (DIN 1725)	zul $F_\perp$ = 5,0 zul $F_\parallel$ = 1,7
	X-Hülse	von 120 mm bis 280 mm	Horizontalfuge	Edelstahl A4 (1.4571 oder 1.4401)	zul $F_\perp$ = 3,3 zul $F_\parallel$ = 1,2
	XL-Hülse	von 120 mm bis 280 mm	Horizontalfuge	Edelstahl A4 (1.4571 oder 1.4401)	zul $F_\perp$ = 3,3 zul $F_\parallel$ = 1,2
	KS-Hülse	von 120 mm bis 260 mm	Horizontalfuge	Edelstahl A4 (1.4571 oder 1.4401)	zul $F_\perp$ = 5,0 zul $F_\parallel$ = 1,7
	SM-Hülse	von 160 mm bis 250 mm	Vertikalfuge	Edelstahl A4 (1.4571 oder 1.4401)	zul $F_\perp$ = 5,0 zul $F_\parallel$ = 1,7
	SH-Hülse	bis 280 mm	Vertikalfuge	Edelstahl A4 (1.4571 oder 1.4401)	zul $F_\perp$ = 5,0 zul $F_\parallel$ = 1,7
LUTZ	HB 135 bis 330 (15-mm-Raster)	von 90 mm bis 295 mm	Horizontalfuge	Edelstahl A4 (1.4571 oder 1.4401)	zul $F_\perp$ = 3,3 zul $F_\parallel$ = 1,2
	VB 200 bis VB 320 (20-mm-Raster)	von 160 mm bis 280 mm	Vertikalfuge	Edelstahl A4 (1.4571 oder 1.4401)	zul $F_\perp$ = 3,3 zul $F_\parallel$ = 1,2
	HBD 195 bis 330 (15-mm-Raster)	von 150 mm bis 295 mm	Horizontalfuge	Edelstahl A4 (1.4571 oder 1.4401)	zul $F_\perp$ = 3,3 zul $F_\parallel$ = 1,2
	VBD 195 bis 330 (20-mm-Raster)	von 160 mm bis 280 mm	Vertikalfuge	Edelstahl A4 (1.4571 oder 1.4401)	zul $F_\perp$ = 3,3 zul $F_\parallel$ = 1,2
	HBU 135 bis 330 (15-mm-Raster)	von 90 mm bis 295 mm	Horizontalfuge	Edelstahl A4 (1.4571 oder 1.4401)	zul $F_\perp$ = 2,7
	HMU 135 bis 330 (15-mm-Raster)	von 90 mm bis 295 mm	Horizontalfuge	Edelstahl A4 (1.4571 oder 1.4401)	zul $F_\perp$ = 2,7
	BR 185 bis 295 (10-mm-Raster)	von 185 mm bis 295 mm	Horizontalfuge	Edelstahl A4 (1.4571 oder 1.4401)	zul $F_\perp$ = 2,7
Stuhldreier	STAR-JAG 90/130 H	von 125 mm bis 185 mm	Horizontalfuge	Edelstahl A4 (1.4571 oder 1.4401)	zul $F_\perp$ = 3,3 zul $F_\parallel$ = 1,2
	STAR-JAG 130/170 H	von 165 mm bis 225 mm	Horizontalfuge	Edelstahl A4 (1.4571 oder 1.4401)	zul $F_\perp$ = 3,3 zul $F_\parallel$ = 1,2
	STAR-JAG 170/210 H	von 205 mm bis 265 mm	Horizontalfuge	Edelstahl A4 (1.4571 oder 1.4401)	zul $F_\perp$ = 3,3 zul $F_\parallel$ = 1,2
	STAR-JAG 90/130 V	von 125 mm bis 185 mm	Vertikalfuge	Edelstahl A4 (1.4571 oder 1.4401)	zul $F_\perp$ = 3,3 zul $F_\parallel$ = 1,2
	STAR-JAG 130/170 V	von 165 mm bis 225 mm	Vertikalfuge	Edelstahl A4 (1.4571 oder 1.4401)	zul $F_\perp$ = 3,3 zul $F_\parallel$ = 1,2
	STAR-JAG 170/210 V	von 205 mm bis 265 mm	Vertikalfuge	Edelstahl A4 (1.4571 oder 1.4401)	zul $F_\perp$ = 3,3 zul $F_\parallel$ = 1,2

Die o. g. Angaben wurden anhand der technischen Unterlagen der Hersteller zusammengestellt.

8 Konstruktion von Systemgerüsten

8.1 Einleitung

Bei der Entwicklung und Konstruktion eines Systemgerüstes spielen neben den durch die berufsgenossenschaftlichen Vorschriften und die Normung geregelten sicherheitstechnischen und statischen Aspekten wirtschaftliche Gesichtspunkte eine wichtige Rolle. Bestrebt, einen möglichst hohen Gewinn zu erwirtschaften, wählen Gerüstbauer bei der Anschaffung eines Gerüstes gerne das System, das ihnen im Hinblick auf dieses Ziel die besten Voraussetzungen bietet. Die Frage, ob es sich bei der Anschaffung um ein gänzlich neues System oder um die Ergänzung eines bereits vorhandenen Bestandes handelt, ist ebenfalls wichtig bei der Auswahl.

Aus Sicht des Gerüstbauers wird die Wirtschaftlichkeit eines Gerüstsystems vor allem durch die Montagelogik geprägt. Für den Gerüsthersteller wiederum stehen Produktionskosten im Vordergrund, die vor allem von den gewählten Produktionsverfahren und verwendeten Materialien abhängen. Nicht unerheblich für die Preisbestimmung ist zudem die Menge des vertriebenen Gerüstmaterials. Zeitweise war auf dem Gerüstmarkt zu beobachten, daß große Gerüstmengen ohne Rücksicht auf die wirtschaftlichen Voraussetzungen der einzelnen Gerüstbauer vertrieben wurden. Diese Vorgehensweise verbunden mit anderen phantasievollen Verkaufsstrategien führte zu ungewöhnlich hohen Umsätzen der Gerüsthersteller, allerdings zu keinem realen Gewinn. Alles zusammen mündete in einem ruinösen Wettbewerb, der nicht nur zu einer Bereinigung der Gerüstbauerlandschaft führte, sondern auch Gerüsthersteller im wirtschaftlichen Überlebenskampf nötigte, alternative Strategien zu entwickeln.

Diese Vorzeichen zwingen Konstrukteure von Systemgerüsten, besonders günstige Materialien und Produktionsverfahren zu wählen, die dabei dem bisherigen hohen Entwicklungsstand gerecht werden müssen. Daraus ergibt sich die Forderung nach Umsetzung einer ausgeklügelten Verbindungstechnik und Formgebung in der Konstruktion, denn beim Entwurf von Systemgerüsten müssen die Interessen beider Seiten berücksichtigt werden, d. h., nicht nur die Herstellungskosten und die formellen technischen Randbedingungen müssen bedacht, sondern auch die wirtschaftlichen Forderungen der Gerüstbauer müssen realisiert werden.

Obwohl die lange, teilweise bis über 30 Jahre andauernde Lebenserwartung von Gerüstbauteilen die Einführung von neuen Entwicklungen behindert, kommen moderne und immer leistungsfähigere Gerüste auf den Markt; der Vorteil einer Reduzierung von Gewicht und Materialverbrauch ist bei diesen Gerüsten selbstverständlich. Zudem werden die Montagebedingungen immer ergonomischer und gesundheitsfreundlicher, die Aufbauzeiten immer kürzer und somit wirtschaftlicher. Um also alle Forderungen, d. h. Gesundheitsschutz, aber auch Wirtschaftlichkeit in der Arbeit sowohl der Gerüsthersteller als auch der Gerüstbauer zu vereinen, ist die Einführung neuer, ausgereifter Werkstoffe und Konstruktionen zwingend [149].

8.2   Produktionsverfahren

Auch die sehr hohen Qualitätsstandards, die seitens der Gerüstbauer an Gerüstsysteme
gestellt werden, machen innovative Konstruktionen erforderlich, wobei diese wiederum
nur mit modernen Produktionsmethoden zu erfüllen sind. Heute ist eine ganzheitliche,
durchgehende und übergreifende Qualitätssicherung von der Materialannahme bis zur
Auslieferung des fertigen Produktes unumgänglich geworden. Einige Länder, u. a. Frankreich mit dem NF-Zeichen, haben auch in die soziale Gesetzgebung Forderungen aufgenommen, die einen direkten Einfluß auf die Gestaltung der Produktionslinien ausüben.
Voraussetzung für die Erfüllung der hohen Anforderungen bildet die Verwendung von
hochwertigen Werkstoffen mit einer gleichbleibenden Qualität, eine fachgerechte Verarbeitung, dauerhafter Korrosionsschutz für Stahlteile, wirksamer Witterungsschutz für Holz-
werkstoffe sowie der Einsatz hochqualifizierter Mitarbeiter in der Konstruktion, Produktion und Qualitätsüberwachung.

Nur diejenigen Hersteller, die in der Lage sind, Entwicklungen und Tendenzen des Mark-
tes rechtzeitig zu erkennen und in die Konstruktion umzusetzen, können sich auf dem
Markt behaupten. Sie bleiben dabei der Pflicht verbunden, die Einhaltung der geltenden
Normen und der Vorgaben für den Herstellungsprozeß zu überwachen. DIN 4420 Teil 1
definiert die wichtigsten Anforderungen an Gerüstbauteile aus Stahl, Aluminium und Holzwerkstoffen. Die Erfüllung der Voraussetzungen aus DIN 4420 und aus weiteren Konstruk-
tionsnormen gehört zu den vorrangigen Aufgaben des Gerüstherstellers. Die sachgemäße
Verwendung der nach den Maßgaben der Aufbau- und Verwendungsanleitung der Hersteller aufgebauten Systemgerüste obliegt wiederum der Verantwortung der Gerüstersteller
und -nutzer.

Zu den wichtigsten technologischen Fertigkeiten, die ein moderner Gerüsthersteller be-
herrschen muß, gehören die Umform- und Fügetechniken, aber auch die richtige Wahl des
Korrosionsschutzes.

Umformung

Wirtschaftlich hergestellte Belagteile aus Blech erfüllen nur dann die Anforderungen, wenn
durch gezielte Profilierung des ca. 1 mm dicken Bleches eine ausreichende Steifigkeit und
Tragfähigkeit erreicht wird. Robustere Stahlbeläge werden hingegen durch mehrere Arbeits-
gänge in Walzstraßen geformt und durch Stanzen an deren Oberfläche rutschfest durch
Auftulpungen gestaltet. Aluminiumbeläge, die sich durch eine sehr hohe Tragfähigkeit
auszeichnen, werden meistens aus mehreren Strangpreßprofilen zusammengefügt.

Fügetechnik

Zu den wichtigsten Fügetechniken bei der Herstellung von metallischen Gerüstbauteilen
gehören das Schweißen, Verpressen, Vernieten und Durchsetzfügen. Querriegel werden
mit den vertikalen Traggliedern zusammengeschweißt, Verjüngungen und Übergänge bei
Rohrquerschnitten erfolgen in der Regel durch Verpressungen unterschiedlicher Rohr-
querschnitte, einzelne Bestandteile von Stahlbelägen werden miteinander vernietet oder
mit Stanznieten verbunden.

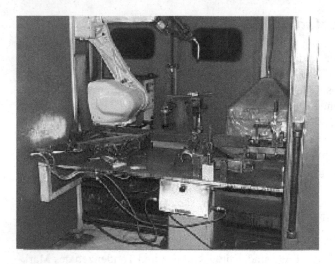

Bild 8.1 Automatenschweißen von Gerüstbauteilen [279]

Korrosions- und Witterungsschutz

Gerüstbauteile aus Stahl müssen dauerhaft einen Langzeitschutz erhalten und vor Korrosion geschützt werden. Der Schutz erfolgt durch Farbanstrich, Feuer- oder Hochtemperatur-verzinkung sowie durch galvanische Überzüge, wie Chromatisierung oder Dacrometisierung. Holzbauteile werden in den meisten Fällen mit Holzschutzmitteln im Kesseldruckverfahren imprägniert.

Bild 8.2 Verzinkung von Vertikalrahmen [279]

8.3 Werkstoffe

8.3.1 Gerüstbauteile aus Stahl

Es dürfen nur Werkstoffe verwendet werden, die in den Technischen Baubestimmungen, insbesondere DIN-Normen, beschrieben sind und für die sowohl Bemessungsangaben als auch Verwendungsregeln existieren. Zahlreiche Werkstoffe, die im Gerüstbau seit langem eingesetzt werden, sind in den Technischen Baubestimmungen des Stahlbaues nicht enthalten. Aus diesem Grund wurden viele Stahlwerkstoffe in DIN 4420 Teil 1, 2 oder 3, DIBt-Heft 9 oder in prEN 12 810 Teil 1 sowie prEN 12 811 Teil 2 aufgenommen.

Der Werkstoff Stahl wird im Gerüstbau zunehmend von leichteren Werkstoffen verdrängt; dennoch wird er in absehbarer Zeit nicht seine Bedeutung verlieren. Durch besondere Formgebung läßt sich der Nachteil eines relativ hohen Gewichtes unter Umständen wieder entschärfen. Insbesondere für Tragglieder, die einer hohen Belastung ausgesetzt werden, ist der Einsatz von Stahl unerläßlich. Für Arbeits- und Schutzgerüste nach DIN 4420 Teil 1 müssen die in Tabelle 8.1 aufgeführten Wandstärken eingehalten werden oder zusätzliche Maßnahmen ergriffen werden.

Tabelle 8.1 Mindestdicke für Gerüstbauteile aus Stahl nach DIN 4420 Teil 1

Bauteil	Wandstärke [mm]
Tragende Gerüstbauteile	2,0
Teile des Seitenschutzes	1,5
Belagteile	2,0
Gerüstrohre mit Kupplungsanschluß	3,2

Bei Belagteilen darf die Mindestdicke unterschritten werden, wenn durch Profilierung oder Aussteifung mindestens eine gleichwertige Gebrauchs- und Tragfähigkeit erreicht wird. Dieser Nachweis wird im Rahmen des Zulassungsverfahrens in der Regel durch Traglast- und Fallversuche erbracht.

Die Europäische Norm prEN 12 811 Teil 1 und 2 übernimmt die Bestimmungen aus DIN 4420 Teil 1 und ergänzt diese um Angaben zur Wandstärke von Bordbrettern aus Stahl (s. Tabelle 8.2).

Tabelle 8.2 Mindestdicke für Gerüstbauteile aus Stahl nach prEN 12 811 Teil 1

Bauteil	Wandstärke [mm]
Tragende Gerüstbauteile	2,0
Teile des Seitenschutzes	1,5
Bordbretter	1,0
Belagteile	2,0
Gerüstrohre mit Kupplungsanschluß	3,2

Im Abschnitt „*Besondere Werkstoffanforderungen*" von prEN 12 810 Teil 1 wird eine weitere Möglichkeit zugelassen. Durch praktische Erfahrungen während der vergangenen zwanzig Jahre konnte die Mindestwanddicke von Stahlrohren mit einem Außendurchmesser von Ø 48,3 mm und einer Mindeststreckgrenze von 315 N/mm^2 für Fassadengerüste aus vorgefertigten Bauteilen auf 2,7 mm reduziert werden.

Die Kombinationsmöglichkeiten von Nennwanddicke und Streckgrenze von Stahlrohren mit einem Außendurchmesser von Ø 48,3 mm sind in Tabelle 8.3 zusammengestellt.

Tabelle 8.3 Nennwanddicken für Stahlrohre mit Ø 48,3 mm nach prEN 12 810 Teil 1 Tabelle 2

Nennwanddicke t [mm]	Mindeststreckgrenze [N/mm^2]	Zulässige Minustoleranzen der Wanddicke [mm]
$2,7 \le t < 2,9$	315	0,2
$t \ge 2,9$	235	nach DIN EN 10 219-2

Gerüstkupplungen nach DIN EN 74 dürfen nur an Stahlrohre mit einer Wandstärke von mindestens 3,2 mm angeschlossen werden [172]. Bei systemunabhängigen Stahlrohren aus Stahl S235 (St 37) nach DIN 17 100 [212] und einem Außendurchmesser von Ø 48,3 mm gelten die Forderungen aus DIN 4427 [203] (s. Tabellen 8.4 und 8.5). In dieser Norm werden die chemische Zusammensetzung, die mechanischen Eigenschaften sowie Maße und Toleranzen bestimmt. Kommen ungekennzeichnete Stahlrohre zum Einsatz, dürfen diese nur wie Stahlrohre aus S185 (St 33) nach DIN 17 100 behandelt werden, es sei denn, der Nachweis einer höheren Stahlgüte wird erbracht. Die Wandstärke muß mindestens 3,2 mm betragen. Stahlrohre mit anderen Außendurchmessern oder aus anderen Stahlsorten müssen DIN 17 120 bzw. 17 121 entsprechen [213, 214].

Tabelle 8.4 Mechanische Eigenschaften nach DIN 4427 Tabelle 2 [203]

Zugfestigkeit $f_{u,k}$ [N/mm^2]	≥ 340 < 480
Streckgrenze $f_{y,k}$ [N/mm^2]	≥ 235
Bruchdehnung A (bei $L_0 = 5,65 \cdot \sqrt{S_0}$)[1]	$\ge 24\,\%$

[1] Nach ISO 6892 (1984).
L_0 = ursprüngliche Meßlänge der Zugprobe.
S_0 = ursprünglicher Querschnitt im Bereich der Meßlänge.

Für Stahlrohr-Kupplungsgerüste nach DIN 4420 Teil 3 müssen Rohre die Forderungen aus DIN 4427 erfüllen. Dabei muß beachtet werden, daß für eine Aufbauhöhe von bis zu 20,00 m eine Wanddicke von 3,2 mm und für eine Aufbauhöhe von bis zu 30,00 m Höhe eine Wanddicke von 4,0 mm erforderlich ist. Alternativ dazu dürfen bei Stahlrohr-Kupplungsgerüsten bis 20,00 m Gerüsthöhe und für die Gerüstgruppen 1 bis 4 Stahlrohre der Stahlgüte S185 (St 33) mit einer Wandstärke 4,0 mm verwendet werden.

Tabelle 8.5 Nennmaße, Masse und Toleranzen der Rohre nach DIN 4427 Tabelle 3 [203]

Rohr	Nennwerte		Toleranzen
	Typ 3	Typ 4	
Wanddicke	3,2 mm	4,0 mm	−10,0 %[1]
Außendurchmesser (einschließlich Abweichungen vom Kreisquerschnitt)	48,3 mm	48,3 mm	±0,5 mm
Innendurchmesser[2]	41,9 mm	–	−4,2 mm
		40,3 mm	−2,6 mm
Masse, einzelnes Rohr	3,56 kg/m	4,37 kg/m	+12,0 % −8,0 %
Masse, Charge von Rohren (10 t und mehr)	3,56 kg/m	4,37 kg/m	±7,5 %

[1] Plusabweichung: Wird von der Massetoleranz beeinflußt.
     Minusabweichung: Wanddicke muß für das Rohr Typ 3 mindestens 2,9 mm betragen; eine Abweichung von −15 % ist an vereinzelten Stellen bis zu einer Länge von 100 mm zulässig, jedoch nur, wenn die Dickenminderung lediglich die äußere Oberfläche beeinflußt.
[2] Die Toleranzen für den Innendurchmesser gelten auch im Bereich der Schweißnaht.

Tabelle 8.6 Gegenüberstellung der Bezeichnung von Stahlerzeugnissen [96]

Erzeugnis	Bezeichnung DIN 17 100 bzw. DIN 17 120	Bezeichnung DIN EN 10 210 bzw. DIN EN 10 219 bzw. DIN EN 10 025	$f_{u,k}$ [N/mm^2]	$f_{y,k}$ [N/mm^2]
Hohlprofile	St 37-2	S235JRH	340	235
	RSt 37-2	S235JRH		
	St 52-3 N	S355J2H	490	355
	StE 355 N	S355NH		
Flach- und Langerzeugnisse	St 37-2	S235JR	340	235
	USt 37-2	S235JRG1		
	RSt 37-2	S235JRG2		
	RQSt 37-2	S235JRG2C		
	St 37-3 U	S235J0		
	St 37-3 N	S235J2G3		
	QSt 37-3 N	S235J2G3C		
	St 44-2	S275JR	410	275
	QSt 44-2	S275JRC		
	St 44-3 U	S275J0		
	St 44-3 N	S275J2G3		
	St 52-3 U	S355J0	490	355
	St 52-3 N	S355J2G3		
	QSt 52-3 N	S355J2G3C		

Serienmäßig hergestellte Gerüstbauteile müssen gegen Korrosion geschützt sein, d. h., sie sind entweder farbbeschichtet oder feuerverzinkt nach DIN 4427. Bei Feuerverzinkung werden Stahlteile nach entsprechender Vorbehandlung durch Eintauchen in eine flüssige Zinkschmelze an der Oberfläche legiert und mit Zink überzogen. Während des Tauchvorgangs im Zinkbad wird das Verzinkungsgut auf die Zinkbadtemperatur von ca. 450 °C erwärmt. Dabei bilden sich auf der Oberfläche durch wechselseitige Diffusion Eisen-Zink-Legierungsschichten. Beim Herausziehen der Teile aus dem Zinkbad überziehen sich diese Legierungsschichten noch mit einer Reinzinkschicht. Dieses Verfahren gewährleistet, daß die Zinkschicht nicht „absplittert" und der Korrosionsschutz auch in einer Industrieatmosphäre eine dauerhafte Sicherheit bietet. Die durchschnittliche Schichtdicke des Zinküberzuges beträgt bei Gerüstbauteilen zwischen 55 µm und 75 µm. Dieser Wert entspricht den Forderungen aus DIN EN ISO 1461 (März 1999) Abschnitt 6.2 für Teile aus Stahl, die nicht geschleudert wurden und eine Bauteildicke zwischen 3,0 mm und 6,0 mm haben. Bei Hochtemperaturverzinkung (HTZ) werden Stahlteile bis ca. 750 °C erwärmt. Die Zinkschicht wird dabei lediglich zwischen 35 µm und 55 µm dick. Der Vorteil dieses Verfahrens liegt bei einem gleichmäßigen, homogenen Schichtaufbau, wodurch ein vollständigerer Oberflächenschutz erzielt wird, was sich besonders bei unregelmäßigen Oberflächen positiv bemerkbar macht. Wo nach konventioneller Stückverzinkung beim Schichtaufbau zahlreiche Eisen-Zink-Phasen unterschiedlicher Stöchiometrie zu beobachten sind, besteht die Schutzschicht beim Hochtemperaturverzinken aus einer Phase, die darüber hinaus eine wesentlich höhere Härte als die Reinzinkschicht aufweist.

Die prEN 12 811 Teil 2 schreibt für den Korrosionsschutz zwei Klassen vor:

- Klasse C1: Schutzanstrich,
- Klasse C2: Feuerverzinkung oder vergleichbare Verfahren.

Werden einzelne Stahlteile zusammengeschweißt, muß das ausführende Unternehmen durch den Eignungsnachweis nach DIN 18 800 Teil 7 zur Durchführung dieser Arbeiten berechtigt sein [217]. Die Einzelheiten der Eignung werden im Zulassungsbescheid geregelt. Es handelt sich hierbei um den sog. „Kleinen Eignungsnachweis" oder um den „Großen Eignungsnachweis". Möglich sind auch Varianten, wie „Kleiner Eignungsnachweis mit Erweiterung zum Schweißen von Bauteilen mit dynamischer Belastung", „... aus S235 mit erhöhter Streckgrenze", „... aus S355 ohne Beanspruchbarkeit auf Zug und Biegung", „... Bolzenschweißverbindungen nach DIN EN ISO 14 555" oder „... Rohrknoten nach DIN 18 808" und andere [132].

8.3.2 Gerüstbauteile aus Aluminium

Trotz des höheren Preises wird in den Bereichen des Gerüstbaues, für den Gewichtsreduzierung der entscheidende Faktor ist, der Werkstoff Aluminium eingesetzt. Da Gerüstbauteile aus Aluminium zudem nicht des Korrosionsschutzes bedürfen, kann der höhere Materialpreis auch wieder aufgefangen werden.

Mit dem Begriff „Aluminium" werden alle Werkstoffe auf Aluminiumbasis bezeichnet. Es handelt sich um Werkstofflegierungen mit Zusätzen insbesondere von Magnesium,

Mangan, Silizium und Zink. Die im Gerüstbau zur Herstellung von tragenden Bauteilen, Belägen und Zubehör üblichen Legierungen und Festigkeitsklassen sind z. B. AlMgSi1,0 oder AlMgSi0,5 mit unterschiedlichen Festigkeitsklassen F18 bis F31. Wie beim Stahl gibt DIN 4420 Teil 1 auch für Gerüstbauteile aus Aluminium Mindestwanddicken vor (s. Tabelle 8.7).

Tabelle 8.7 Mindestdicke für Gerüstbauteile aus Aluminium nach DIN 4420 Teil 1 [196]

Bauteil	Wandstärke [mm]
Tragende Gerüstbauteile	2,5
Teile des Seitenschutzes	2,0
Belagteile	2,5
Gerüstrohre mit Kupplungsanschluß	4,0

Ähnlich wie bei Belagteilen aus Stahl, gilt für alle tragenden Gerüstbauteile aus Aluminium, daß die Mindestwanddicke von 2,5 mm unterschritten werden darf, wenn durch Profilierung oder Aussteifung des Querschnittes eine gleichwertige Gebrauchs- und Tragfähigkeit erreicht wird. Da in DIN 4113 Teil 1 nicht alle im Gerüstbau üblichen Legierungen beschrieben werden [195], stellte das DIBt in Form der *„Zulassungsgrundsätze für die Bemessung von Aluminiumbauteilen im Gerüstbau"* weitere Berechnungsgrundlagen zur Verfügung [226]. Darüber hinaus muß berücksichtigt werden, daß DIN 4113 Teil 1 noch auf dem veralteten Konzept der zulässigen Spannungen basiert, wobei nach Einführung von DIN 4420 Teil 1 (12.1990) Bemessungsregeln auf der Basis der partiellen Sicherheitsbeiwerte notwendig wurden.

Für Aluminiumrohre mit einem Außendurchmesser von Ø 48,3 mm gibt die Europäische Norm prEN 12 810 Teil 1 die in Tabelle 8.8 aufgeführten Kombinationen von Nennwanddicke und Streckgrenze vor [207].

Tabelle 8.8 Nennwanddicken für Aluminiumrohre mit Ø 48,3 mm nach prEN 12 810 Teil 1 Tabelle 3 [207]

Nennwanddicke t [mm]	Mindeststreckgrenze $f_{\gamma,k}$ [N/mm²]	Zulässige Minustoleranzen der Wanddicke [mm]
$3,2 \leq t < 3,6$	250	0,2
$3,6 \leq t < 4,0$	215	0,2
$t \leq 4,0$	195	nach EN 755-8

Systemunabhängige Rohre aus Aluminium mit Festigkeitseigenschaften des Zustandes F28 nach DIN 1746 Teil 1 [189], an die Kupplungen nach DIN EN 74 angeschlossen werden müssen eine Wandstärke von mindestens 4,0 mm haben. Die Festlegung des Wertes für die Wandstärke in DIN 4420 Teil 1 erfolgte willkürlich, da zu diesem Zeitpunkt keine weiteren Erkenntnisse vorlagen. Erfahrungen an Aluminiumgerüstrohren mit einer gerin-

Tabelle 8.9 Gegenüberstellung der Bezeichnung von Aluminiumlegierungen

Bezeichnung DIN 1725	Bezeichnung EN 573	
	digital	chemisch
AlMgSi0,5	A W-6060	EN AW-AlMgSi
AlMgSi0,7	A W-6005A	EN AW-AlSiMg(A)
AlMgSi1	A W-6082	EN AW-AlSi1MgMn
AlZn4,5Mg1	A W-7020	EN AW-AlZn4,5Mg1
AlZnMgCu0,5	A W-7022	EN AW-AlZn5Mg3Cu
AlZnMgCu1,5	A W-7075	EN AW-AlZn5,5MgCu
AlCuSiMn	A W-2014	EN AW-AlCu4SiMg
AlCuMg1	A W-2017A	EN AW-AlCu4MgSi(A)
AlCuMg2	A W-2024	EN AW-AlCu4Mg1

geren Wandstärke als 4,0 mm, an die Gerüstkupplungen angeschlossen wurden, haben keine Beeinträchtigung der Sicherheit und der Gebrauchstauglichkeit gezeigt. Durch Bestätigungsversuche im Zulassungsverfahren können auch diese Bauteile bauaufsichtlich zugelassen werden.

Da im August 1997 die Euronormen DIN EN 573 [175] und DIN EN 755 *„Stranggepreßte Stangen, Rohre und Profile – Mechanische Eigenschaften"* veröffentlicht wurden und als Konsequenz die Normen DIN 1725 [188], DIN 1746 [189] und DIN 1748 [190] zurückgezogen wurden, müssen die bisherigen Materialbezeichnungen umgestellt werden. Nach einer Übergangszeit, während der alte und neue Bezeichnungen parallel Verwendung finden, werden sich anschließend wohl die neuen, aus vier Ziffern bestehenden, digitalen Legierungsbezeichnungen durchsetzen. Tabelle 8.9 gibt einen Überblick über die Umbenennungen der gängigen Konstruktionslegierungen wieder.

Die bisherigen Bezeichnungen des Festigkeitszustandes weichen einer Bezeichnung nach den Herstellbedingungen. Bei AlMgSi0,5 bedeutete F25 einen Zustand, bei dem durch ein vollständiges Lösungsglühen eine ausreichende Abschreckung und dann maximale Warmaushärtung die charakteristische Zugfestigkeit von 245 N/mm^2 erreicht wurde. In der neuen Bezeichnungsart wird AlMgSi0,5 F25 zum EN AW 6106 T6. Der Zustand T6 weist auf eine Legierung, die lösungsgeglüht, abgeschreckt und ausgelagert wurde. Der AlMgSi0,5 F25 kann aber auch in ein EN AW 6063 T66 überführt werden. Diese Problematik macht eine besonders genaue Überprüfung bei der Umstellung der Bezeichnung des Zustandes der Legierung erforderlich, insbesondere bei Aluminiumkonstruktionen, denen eine statische Berechnung zugrunde liegt (s. a. Tabelle 8.10). Für die Konstruktionen wichtige Eigenschaften, wie z. B. die Verbindung hoher Festigkeit mit einem guten Dehnverhalten, konnten durch die Einführung von „Zwischenzuständen" berücksichtigt werden [42].

Für geschweißte Gerüstbauteile aus Aluminium gilt die Forderung nach einem Eignungsnachweis, der in den *„Richtlinien zum Schweißen von tragenden Bauteilen aus Aluminium"* beschrieben wird [232].

Tabelle 8.10 Festigkeitswerte für Strangpreßlegierungen aus Aluminium nach DIN 1748-1 und korrespondierende Zustände nach DIN EN 755-2

DIN 1748-1				DIN EN 755-2			
Legierung	Zustand	$f_{u,k}$ [N/mm²]	$f_{y,k}$ [N/mm²]	Legierung	Zustand	$f_{u,k}$ [N/mm²]	$f_{y,k}$ [N/mm²]
AlMgSi0,5	F25	245	195	AW-6063	T66	245	200
				AW-6106	T6	250	200
	F22	215	160	AW-6060	T66	215	160
AlMgSi0,7	F27	270	225	AW-6005	T6	270	225
	F26	260	215	AW-6005A	T6	255	215
AlMgSi1	F31	310	260	AW-6082	T6	310	260
	F28	275	200	AW-6082	T5	270	230
	F21	205	110	AW-6082	T4	205	110
AlZn4,5Mg1	F35	350	290	AW-7020	T6	350	290
AlZnMgCu0,5	F49	490	420	AW-7022	T6	490	420
AlZnMgCu1,5	F53	530	460	AW-7075	T6	530	460
AlCuSiMn	F45	450	400	AW-2014	T6	460	415
AlCuMg1	F38	380	230	AW-2017A	T4	380	260
AlCuMg2	F44	440	315	AW-2024	T3	395	290

8.3.3 Gerüstbauteile aus Gußwerkstoffen

Einen wichtigen Beitrag zur industriellen Herstellung von Systemgerüsten hat die Verwendung von Gußwerkstoffen geleistet. Obwohl Gußwerkstoffe im Gegensatz zu Baustahl keine ausgeprägte Streckgrenze aufweisen, lassen sich solche Gerüstbauteile nicht aus der Konstruktion wegdenken, wie es seit Jahrzehnten Stahlspindeln mit Tempergußmutter beweisen.

Weiterentwickelte Werkstoffe und Produktionsverfahren führten zur optimalen Ausnutzung der Eigenschaften von Eisenguß. Die Schlagbiegefestigkeit eines entkohlten Tempergusses reicht an die des vergleichbaren Baustahls heran [123]. Das Gewinde der Spindelmutter kann in einem Vorgang mitgegossen werden. Die Spindelmutter gleitet auf der Stahlspindel günstiger, als eine vergleichbare Stahlmutter.

Die am weitesten verbreiteten Gußwerkstoffe sind (hier noch die alten Bezeichnungen):

- Gußeisen mit Kugelgraphit: GGG-40, GGG-50 und GGG-60,
- entkohlend geglühter Temperguß: GTW-S-38-12, GTW-40-05 und GTW-45-07,
- nicht entkohlend geglühter Temperguß: GTS-45-06, GTS-55-04 und GTS-65-02,
- Stahlguß: GS-38 und GS-45.

Als Stahlguß GS bezeichnet man eine Eisen-Kohlenstoff-Legierung mit einem Kohlenstoffgehalt bis ca. 2 %, die in Formen aus Sand, aber auch aus Graphit oder Metall, zu Konstruktionsteilen vergossen wird.

Tabelle 8.11 Festigkeitswerte für getrennt gegossene Probenstücke aus Gußeisen mit Kugelgraphit GGG nach DIN 1693 und korrespondierende Werte für Zugproben
mit Ø 14 mm nach DIN EN 1563

DIN 1693			DIN EN 1563		
Werkstoff	$f_{u,k}$ [N/mm^2]	$f_{\gamma,k}$ [N/mm^2]	Werkstoff	$f_{u,k}$ [N/mm^2]	$f_{\gamma,k}$ [N/mm^2]
GGG-35.3	350	220	EN-GJS-350-22-LT	350	220
			EN-GJS-350-22-RT	350	220
			EN-GJS-350-22	350	220
GGG-40.3	400	250	EN-GJS-400-18-LT	400	250
			EN-GJS-400-18-RT	400	250
			EN-GJS-400-18	400	250
GGG-40	400	250	EN-GJS-400-15	400	250
			EN-GJS-450-10	450	310
GGG-50	500	320	EN-GJS-500-07	500	320
GGG-60	600	380	EN-GJS-600-03	600	370
GGG-70	700	440	EN-GJS-700-02	700	420
GGG-80	800	500	EN-GJS-900-02	800	480
			EN-GJS-900-02	900	600

Tabelle 8.12 Festigkeitswerte für Zugproben mit Ø 12 mm für entkohlend geglühten Temperguß
GTW nach DIN 1692 und korrespondierende Werte nach DIN EN 1562

DIN 1692			DIN EN 1562		
Werkstoff	$f_{u,k}$ [N/mm^2]	$f_{\gamma,k}$ [N/mm^2]	Werkstoff	$f_{u,k}$ [N/mm^2]	$f_{\gamma,k}$ [N/mm^2]
GTW-35-04	350	–	EN-GJMW-350-4	350	–
GTW-S-38-12	380	200	EN-GJMW-360-12	360	190
GTW-40-05	400	220	EN-GJMW-400-5	400	200
GTW-45-07	450	260	EN-GJMW-450-7	450	260
			EN-GJMW-550-4	550	340

Gußeisen ist wiederum eine Fe-C-Legierung, die einen C-Gehalt zwischen 2 % und 5 %
aufweist. Gußeisen mit Lamellengraphit GG, auch *Grauguß* genannt, ist die am häufigsten
verwendete Sorte des Gußeisens. Bei diesem Werkstoff wird Kohlenstoff in Graphit-
schichten angeordnet, wo er sich infolge seiner geringen mechanischen Festigkeit nicht an
der Kraftübertragung beteiligen kann und den tragfähigen Querschnitt verringert. Durch
Zusatz von bis zu 0,5 % Magnesium zusammen mit Cer und Calcium wird Graphit in der
Legierung GGG kugelförmig ausgebildet, was zu einer deutlichen Erhöhung der Festigkeit und Zähigkeit führt. Gußeisen mit Kugelgraphit wird zur Herstellung von Teilen mit
hoher Schwingungsbelastung verwendet [84].

Werden Teile mit komplizierter Form bei gleichzeitiger hoher Festigkeit und Bearbeitbarkeit
gefordert, wird der *Temperguß GT* verwendet. Als Ausgangswerkstoff für diese Legierung

Tabelle 8.13 Festigkeitswerte für Zugproben mit Ø 12 mm bis Ø 15 mm für nicht entkohlend geglühten Temperguß GTS nach DIN 1692 und korrespondierende Werte nach DIN EN 1562

DIN 1692			DIN EN 1562		
Werkstoff	$f_{u,k}$ [N/mm^2]	$f_{\gamma,k}$ [N/mm^2]	Werkstoff	$f_{u,k}$ [N/mm^2]	$f_{\gamma,k}$ [N/mm^2]
			EN-GJMB-300-06	300	–
GTS-35-10	350	200	EN-GJMB-350-10	350	200
GTS-45-06	450	270	EN-GJMB-450-06	450	270
			EN-GJMB-500-05	500	300
GTS-55-04	550	340	EN-GJMB-550-04	550	340
			EN-GJMB-600-03	600	390
GTS-65-02	650	430	EN-GJMB-650-02	650	430
GTS-70-02	700	530	EN-GJMB-700-02	700	530
			EN-GJMB-800-01	800	600

Tabelle 8.14 Gegenüberstellung der Bezeichnung von Gußwerkstoffen

Bezeichnung DIN 1691 bzw. DIN 1692 bzw. DIN 1693	Bezeichnung DIN EN 1562 bzw. DIN EN 1563
GTW-S-38-12	EN-GJMW-360-12
GTW-40-05	EN-GJMW-400-05
GTW-45-07	EN-GJMW-450-07
GTS-45-06	EN-GJMB-450-06
GTS-55-04	EN-GJMB-550-04
GTS-65-02	EN-GJMB-650-02
GGG-40	EN-GJS-400-15
GGG-50	EN-GJS-500-07
GGG-60	EN-GJS-600-03

dient das Gußeisen, bei dem durch die Regulierung des Kohlenstoff- und Siliciumgehalts der gesamte Kohlenstoff zunächst gebunden wird und bei der anschließenden Glühbehandlung zerfällt. Durch eine weitere Wärmebehandlung kann Temperguß zusätzlich vergütet werden. Entkohlend geglühter *Temperguß GTW*, auch als *weißer Temperguß* bezeichnet, entsteht durch ein Glühen, 50 bis 80 Stunden lang, bei ca. 1.050 °C in entkohlender Umgebung [85].

In einer neutralen Atmosphäre bei ca. 950 °C 30 bis 40 Stunden lang geglühter Temperguß, der anschließend langsam abgekühlt wird, wird als *nicht entkohlend geglühter schwarzer Temperguß GTS* bezeichnet.

Die materialtechnischen Eigenschaften von Stahlguß GS werden in DIN 1681, von Grauguß GG in DIN 1691, von Temperguß GTW und GTS in DIN EN 1562 (DIN 1692) und von Gußeisen GGG in DIN EN 1563 (DIN 1693) beschrieben [182–187].

In DIN 4421 werden die zulässigen Spannungen für die o. g. Werkstoffe angegeben. Da darüber hinaus keinerlei Angaben über die zulässigen Einsatzbedingungen im Gerüstbau zu finden sind, werden diese Werkstoffe durch gutachterliche Stellungnahmen von Fachinstituten, wie z. B. DSL Duisburg, im Rahmen des Zulassungsverfahrens beurteilt.

8.3.4   Gerüstbauteile aus Holz

Im Jahr 1993 ereigneten sich rund 30.000 Arbeitsunfälle im Zusammenhang mit Arbeits-, Schutz- oder Traggerüsten. Die schwerwiegendsten Arbeitsunfälle waren hierbei Absturzunfälle. Bei den meisten Absturzunfällen handelte es sich um Unfälle mit Gerüstbauteilen und Gerüstbelägen. Davon stellten die Absturzunfälle in Verbindung mit brechenden Vollholzgerüstbelägen eine bedeutende Gruppe dar [33].

Der Werkstoff Holz ist aus dem modernen Gerüstbau nicht wegzudenken. Aufgrund der leichten Verarbeitbarkeit, der relativ hohen Festigkeit bei vergleichsweise geringem Eigengewicht und einer guten Verfügbarkeit sind Holzbeläge im Gerüstbau weit verbreitet. DIN 4420 Teil 1 schreibt für alle Holzbauteile, die als Bauteile in Arbeits- und Schutzgerüsten verwendet werden, mindestens die Sortierklasse S10 oder MS10 nach DIN 4074 Teil 1 vor [191]. Gerüstbretter oder Gerüstbohlen sowie Teile des Seitenschutzes müssen vollkantig und mindestens 3,0 cm dick sein. Diese dürfen an ihren Enden nicht aufgerissen sein. Eine wirksame Maßnahme gegen Aufreißen stellen an Stirnseiten eingeschlagene Wellenbänder oder Stirnbänder dar.

Systemfreie Vollholzbohlen

Das DIBt hat im Jahr 1997 systemfreie Gerüstbretter und -bohlen aus Holz zur Verwendung in Arbeits- und Schutzgerüsten in die Bauregelliste A aufgenommen und diese damit zum Bauprodukt erklärt [51]. Demnach müssen diese Bauteile dauerhaft mit dem Übereinstimmungszeichen (Ü-Zeichen) gekennzeichnet werden. Neben dem Ü-Zeichen ist die Kennzeichnung mit den letzten beiden Ziffern des Herstellungsjahres vorgeschrieben [116]. Diese Kennzeichnung setzt mindestens eine visuelle Sortierung nach DIN 4074 voraus.

In DIN 4074 Teil 1 wird Nadelschnittholz, dessen Querschnitt nach der Tragfähigkeit zu bemessen ist, in Sortierklassen unterteilt. Diese DIN legt darüber hinaus die Sortiermerkmale fest und stellt zwei Verfahren zur Sortierung vor:

- visuelle Verfahren nach Augenschein,
- maschinelle Verfahren mit einer nach DIN 4074 Teil 3 geprüften und registrierten Sortiermaschine.

Bei den vor Ort eingesetzten Vollholzbelägen handelt es sich um Beläge, die bereits im Herstellungsprozeß die jeweilige Qualitätsüberwachung durchlaufen haben. Eine visuelle Sortierung bringt jedoch eine hohe Streubreite der Ergebnisse mit sich und stellt zum Teil ein hohes Sicherheitsrisiko dar. Bei der Betrachtung der Unfallzahlen wird deutlich, daß eine visuelle Überprüfung der Vollholzbeläge unmittelbar vor dem Einbau, gekoppelt mit einer Probebelastung im bodennahen Bereich, die Gefahren vermindern kann [147].

Für die visuelle Sortierung von Kanthölzern sowie vorwiegend hochkant biegebeanspruchten Bohlen und Brettern aus Holz sind in DIN 4074 Teil 1 (s. Tabelle 8.15) folgende Sortiermerkmale zusammengestellt:

- Äste,
- Faserneigung,
- Markröhre,
- Jahrringbreite,
- Risse,
- Baumkante,
- Krümmung,
- Verfärbungen,
- Druckholz,
- Insektenfraß.

Tabelle 8.15 Sortierkriterien für Bohlen und Bretter bei der visuellen Sortierung nach DIN 4074 Teil 1 Tabelle 3 [191]

Sortiermerkmale	Sortierklassen		
	S7	**S10**	**S13**
1. Äste			
1.1 Einzelast	bis 1/2	bis 1/3	bis 1/5
1.2 Astansammlung	bis 2/3	bis 1/2	bis 1/3
1.3 Schmalseitenast[1]	–	bis 2/3	bis 1/3
2. Faserneigung	bis 16 %	bis 12 %	bis 7 %
3. Markröhre	zulässig	zulässig	nicht zulässig
4. Jahresringbreite			
4.1 Im allgemeinen	bis 6 mm	bis 6 mm	bis 4 mm
4.2 Bei Douglasie	bis 8 mm	bis 8 mm	bis 6 mm
5. Risse			
5.1 Schwindrisse[2]	zulässig	zulässig	zulässig
5.2 Blitzrisse, Ringschäle	nicht zulässig	nicht zulässig	nicht zulässig
6. Baumkante	bis 1/3	bis 1/3	bis 1/4
7. Krümmung[2]			
7.1 Längskrümmung	bis 12 mm	bis 8 mm	bis 8 mm
7.2 Verdrehung	2 mm / 25 mm Breite	1 mm / 25 mm Breite	1 mm / 25 mm Breite
7.3 Querkrümmung	bis 1/20	bis 1/30	bis 1/50
8. Verfärbungen			
8.1 Bläue	zulässig	zulässig	zulässig
8.2 Nagelfeste braune und rote Streifen	bis 3/5	bis 2/5	bis 1/5
8.3 Braunfäule, Weißfäule	nicht zulässig	nicht zulässig	nicht zulässig
9. Druckholz	bis 3/5	bis 2/5	bis 1/5
10. Insektenfraß durch Frischholzinsekten	Fraßgänge bis 2 mm Durchmesser zulässig		
11. Sonstige Merkmale	sind in Anlehnung an die übrigen Sortiermerkmale sinngemäß zu berücksichtigen		

[1]   Dieses Sortiermerkmal gilt nicht für Bretter für BS-Holz.
[2]   Diese Sortiermerkmale bleiben bei nicht trockensortierten Hölzern unberücksichtigt.

Einige dieser Kriterien, wie z. B. Baumkante, Krümmung, Verfärbung oder Druckholz, haben auf die Standfestigkeit kaum Einfluß. Einzeläste und Astansammlungen schwächen hingegen den Querschnitt und beeinflussen damit die Standfestigkeit. Für beide Kriterien gilt der Begriff der Ästigkeit A. Diese berechnet sich aus der Summe der Astmaße a auf allen Schnittflächen, auf denen der Ast auftritt, geteilt durch das doppelte Maß der Bohlenbreite B. Bei Astansammlungen sind alle Äste zu berücksichtigen, die sich überwiegend innerhalb einer Meßlänge von 150 mm befinden. Die Ästigkeit der Sortierklasse S10 nach Tabelle 8.15 darf für den Einzelast höchstens $A = 1/3$ und für die Astansammlung höchstens $A = 1/2$ betragen.

Anhand dieser Angaben lassen sich für den praktischen Gebrauch Werte für die Astmaße a der im Gerüstbau gebräuchlichsten Bohlenabmessungen von 20,0 cm, 24,0 cm und 28,0 cm zusammenstellen (s. Tabelle 8.16). Die Angaben zum Astmaß beziehen sich auf die Astabmessung auf einer sichtbaren Bohlenseite. Sofern diese Zahlen nicht überschritten werden, gelten die Sortierkriterien nach DIN 4074 als eingehalten [142].

Tabelle 8.16 Maximale Astabmessungen auf einer sichtbaren Bohlenseite für S10 [142]

Bohlenbreite [cm]	Σ Astabmessung [cm]	
	Einzelast	Astansammlung
20,0	6,7	10,0
24,0	8,0	12,0
28,0	9,3	14,0

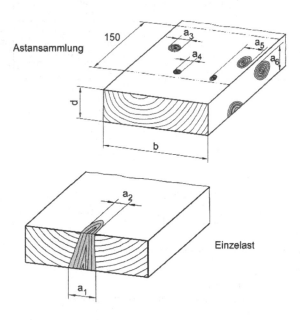

Bild 8.3
Ästigkeit beim Einzelast
und bei Astansammlung [191]

Bild 8.4
Systemfreie Vollholzbohlen [279]

Tabelle 8.17 Zusätzliche Sortierkriterien für Schnittholz bei der maschinellen Sortierung
nach DIN 4074 Teil 1 Tabelle 5 [191]

Sortiermerkmale	Festigkeitsklassen		
	unter C 24	C 24 bis C 35	über C 35
5. Risse			
5.1 Radiale Schwindrisse[1), 2)]	bis 1/2	bis 2/5	bis 1/5
5.2 Blitzrisse, Ringschäle	nicht zulässig	nicht zulässig	nicht zulässig
6. Baumkante	bis 1/4	bis 1/8	nicht zulässig
7. Krümmung[2)]			
7.1 Längskrümmung	bis 12 mm	bis 8 mm	bis 8 mm
7.2 Verdrehung	2 mm / 25 mm Breite	1 mm / 25 mm Breite	1 mm / 25 mm Breite
7.3 Querkrümmung	bis 1/20	bis 1/30	bis 1/50
8. Verfärbungen			
8.1 Bläue	zulässig	zulässig	zulässig
8.2 Nagelfeste braune			
und rote Streifen	bis 3/5	bis 2/5	bis 1/5
8.3 Braunfäule, Weißfäule	nicht zulässig	nicht zulässig	nicht zulässig
10. Insektenfraß durch Frischholzinsekten	Fraßgänge bis 2 mm Durchmesser von Frischholzinsekten zulässig		
11. Sonstige Merkmale	sind in Anlehnung an die übrigen Sortiermerkmale sinngemäß zu berücksichtigen		

[1)] Schwindrisse in Brettern und Bohlen, sofern nicht überwiegend hochkant beansprucht, sind zulässig.
[2)] Diese Sortiermerkmale bleiben bei nicht trockensortierten Hölzern unberücksichtigt.

Einige Unzulänglichkeiten der visuellen Sortierung ergeben sich aus dem Umstand, daß viele Kriterien, welche die Festigkeit des Querschnittes bestimmen, von außen nicht zu beurteilen sind, wie z. B. der innere Verlauf und Zustand des Astes. So erfolgt der Bruch mancher Holzbohle nicht an der Stelle des vermeintlichen Schwachpunktes, der sich augenscheinlich aus der Verbindungslinie der Äste dargestellt hatte.

Für die mechanische Festigkeit ist eine objektive Beurteilung der Bohlen von ausschlaggebender Bedeutung. Moderne mechanische Sortiermaschinen sind in der Lage, meßtechnisch objektive und reproduzierbare Sortierergebnisse zu liefern. Die zerstörungsfreie

Prüfmethode besteht aus einer Kombination von optischer und mechanischer Fehlererkennung, die auf einer Röntgenuntersuchung der Holzbohle basiert. Dabei können Röntgenstrahlen den Holzquerschnitt bezüglich der Rohdichte, Ästigkeit, Holzfehler und weiterer signifikanter Eigenschaften untersuchen. Diese Angaben fließen in die nachgeschaltete Berechnung und damit zuverlässig in die Qualitätsbeurteilung ein. Mit einem weiteren Arbeitsgang zur mechanischen Bestimmung des Elastizitätsmoduls durch Rückrechnung aus der Durchbiegungsmessung wird die Prüfung komplett. Diese Sortiermaschinen können mit einer Prägeeinrichtung ausgerüstet werden, die im Anschluß an die Beurteilung der Sortierklasse die Vollholzbohle dauerhaft mit weiteren Daten versieht [94].

Geleimte Gerüstbauteile

In der Holzleimtechnik haben sich zwei Verfahren durchgesetzt:

- Brettschichtverleimung,
- Blockverleimung.

Geleimte Holzbauteile dürfen für die Gerüstbauindustrie, z. B. als systemgebundene Beläge, nur von solchen Betrieben hergestellt werden, die einen Nachweis nach DIN 1052 Teil 1 erbracht haben [176]. In der Regel versehen diese Betriebe die geleimten Bauteile mit den herstellerabhängigen Beschlägen und übernehmen in Eigenverantwortung die abschließende Konfektionierung der Bauteile.

Die *Brettschichtverleimung* ist in DIN 1052 definiert und beschreibt eine Technik, bei der einzelne Holzlamellen breitseitig mit zugelassenen witterungs- und feuchtigkeitsbeständigen Kunstharzleimen auf Resorcin- oder Harnstoffbasis verleimt werden. Deren Eignung zur Herstellung tragender Verbindungen und ihre Verträglichkeit mit Holzschutzmitteln müssen geprüft werden.

Mit der Entwicklung der *Blockverleimung* ist der heutige Stand der Technik erreicht [25]. Bei dieser Technik werden einzelne schmale Lamellen faserparallel verleimt. Die Festigkeit einer faserparallelen Leimverbindung wird grundsätzlich durch die Schubsteifigkeit der verbundenen Holzteile bestimmt. Werden Einzelteile fachgerecht miteinander verleimt, wird deren Festigkeit optimal ausgenutzt. Die Tragfähigkeit von Leimverbindungen hängt von Holzart und Leimsorte ab. Die Verbindung kann nur mit trockenem Holz und gehobelter Oberfläche bei festgelegtem Querdruck und genügend langer Aushärtungszeit zuverlässig erfolgen. Die Ausführung ist daher nur Betrieben vorbehalten, die über entsprechendes Fachpersonal und geeignete Einrichtungen verfügen. Dieses Verfahren ist bauaufsichtlich nicht geregelt, so daß die einzige Zugangsvoraussetzung die Bescheinigung C gemäß des Einführungserlasses der Länder zu DIN 1052 Teil 1 darstellt.

Mit der Blockverleimung konnten das Tragverhalten gesteigert und in dem Zusammenhang unerwünschte Eigenschaften des Holzes auf das Minimum beschränkt werden. So wird für blockverleimte Holzbeläge keine Begrenzung der Längen- und Querschnittsabmessung vorgegeben. Durch mehrere kleine, einzelne Lamellen, die miteinander verleimt sind, werden die Trockenrißbildung sowie die Neigung zum Verdrehen reduziert. Die aus den Wuchsfehlern des Holzes resultierende Einschränkung der Festigkeit wird durch die Aufteilung auf einzelne Lamellen reduziert und gleichmäßig verteilt.

Sperrholzrahmentafeln

Sperrholz besteht aus mindestens drei Furnierschichten, die parallel zur Plattenebene um 90° zueinander versetzt verleimt werden. Die Hauptrohstoffe in der Sperrholzherstellung der in Deutschland verwendeten Platten sind die finnische Birke (*Betula pendula*), ein Hartholz, sowie die finnische Fichte (*Picea abies*), ein Weichholz. Bäume, die im rauhen Klima langsam wachsen, weisen eine hohe einheitliche Qualität auf und erzeugen ein feinfaseriges Holz. Birkenholz hat eine gleichmäßige Struktur und gute Schäl- und Verleimungseigenschaften. Die im Vergleich zur Birke leichtere Fichte liefert zwar eine ungleichmäßigere Qualität, sie ist aber in der Verarbeitung wirtschaftlicher und wird in Verbindung mit Birke für Sondersperrholz verwendet. Für die Herstellung von Sperrholz sind dünne Holzblätter, sog. Furniere, die durch Messern oder Schälen vom Stammteil abgetrennt werden, erforderlich. Entsprechend der späteren Verwendung werden die Furnierschichten mit Phenolharz-Formaldehydleim verleimt. Durch dieses Verleimungsverfahren wird der Einsatz unter den im Gerüstbau üblichen widrigen Witterungsbedingungen möglich. Voraussetzung für diese Eignung ist, daß die Platten sorgfältig gelagert werden und die Kanten versiegelt sind [87].

Das mechanische Verhalten von Sperrholzplatten ist richtungsabhängig. In der Regel bestimmt die Faserrichtung des Deckfurniers die Haupttragrichtung. Verglichen mit anderen Holzwerkstoffplatten besitzen Sperrholzplatten die höchsten Elastizitätsmoduln und Festigkeiten. Für Sperrholzplatten, die nicht DIN 68 705 Teil 3 entsprechen, können nach einer allgemeinen bauaufsichtlichen Zulassung höhere Festigkeitseigenschaften ausgenutzt werden.

Im Gerüstbau dürfen nur Sperrholzplatten verwendet werden, welche die Anforderungen aus DIN 68 705 Teil 3 erfüllen oder eine allgemeine bauaufsichtliche Zulassung besitzen. Demnach müssen die Deckfurniere einer Sperrholzplatte mindestens 0,8 mm dick sein. Sie dürfen keine Fehlstellen, wie lose Äste, Spalten, Risse oder Schälfehler, aufweisen und müssen besonders sorgfältig ausgesucht sein. Die einzelnen inneren Furnierschichten dürfen maximal 2,0 mm dick sein. Durch eine Beschichtung kann die Oberfläche der Sperrholzplatten den jeweiligen Anforderungen des Endproduktes angepaßt werden. Sperrholzplatten mit phenolharzimprägnierter Befilmung für den Einsatz im Gerüstbau erhalten auf der Oberfläche mit der Siebdruckprägung eine Antirutschstruktur, die die Reibungseigenschaften wesentlich verbessert. Neben dem Schutz vor Ausgleiten verhindert diese Schicht das ungehinderte Eindringen von Feuchtigkeit in das Sperrholz. Das Aufnahmevermögen durch die Oberflächenbeschichtung darf nicht mehr als 300 g Wasser/m^2 in sieben Tagen betragen.

In der Regel liegt der Feuchtigkeitsgehalt des Sperrholzes im Bereich zwischen 7 % und 12 %. Die vom Hersteller angegebenen mechanischen Eigenschaften von Sperrholz beziehen sich auf einen Feuchtigkeitsgehalt von ca. 10 %. Eine Erhöhung des Feuchtigkeitsgehalts hat eine Minderung der Festigkeits- und Elastizitätswerte zur Folge. Die mechanischen Eigenschaften der für den Einsatz im Gerüstbau geeigneten Sperrholzplatten kehren bei Normalisierung der Feuchtigkeit zu ihren ursprünglichen Werten zurück. Trotzdem müssen die Festigkeitswerte für den statischen Nachweis der Sperrholzplatten um 25 % gemindert werden, es sei denn, die Werte einer allgemeinen bauaufsichtlichen Zulassung werden herangezogen.

Tabelle 8.18 Abhängigkeit der Biegefestigkeit vom Feuchtigkeitsgehalt von Sperrholz [87]

Feuchtigkeitsgehalt [%]	Relative Biegefestigkeit [%]	
	Birke	Fichte
7	108	107
10	100	100
15	86	89
20	72	78
25	58	66
30	45	55

Tabelle 8.19 Abhängigkeit des E-Moduls vom Feuchtigkeitsgehalt von Sperrholz [87]

Feuchtigkeitsgehalt [%]	Relativer E-Modul [%]	
	Birke	Fichte
7	104	103
10	100	100
15	91	92
20	83	84
25	75	77
30	67	70

Tabelle 8.20 Reduktionsfaktoren zur Korrektur der mechanischen Eigenschaften von Sperrholz mit einem Feuchtigkeitsgehalt von 20 % [87]

Biegefestigkeit	0,75
Rollenschubfestigkeit	0,80
Biege-E-Modul	0,85
Rollenschubmodul	0,65

Die biologische Beständigkeit von Sperrholz ist in der Regel so gut, wie die des Holzes, aus dem die Platte hergestellt wurde. Dauerhafte Konstruktionen mit Sperrholzplatten müssen sachgemäß beschichtet, kantenversiegelt und sachgerecht montiert sein sowie ständig instand gehalten werden. Am leichtesten wird Holz durch Pilzbefall angegriffen. Pilze können sich nur bei ausreichend hoher Luftfeuchtigkeit und gleichzeitiger Sauerstoffzufuhr bei Temperaturen zwischen +3 °C und +40 °C entwickeln. Unter den Rahmenbedingungen, die auf den meisten Baustellen mit Gerüsteinsatz vorhanden sind, bedeutet das einen möglichen Pilzbefall. Bläue- und Schimmelpilze, da diese nur auf der Oberfläche von Holz wachsen, verursachen zwar Verfärbungen, beeinträchtigen die Festigkeit des Sperrholzes aber nur geringfügig. Um vor Eindringen des Pilzbefalls ins Innere zu schützen, hat sich als Kantenversiegelung eine 30 μm dicke dampfdiffusionsoffene und dauerelastische Acryl-Latex-Beschichtung bewährt. Sie wird erzeugt, indem die Sperrholztafeln ca. 10 cm tief in ein Bad aus geeignetem Schutzmittel getaucht werden.

Tabelle 8.21 Rohdichte von Sperrholz (Werte gelten bei einer relativen Luftfeuchte von 65 %) [87]

Sperrholz	Mittelwert [kg/m³]	Charakteristischer Wert [kg/m³]
Birke (1,4-mm-Furniere)	680	630
Combi (1,4-mm-Furniere)	620	560
Nadelholz (1,4-mm-Furniere)	520	460
Nadelholz (dicke Furniere)	460	400

Tabelle 8.22 Mechanische Eigenschaften von Sperrholz [87]

Aufbau	Dicke [mm]	Anzahl	$t_{mittl.}$ [mm]	A [mm²]	W [mm³]	I [mm⁴]	$f_{m\|\|}$ [N/mm²]	$f_{m\perp}$ [N/mm²]	$f_{c\|\|}$ [N/mm²]	$f_{c\perp}$ [N/mm²]	$f_{t\|\|}$ [N/mm²]	$f_{t\perp}$ [N/mm²]	$E_{m\|\|}$ [N/mm²]	$E_{m\perp}$ [N/mm²]	$E_{vc\|\|}$ [N/mm²]	$E_{vc\perp}$ [N/mm²]
Birke	6,5	5	6,4	6,4	6,83	21,8	50,9	29,0	29,3	22,8	42,2	32,8	12737	4763	9844	7656
	9,0	7	9,2	9,2	14,1	64,9	45,6	32,1	28,3	23,7	40,8	34,2	11395	6105	9511	7989
	12,0	9	12,0	12,0	24,0	144	42,9	33,2	27,7	24,3	40,0	35,0	10719	6781	9333	8167
	15,0	11	14,8	14,8	36,5	270	41,3	33,8	27,4	24,6	39,5	35,5	10316	7184	9223	8277
	18,0	13	17,6	17,6	51,6	454	40,2	34,1	27,2	24,8	39,2	35,8	10048	7452	9148	8352
Combi	6,5	5	6,4	6,4	6,83	21,8	50,8	29,0	24,5	22,8	19,1	32,8	12690	4763	8859	7656
	9,0	7	9,2	9,2	14,1	64,9	43,9	32,1	22,5	23,7	17,5	34,2	10983	6105	8141	7989
	12,0	9	12,0	12,0	24,0	144	40,0	33,2	21,5	24,3	16,7	35,0	10012	6781	7758	8167
	15,0	11	14,8	14,8	36,5	270	37,5	33,8	20,8	24,6	16,2	35,5	9386	7184	7520	8277
	18,0	13	17,6	17,6	51,6	454	35,8	34,1	20,4	24,8	15,8	35,8	8950	7452	7358	8352
Combi Mirror	6,5	5	6,4	6,4	6,83	21,8	50,9	16,6	29,3	15,8	42,2	12,3	12737	3538	9844	5688
	9,0	7	9,2	9,2	14,1	64,9	45,6	18,3	28,3	16,4	40,8	12,8	11395	4535	9511	5935
	12,0	9	12,0	12,0	24,0	144	42,9	19,0	27,7	16,8	40,0	13,1	10719	5037	9333	6067
	15,0	11	14,8	14,8	36,5	270	41,3	19,3	27,4	17,0	39,5	13,2	10316	5337	9223	6149
	18,0	13	17,6	17,6	51,6	454	40,2	19,5	27,2	17,2	39,2	13,4	10048	5536	9148	6205
Fichte	6,5	5	6,4	6,4	6,83	21,8	29,1	16,6	20,3	15,8	15,8	12,3	9462	3538	7313	5688
	9,0	7	9,2	9,2	14,1	64,9	26,0	18,3	19,6	16,4	15,2	12,8	8465	4535	7065	5935
	12,0	9	12,0	12,0	24,0	144	24,5	19,0	19,2	16,8	14,9	13,1	7963	5037	6933	6067
	15,0	11	14,8	14,8	36,5	270	23,6	19,3	19,0	17,0	14,8	13,2	7663	5337	6851	6149
	18,0	13	17,6	17,6	51,6	454	23,0	19,5	18,8	17,2	14,6	13,4	7464	5536	6795	6205

| | Birkenfurnier Querlage |
| –   Birkenfurnier Parallellage |
| ¦   Fichtefurnier Querlage |
| -- Fichtefurnier Parallellage |

Tabelle 8.22 gibt neben den Querschnittswerten den mittleren Elastizitätsmodul und die charakteristische Festigkeit für Biegung, Druck und Zug von Sperrholzwerkstoffen an. Diese Eigenschaften wurden an repräsentativen Prüfkörpern aus der Produktion der finnischen Sperrholzfabriken ermittelt. Die Versuche wurden an konditionierten Proben in klimatisierten Räumen mit einer relativen Luftfeuchte von 65 % und einer Raumtemperatur nach Vorgaben aus EN 789 durchgeführt.

Sperrholztafeln für den Einsatz im Gerüstbau müssen mit dem Übereinstimmungszeichen „Ü" gekennzeichnet werden. Dabei ist als maßgebliche technische Regel DIN 68 705 Teil 3 anzuführen. Darüber hinaus muß neben dem Schriftzug „Gerüstbau" der Plattentyp BFU 100 G und die Plattennenndicke in mm angegeben werden.

Zur Zeit werden im Gerüstbau unterschiedliche Konstruktionen von Belägen verwendet. Belagkonstruktionen, bei denen die Lauffläche aus einer Sperrholzplatte besteht und die tragende Struktur als Aluminium oder Stahlrahmen ausgebildet ist, werden Sperrholzrahmentafeln oder Kombi-Beläge genannt. Die Sperrholzplatte wird dabei in oder auf ein den Plattenrand umschließendes Profil eingeschoben. Diese Bauteile zeichnen sich durch ein geringes Gewicht aus, womit sie zur Optimierung der Arbeitsbedingungen und somit zur Erhöhung der Arbeitssicherheit führen.

Um die angesetzte Tragfähigkeit über die gesamte Lebensdauer der Sperrholzrahmentafel zu erhalten, muß jederzeit gewährleistet sein, daß in das Holz eingedrungene Feuchtigkeit ungehindert austrocknen kann. Dieses Ziel erreichen Gerüsthersteller auf unterschiedliche Weise. Umfassungsprofile werden mit einer Luftkammer und Regenablauflöchern versehen, was die angesammelte Wassermenge ungehindert austrocknen läßt. Bei Sperrholzrahmentafeln, die diese Konstruktionsmerkmale nicht aufweisen, konnte Feuchtigkeit zwischen das Tragprofil und die Sperrholzplatte eindringen, wodurch holzzerstörende Pilze, die vor allem durch Wärme und geringe Luftzirkulation im Wachstum gefördert werden, zwischen die Furnierschichten eindringen konnten und das Holz der Tafel zerstörten. Bei Sperrholzrahmentafeln ist jedoch nicht nur der Rand der Sperrholzplatte gefährdet, sondern auch die Oberfläche der Tafel. Beim rauhen Baustelleneinsatz wird die Oberflächenbeschichtung schnell beschädigt, Feuchtigkeit dringt ungehindert in die Sperrholzplatte ein und die folgende Moderfäule führt zu örtlichen Zerstörungen einzelner Furnierschichten.

Aus diesem Grund dürfen im Gerüstbau ausschließlich Sperrholzplatten verwendet werden, die mit einem gegen Pilzbefall resistenten Leim zusammengeklebt sind. Bauaufsichtlich zugelassene Sperrholzplatten oder Platten nach DIN 68 705 Teil 3 erfüllen diese Anforderung [223].

Bild 8.5 BFU aufgelegt in einem
nach oben offenen Profil [283]

Bild 8.6 Alu-Leitergangstafel ohne Quersprossen
[283]

Bild 8.7
Alu-Rahmentafel mit zusätzlichen Quer- und Längsträgern
[283]

Eine wichtige Rolle bei der Erhaltung einer dauerhaften Eignung von Sperrholzrahmentafeln für den Einsatz im Gerüstbau spielt eine zweckmäßige und gut durchdachte Konstruktion der Tafel. Aufgrund zahlreicher Unfälle in Verbindung mit Sperrholzrahmentafeln erarbeitete der Sachverständigenausschuß „Gerüste" beim DIBt umfangreiche
„Zulassungsgrundsätze für die Verwendung von Bau-Furniersperrholz im Gerüstbau",
die im März 1999 veröffentlicht wurden [227]. Mit diesen Grundsätzen wurden sowohl
Regelungen für das Sperrholz als auch konstruktive Anforderungen an die unterstützende
Konstruktion festgeschrieben. Die Ursache für Unfälle wurde in der Durchfeuchtung des
Sperrholzes aufgrund der Einfassung im tragenden Profil der Tafel gesehen. Aus diesem
Grund sollten künftig nur noch Konstruktionen zugelassen werden, bei denen das unge-
hinderte Austrocknen der eingedrungenen Feuchtigkeit gewährleistet sein würde. Ferner
sollte sichergestellt sein, daß die Längsseiten des Bau-Furniersperrholzes konstruktiv ge-
gen mechanische Beschädigung geschützt seien. Eine vorgeschlagene konstruktive Lösung
sah vor, die Sperrholztafel in eine Aussparung des nach oben offenen Profils aufzulegen.
Zwischen dem versiegelten Rand des Sperrholzes und dem Profil mußte mindestens ein
Spalt von 2,0 mm offen bleiben [64]. Die Erfahrung der vergangenen vier Jahre hat gezeigt, daß die Bestimmung der Zulassungsgrundsätze die Unfälle nicht verhindert, da die
Praxis für die vorgeschriebene Konstruktion Schwachpunkte nachwies. So konnte sich im
Spalt zwischen der Längskante des Profils und dem Sperrholzrand Schmutz sammeln, was
infolge der zersetzenden Wirkung von Bakterien zu Plattenbrüchen führte. Das DIBt rea-
gierte Anfang des Jahres 2003 auf diese Erkenntnisse mit einem Rundschreiben an die
Gerüsthersteller und stufte darin auch die neuen, mit den Zulassungsgrundsätzen konfor-
men Belagkonstruktionen grundsätzlich in ihrer Tragfähigkeit maximal in die GG 3 ein
[89]. Darüber hinaus fordert das DIBt für alle Neukonstruktionen, daß Quersprossen in
Drittelpunkten und in Feldmitte oder Längsriegel über die gesamte Belaglänge vorgesehen werden. Es werden also auf diese Weise Konstruktionen entstehen, bei denen die Sicherheit durch die Eigenschaften der zugelassenen Sperrholzplatte und zusätzlich durch ein
eingefügtes Trägerrostsystem gewährleistet wird.

Aus Gründen der Sicherheit ist es daher bei Sperrholzrahmentafeln besonders wichtig,
diese vor dem Einbau auf augenscheinliche Beschädigungen zu prüfen. Neben den für
sonstige Gerüstbauteile geltenden Kriterien, müssen die in der von der Bau-Berufsgenossenschaft ausgearbeiteten Checkliste angegebenen Punkte überprüft werden:

• Belagelemente mit beschädigten Oberflächen dürfen nicht mehr eingebaut werden.
• Belagelemente, bei denen der Auflagerbereich der Sperrholzplatte durch holzzerstörende
  Pilze in seiner Tragfähigkeit geschwächt ist, dürfen nicht mehr eingesetzt werden.

Die Beschädigung läßt sich vor allem an den Stirnseiten der Belagelemente erkennen. Durch Fäulnis befallene Sperrholzplatten sind im kritischen Bereich aufgeweicht, so daß man leicht mit dem Fingernagel oder Taschenmesser in die Sperrholzstirnseiten einstechen kann.

- In einigen Fällen zeigt sich die Fäulnis auch durch weiße Schlieren an der Plattenunterseite.
- Belagelemente, bei denen die Sperrholzplatte sichtbar durchgebogen oder sogar angebrochen ist oder sich große Teile der Furnierdeckschicht gelöst haben, dürfen nicht mehr eingebaut werden.

Bei der Herstellung von Sperrholztafeln für den Gerüstbau wird die laufende Produktion von einer staatlich anerkannten Prüfstelle überwacht. Dies geschieht parallel zu der kontinuierlichen Eigenüberwachung durch den Hersteller.

Vor dem Zusammenbau zur Alu-Sperrholz-Rahmentafel muß die Sperrholzplatte sachgerecht in horizontaler Lage in einem überdachten, trockenen Raum gelagert werden. Der Untergrund muß stabil, eben und mit ausreichend vielen dicht verteilten Unterleghölzern ausgelegt sein. Gleichgroße Sperrholztafeln werden turmartig und geradlinig gelagert. Aber auch die fertigen Alu-Sperrholz-Rahmentafeln müssen vor der Auslieferung bodenfrei, überdacht und möglichst trocken gelagert werden, damit die Lebensdauer durch Witterungseinflüsse nicht unnötig verringert wird.

Ausgeschäumte Sperrholzrahmentafeln

Der Vergangenheit gehören Gerüstbelagtafelkonstruktionen an, bei denen Sperrholzrahmentafeln als Sandwichelemente mit Polyurethan ausgeschäumt wurden. Verwendet wurde in den meisten Fällen ein PUR-Hartschaum mit einer Rohdichte von ca. $60 \, kg/m^3$. Diese Konstruktionen erwiesen sich als nicht zweckmäßig, in einigen Fällen sogar als tückisch [124]. Die Sandwichbauweise begünstigte die Feuchtigkeitsspeicherung im Inneren der Platte, wodurch es auf der inneren Seite zu einer nicht sichtbaren Zerstörung der tragenden Sperrholzplatte kam. Durch Sichtprüfungen vor dem Einsatz konnten beschädigte und nicht ausreichend tragfähige Beläge nicht mehr erkannt und aussortiert werden. In der Folge kam es zu Unfällen bei äußerlich unversehrten Belagelementen. Als Reaktion auf diese Schäden verpflichtete das DIBt alle Hersteller solcher Beläge zur turnusmäßigen Überprüfung dieser Konstruktionen. Demnach müssen ausgeschäumte Sperrholzrahmentafeln, die nicht schon äußerlich als beschädigt erkannt und als solche von der Verwendung ausgeschlossen wurden, alle drei Jahre einer Biegeprüfung unterzogen werden. Die zu prüfende Tafel muß mit einer in der Feldmitte gleichmäßig über die Tafelbreite verteilten Prüflast belastet werden. Die aus der Belastung resultierende Durchbiegung muß gemessen werden. Die Hersteller wurden in der allgemeinen bauaufsichtlichen Zulassung verpflichtet, Beurteilungshilfen in Form eines Informationsblattes zur Verfügung zu stellen. Hier werden in Abhängigkeit von dem Plattentyp die Prüflasten und die mit ihnen korrespondierenden maximalen Durchbiegungen angegeben. Die Erstprüfung darf von den Gerüstbaufirmen selbst durchgeführt werden. Beläge, bei denen die Biegeprüfung eine zu große zulässige Durchbiegung ergeben hat, müssen entweder verschrottet oder einer Zweitprüfung durch den Hersteller unterzogen werden. Hierbei muß der Belag die einfache Biegeprüfung,

eine verschärfte Biegeprüfung mit einer dreifachen Prüflast und eine abschließende einfache Biegeprüfung bestehen. Die verschärfte Biegeprüfung darf nicht zu sichtbaren Beschädigungen führen. Die abschließende einfache Biegeprüfung darf die zulässige Durchbiegung um maximal 10 % übersteigen. Nur die so geprüften Beläge dürfen einer weiteren
Nutzung zugeführt werden. Alle anderen müssen ausgesondert und verschrottet werden.
Die aufgrund der durchgeführten Prüfungen als noch verwendbar eingestuften Beläge
müssen mit einem Prüfzeichen des prüfenden Betriebes bzw. des Herstellers, einer Prüf-
nummer und dem Prüfdatum gekennzeichnet werden. Die Prüfprotokolle müssen fünf Jahre
aufbewahrt werden. Es wäre für die Zukunft zu wünschen, daß ausgeschäumte Sperrholzrahmentafeln von den Baustellen vollständig fortkämmen; eine beträchtliche Gefahr für
den Gerüstnutzer würde damit ausgeschlossen.

8.4 Verbindungstechnik im Gerüstbau

8.4.1 Allgemeines

Zeitgemäße Gerüstsysteme in Deutschland zeichnen sich durch Konstruktionen aus, die
ein schnelles und ergonomisches Montieren bei gleichzeitig hoher Arbeitssicherheit ermöglichen. Damit Gerüste schnell zusammengebaut, aber auch genauso schnell wieder
auseinandergelegt werden können, sind für Systemgerüste lösbare Verbindungstechniken
unabdingbar. Die Qualität der Gesamtkonstruktion hängt im hohen Maße von der gewählten Verbindungstechnik, vom benutzten Material und der Verarbeitungsmethode ab. Hierbei
müssen Teile die oft über dreißig Jahre lange Lebensdauer eines Gerüstes funktionstüchtig
überstehen. Anschlüsse im Gerüstbau sind vom statischen Gesichtspunkt in den meisten
Fällen weicher als die üblichen Verbindungsvarianten des Metallbaues, was u. a. eine Zulassung durch das DIBt erforderlich macht. Sie weisen in der Regel Schlupf, im Gerüstbau
auch Lose genannt, auf. Die Verbindungsmittel bewirken meistens eine exzentrische Lasteinleitung, die bei den filigranen Gerüstbauteilen und vergleichbar großen Lasten besonders
sorgfältig zu berücksichtigen ist. Um die Gesamtkonstruktion wirtschaftlich auslegen zu
können, muß die Lose konstruktiv so gering wie möglich gestaltet werden. Dadurch darf
jedoch der spätere Arbeitsaufwand bei der Montage und Demontage des Gerüstes nicht
unnötig vergrößert werden. Letztlich muß beachtet werden, daß die verwendete Technik
eine sichere und ergonomische Arbeitsweise ermöglicht und einen Auf- und Abbau mit
einem vertretbaren Kraftaufwand begünstigt.

Grundsätzlich gibt es zwei Gruppen von Verbindungstechniken im Gerüstbau:

- feste Verbindungsmittel,
- lösbare Verbindungsmittel.

Feste Verbindungsmittel

Als feste Verbindungsmittel, die ohne Zerstörung nicht lösbar sind, werden im Gerüstbau-
konstruktionen verwendet:

- geschweißte Verbindungen,
- kaltverformte Verbindungen,
- genietete Verbindungen.

Diese Verbindungstechniken, die den im Metallbau üblichen Verfahren weitgehend entsprechen, können nur beim Herstellungsprozeß von Gerüstbauteilen verwendet werden. Geschweißte Verbindungen werden immer dort eingesetzt, wo Teile miteinander dauerhaft verbunden werden müssen und große Kräfte über die Knotenpunkte übertragen werden sollen. Schweißnähte sollten aber grundsätzlich an Stellen gelegt werden, wo diese durch Sichtkontrolle leicht zu prüfen sind. Bedingt durch die Schweißtechnik können Schweißverbindungen in der Regel nicht an Stellen vorgesehen werden, an denen einzelne Gerüstbauteile zusammengesteckt werden, wie z. B. am Vertikalrahmenstoß. Hier würde die Schweißnaht an der Aufstandfläche, die den Einsteckling mit dem Stielrohr dauerhaft verbindet, die lösbare Verbindung zweier Vertikalrahmen stören. Für diesen Punkt bietet sich eine Lochschweißung im benachbarten Bereich oder eine kaltverformte Verbindung an. Bei der Kaltverformung wird mit Verpreßwerkzeugen die Wand des äußeren Rohres des Vertikalstiels in Bohrungen des Einstecklingsrohres eingedrückt. Eine solche Verbindung ist mit entsprechenden Werkzeugen schnell herzustellen und vermag axiale Kräfte von bis zu 100 kN aufzunehmen. Eine andere Methode der Kaltverformung ist die Stauchung des Vertikalstielrohres auf die kleineren Abmessungen des Einstecklings. Für eine lange Lebenszeit des Gerüstmaterials ist bei der Konstruktion von geschweißten und kaltverformten Verbindungen wichtig, daß die betreffenden Bereiche problemlos durch Verzinkung korrosionsgeschützt werden können. Eine problemorientierte und konstruktiv einwandfreie Anordnung von z. B. Zinkablauflöchern ist hierbei besonders wichtig.

Lösbare Verbindungsmittel

Für den eigentlichen Gerüstbau sind folgende Verbindungsmethoden von Bedeutung:

- Gerüstkupplungen,
- Steckverbindungen,
- Bolzenverbindungen,
- Schraubenverbindungen,
- Klauenverbindungen,
- Kippstiftverbindungen,
- Trägerklemmen,
- Knotenverbindungen,
- sonstige Verbindungen.

In den folgenden Abschnitten werden die Vor- und Nachteile der Konstruktionen sowie ihr Tragverhalten an Beispielen erläutert.

8.4.2 Gerüstkupplungen

Kupplungen, die im Gerüstbau am häufigsten verwendeten lösbaren Verbindungsmittel, stellen eine kraftschlüssige Verbindung dar. Sie werden in erster Linie im Stahlrohr-Kupplungsgerüst zum Verbinden von Gerüstrohren mit dem Durchmesser Ø 48,3 mm verwendet. Darüber hinaus werden sie zur Verankerung von Systemgerüsten oder beim Übergang zu nicht kompatiblen Systemen verwendet. In diversen Teilen von Systemgerüsten, wie Konsolen oder Diagonalen, finden Kupplungen ebenfalls breite Verwendung. Müssen Systemgerüste lokal verstärkt oder gar als Sonderkonstruktionen ausgebildet werden, sind Kupplungen ein unerläßliches Verbindungsmittel.

In Abhängigkeit vom räumlichen Verlauf der zu verbindenden Rohre entwickelten sich folgende Kupplungstypen:

- *Normalkupplung* zur Verbindung von zwei senkrecht zueinander verlaufenden Rohren,
- *Drehkupplung* zur Verbindung von zwei unter einem beliebigen Winkel zueinander kreuzenden Rohren,
- *Parallelkupplung* zur Verbindung von zwei parallel zueinander verlaufenden Rohren,
- *Stoßkupplung* zur Verbindung von zwei in einer Achse verlaufenden Rohren.

Eine Gerüstkupplung verbindet zwei Rohre, indem sie an diese durch ihre Halbschalen festgeklemmt wird. Die mittels Schrauben oder Keilen vorgespannten Halbschalen übertragen die Belastung über Reibung in die Rohrkonstruktion. Ausnahmen bei diesem Tragprinzip bilden die Stoßkupplungen mit Scherbolzen, bei denen die Kraftübertragung durch Abscherkräfte stattfindet. In Deutschland werden zum überwiegenden Teil Schraubkupplungen verwendet. Die Hammerkopfschrauben weisen ein einheitliches Gewinde M14 und eine Schraubenfestigkeit 5.8 auf. Mit ihrem Hammerkopf sitzt die Schraube unverdrehbar in einer Vertiefung der Halbschale. Die Bundmutter liegt in einer Aussparung und überträgt die Vorspannkräfte auf die Halbschale. Der Gerüstbauer bringt die Vorspannung mit einem Schraubenschlüssel SW19 oder SW22 über die Bundmutter auf die Hammerkopfschraube auf, während er die Kupplung mit einem bestimmten Anziehmoment festzieht. DIN 4420 Teil 1, Ausgabe (12.1990) schreibt hier ein Anziehmoment von 50 Nm vor. Qualitativ beste Ergebnisse liefern Kupplungen mit geschmiedeten Halbschalen. Die Herstellung von Gerüstkupplungen erfolgt nach DIN EN 74 oder nach einer allgemeinen bauaufsichtlichen Zulassung [172].

DIN EN 74 Ausgabe (12.1988) regelt ausschließlich Kupplungen, die systemfreie Stahlrohre mit einem Durchmesser von Ø 48,3 mm und einer Wandstärke von mindestens 3,2 mm miteinander verbinden. Darüber hinaus werden sog. Kupplungsklassen A und B beschrieben. Kupplungsklassen BB, Normalkupplungen mit einer untergesetzten Kupplung und Halbkupplungen werden in DIN EN 74 nicht behandelt. An Aluminiumrohren dürfen nur Kupplungen mit Schraubverschluß verwendet werden. Diese Kupplungen müssen ein Prüfzeichen oder eine allgemeine bauaufsichtliche Zulassung besitzen [230].

Eine *Normalkupplung* nach DIN EN 74 verbindet zwei Rohre, die sich unter einem Winkel von 90° kreuzen. Sie besteht aus einem Sattelstück, an das zwei Schließbügel gelenkig angenietet sind. Die Schließbügel werden mit einer Hammerkopfschraube an das Sattelstück angeschraubt. Die Bundmutter der Schraube ist in ihrer Form an der Auflagerfläche so ausgebildet, daß sie sich nicht in die Gabel des Schließbügels einfrißt. Für die Kontrolle des Tragverhaltens einer Normalkupplung wird in DIN EN 74 ein Prüfverfahren beschrieben. Demnach müssen in unterschiedlichen Prüfeinrichtungen die Drehwinkelsteifigkeit, die Rutsch- und die Bruchkraft bestimmt werden.

Bild 8.8 Normalkupplung
mit Schraubverschluß [283]

Bild 8.9 Normalkupplung
mit Keilverschluß [283]

Bild 8.10 Drehkupplung
mit Schraubverschluß [283]

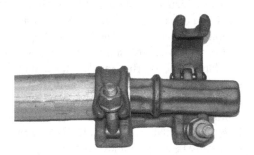

Bild 8.11 Stoßkupplung mit Bolzen [283]

Eine *Drehkupplung* verbindet zwei Rohre unter einem beliebigen Winkel. Das Sattelstück einer Drehkupplung ist zweigeteilt und durch einen Drehbolzen gelenkig miteinander verbunden, wodurch ein ungünstigeres Kraft-Verformungs-Verhalten im Vergleich zu einer Normalkupplung entsteht. DIN EN 74 fordert die Prüfung der Rutsch- und der Bruchkraft einer Drehkupplung.

Eine *Stoßkupplung* verbindet in einer Achse zwei systemunabhängige Rohre an ihren Enden. Sie besteht aus einem Rohrverbinder und einem Stoßbolzen. Die Kupplung muß in der Lage sein, Belastungen aus Druck, Zug und Biegung aufzunehmen. Nach DIN EN 74 werden die Biegetrag- und die Rutschkraft geprüft.

Eine *Parallelkupplung* verbindet zwei parallel zueinander verlaufende Rohre. Nach DIN EN 74 müssen die Rutsch- und die Bruchkraft geprüft werden.

Die Belastungsprüfungen haben zum Ziel, Trag-, Bruch- und Rutschlasten sowie Verformungen zu untersuchen. Zur Ermittlung der Verformungslast müssen nach DIN EN 74 50

Tabelle 8.23 Vorgeschriebene Prüfkriterien nach DIN EN 74 (12.1988) [172]

Kupplungsart	Versuchsart	Klasse	
		A	B
Normalkupplung	Rutschkraft	+	+
	Bruchkraft	+	+
	Drehwinkelsteifigkeit	−	+
Drehkupplung	Rutschkraft	+	+
	Bruchkraft	+	+
Parallelkupplung	Rutschkraft	+	+
	Bruchkraft	+	+
Stoßkupplung	Rutschkraft	+	+
	Biegetragkraft	+	+
+ Prüfung vorgeschrieben			
− Prüfung nicht vorgeschrieben			

Versuche durchgeführt werden. Die Ergebnisse werden statistisch ausgewertet nach den Vorgaben der Zulassungsgrundsätze des DIBt „ *Versuche an Gerüstsystemen und Gerüstbauteilen – Merkheft Versuche"* [224]. Der so ermittelte Wert als 5-%-Fraktile (wird von 5 % aller möglichen Werte der Grundgesamtheit unterschritten) bei einer Aussagewahrscheinlichkeit von 75 % darf die in DIN 4420 Teil 1 (12.1990) festgelegten Werte nicht unterschreiten. In DIN 4420 Teil 1 (12.1990) wird das Tragfähigkeitsverhalten von Kupplungen definiert. Für Normalkupplungen werden die M_N-φ-Beziehung (Drehwinkelsteifigkeit), die M_T-υ-Beziehung (Torsionssteifigkeit), die Rutschkraft, die Kopfabreißkraft und das übertragbare Biegemoment angegeben. Für Normal- und Drehkupplungen mit Schraubverschluß ist die Senkfedersteifigkeit angegeben. Für Stoßkupplungen sind in dieser Vorschrift Angaben über die Rutschkraft und das übertragbare Biegemoment zu finden. Für Dreh- und Parallelkupplungen ist die Rutschlast beschrieben. Kraftangaben hierzu siehe auch Kapitel 9.

Der Entwurf der Europäischen Norm für Rohrkupplungen prEN 74 Teil 1 vom Februar 2003 behandelt ein größeres Spektrum von Kupplungen, als das in DIN EN 74 (12.1988) der Fall war [173]. So werden neben den Kupplungsklassen A und B die Klassen C sowie AA und BB behandelt. Neben den bekannten Prüfparametern Biegetrag-, Rutsch- und Kopfabreißkraft sowie Steifigkeit wird zusätzlich die Prüfung der Eindrückung festgelegt.

Für Halbkupplungen hat das DIBt „ *Zulassungsgrundsätze für den Verwendbarkeitsnachweis an Stahl- und Aluminiumrohren"* erarbeitet, die als Entwurf vom Januar 2001 vorliegen [228]. Diese Grundsätze sollen für den Nachweis der Standsicherheit durch Versuche sowie für die Bemessung der Anschlüsse gelten und beziehen sich auf Halbkupplungen mit Schraub- und Keilverschluß. Im Rahmen der Prüfung werden die Kopfabreiß-, die Rutsch-, die Bruchlast in Rutschrichtung sowie die Querkraft bestimmt. Die Versuche werden nach den Vorgaben der Zulassungsgrundsätze des DIBt „ *Versuche an Gerüstsystemen und Gerüstbauteilen – Merkheft Versuche"* ausgewertet [224].

Tabelle 8.24 Vorgeschriebene Prüfkriterien nach prEN 74 Teil 1 (02.2003) [173]

Kupplungsart	Versuchsart	Klasse				
		A	B	C	AA	BB
Normalkupplung (RA)	Rutschkraft F_s	+	+	+	+	+
	Bruchkraft 2 F_s	+	+	+	+	+
	Torsionsmoment M_T	−	+	+	−	−
	Kopfabreißkraft F_p	+	+	+	−	−
	Drehwinkelsteifigkeit c	−	+	+	−	−
	Bruch-Drehwinkel-Moment M_B	−	+	+	−	−
	Eindrückung Δ_l	+	+	−	−	−
Drehkupplung (SW)	Rutschkraft F_s	+	+	−	−	−
	Bruchkraft F_p	+	+	−	−	−
	Eindrückung Δ_l	+	+	−	−	−
Parallelkupplung (PA)	Rutschkraft F_s	+	+	−	−	−
	Bruchkraft F_p	+	+	−	−	−
	Eindrückung Δ_l	+	+	−	−	−
Stoßkupplung (SF)	Rutschkraft F_s	+	+	−	−	−
	Biegemoment M_B	−	+	−	−	−

+ Prüfung vorgeschrieben
− Prüfung nicht vorgeschrieben

Korrosionsschutz der Schraubverbindung

Einen sehr wichtigen Aspekt der Kupplungskonstruktion stellt der Korrosionsschutz der Verschraubung dar. Zum Teil erfolgt die Montage einer Kupplung in extremen Gerüstlagen bei angestrengter Körperhaltung. Beim Festziehen und Lösen der Schraubenverbindung mit dem Steckschlüssel kann der Schlüssel leicht von der Bundmutter abrutschen, wobei der Gerüstbauer sich verletzen kann oder gar abstürzt. Es ist daher von einer enormen Bedeutung, daß die Schraubenverbindung auch nach längeren Standzeiten des Gerüstes ihre konstruktive Vorbestimmung erfüllt und sich anschließend auch leicht lösen läßt.

Bisher werden in den meisten Kupplungen elektrolytisch verzinkte und gelb chromatisierte Schrauben verwendet. Diese Art des Korrosionsschutzes wird nicht in allen Fällen den Umweltbedingungen, unter denen Kupplungen eingesetzt werden, gerecht. So berichten Gerüstbauer über festgefressene Kupplungsschrauben an Gerüsten, vor allem in Schwerindustriebetrieben. Korrosionsschäden sind selbst an Kupplungsschrauben von Gerüsten zu verzeichnen, die die üblichen Standzeiten von bis zu zwei Jahren unterschreiten. Eine so verrostete Kupplung ist nur mit extremem Kraftaufwand zu lösen. Sehr oft wird dabei die Zerstörung der Schraube unerläßlich. Die Kupplung muß dann instandgesetzt, wenn nicht gar ausgemustert werden. Der Gerüstbauer ist bei dieser Demontage den obengenannten Unfallgefahren ausgesetzt [150].

Ergänzende Untersuchungen an Normalkupplungen haben gezeigt, daß die Vorspannkraft nach dem Anziehen der Hammerkopfschraube abnimmt und sich einem Grenzwert nähert, wobei kein Unterschied zwischen Verbindungen an Stahl- oder Aluminiumrohren festgestellt wurde. Darüber hinaus wurde ein Abfall der Vorspannkraft nach wiederholtem Anziehen der Bundmutter festgestellt. Weder DIN EN 74 (12.1988) noch prEN 74-1 (02.2003) berücksichtigen diese Erkenntnisse [148].

Durch eine neue Entwicklung aus dem Bereich der Korrosionsschutztechnik mit der Bezeichnung *Dacromet* war es möglich, einige dieser Unzulänglichkeiten zu beseitigen. Kupplungen mit dacrometisierten Schrauben und Muttern erfüllen die seit langem geforderten konstruktiven Verbesserungen. Mit dem neuartigen Korrosionsschutz ist die Kupplungsschraube deutlich besser gesichert, und die Kupplung ist langlebiger [151].

Das Dacromet-Beschichtungsverfahren wurde in den USA entwickelt und überwindet die Grenzen der herkömmlichen Verzinkungsverfahren bei gleichzeitiger Schonung der Rohstoffe und der Umwelt. Die Dacromet-Schicht wird in Form einer wäßrigen Dispersion von chromatisierten Zinklamellen mit einem geringen Aluminiumanteil auf die zu schützenden Teile aufgetragen. Der anschließende Trocknungs- und Einbrennvorgang wandelt mit Hilfe spezifischer, wasserlöslicher, organischer Bestandteile die Korrosionsschutzschicht in eine anorganische, festhaftende Beschichtung um. Die Oberfläche erhält ein silberfarbenes Aussehen. Aus der Kombination von vielen übereinanderliegenden Zinklamellen mit dem Passivierungsvermögen von Chrom ergeben sich Schutzmechanismen, die diesen neuartigen Korrosionsschutz auszeichnen, wie z. B. der Barriere-Effekt der Schutzschicht, die Chrompassivierung des Substrates und des Zinkes bzw. Aluminiums oder der Kathodenschutz. Diese Beschichtungstechnik schließt eine Beeinträchtigung des Werkstückes durch Wasserstoffversprödung völlig aus, was eine Funktionssicherheit garantiert. Eine Dacromet-Beschichtung zeichnet sich durch ein gutes Penetrationsvermögen und eine hohe Temperaturbeständigkeit, bis zu 350 °C ohne Veränderung der Grundeigenschaften, aus. Durch eine in die Dacromet-Schicht eingebaute Selbstschmierkomponente wird ein im Vergleich mit galvanisierten Schrauben relativ geringer Reibbeiwert erzielt, was bei Gewindeteilen weitere Vorteile verschafft. Die Beschichtung erfolgt in einer Tauch-Schleuder-Technik mittels elektrostatischer Spritztechnik in mehreren Durchgängen. Die Dacromet-Schutzschicht wird durch Einbrennen bei über 280 °C Objekttemperatur gebildet. Die so hergestellte Korrosionsbeständigkeit ist proportional zu der aufgetragenen Schichtmenge. Für die Hammerkopfschrauben der Kupplungen wurde eine Schichtdicke von 5 μm gewählt [140].

In einer herstellerinternen Versuchsreihe wurde mittels der Salzsprühnebelprüfung die Korrosionsbeständigkeit von elektrolytisch verzinkten und gelb chromatisierten Hammerkopfschrauben auf der einen und dacrometisierten Hammerkopfschrauben auf der anderen Seite getestet. Vor dem Testeinsatz wurden die Schrauben zur Simulation der üblichen mechanischen Belastungen mit künstlichen Verletzungen sowie teilweise mit „Bauschlämme", d. h. einem Sand-Wasser-Zement-Gemisch, versehen. Nach 480 Stunden Prüfzeit wiesen die gelb chromatisierten Schrauben auf mehr als 60 % der gesamten Oberfläche Rotrost auf. Hingegen zeigten die dacrometisierten Schrauben lediglich vereinzelte Weißrostpunkte. Sie verhielten sich auch nach zusätzlichen 1000 Stunden Salzsprühnebelbelastung durchweg resistent gegen weiteren Korrosionsangriff.

Neben dem hervorragenden Korrosionsschutz der Dacromet-Beschichtung weist diese durch die obenerwähnte Selbstschmierkomponente einen weiteren wesentlichen Vorteil auf.

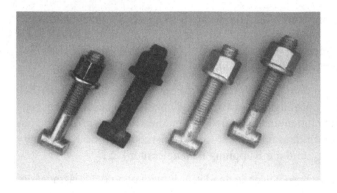

Bild 8.12
Hammerkopfschrauben mit
unterschiedlichem Korrosionsschutz: gelb chromatisiert
(links) und dacrometisiert
(rechts) [279]

Die bislang verwendeten gelb chromatisierten Hammerkopfschrauben und Bundmuttern zeigten nach einem zehnmaligen Anziehen einen Abfall der Vorspannkraft auf im Mittel 66 %. Einen wesentlichen Einfluß auf dieses Verhalten haben die hohen Reibungskräfte zwischen der Bundmutter und den Schließbügeln der Kupplungsschale sowie zwischen der Hammerkopfschraube und der Bundmutter selbst. Aus diesem Effekt ergeben sich die hohen Reibungsverluste und die wesentliche Tatsache, daß das Anziehmoment im hohen Maße in der Hammerkopfschraube nicht in Vorspannkraft umgesetzt wird. Das Anziehmoment wird durch die Reibung zwischen der Bundmutter und den Schließbügeln aufgezehrt.

Ein ganz anderes Verhalten zeigen dacrometisierte Hammerkopfschrauben und Bundmuttern. Gewindereibungszahlen von gelb chromatisierten zu dacrometisierten Schrauben verhalten sich wie 2:1. Galvanisch abgeschiedene Zinklegierungsüberzüge haben starke Streuungen der Reibungszahlen, dacrometisierte Schrauben hingegen weisen einen engen Streubereich auf. Die relativ geringen Reibungsbeiwerte ermöglichen ein leichtes Anziehen der Schraubenverbindung mit dem Steckschlüssel. Durch die geringe Reibung zwischen der Bundmutter und den Schließbügeln wird das aufgebrachte Anziehmoment fast vollständig in die Hammerkopfschraube als Vorspannkraft umgesetzt. Ein höheres Anziehmoment als die in DIN 4420 geforderten 50 Nm muß nicht aufgebracht werden, was einer Belastung mit 20 kg bei 25 cm Hebelarm des Steckschlüssels entspricht. Bereits die mit diesem Anziehmoment erreichte Vorspannung erzeugt die erforderlichen Kupplungskräfte.

Mit der neuartigen Beschichtung der Hammerkopfschrauben und Bundmuttern für Kupplungen lassen sich folgende Vorteile erreichen:

- wesentlich besserer Korrosionsschutz,
- immerwährend lösbare Verbindung,
- gezielte Einleitung der Vorspannkraft in die Hammerkopfschraube,
- zusätzliche Sicherheit in der Verbindung,
- geringerer Kraftaufwand bei der Montage,
- ergonomischere Arbeitsweise des Gerüstbauers,
- schnellerer und dadurch wirtschaftlicher Zusammenbau der Kupplung,
- erhöhter Arbeits- und Gesundheitsschutz.

Gerüstbauratsche mit integriertem Drehmomentschlüssel

Verbindungen aus Gerüstkupplungen nach DIN EN 74 können nur dann sicher eingesetzt werden, wenn einige wichtige Voraussetzungen erfüllt werden:

- Die nach DIN 4420 Teil 1 angenommenen Rutschlasten für Kupplungen mit Schraubverschluß an Stahl- und Aluminiumrohren gelten nur dann, wenn die Kupplungen mit einem Moment von 50 Nm angezogen werden.

- Die nach DIN 4421 Anlage A zulässigen Werte setzen ebenfalls voraus, daß die Kupplungen mit einem Moment von 50 Nm angezogen werden.

- DIN EN 74 geht davon aus, daß Kupplungen mit Schraubverschluß derart konstruiert sein müssen, daß sie funktionsfähig sind, wenn sie mit einem Anzugsmoment zwischen 40 Nm und 80 Nm angezogen werden. Kupplungen mit Sechskant-Muttern, ISO-Gewinde und einer Schlüsselweite von 22 mm sollen mit 50 Nm angezogen werden.

- Das Prüfzeichendokument, z. B. PA-VIII 54 Hünnebeck-Drehkupplung 38/48, fordert, daß Kupplungsschrauben leicht gangbar zu halten sind, z. B. durch ein Öl-Fett-Gemisch.

Interne Untersuchungen haben gezeigt, daß Kupplungen mit gelb chromatisierten Hammerkopfschrauben und Bundmuttern mit einem Anziehmoment von bis zu 100 Nm angezogen werden. Im Rahmen der Arbeiten an der neuen Europäischen Norm prEN 74 wurde eine Erhebung mit dem Ziel durchgeführt, festzustellen, ob Kupplungen auch an Rohren mit einer geringeren Wandstärke als 3,2 mm angeschlossen werden dürfen, und hierbei wurden Anzugsmomente von über 180 Nm festgestellt [134]. Ein stärkeres Anziehen von verrosteten Kupplungsschrauben als mit 50 Nm gewährleistet eine einwandfreie Übertragung der Rutschkräfte nicht, weil das aufgebrachte Anzugsmoment in Reibung zwischen der Schraube und der Bundmutter umgewandelt und das aufgebrachte Anzugsmoment durch Reibung zwischen der Bundmutter und der Kupplungsschale aufgezehrt wird. Dieses Verhalten führt zu Unfallgefahren, die sich aus der Notwendigkeit ergeben, eine zu stark angezogene Kupplungsschraube wieder lösen zu müssen. Abhilfe kann hier eine modifizierte Gerüstbauratsche schaffen.

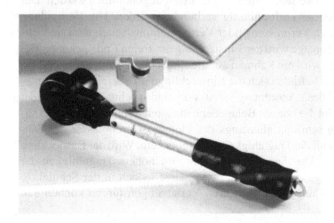

Bild 8.13
Gerüstbauratsche mit integriertem Drehmomentschlüssel [279]

Diese neuartige Drehmoment-Gerüstbauratsche dient zum Anziehen und Lösen der Muttern an Schraubverschlüssen von Gerüstkupplungen. Gleichzeitig kann die Einhaltung des in DIN 4420 (12.1990) und in den BG-Regeln „Gerüstbau" geforderten Anzugsmomentes von 50 Nm überwacht werden. Dieses Anzugsmoment ist im Rechtsgang fest voreingestellt. Der obere Teil der Drehmoment-Gerüstbauratsche enthält jeweils die Ratsche mit einem Sechskant-Einsatz, wahlweise SW19 oder SW22, und den Umschalthebel. Im mittleren Schlüsselteil ist die Kontrolleinrichtung eingebaut. Beim Erreichen des voreingestellten Anzugsmomentes knickt die Drehmoment-Gerüstbauratsche zwischen dem Ober- und Unterteil geringfügig ein, wobei ein leises Klicken zu hören und zu spüren ist. Ist ausnahmsweise ein höheres Anzugsmoment erforderlich, wie z. B. bei Trägerklemmen, ist ein weiteres, über das voreingestellte Anzugsmoment hinaus, Festziehen der Kupplungsschrauben möglich. Die Kupplung muß vor ihrem Einbau auf ihre einwandfreie Beschaffenheit überprüft werden. Beschädigte Kupplungen sind von einer weiteren Verwendung auszuschließen. Insbesondere dürfen die Schrauben keine Beschädigungen des Gewindes oder Rostansatz zeigen. An dieser Stelle gilt als wichtig anzumerken, daß die Verantwortung für den richtigen Sitz der Kupplung nach wie vor dem Gerüstbauer obliegt.

8.4.3 Rohr- und Steckverbindungen

Steckverbindungen sind aus dem Bedarf nach schneller Montage entwickelt worden und sind auf dem Markt in unterschiedlichen Formen anzutreffen. Sie koppeln Vertikalrahmen aneinander, befestigen Beläge mit Vertikalrahmen und sichern Seitenschutzteile.

Rohrverbindungen

Die Ausbildung eines Ständerstoßes zweier vertikaler Tragglieder eines Rahmengerüstes erfolgt mit einem einseitig fest verbundenen Stoßbolzen als Einsteckling. Außerhalb der Querverbindung der Ständerrohre wird der Stiel mit einem Einsteckling aus einem weiteren Rohr mit kleinerem Durchmesser versehen. Die Verbindung muß in der Lage sein, Biegung, Druck- und Zugkräfte zu übertragen. Verbindungen, die eine Überdeckungslänge von mindestens 150 mm aufweisen, dürfen als biegesteif angenommen werden. Der Einsteckling muß mit dem Stielrohr kraftschlüssig verbunden werden. Die Verbindung erfolgt in den meisten Fällen durch Verpressung oder Verquetschung, selten wird sie lochverschweißt. Für eine bessere Montage wird der Einsteckling am freien Ende gekuppt. Bei der Montage der Vertikalrahmen wird ein Rahmen auf die Einstecklinge des anderen Rahmens gesteckt. Je nach Hersteller befinden sich die Einstecklinge im oberen oder im unteren Teil des Vertikalrahmens. Diese Anordnung weist Vor- und Nachteile auf. Befindet sich der Einsteckling unten, bleibt die oberste Belagebene in einem Schutzgerüst vollkommen eben. Bei der Bemessung schränkt allerdings der kleinere Durchmesser des Einstecklings die Dimension und somit die Tragfähigkeit der Spindel ein. Wird der Einsteckling oben angeordnet, ist ein größerer Durchmesser und somit eine höhere Tragfähigkeit der Spindel möglich. Die oberste Lage eines Schutzgerüstes weist jedoch in der Schutzlage nach oben hinausragende Rohre auf, die zu schweren Verletzungen führen können und auch Stolperstellen darstellen.

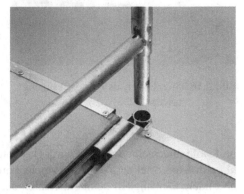

Bild 8.14 Einsteckling nach oben gerichtet
(Hünnebeck BOSTA 100) [279]

Bild 8.15 Einsteckling nach unten gerichtet
(Hünnebeck BOSTA 70) [279]

Steckverbindungen

An den fest am Querträger eines Vertikalrahmens angebrachten Bolzen werden Beläge
befestigt. Hierbei werden je nach Hersteller unterschiedlich ausgebildete Zapfen beidsei-
tig an Stegen des oberen Querträgers des Vertikalrahmens angeschweißt. Sie haben die
Form eines sternförmigen Zapfens oder nur eines einfachen Stabes. Die Beläge haben an
passenden Stellen mit Rundnieten verstärkte Öffnungen, die über die Zapfen geschoben
werden. Die Beläge werden durch den unteren Querträger des darüberliegenden Vertikalrahmens gegen Abheben gesichert. Diese Konstruktion der Belagbefestigung weist sehr
hohe Werte der Horizontalsteifigkeit der Belagebene auf. Nachteilig wirkt sich jedoch der
recht zielgenaue Einbau der Beläge aus, der vergleichbar umständlich und zeitaufwendig
ist. Darüber hinaus verbiegen sich beim Einbau leicht die einfachen stabförmigen Zapfen.
Widerstandsfähiger sind die sternförmigen Zapfen, die sich durch Anstoßen nicht so einfach verformen können. Diese Art der Belagbefestigung verhindert ein nachträgliches
Ausbauen der Beläge, was in Einsatzfällen durchaus wünschenswert wäre.

Vertikaldiagonalen einiger Gerüstsysteme werden an den Vertikalrahmen ebenfalls durch
Steckverbindungen angeschlossen. Eine erprobte Konstruktion sieht am oberen Ende der
Vertikaldiagonalen einen Schmiedehaken vor, der in einen Schlitz im Querriegel einge-
schwenkt wird. Durch die Form des Hakens können sowohl Druck- als auch Zugkräfte
übertragen werden. Das andere Ende der Diagonalen wird an einem Kippstift befestigt.
Eine Abwandlung dieser Konstruktion stellt der Diagonalenhaken dar, der in eine Öffnung

Bild 8.16 Sternbolzen als Belagbefestigung   **Bild 8.17** Schmiedehaken als Diagonalen-
(plettac) [283]   kopf (Hünnebeck) [279]

im Knotenblech eingeschoben wird. Das untere Ende der Diagonalen wird mit einer Keilkupplung am Stiel des Vertikalrahmens befestigt. Diese Art der Montage erfordert eine
besondere Genauigkeit beim Ausrichten des Gerüstes. Bei Konstruktionen mit zwei fest
vorgegebenen Befestigungspunkten für die Vertikaldiagonale richtet sich das Gerüst in
der Vertikalen automatisch aus, bei der Montage mittels Keilkupplung muss es jedoch
immer zusätzlich justiert werden.

Eine neue Entwicklung modifizierte die Form des Hakens, der in diesem Fall in einen
Schlitz im Vertikalstiel eingeführt wird. Die gelenkig ausgebildete Hakenkonstruktion kann
Belastung erst übertragen, nachdem sie mit einem Knebel verriegelt wurde.

Bild 8.18
Haken mit Verriegelung als Diagonalenkopf
(Peri UP T 70) [283]

Selbstsichernde Steckverbindungen

Eine weit verbreitete Konstruktion stellt der sog. Kippstift dar. Die Forderung nach schnellen, einfachen, robusten und gleichzeitig zuverlässigen Verbindungen hat zur Entwicklung dieser selbstsichernden Steckverbindung geführt. Der Kippstift ist in unterschiedlichen Varianten auf dem Gerüstbaumarkt vertreten. Grundsätzlich besteht er aus einem Gabelbolzen, der am Stiel des Vertikalrahmens angeschweißt ist. Der Gabelbolzen kann als massives, als geschmiedetes oder als Stanzbiegeteil ausgeführt werden. An dem vorgebohrten und mit einer Nut versehenen Gabelbolzen ist mit einer Spannhülse ein Fallriegel exzentrisch befestigt, so daß er selbsttätig in die gesicherte vertikale Position fällt. In dieser Lage verhindert er, daß sich ein an dieses Element angeschlossenes Gerüstbauteil ablösen kann. Das anzuschließende Bauteil weist am Ende eine Bohrung auf, durch die der in die horizontale Lage gebrachte Fallriegel geführt wird. Sobald sich das montierte Bauteil in der Endposition befindet, fällt der Fallriegel selbstständig in die vertikale Lage und sichert so das Bauteil ab. Mit dem Kippstift können unterschiedliche Bauteile befestigt werden. Bekannt sind Anschlüsse von Diagonalen, Geländerriegeln oder Bordbrettern.

Darüber hinaus ermöglicht der Kippstift in Kombination mit einer Halbkupplung die Befestigung z. B. von Geländerriegeln an einer beliebigen Stelle. Zu beachten ist, daß sich mit einem Kippstift angeschlossene Geländerriegel innerhalb der Belagfläche des Gerüstes befinden müssen, damit die Schutzziele des Geländers erfüllt werden können und der Gerüstbenutzer vor einem Absturz gesichert wird. In seiner Schutzfunktion wird das Geländer in der Weise belastet, daß es die horizontale Last über Kontakt auf den Stiel überträgt. Die Lagesicherung und somit die Übertragung des Eigengewichts des Geländers wird vom angeschweißten Schaft des Kippstiftes übernommen. Würde sich der Kippstift auf der Außenseite des Stiels befinden, müßte die gesamte Belastung über den Fallriegel und die Spannhülse übertragen werden, was zum Versagen der Verbindung führen könnte. Es kann aber auch durch Verschmutzung des Kippstiftes zur Blockade des Fallriegels kommen, so daß er nach dem Montieren des Geländerriegels unbemerkt nicht automatisch in die sichere vertikale Position fällt. In diesem Zustand kann sich das Geländer aus der Befestigung lösen und seine Schutzfunktion verlieren. Durch die vorgefertigte Konstruktion der Systemgerüste befinden sich die Kippstifte als Befestigungselemente für Geländerriegel an sicheren, fest vorgegebenen Stellen. Wird aber ein zusätzlicher Geländerriegel mittels einer Halbkupplung mit Kippstift befestigt, ist unbedingt auf die oben beschriebene, sichere Lage des Kippstiftes zu achten.

Bild 8.19
Kippstift als Seitenschutzbefestigung
(Hünnebeck BOSTA 70) [279]

Die Lage des Kippstiftes als Befestigung von Vertikaldiagonalen kann unter zwei Gesichtspunkten betrachtet werden: der Tragfähigkeit und der Montagesicherheit. Die Druck- und Zugkräfte der Vertikaldiagonalen werden planmäßig auf den Schaft des Kippstiftes übertragen, der an den Stiel des Vertikalrahmens angeschweißt ist. Einige Gerüsthersteller haben den Kippstift als Befestigung der Vertikaldiagonalen auf der Innenseite des Vertikalrahmenstiels angeordnet. Hier kann die Vertikaldiagonale bequem und vor allem sicher montiert werden. Konstruktionsbedingt mußte der Kippstift bei einigen Gerüstsystemen auf der Außenseite des Vertikalrahmens angeordnet werden. Bei der Montage der Diagonalen muß sich der Gerüstbauer über den Seitenschutz nach außen lehnen. Diese Abfolge der Montage ist relativ umständlich und bedeutet eine unnötige Gefährdung des Gerüstbauers.

Ein Mast-Konsol-Gerüst neuester Entwicklung weist eine selbstsichernde Steckverbindung in Form von Kopfplatten auf, die mit dem Mastquerschnitt als vertikales Tragglied verbunden sind. Die unterschiedlich ausgebildeten Kopfplatten werden übereinander gesteckt, wobei ein Rohrkragen in der Kopfplatte des oberen Mastes in die Aussparung der Kopfplatte des unteren Mastes eingeführt wird und gleichzeitig als Führungshilfe dient. Anschließend muß die Verbindung durch eine Drehung verriegelt werden. Hierbei rasten vier Kopfbolzen der oberen in die untere Kopfplatte ein. Gleichzeitig verriegelt ein Fallblech die Verbindung und verhindert ihr unbeabsichtigtes Loslösen.

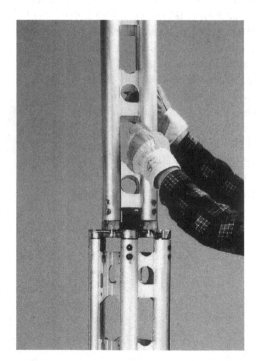

Bild 8.20 Mastverbindung
(Hünnebeck GEKKO) [279]

Bild 8.21 Kopfbolzenverbindung
(Hünnebeck GEKKO) [279]

Beläge des gleichen Gerüstsystems werden ebenfalls mit einer einfachen Steckverbindung
befestigt. Die Kopfbeschläge der Beläge weisen Aussparungen auf, die auf Kopfbolzen
der Konsolen gesteckt werden. Durch die Form der Aussparungen wird der Belag nach
unten geführt und zur Seite verschoben, so daß er sich nicht selbsttätig aushängen kann.
Eine zusätzliche Abhebesicherung ist nicht erforderlich, die Beläge jedoch können nachträglich aus- und eingebaut werden, ohne daß das Vertikalglied umgebaut werden muß.

Erfahrungen aus der Montage von Geländerriegeln, die an Kippstiften befestigt werden,
haben diese Art der sicherheitsrelevanten Konstruktion mit beweglichen Teilen in Frage
gestellt. Das Ziel war, eine Befestigungsmöglichkeit zu entwickeln, die ohne bewegliche
Teile auskommt, dennoch das gleiche, wenn nicht ein höheres Sicherheitsniveau bietet.

Die Geländerriegel des Mast-Konsol-Gerüstsystems sind als Rohre mit Stanzbiegeteilen
konzipiert worden, die in tulpenförmige Öffnungen der Maststeifen eingesetzt werden.
Der Gerüstbauer braucht den Geländerriegel beim Einbau nur noch zu begleiten. Durch
die Form der Stanzbiegeteile und der korrespondierenden Gestalt der Steifenöffnungen
wird der Geländerriegel verdreht und automatisch in die gesicherte Position geführt. Die
Befestigungskonstruktion kann durch Verschmutzung nicht außer Betrieb gesetzt werden.
Zudem ragen keine Teile des Seitenschutzes in den Durchgangsraum. Der Gerüstbauer
kann somit nicht an den Befestigungselementen hängenbleiben und sich verletzen, was an
den Kippstiften unter Umständen möglich ist.

8.4.4   Bolzen- und Schraubenverbindungen

Werden Gerüstbauteile in Verbindungsstellen auf Zug belastet, müssen die Verbindungs-
punkte zugfest gesichert werden, wie z. B. bei Dachfanggerüsten oder Hängegerüsten.
Eine aus dem konventionellen Stahlbau übernommene Konstruktion für diesen Einsatzfall
stellen die Schrauben- und die Bolzenverbindung dar. Die Verbindung wird als zwei-
schnittige ausgebildet, wobei sie gegenüber der einschnittigen Variante eine deutlich geringere Nachgiebigkeit zeigt. Auch die lokale Deformation der Lochränder ist geringer.

Die Form der Absteckbolzen gewährleistet eine schnelle und sichere Montage. Der Absteckbolzen muß nach dem Abstecken immer in der gesicherten Lage verbleiben.

Bild 8.22
Absteckbolzen und blockverleimte
Systemvollholzbohle [279]

8.4.5 Klauenverbindungen

Eine Besonderheit in den Gerüstkonstruktionen stellen die Klauenverbindungen dar. Diese Konstruktion wird an unterschiedlichen Teilen als Verbindungsmittel verwendet. So werden Geländerriegel, Vertikaldiagonalen oder Beläge mit Klauen befestigt.

Klauen ermöglichen eine schnelle und sichere Montage von Gerüstbauteilen. Sie können als Biegeteile, als Schmiedeteile oder als Gußteile hergestellt werden, neuerdings sogar in Verbindung mit Kunststoffteilen. Sie werden an die Bauteile angenietet, angeschweißt oder verpreßt.

Klauen an rohrartigen Bauteilen, wie Diagonalen oder Geländerriegeln, müssen zur Lagesicherung Einrastfinger aufweisen, die in der Lage sind, Kräfte zu übertragen und die Konstruktion gegen unbeabsichtigtes Ausheben zu sichern.

Klauen an Belägen werden meistens in Kombination mit dem Querriegel des Vertikalrahmens gegen Abheben gesichert. Sie werden in die U-Profile der Querriegel eingehängt und übertragen vertikale und horizontale Kräfte aus Eigen- und Nutzlasten, aber auch aus der aussteifenden Wirkung der Belagebene. Die Form der Klauen kann so gestaltet werden, daß ein teilweiser Ausbau der bereits in Gerüstendfeldern eingebauten Beläge möglich wird („Wandern").

Belagklauen, die für den Anschluß an Rohrriegel vorgesehen sind, sollten automatisch wirkende Abhebesicherungen haben, die beim Einbau der Beläge wirksam werden und ohne zusätzliche Teile auskommen.

Klauenverbindungen sind zulassungspflichtig und dürfen nur in Gerüstsystemen verwendet werden, für die sie auch bauaufsichtlich zugelassen wurden.

Bild 8.23
Auflagerhaken des Horizontalrahmens
(Hünnebeck BOSTA 100) [279]

8.4.6   Knotenverbindungen

Stahlrohr-Kupplungsgerüste haben sich auf beeindruckende Weise bei Einrüstungen von Objekten mit aufgelösten Fassaden bewährt [46]. Diese Gerüstkonstruktionen weisen leider zwei Nachteile auf: die Montage der Schraubkupplungen ist zeitraubend und die Abmessungen des Gerüstes müssen ständig kontrolliert werden. Der Wunsch nach einem schnell aufzubauenden und sehr flexiblen Gerüstsystem führte zu Entwicklung von Modulgerüstsystemen. Mit Hilfe vorgefertigter Gerüstbauteile, die mit unverlierbaren Verbindungselementen und mit in regelmäßigen Abständen am Vertikalstiel angebrachten Anschlußknoten ausgerüstet sind, können Gerüste gebaut werden, die ein schnelles und effizientes Einrüsten von differenzierten Strukturen ermöglichen.

Die Flexibilität eines Modulgerüstsystems ist weitgehend von der Knotenkonstruktion und von der Anzahl der Zubehörteile abhängig. Darüber hinaus bestimmt die konstruktive Ausbildung des Knotens die Tragfähigkeit der Gesamtkonstruktion sowie die Montagefreundlichkeit.

In den vergangenen zwanzig Jahren, während der Modulgerüstsysteme im deutschen Gerüstbau anzutreffen sind, entstanden unterschiedliche Konstruktionen von Modulknoten. Vertreten sind Tassen-, Scheiben- und Tellerformen. Die Anschlußknoten können aus geschmiedeten, gestanzten oder gegossenen Bauteilen bestehen. Sie ermöglichen einen Anschluß in vorgegebenen oder in beliebigen Winkeln. Allerdings benutzen alle die gleiche Verbindungstechnik: die volle Tragfähigkeit des Anschlusses wird erst nach dem Einschlagen eines Keiles erreicht, der den Riegel- oder Diagonalenkopf mit dem Stielanschlußknoten verbindet.

Die Montage der Verbindung erfolgt in einigen Schritten. Zuerst wird der Kopf des Riegels oder der Diagonalen in oder auf den Anschlußknoten geführt. Danach wird der unverlierbar mit dem Kopf verbundene Befestigungskeil in die Aussparung oder Öffnung des Stielanschlußknotens gesteckt. Abschließend wird der Keil mit einem Hammer bis zum Prellschlag eingeschlagen, wodurch eine kraftschlüssige und winkelfeste Verbindung entsteht.

Bild 8.24
Bauteilanschlüsse am Modulknoten
(Hünnebeck MODEX) [279]

Bild 8.25
1-Mann-Montage am
Modulknoten (Hünnebeck
MODEX) [279]

Ausgereifte Anschlußkonstruktionen ermöglichen die sog. 1-Mann-Montage. Bei weniger ausgereiften Konstruktionen werden zur Verbindung der Bauteile mindestens zwei Gerüstbauer benötigt. Der Unterschied liegt beim Zusammenführen des Bauteilkopfes an den Stielanschluß. Kann sich dabei das Bauteil vom Knoten selbst lösen, müssen zwei Gerüstbauer beide Enden des Teils halten und den Keil einführen. Weist der Anschluß Konstruktionselemente auf, die eine formschlüssige Verbindung ermöglichen, kann das eine Ende des Riegels mit dem Stiel von einem einzigen Gerüstbauer verbunden werden, der dann das andere Ende des Riegels mit einem weiteren Stiel verbinden kann. Dabei bleibt der erste Riegelkopf am Stiel hängen. Jetzt können beide Keile eingeschlagen werden, wodurch die endgültige Tragfähigkeit des Knotens entsteht.

In Modulgerüstsystemen können in der Regel Beläge verwendet werden, die auch z. B. in Rahmengerüstsystemen des gleichen Herstellers benutzt werden.

Die unterschiedlichen Tragfähigkeiten resultieren aus den verschiedenen Konstruktionsformen, aus den für den Anschlußknoten benutzten Materialien und nicht zuletzt aus dem Aufwand, der in die Entwicklung der Konstruktion investiert wurde. So konnten in jüngster Zeit ältere Bauweisen mit modernen FEM-Berechnungsmethoden in Form und Materialverbrauch optimiert werden. Die Tragfähigkeit des Gesamtsystems ist hierbei in erster Linie von den benutzten Bauteilen, wie Belägen, Riegeln oder Diagonalen, sowie von dem verwendeten Verankerungsraster abhängig. Ein Überblick über die Tragfähigkeiten der einzelnen Modulknoten wird im Kapitel 9 gegeben.

8.4.7 Sonstige Verbindungen

Das Prinzip der Keilkupplung, bei dem zu befestigende Bauteile durch einen einzuschlagenden Keil gesichert werden, ist vom Gerüstbau als Verbindungskonstruktion ebenfalls übernommen worden.

Ein Beispiel dieser Konstruktion zeigt die Befestigung von Seitenschutzgeländern und -rahmen. Ein geplättetes und hakenförmig gebogenes Geländerrohr wird in eine Tasche eingeführt und mit einem beweglich befestigten Keil gesichert.

Bild 8.26 Keilkupplung am Diagonalenfuß
(Layher) [283]

Bild 8.27 Diagonalenkopf (Layher) [283]

Eine Keilkupplung wird auch in dem Niederhalter einer Abhebesicherung verwendet. Der Niederhalter besteht aus einem Flachteil, an dem ein Kupplungsbügel mit unverlierbar befestigtem Keil angeschlossen ist. Der Niederhalter wird in die Nut des Hohlprofils gesteckt, um das Stielrohr geführt und mit dem Keil gesichert. Das so nach unten gedrückte Hohlprofil wirkt als Abhebesicherung für Beläge.

Die zum Teil unerfreulichen Erfahrungen mit beweglichen Teilen des Seitenschutzes, seien es Kippstifte oder Keilkupplungen, haben zu Überlegungen geführt, Seitenschutzriegel ohne bewegliche Teile zu befestigen. Eine sichere Verbindung kann aber nur dann hergestellt werden, wenn der Befestigungsvorgang in zwei zueinander gegensinnigen Bewegungsrichtungen durchgeführt wird. Die Verbindung muß ohne Werkzeuge, jedoch nicht selbsttätig, wieder lösbar sein.

Bild 8.28 Keiltasche als Seitenschutzbefestigung (Layher) [283]

Bild 8.29 Seitenschutzbefestigung
(Hünnebeck GEKKO) [283]

Bild 8.30 Seitenschutzbefestigung (Peri UP T 70) [283]

Bild 8.31 Seitenschutzbefestigung (Hünnebeck) [283]

Ein Beispiel zur Umsetzung dieser Forderungen stellt die Befestigungskonstruktion des Geländerriegels im Mast-Konsol-Gerüst im Kapitel „Selbstsichernde Steckverbindungen" dar. Eine weitere konstruktive Lösung dieser Problematik zeigt die Geländerriegel-befestigung des T-Rahmengerüstsystems. Hier wird ein am Ende geplättetes Rohr mit einer quadratischen Öffnung an Rohrenden über ein kammartig gestanztes Flacheisen als Geländeranschluß geführt. Bedingt durch die Abmessungen der Rohröffnung muß der Geländerriegel in wellenartigen Bewegungen über das Flacheisen geführt werden, wobei ein leichtes Anheben des Riegels erforderlich wird, sobald ein Zahn am Flacheisen überwunden werden muß. So bleibt der Geländerriegel in der Endlage durch die Erhebungen des Flacheisens gesichert und kann sich nicht selbsttätig aus seiner Lage lösen. Einziger Kritikpunkt an dieser Konstruktion ist die Störung der freien Durchgangsbreite im Gerüst durch den hinausragenden Geländeranschluß sowie eine Verformungsanfälligkeit des relativ dünnen Stanzteils.

Eine im Prinzip ähnliche Konstruktion ist der sog. „Schwanenhals", der als Befestigungs-konstruktion für Geländerriegel dient. Bei dieser Variante wird allerdings ein Schmiede-teil benutzt, das gegen Verformungen resistenter ist. Die Störung des freien Durchganges wird aber auch in diesem Fall nicht vermieden.

Beide Lösungen sind für die Verwendung des Seitenschutzes in Form des „Vorlaufenden Geländers" geeignet.

8.5   Herstellerspezifische Konstruktionsmerkmale

8.5.1   Allgemeines

Die unterschiedlichen Konstruktionen der Systemgerüste, die sich zur Zeit auf dem Gerüstbaumarkt befinden, können hinsichtlich der Ausbildung des vertikalen Traggliedes systematisch in folgender Weise geordnet werden:

- Rahmengerüst,
- H-Rahmengerüst,
- T-Rahmengerüst,
- Modulgerüst,
- Mast-Konsol-Gerüst.

Die vertikalen Tragglieder bestehen in den meisten Fällen aus geschlossenen Rahmen, bei
denen die Rohre die Stiele bilden, die mit angeschweißten Querriegeln dauerhaft verbunden werden. Die Beläge werden entweder mit Befestigungselementen, die sich auf den
Querriegeln befinden, mit dem V-Rahmen verbunden oder mit Klauen in die entsprechend
ausgebildeten Querriegel eingehängt. Der Stoß der Vertikalrahmen kann in der Höhe der
Beläge (Rahmengerüst) oder in der Höhe des Geländerholmes erfolgen (H-Rahmengerüst).
Die wohl am weitesten verbreitete Gerüstkonstruktion stellt einen geschlossenen Vertikalrahmen dar, der in der Höhe der Belagbefestigung gestoßen wird. Der Belag wird mit dem
oberen Querriegel verbunden. Der untere Querriegel steift den Rahmen zusätzlich aus und
dient gleichzeitig als Abhebesicherung für die Beläge. Die Beläge können hier nachträglich nicht ausgebaut werden, ohne daß die Vertikalrahmen demontiert oder gar zerstört
werden. Eine Ausnahme bildet die nachträgliche Demontage von Belägen in den Rand-
feldern eines Rahmengerüstsystems („Wandern").

Eine aktuelle Entwicklung führte zur Konstruktion eines aufgelösten Vertikalrahmens
(T-Rahmengerüst), bei dem das vertikale Tragglied aus zwei Teilen zusammengesteckt
werden muß. Die Konstruktion des Vertikalrahmens erlaubt den sog. „Vorlaufenden Seitenschutz". Die Beläge müssen zwar bewußt gegen Verschieben und Abheben gesichert werden, können allerdings nachträglich wieder ausgebaut werden.

Das Modulgerüst besteht aus einzelnen Vertikalstielen, die in Modulabständen Verbindungs-
knoten besitzen. In diesen Punkten werden Stiele mit Riegeln und Diagonalen verbunden.
Das umfangreiche Zubehörprogramm ermöglicht, aus Modulgerüsten Systeme mit unterschiedlichsten Abmessungen und für diverse Anwendungsbereiche zu bauen. Modulgerüste
können sowohl längen- (Fassadengerüste) als auch flächenorientiert (Raumgerüste) aufgebaut werden.

Das Mast-Konsol-Gerüst besteht aus vertikalen Masten, an denen Konsolen aufgehängt
werden. Das System unterscheidet zwei Gruppen von Bauteilen: die statischen Teile und
die Benutzerteile. Doppelfunktionen sind nicht vorgesehen. Die statischen Teile (Mastfuß,
Mast, H-Riegel, V-Diagonale und Gerüsthalter) dienen der Lastaufnahme und leiten die
Belastung in tragfähigen Untergrund und in die Fassade. Die Benutzerteile (Konsolen,
Beläge und Seitenschutz) können unabhängig von den statischen Teilen auf diese montiert, versetzt oder demontiert werden. Die Ausbildung der Belagbefestigung ermöglicht

den nachträglichen Aus- und Einbau der Beläge im Gerüst. Auch diese Konstruktion des Gerüstes erlaubt den „Vorlaufenden Seitenschutz".

Im folgenden werden die heute üblichen Konstruktionen und Werkstoffe der in Deutschland gängigsten Gerüstsysteme beschrieben. Aus Platzgründen werden hier nur Gerüstsysteme von Herstellern vorgestellt, die sich entweder durch intensive Kundenbetreuung oder durch besondere konstruktive Innovationen hervorgetan haben. Nach Meinung des Autors sind das die Firmen Hünnebeck, Layher, Peri, Plettac und Rux.

Um eine schnelle Übersicht zu ermöglichen, werden alle hier vorgestellten Gerüstsysteme in folgender Weise beschrieben:

- Systemmaße,
- Konstruktion der vertikalen Tragglieder,
- benutzte Verbindungstechnik,
- vorhandene Beläge,
- zugelassene Zubehörteile.

Für die Übersicht wurden lediglich die Aufbauvarianten herangezogen, welche die Anforderungen an die Mindestausstattung im Sinne der Zulassungsrichtlinie erfüllen. Es wird also die Belastbarkeit für die sog. Konsolvariante 2 (s. a. Kapitel 4) berücksichtigt.

Tabelle 8.25 Übersicht der Konstruktionen von Gerüstsystemen

Gerüst-hersteller	Systembezeichnung	Gerüsttyp	max. GG	L [m]	Zulassungs-nummer	Erstzulassung durch DIBt
Hünnebeck	SBG	Rahmengerüst	4	2,50	Z-8.1-32.2	1958
	BOSTA 70	Rahmengerüst	3	3,00	Z-8.1-54.2	1971
	BOSTA 70 Alu	Rahmengerüst	3	2,50	Z-8.1-830	1983
	BOSTA 100	Rahmengerüst	6	2,50	Z-8.1-150	1980
	MODEX	Modulgerüst	–	4,00	Z-8.22-67	1990
	GEKKO	Mastkonsolgerüst	3	3,00	Z-8.1-689	2003
Layher	BLITZ 70 S	Rahmengerüst	3	3,07	Z-8.1-16.2	1973
	BLITZ 70 Alu	Rahmengerüst	3	3,07	Z-8.1-844	1973
	BLITZ 100 S	Rahmengerüst	6	2,07	Z-8.1-840	1973
	ALLROUND Stahl	Modulgerüst	–	3,07	Z-8.22-64	1984
	ALLROUND Alu	Modulgerüst	–	3,07	Z-8.1-64.1	1990
Peri	UP T 70	T-Rahmengerüst	3	3,00	Z-8.1-865	2000
	UP ROSETT	Modulgerüst	–	3,00	Z-8.22-863	1999
Plettac	SL 70	Rahmengerüst	3	3,00	Z-8.1-29	1974
	SL 70 Alu	Rahmengerüst	3	2,50	Z-8.1-29.1	1985
	SL 100	Rahmengerüst	6	2,00	Z-8.1-171	1986
	PERFECT	Modulgerüst	–	3,00	Z-8.22-178	1987
	PERFECT CONTUR	Modulgerüst	–	3,00	Z-8.22-843	1999
Rux	SUPER 65	Rahmengerüst	3	3,00	Z-8.1-185.1	1988
	SUPER 100	Rahmengerüst	6	2,00	Z-8.1-185.2	1988
	VARIANT	Modulgerüst	–	3,00	Z-8.22-19	1983

8.5.2   Hünnebeck-Gerüstsysteme

SBG SchnellBauGerüst Z-8.1-32.2

- Systemmaße:
  - Systembreite $b = 1,08$ m
  - Feldlängen $l = 2,50/1,25$ m
  - Rahmengerüst als Fassadengerüst
  - Einsatz als Arbeits- und Schutzgerüst
  - Gerüstgruppe 4 nach DIN 4420 Teil 1 für $l \leq 2,50$ m

- Vertikaltragglied:
  - Vertikalstiel Dreikantprofil 49 × 57,4 S235JRG2
  - $h = 2,00/1,50/1,00$ m
  - Oberriegel Dreikantprofil 49 × 57,4 S235JRG2
  - Unterriegel Ø 42,3 × 2,0 S235JRH
  - keine Eckaussteifung
  - geschmiedeter Steckbolzen eingeschweißt

- Verbindungstechnik:
  - Geländerriegel mit Bohrungen für Kippstifte
  - V-Diagonale mit Schmiedekopf und Bohrungen für Kippstifte
  - Beläge mit Auflagerklauen
  - Bordbretter mit Bohrungen für Kippstifte
  - Gerüsthalter mit Kupplung halbstarr

- Beläge:
  Horizontalrahmen

- Zubehör:
  Ausgleichsständer, Fußgänger-Durchgangsrahmen 140, Überbrückung 500, Verbreiterungskonsole 50, Maurerkonsole, Schutzdach, Schutzgitter

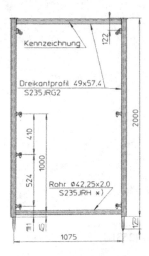

Bild 8.32
Vertikalrahmen SBG (Hünnebeck) [252]

BOSTA 70 Z-8.1-54.2

- Systemmaße:
  - – Systembreite b = 0,74 m
  - – Feldlängen l = 4,00/3,00/2,50/2,00/1,50/1,25/0,74 m
  - – Rahmengerüst als Fassadengerüst
  - – Einsatz als Arbeits- und Schutzgerüst
  - – Gerüstgruppe 3 nach DIN 4420 Teil 1 für $l \leq$ 3,00 m

- Vertikaltragglied:
  - – Vertikalstiel Ø 49,4 × 3,25 S235JRH
  - – h = 2,00/1,50/1,00/0,66 m
  - – Oberriegel U46 × 58 × 46 × 3,5 S275JRC
  - – Unterriegel Ø 42,4 × 2,3 S235JRH $f_{y,k}$ = 320 N/mm^2
  - – 1 Eckaussteifung aus Sickenprofil
  - – Einsteckling Ø 40 × 2,3 S355J2H eingepreßt

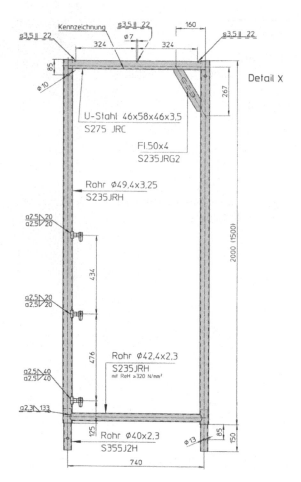

Bild 8.33
Vertikalrahmen BOSTA 70
(Hünnebeck) [253]

- Verbindungstechnik:
  - Geländerriegel mit Bohrungen für Kippstifte
  - V-Diagonale mit Schmiedekopf und Bohrungen für Kippstifte
  - Beläge mit Auflagerklauen
  - Bordbretter mit Bohrungen für Kippstifte
  - Gerüsthalter mit Kupplung

- Beläge:
  Vollholzbohle 32, Stahlboden 32, Alu-Boden 32, Hohlkastenbelag 32, Alu-Rahmentafel 70

- Zubehör:
  Alu-Leitergangstafel mit BFU für Innenleitergang, Ausgleichsständer, Fußgänger-Durchgangsrahmen 150, Überbrückung 400, 500 und 750, Verbreiterungskonsole 35 und 70, Bühnenkonsole180, Schutzdach, Schutzgitter, Alu-Treppe

BOSTA 70 Alu Z-8.1-830

- Systemmaße:
  - Systembreite $b = 0,74$ m
  - Feldlängen $l = 2,50/2,00/1,50/1,25/0,74$ m
  - Rahmengerüst als Fassadengerüst
  - Einsatz als Arbeits- und Schutzgerüst
  - Gerüstgruppe 3 nach DIN 4120 Teil 1 für $l \leq 2,50$ m

- Vertikaltragglied:
  - Vertikalstiel Ø $49,3 \times 3,2$ AlMgSi1,0 F28
  - $h = 2,00/1,00$ m
  - Oberriegel U46 $\times 58 \times 46 \times 3,5$ AlMgSi1,0 F28
  - Unterriegel Ø $42,4 \times 2,3$ S235JRH $f_{\gamma,k} = 320$ N/mm^2
  - Eckaussteifung aus Rechteckhohlprofil
  - Einsteckling Ø $40 \times 2,3$ S355J2H eingepreßt

- Verbindungstechnik:
  - Geländerriegel mit Bohrungen für Kippstifte
  - V-Diagonale mit Schmiedekopf und Bohrungen für Kippstifte
  - Beläge mit Auflagerklauen
  - Bordbretter mit Bohrungen für Kippstifte
  - Gerüsthalter mit Kupplung

- Beläge:
  Vollholzbohle 32, Stahlboden 32, Alu-Boden 32, Hohlkastenbelag 32, Alu-Rahmentafel 70

- Zubehör:
  Alu-Leitergangstafel mit BFU für Innenleitergang, Ausgleichsständer, Fußgänger-Durchgangsrahmen 150, Überbrückung 500, Verbreiterungskonsole 35 und 70, Bühnenkonsole180, Schutzdach, Schutzgitter

BOSTA 100 Z-8.1-150

- Systemmaße:
  - Systembreite $b = 1,01$ m
  - Feldlängen $l = 3,00/2,50/2,00/1,50/1,25/1,01$ m
  - Rahmengerüst als Fassadengerüst
  - Einsatz als Arbeits- und Schutzgerüst
  - Gerüstgruppe 6 nach DIN 4420 Teil 1 für $l \leq 2,50$ m
  - Gerüstgruppe 5 nach DIN 4420 Teil 1 für $l \leq 3,00$ m
  - Gerüstgruppe 4 nach DIN 4420 Teil 1 für $l \leq 3,00$ m

- Vertikaltragglied:
  - Vertikalstiel $\varnothing$ 48,3 × 3,6 S235JRH $f_{\gamma,k} = 320$ N/mm^2
  - $h = 2,00/1,50/1,00$ m
  - Oberriegel U46 × 58 × 46 × 3,5 S275JRC
  - Unterriegel RR40,0 × 2,5 S235JRH
  - 2 Eckaussteifungen aus geplätteten Rohren
  - Einsteckling $\varnothing$ 38 × 3,2 S355J2H eingepreßt

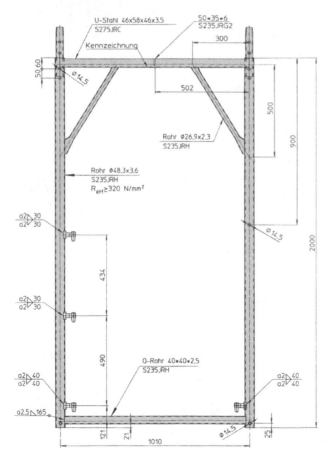

Bild 8.34
Vertikalrahmen BOSTA 100
(Hünnebeck) [255]

- Verbindungstechnik:
  - Geländerriegel mit Bohrungen für Kippstifte
  - V-Diagonale mit Schmiedekopf und Bohrungen für Kippstifte
  - Beläge mit Auflagerklauen
  - Bordbretter mit Einsteckklauen
  - Gerüsthalter mit Kupplung

- Beläge:
  Horizontalrahmen, Vollholzbohle 32 und 50, Stahlboden 32, Alu-Boden 32 und 50, Hohlkastenbelag 32

- Zubehör:
  Ausgleichsständer, Fußgänger-Durchgangsrahmen 150, Überbrückung 500, Verbreiterungskonsole 35, 50, 70 und 100, Bühnenkonsole165, Schutzdach, Schutzgitter

MODEX Z-8.22-67

- Systemmaße:
  - Systembreiten b = 4,00/3,00/2,50/2,00/1,80/1,50/1,25/1,13/1,01/0,90/0,82/0,74/ 0,25 m
  - Feldlängen l = 4,00/3,00/2,50/2,00/1,80/1,50/1,25/1,13/1,01/0,90/0,82/0,74/0,25 m
  - Modulgerüst als Raum- und Fassadengerüst
  - Einsatz als Arbeits- und Schutzgerüst

- Tragglieder:
  - Gußteller Ø 110 EN-GJMW-360-12
  - Anschlußkopf U- und Rohrriegel EN-GJMW-360-12
  - Anschlußkopf V-Diagonale EN-GJMW-400-5
  - Anschlußhaken H-Diagonale S235JRH $f_{\gamma,k}$ = 320 N/mm^2
  - Ständerrohr Ø 48,3 × 3,2 S235JRH $f_{\gamma,k}$ = 320 N/mm^2 mit Gußtellern alle 50 cm und mit Einsteckling Ø 38 × 3,2 S355J2H eingepreßt
  - h = 4,00/3,00/2,00/1,50/1,00 m
  - Rohrriegel 400/300/250/200/180/150/125/113/101/90/82/74/25 mit Ø 48,3 × 3,2 S235JRH $f_{\gamma,k}$ = 320 N/mm^2 mit Köpfen verschweißt
  - U-Riegel 300/250/200/150/113/101/82 mit U46 × 58 × 46 × 3,5 S275JRC mit Köpfen verschweißt
  - H-Diagonale Ø 48,3 × 3,2 S235JRH $f_{\gamma,k}$ = 320 N/mm^{2}mit Haken verschweißt
  - V-Diagonale Ø 48,3 × 3,2 S235JRH $f_{\gamma,k}$ = 320 N/mm^2 mit Köpfen vernietet

- Verbindungstechnik:
  - Knoten mit 8 Anschlüssen
  - 1-Mann-Montage
  - Köpfe/Teller durch Verkeilung
  - Beläge mit Auflagerklauen
  - Bordbretter mit Einsteckklauen
  - Bordbretter mit Bohrungen für Kippstifte
  - Gerüsthalter mit Kupplung

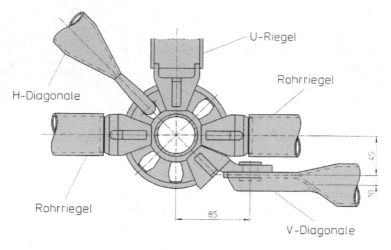

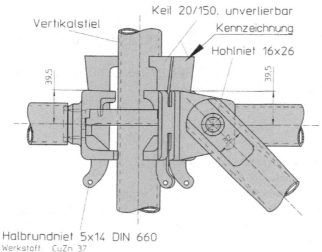

Bild 8.35 Modulknoten MODEX (Hünnebeck) [256]

- Beläge:
  Vollholzbohle 32, Stahlboden 32, Stahlboden 18 S, Alu-Boden 32, Hohlkastenbelag 32, Alu-Rahmentafel 70, systemfreie Vollholzbohlen auf Zwischenriegel höhengleich oder auf Riegel überlappend

- Zubehör:
  Alu-Leitergangstafel mit BFU für Innenleitergang, Systemgitterträger 400, 500, 600 und 750, Verbreiterungskonsole 32 und 82, Teleskopriegel, Wechselriegel (auch als Innenleitergang), S-Riegel, S-Konsole, Eckbelag, Rohr- und U-Anfänger, Treppenwangen

GEKKO Z-8.1-689

- Systemmaße:
  - Systembreiten $b \geq 0{,}60/0{,}90$ m
  - Feldlängen $l = 3{,}00/2{,}40/1{,}80$ m
  - Mast-Konsol-Gerüst als Fassadengerüst
  - Einsatz als Arbeits- und Schutzgerüst
  - Gerüstgruppe 3 nach DIN 4420 Teil 1 für $l \leq 3{,}00$ m

- Vertikaltragglied:
  - Vertikalmast $4 \times \varnothing\ 48{,}3 \times 3{,}5$ AlMgSi0,7 F26
  - $h = 2{,}00/1{,}50/1{,}25$ m
  - Kopfplatte EN-GJMW-360-12
  - Konsolen 30, 60 und 90 S235JRH

- Verbindungstechnik:
  - Geländerriegel mit Einsteckfinger
  - V-Diagonale mit Stanzkopf oben und unten mit Schiebeverriegelung unten
  - Beläge mit selbsttätiger Abhebesicherung

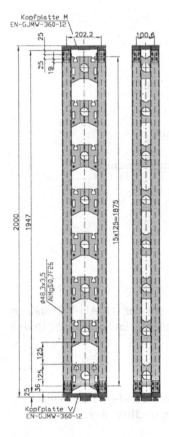

Bild 8.36
Mast GEKKO (Hünnebeck) [257]

- Bordbretter zum Einstecken
- Gerüsthalter mit Kupplung

- Beläge:
Hohlkastenbelag 30, Alu-Rahmentafel 60, Eckbelag

- Zubehör:
Alu-Leitergangstafel mit BFU für Innenleitergang, Trennung in statische (Mast, Diagonale und Verankerung) und Benutzer-Teile (Konsolen 90, 60 und 30, Beläge und Seitenschutz), aus denen alle Varianten von Arbeits- und Schutzgerüsten (Arbeitsebenen, Dach- und Fanglagen, Schutzdächer, Überbrückungen, Beschickungskonsolen usw.) aufgebaut werden können

8.5.3 Layher-Gerüstsysteme

BLITZ 70 S Z-8.1-16.2

- Systemmaße:
  - Systembreite b = 0,73 m
  - Feldlängen l = 3,07/2,57/2,07/1,57/1,09/0,73 m
  - Rahmengerüst als Fassadengerüst
  - Einsatz als Arbeits- und Schutzgerüst
  - Gerüstgruppe 3 nach DIN 4420 Teil 1 für l ≤ 3,07 m

- Vertikaltragglied:
  - Vertikalstiel Ø 48,3 × 3,2 (2,7) S235JRH $f_{\gamma,k}$ = 320 N/mm^2
  - h = 2,00/1,00/0,66 m
  - Oberriegel U48 × 53 × 48 × 2,5 S275JRC
  - Unterriegel RR40 × 20 × 2 S235JRG2 $f_{\gamma,k}$ = 320 N/mm^2
  - 2 Eckaussteifungen aus Knotenblech
  - Einsteckling Ø 38 × 4,0 (3,5) S235JRH $f_{\gamma,k}$ = 320 N/mm^2 gestaucht

- Verbindungstechnik:
  - Geländerriegel mit Keiltaschen
  - V-Diagonale mit Stanzteil und Keilkupplung
  - Beläge mit Auflagerklauen
  - Bordbretter mit Beschlägen für Einsteckstifte
  - Gerüsthalter mit Spezialkupplung

- Beläge:
Stahlboden 19 und 32, Alu-Boden 19 und 32, Alu-Noppenboden 32, Alu-Profilboden 61 gelocht und ungelocht, Alu-Kastenboden 32, Robustboden 32 und 61, Kombi-Boden 32 und 61, Vollholzboden 32

- Zubehör:
Kombi-Belagtafel mit BFU für Innenleitergang, Kombi-Belagtafel mit Alu-Belag für Innenleitergang, Fußgänger-Durchgangsrahmen, Überbrückung 414, 514, 614 und 771, Verbreiterungskonsole 36 und 73, Schutzdach, Schutzgitter, Blitzanker

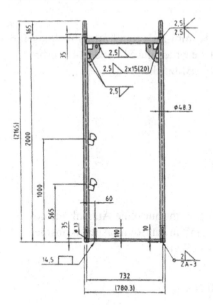

Bild 8.37
Vertikalrahmen BLITZ 70 S (Layher) [258]

BLITZ 70 Alu Z-8.1-844

- Systemmaße:
  - Systembreite $b = 0,73$ m
  - Feldlängen $l = 3,07/2,57/2,07/1,57/1,09/0,73$ m
  - Rahmengerüst als Fassadengerüst
  - Einsatz als Arbeits- und Schutzgerüst
  - Gerüstgruppe 3 nach DIN 4420 Teil 1 für $l \leq 3,07$ m

- Vertikaltragglied:
  - Vertikalstiel Ø $48,3 \times 4$ EN AW-6082-T5
  - $h = 2,00/1,00/0,66$ m
  - Oberriegel U48 $\times 53 \times 48 \times 3$ EN AW-6082-T5
  - Unterriegel Ovalprofil $38 \times 25 \times 2$ EN AW-6082-T5
  - 2 Eckaussteifungen aus Knotenblech
  - Einsteckling Ø 38×5 EN AW-6082-T5 eingepreßt (eingeschweißt)

- Verbindungstechnik:
  - Geländerriegel mit Keiltaschen
  - V-Diagonale mit Stanzteil und Keilkupplung
  - Beläge mit Auflagerklauen
  - Bordbretter mit Beschlägen für Einsteckstifte
  - Gerüsthalter mit Spezialkupplung

- Beläge:
  Alu-Boden 19 und 32, Alu-Noppenboden 32, Alu-Kastenboden 32, Robustboden 32 und 61, Kombi-Boden 32 und 61, Stalu-Boden 61

- Zubehör:
  Kombi-Belagtafel mit BFU für Innenleitergang, Kombi-Belagtafel mit Alu-Belag für Innenleitergang, Fußgänger-Durchgangsrahmen, Überbrückung 514 und 614, Verbreiterungskonsole 36 und 73, Schutzdach, Schutzgitter, Blitzanker

BLITZ 100 S Z-8.1-840

- Systemmaße:
  - Systembreite b = 1,09 m
  - Feldlängen l = 3,07/2,57/2,07/1,57/1,09/0,73 m
  - Rahmengerüst als Fassadengerüst
  - Einsatz als Arbeits- und Schutzgerüst
  - Gerüstgruppe 6 nach DIN 4420 Teil 1 für $l \leq 2{,}07$ m (nur ohne Außenkonsole)
  - Gerüstgruppe 5 nach DIN 4420 Teil 1 für $l \leq 2{,}57$ m (nur ohne Außenkonsole)
  - Gerüstgruppe 4 nach DIN 4420 Teil 1 für $l \leq 3{,}07$ m

- Vertikaltragglied:
  - Vertikalstiel Ø 48,3 × 3,2 S235JRH $f_{\gamma,k}$ = 320 N/mm^2
  - h = 2,00/1,00/0,66 m
  - Oberriegel U49 × 60 × 49 × 3 S235JRG2 $f_{\gamma,k}$ = 320 N/mm^2
  - Unterriegel RR40 × 20 × 2 S235JRH
  - 2 Eckaussteifungen aus Knotenblech
  - Einsteckling Ø 38 × 4 S235JRH $f_{\gamma,k}$ = 320 N/mm^2 gestaucht

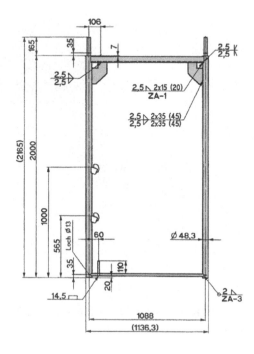

Bild 8.38
Vertikalrahmen BLITZ 100 S (Layher) [260]

- Verbindungstechnik:
  - Geländerriegel mit Keiltaschen
  - V-Diagonale mit Stanzteil und Keilkupplung
  - Beläge mit Auflagerklauen
  - Bordbretter mit Beschlägen für Einsteckstifte
  - Gerüsthalter mit Spezialkupplung

- Beläge:
  Stahlboden 19 und 32, Alu-Kastenboden 32, Belagrahmen 100, Holzbelag 44, Voll-holzboden 32

- Zubehör:
  Durchstiegs-Stahlboden für Innenleitergang, Fußgänger-Durchgangsrahmen, Über-brückung 414, 514 und 614, Verbreiterungskonsole 36 und 73, Schutzdach, Schutz-gitter, Blitzanker

ALLROUND Z-8.22-64

- Systemmaße:
  - Systembreiten b = 3,07/2,57/2,07/1,57/1,40/1,09/0,73 m
  - Feldlängen l = 3,07/2,57/2,07/1,57/1,40/1,09/0,73 m
  - Modulgerüst als Raum- und Fassadengerüst
  - Einsatz als Arbeits- und Schutzgerüst

- Tragglieder:
  - Lochscheibe Ø 123,5 gestanzt S235JRG2 $f_{\gamma,k}$ = 320 N/mm^2
  - Anschlußkopf U- und Rohrriegel EN-GJMW-400-5
  - Anschlußkopf V-Diagonale EN-GJMW-450-7
  - Anschlußhaken H-Diagonale Stanzbiegeteil
  - Ständerrohr Ø 48,3 × 3,6 S235JRG2 $f_{\gamma,k}$ = 320 N/mm^2 mit Lochscheiben alle 50 cm und mit Einsteckling Ø 38 × 3,6 S235JRG2 $f_{\gamma,k}$ = 320 N/mm^2 eingepreßt
  - h = 4,00/3,00/2,50/2,00/1,50/1,00 m
  - Rohrriegel 307/257/207/157/140/129/109/73/45 mit Ø 48,3 × 3,2 S235JRG2 $f_{\gamma,k}$ = 320 N/mm^2 mit Köpfen verschweißt
  - U-Riegel 307/257/207/157/140/129/109/73/45 mit U49 × 53 × 49 × 2,5 S235JRG2 mit Köpfen verschweißt
  - H-Diagonale Ø 48,3 × 3,2 S235JRG2 $f_{\gamma,k}$ = 320 N/mm^2 mit Anschlußhaken verschweißt
  - V-Diagonale Ø 48,3 × 3,2 S235JRG2 mit Köpfen vernietet

- Verbindungstechnik:
  - Knoten mit 8 Anschlüssen
  - 2-Mann-Montage
  - Köpfe/Teller durch Verkeilung
  - Beläge mit Auflagerklauen
  - Bordbretter mit Einsteckbohrung
  - Gerüsthalter mit Kupplung

- Beläge:
  Stahlboden 19 und 32, Alu-Boden 19 und 32, Alu-Noppenboden 32, Alu-Profilboden
  61 gelocht und ungelocht, Alu-Kastenboden 32, Stalu-Boden 61, Robustboden 32 und
  61, Kombi-Boden 32 und 61, Belagrahmen 100, Holzbelag 44, Vollholzboden 32,
  systemfreie Vollholzbohlen auf Zwischenriegel höhengleich oder auf Riegel überlappend

- Zubehör:
  Systemgitterträger 307, 414, 514, 614 und 771, Verbreiterungskonsole 32 und 82, Rohr-
  und U-Verbinder

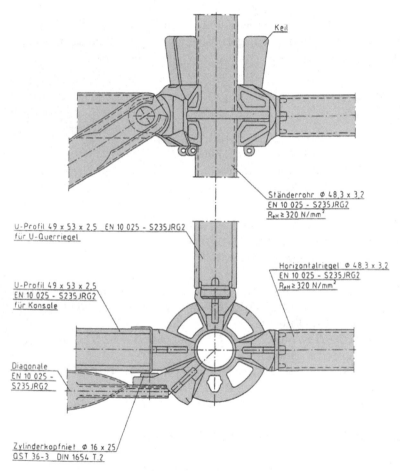

Bild 8.39 Modulknoten ALLROUND Stahl (Layher) [261]

ALLROUND ALU Z-8.1-64.1

- Systemmaße:
  - Systembreiten b = 3,07/2,57/2,07/1,57/1,40/1,09/0,73 m
  - Feldlängen l = 3,07/2,57/2,07/1,57/1,40/1,09/0,73 m
  - Modulgerüst als Raum- und Fassadengerüst
  - Einsatz als Arbeits- und Schutzgerüst

- Tragglieder:
  - Lochscheibe Ø 123,5 gestanzt EN AW-6082-T5
  - Anschlußkopf U- und Rohrriegel EN-GJMW-400-5
  - Anschlußkopf V-Diagonale EN-GJMW-450-7
  - Anschlußhaken H-Diagonale Stanzbiegeteil
  - Ständerrohr Ø 48,3 × 4 EN AW-6082-T5 mit Lochscheiben alle 50 cm und mit Einsteckling Ø 38 × 3,6 EN AW-6082-T5 eingepreßt
  - h = 4,00/3,00/2,50/2,00/1,50/1,00 m
  - Rohrriegel 307/257/207/157/140/129/109/73/45 mit Ø 48,3 × 4 EN AW-6082-T5 mit Köpfen verpreßt
  - U-Riegel 307/257/207/157/140/129/109/73/45 mit U48 × 53 × 48 × 3 EN AW-6082-T5 mit Köpfen verschweißt
  - H-Diagonale Ø 48,3 × 3,2 mit Anschlußhaken verschweißt
  - V-Diagonale Ø 48,3 × 2,4 EN AW-6082-T5 mit Köpfen verpreßt und vernietet

- Verbindungstechnik:
  - Knoten mit 8 Anschlüssen
  - 2-Mann-Montage
  - Köpfe/Teller durch Verkeilung
  - Beläge mit Auflagerklauen
  - Bordbretter mit Einsteckbohrung
  - Gerüsthalter mit Kupplung

- Beläge:
  Stahlboden 19 und 32, Alu-Boden 19 und 32, Alu-Noppenboden 32, Alu-Profilboden 61 gelocht und ungelocht, Alu-Kastenboden 32, Stalu-Boden 61, Robustboden 32 und 61, Kombi-Boden 32 und 61, Belagrahmen 100, Holzbelag 44, Vollholzboden 32, systemfreie Vollholzbohlen auf Zwischenriegel höhengleich oder auf Riegel überlappend

- Zubehör:
  Systemgitterträger 307, 414, 514, 614 und 771, Verbreiterungskonsole 32 und 82, Rohr- und U-Verbinder

8.5.4   Peri-Gerüstsysteme

UP T 70 Z-8.1-865

- Systemmaße:
  - Systembreite b = 0,72 m
  - Feldlängen l = 4,00/3,00/2,50/2,00/1,50 m
  - T-Rahmengerüst (geteilter Rahmen) als Fassadengerüst
  - Einsatz als Arbeits- und Schutzgerüst
  - Gerüstgruppe 3 nach DIN 4420 Teil 1 für $l \leq$ 3,00 m

- Vertikaltragglied:
  - Vertikalstiel Ø 48,3 × 3,6 S355J2G3D
  - h = 2,00/1,00 m
  - Riegel als zusammengesetzter Querschnitt aus Stanzbiegeteilen 80 × 59 × 3 S355WC
  - Einsteckling Ø 39 × 3 S235JRG2 $f_{\gamma,k}$ = 320 N/mm^2 eingepreßt

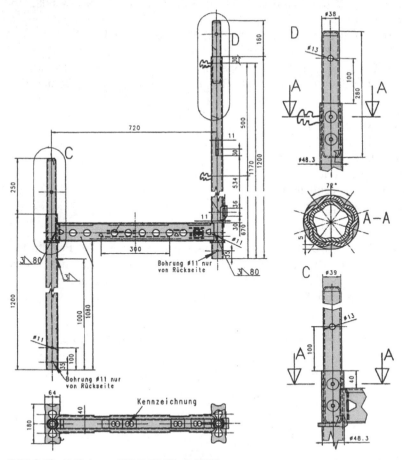

Bild 8.40   Z-Rahmen UP T 70 (Peri) [263]

- Verbindungstechnik:
  - Geländerriegel mit Bohrungen für Schwenkfinger
  - V-Diagonale mit Stanzkopf unten und Gelenkkopf oben mit Steckverriegelung
  - Beläge mit Einhängeklauen und Verriegelung
  - Bordbretter mit Bordbrettzapfen
  - Gerüsthalter mit Kupplung

- Beläge:
  Vollholz-Belagtafel 32, Stahl-Belagtafel 32, Alu-Belagtafel 32 und 64

- Zubehör:
  Alu-Leitergangstafel mit BFU für Innenleitergang, Fußgänger-Durchgangsrahmen 176, Überbrückung 400, 500, 600 und 800, Verbreiterungskonsole 32, 72 und 104, Schutzdach, Schutzgitter

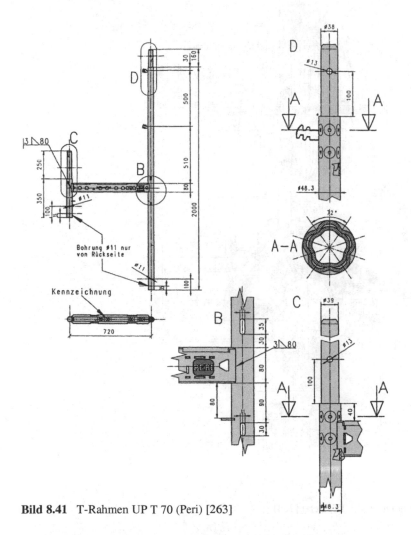

Bild 8.41   T-Rahmen UP T 70 (Peri) [263]

UP ROSETT Z-8.22-863

- Systemmaße:
  - Systembreiten b = 3,00/2,50/2,00/1,50/1,04/0,72 m
  - Feldlängen l = 3,00/2,50/2,00/1,50/1,04/0,72 m
  - Modulgerüst als Raum- und Fassadengerüst
  - Einsatz als Arbeits- und Schutzgerüst

- Tragglieder:
  - Lochscheibe 160 × 160 gestanzt S355J2G3
  - Horizontalriegelkopf S355J2G3

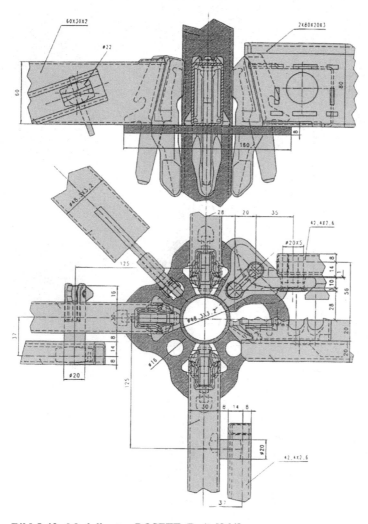

Bild 8.42 Modulknoten ROSETT (Peri) [264]

- Belagriegelkopf S355J2G3
- Anschlußkopf Knotendiagonale GTS 45-06
- Anschlußkopf Horizontaldiagonale S235JRG2
- Ständerrohr $\varnothing$ 48,3 $\times$ 3,6 S235JRG2 $f_{\gamma,k}$ = 320 N/mm^2 (Vertikalstiel) bzw. S355J2G3 (Basisstiel) mit Lochscheiben alle 50 cm und mit Einsteckling $\varnothing$ 39 $\times$ 3 S235JRG2 $f_{\gamma,k}$ = 320 N/mm^2 eingepreßt
- h = 4,00/3,00/2,50/2,00/1,50/1,00 m
- Horizontalriegel 3,00/2,50/2,00/1,50/1,04/0,72 mit RR60 $\times$ 30 $\times$ 2 S235JRG2 $f_{\gamma,k}$ = 320 N/mm^2 mit Köpfen verschweißt
- Belagriegel 3,00/2,50/2,00/1,50/1,04/0,72 als zusammengesetzter Querschnitt aus Stanzbiegeteilen 80 $\times$ 59 $\times$3 S355WC mit Köpfen verschweißt
- Riegeldiagonale $\varnothing$ 42,4 $\times$ 2,6 S235JRG2 mit Kippstiften verschweißt
- Horizontaldiagonale $\varnothing$ 48,3 $\times$ 3,2 S235JRG2 $f_{\gamma,k}$ = 320 N/mm^2 mit Köpfen verschweißt
- Knotendiagonale $\varnothing$ 42,4 $\times$ 2,6 S235JRG2 mit Köpfen vernietet

- Verbindungstechnik:
  - Knoten mit 8 Anschlüssen
  - 1-Mann-Montage
  - Köpfe/Teller durch Verkeilung
  - Beläge mit Einhängeklauen und Verriegelung
  - Bordbretter mit Bordbrettzapfen
  - Gerüsthalter mit Kupplung

- Beläge:
  Vollholz-Belagtafel 32, Stahl-Belagtafel 32, systemfreie Vollholzbohlen auf Zwischenriegel höhengleich oder auf Riegel überlappend

- Zubehör:
  Verbreiterungskonsole 32, 72 und 104

8.5.5   Plettac-Gerüstsysteme

KOMBIGERÜST SL 70 Z-8.1-29

- Systemmaße:
  - Systembreite b = 0,74 m
  - Feldlängen l = 3,00/2,50/2,00/1,50 m
  - Rahmengerüst als Fassadengerüst
  - Einsatz als Arbeits- und Schutzgerüst
  - Gerüstgruppe 3 nach DIN 4420 Teil 1 für $l \le$ 3,00 m

- Vertikaltragglied:
  - Vertikalstiel $\varnothing$ 48,3 $\times$ 3,2 S235JRH $f_{\gamma,k}$ = 320 N/mm^2
  - h = 2,00/1,50/1,00/0,50 m
    Oberriegel RR30 $\times$ 35 $\times$ 2 S235JRH
  - Unterriegel $\varnothing$ 33,7 $\times$ 2,6 S235JRH $f_{\gamma,k}$ = 320 N/mm^2
  - Einsteckling $\varnothing$ 38 $\times$ 3,2 S235JRH eingepreßt

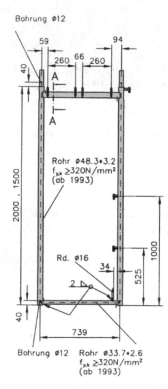

Bild 8.43
Vertikalrahmen SL 70 (Plettac) [265]

- Verbindungstechnik:
  - Geländerriegel mit Bohrungen für Kippstifte
  - V-Diagonale mit Bohrungen für Kippstifte
  - Beläge mit Einhängeöffnungen für Sternbolzen
  - Bordbretter mit Beschlägen für Bordbrettstifte
  - Gerüsthalter mit Kupplung

- Beläge:
  Vollholzboden 32, Stahlboden 32, Alu-Boden 32, Alu-Tafel 64 mit BFU

- Zubehör:
  Alu-Durchstiegstafel mit BFU für Innenleitergang, Alu-Stahl-Leitergangsrahmen mit Holzbelag für Innenleitergang, Fußgänger-Durchgangsrahmen 70/110, Überbrückung 400, 500 und 600, Verbreiterungskonsole 32 und 64, Schutzdach, Schutzgitter

KOMBIGERÜST SL 70 ALU Z-8.1-29.1

- Systemmaße:
  - Systembreite $b = 0,74$ m
  - Feldlängen $l = 3,00/2,50/2,00/1,50$ m
  - Rahmengerüst als Fassadengerüst
  - Einsatz als Arbeits- und Schutzgerüst
  - Gerüstgruppe 3 nach DIN 4420 Teil 1 für $l \leq 2,50$ m

- Vertikaltragglied:
  - Vertikalstiel Ø 48,3 ×4 AlMgSi0,8 F28
  - h = 2,00/1,50/1,00/0,50 m
  - Oberriegel RR50 × 35 × 3 AlMgSi0,8 F28
  - Unterriegel Ø 33,3 × 3 AlMgSi0,8F28
  - 2 Eckaussteifungen aus FL35 × 7 AlMgSi0,8 F28
  - Einsteckling Ø 36,3 × 5,3 AlMgSi0,8 F28 eingepreßt

- Verbindungstechnik:
  - Geländerriegel mit Bohrungen für Kippstifte
  - V-Diagonale mit Bohrungen für Kippstifte
  - Beläge mit Einhängeöffnungen für Sternbolzen
  - Bordbretter mit Beschlägen für Bordbrettstifte
  - Gerüsthalter mit Kupplung

- Beläge:
  Vollholzboden 32, Stahlboden 32, Alu-Boden 32, Alu-Tafel 64 mit BFU

- Zubehör:
  Alu-Durchstiegstafel mit BFU für Innenleitergang, Alu-Leitergangsrahmen mit Alu-Belag für Innenleitergang, Fußgänger-Durchgangsrahmen 70/110, Überbrückung 400, 500 und 600, Verbreiterungskonsole 32 und 64, Schutzdach, Schutzgitter

KOMBIGERÜST SL 100 Z-8.1-171

- Systemmaße:
  - Systembreite b = 1,06 m
  - Feldlängen l = 2,50/2,00/1,50/1,06/0,74 m
  - Rahmengerüst als Fassadengerüst
  - Einsatz als Arbeits- und Schutzgerüst
  - Gerüstgruppe 6 nach DIN 4420 Teil 1 für $l \leq$ 2,00 m
  - Gerüstgruppe 5 nach DIN 4420 Teil 1 für $l \leq$ 2,50 m
  - Gerüstgruppe 4 nach DIN 4420 Teil 1 für $l \leq$ 2,50 m

- Vertikaltragglied:
  - Vertikalstiel Ø 48,3 × 3,2 S235JRH $f_{\gamma,k}$ = 320 N/mm^2
  - h = 2,00/1,50/1,00/0,50 m
  - Oberriegel RR50 × 35 × 2 S235JRH
  - Unterriegel Ø 33,7 × 2,6 S235JRH $f_{\gamma,k}$ = 320 N/mm^2
  - 2 Eckaussteifungen aus Hohlprofilen
  - Einsteckling Ø 38 × 3,2 S235JRH eingepreßt

- Verbindungstechnik:
  - Geländerriegel mit Bohrungen für Kippstifte
  - V-Diagonale mit Bohrungen für Kippstifte
  - Beläge mit Einhängeöffnungen für Sternbolzen
  - Bordbretter mit Beschlägen für Bordbrettstifte
  - Gerüsthalter mit Kupplung

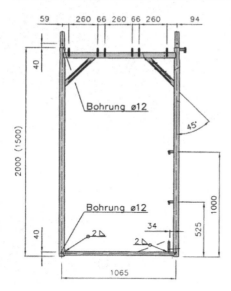

Bild 8.44
Vertikalrahmen SL 100 (plettac) [267]

- Beläge:
  Vollholzboden 32, Stahlboden 32, Alu-Boden 32, Stahl-Horizontalrahmen

- Zubehör:
  Stahl-Leitergangsrahmen mit Holzbelag für Innenleitergang, Fußgänger-Durchgangsrahmen 70/110, Überbrückung 400 und 500, Verbreiterungskonsole 32 und 64, Schutzdach, Schutzgitter

PERFECT Z-8.22-178

- Systemmaße:
  - Systembreiten b = 3,00/2,50/2,00/1,50/1,06/0,74 m
  - Feldlängen l = 3,00/2,50/2,00/1,50/1,06/0,74 m
  - Modulgerüst als Raum- und Fassadengerüst
  - Einsatz als Arbeits- und Schutzgerüst

- Tragglieder:
  - Manschette Ø 92,4 S235JRG2
  - Anschlußkopf Rohrriegel S355JRG2
  - Anschlußkopf V-Diagonale S355JRG2
  - Anschlußkopf H-Diagonale S355JRG2
  - Ständerrohr Ø 48,3 × 3,2 S235JRG2 mit Manschetten alle 50 cm und mit Einsteckling
    Ø 38 × 3,2 S355J2H eingepreßt
  - h = 4,00/3,00/2,50/2,00/1,50/1,00 m
  - Rohrriegel 300/250/200/150/125/101/74 mit Ø 48,3 × 3,2 S235JRG2 mit Köpfen
    verschweißt
  - H-Diagonale Ø 48,3 × 3,2 S235JRG2 mit Köpfen verschweißt
  - V-Diagonale Ø 48,3 × 3,2 S235JRG2 mit Köpfen vernietet

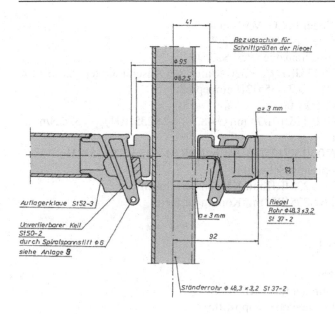

Bild 8.45
Modulknoten PERFECT (plettac)
[268]

- Verbindungstechnik:
  - Knoten mit 8 Anschlüssen
  - 1-Mann-Montage
  - Köpfe/Teller durch Verkeilung
  - Beläge mit Einhängeöffnungen für Sternbolzen
  - Bordbretter mit Einsteckklauen oder Kippstifte
  - Gerüsthalter mit Kupplung

- Beläge:
  Beläge auf Zwischenriegel höhengleich oder auf Riegel überlappende, Vollholzboden 32, Stahlboden 32, Alu-Boden 32, systemfreie Vollholzbohlen auf Zwischenriegel höhengleich oder auf Riegel überlappend

- Zubehör:
  Verbreiterungskonsole 32 und 64

PERFECT CONTUR Z-8.22-843

- Systemmaße:
  - Systembreiten b = 3,00/2,50/2,00/1,50/1,06/0,74 m
  - Feldlängen l = 3,00/2,50/2,00/1,50/1,06/0,74 m
  - Modulgerüst als Raum- und Fassadengerüst
  - Einsatz als Arbeits- und Schutzgerüst

- Tragglieder:
  - Anschlußteller Ø 123,5 S355J2G3
  - Anschlußkopf Rohrriegel EN-GJMW-360-12

- Anschlußkopf Auflagerriegel EN-GJMW-360-12
- Anschlußkopf V-Diagonale EN-GJMW-450-7
- Anschlußkopf H-Diagonale Stanzbiegeteil S235JR
- Ständerrohr $\varnothing$ 48,3 × 3,2 S235JRH $f_{\gamma,k}$ = 320 N/mm² mit Anschlußtellern alle 50 cm und mit Einsteckling $\varnothing$ 38 × 3,2 S355J2H eingepreßt
- h = 4,00/3,00/2,50/2,00/1,50/1,00 m
- Rohrriegel 300/250/200/150/125/101/74 mit $\varnothing$ 48,3 × 3,2 S235JRH $f_{\gamma,k}$ = 320 N/mm² mit Köpfen verschweißt
- Auflagerriegel 300/250/200/150/125/101/74 mit RR50 × 35 ×2 S235JRH $f_{\gamma,k}$ = 320 N/mm² mit Köpfen verschweißt
- H-Diagonale $\varnothing$ 42,4 × 2,6 S235JRH mit Köpfen verschweißt
- V-Diagonale $\varnothing$ 48,3 × 2,6 S235JRH mit Köpfen vernietet

- Verbindungstechnik:
  - Knoten mit 8 Anschlüssen
  - 2-Mann-Montage
  - Köpfe/Teller durch Verkeilung
  - Beläge mit Einhängeöffnungen für Sternbolzen
  - Bordbretter mit Einsteckklauen oder Kippstifte
  - Gerüsthalter mit Kupplung

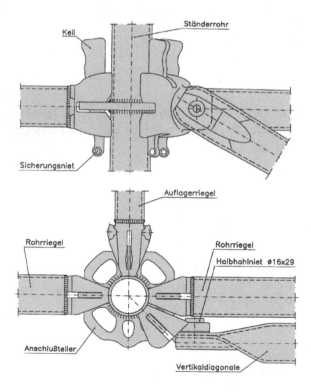

Bild 8.46
Modulknoten CONTUR (plettac)
[270]

- Beläge:
  Beläge auf Zwischenriegel höhengleich oder auf Riegel überlappende, Vollholzboden 32, Stahlboden 32, Alu-Boden 32, systemfreie Vollholzbohlen auf Zwischenriegel höhengleich oder auf Riegel überlappend

- Zubehör:
  Verbreiterungskonsole 32 und 64

8.5.6   Rux-Gerüstsysteme

SUPER 65 Z-8.1-185.1

- Systemmaße:
  - Systembreite $b = 0{,}65$ m
  - Feldlängen $l = 3{,}00/2{,}50/2{,}00/1{,}50/1{,}00/0{,}65$ m
  - Rahmengerüst als Fassadengerüst
  - Einsatz als Arbeits- und Schutzgerüst
  - Gerüstgruppe 3 nach DIN 4420 Teil 1 für $l \leq 3{,}00$ m

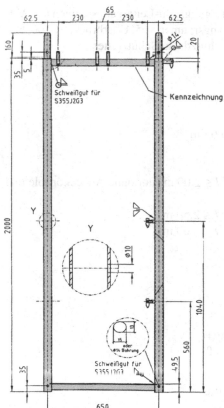

Bild 8.47
Vertikalrahmen SUPER 65 (Rux) [271]

- Vertikaltragglied:
  - Vertikalstiel Ø 48,3 × 3,2 S235JRH
  - $h = 2,00/1,50/1,00$ m
  - Oberriegel RR50 × 50 × 2,5 S235JRH
  - Unterriegel RR40 × 20 × 1,5 S235JRH
  - (2 Eckaussteifungen Ø 30 × 5 S235JRH)
  - Einsteckling Ø 38 × 3,2 S235JRH eingepreßt

- Verbindungstechnik:
  - Geländerriegel mit Bohrungen für Kippstifte
  - Geländerriegel mit Schnellverschlüssen
  - V-Diagonale mit Bohrungen für Kippstifte
  - Beläge mit Einhängeöffnungen für Steckzapfen
  - Bordbretter mit Einsteckklauen
  - Gerüsthalter mit Kupplung

- Beläge:
  Belagbohle 29 aus Holz, Profilbohle 29 aus Holz, Belagbohle 29 aus Alu, Belagbohle 29 aus Stahl

- Zubehör:
  Alu-Leitergangsrahmen mit BFU für Innenleitergang, Alu-Leitergangsrahmen mit Alu-Belag für Innenleitergang, Fußgänger-Durchgangsrahmen 165, Überbrückung 400, 500 und 600, Verbreiterungskonsole 31 und 61, Schutzdach, Schutzgitter

SUPER 100 Z-8.1-185.2

- Systemmaße:
  - Systembreite $b = 1,00$ m
  - Feldlängen $l = 3,00/2,50/2,00/1,50/1,00/0,65$ m
  - Rahmengerüst als Fassadengerüst
  - Einsatz als Arbeits- und Schutzgerüst
  - Gerüstgruppe 6 nach DIN 4420 Teil 1 für $l \leq 2,00$ m (nur ohne Außenkonsole und Dachdeckerschutzgitter)
  - Gerüstgruppe 5 nach DIN 4420 Teil 1 für $l \leq 2,50$ m
  - Gerüstgruppe 4 nach DIN 4420 Teil 1 für $l \leq 3,00$ m

- Vertikaltragglied:
  - Vertikalstiel Ø 48,3 × 3,2 S235JRH
  - $h = 2,00/1,50/1,00$ m
  - Oberriegel RR52 × 52 × 2 S235JRH
  - Unterriegel T35 × 35 × 4,5 S235JRH
  - 2 Eckaussteifungen RR30 × 15 × 2 S235JRH
  - Einsteckling Ø 38 × 3,2 S235JRH eingepreßt

- Verbindungstechnik:
  - Geländerriegel mit Bohrungen für Kippstifte
  - Geländerriegel mit Schnellverschlüssen

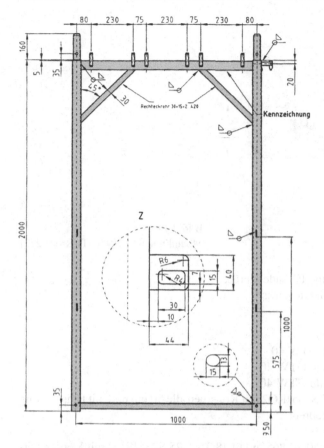

Bild 8.48
Vertikalrahmen SUPER 100 (Rux)
[272]

- V-Diagonale mit Bohrungen für Kippstifte
- Beläge mit Einhängeöffnungen für Steckzapfen
- Bordbretter mit Einsteckklauen
- Gerüsthalter mit Kupplung

• Beläge:
Belagbohle 29 aus Holz, Profilbohle 29 aus Holz, Belagbohle 29 aus Alu, Belagbohle 29 aus Stahl

• Zubehör:
Alu-Leitergangsrahmen mit BFU für Innenleitergang, Alu-Leitergangsrahmen mit Alu-Belag für Innenleitergang, Fußgänger-Durchgangsrahmen 165, Überbrückung 400, 500 und 600, Verbreiterungskonsole 31 und 61, Schutzdach, Schutzgitter

VARIANT Z-8.22-19

• Systemmaße:
  - Systembreiten b = 3,00/2,50/2,00/1,50/1,00/0,65 m
  - Feldlängen l = 3,00/2,50/2,00/1,50/1,00/0,65 m

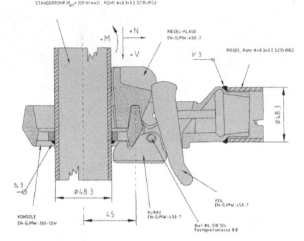

Bild 8.49
Modulknoten VARIANT (Rux) [273]

- Modulgerüst als Raum- und Fassadengerüst
- Einsatz als Arbeits- und Schutzgerüst

- Tragglieder:
  - Konsole Ø 103,5 GTW 40
  - Anschlußkopf Rohrriegel GTW 40
  - Anschlußkopf V-Diagonale GTW 40
  - Anschlußkopf H-Diagonale GTW 40
  - Ständerrohr Ø 48,3 × 3,25 S235JRG2 mit Konsolen alle 50 cm und mit Einsteckling Ø 38 × 3,2 S355J2H eingepreßt
  - h = 4,00/3,00/2,00/1,50/1,00 m
  - Rohrriegel 300/250/200/150/100/65 mit Ø 48,3 × 3,25 S235JRG2 mit Köpfen verschweißt
  - H-Diagonale Ø 48,3 × 3,25 S235JRG2 mit Köpfen vernietet
  - V-Diagonale Ø 48,3 ×3,25 S235JRG2 mit Köpfen verschraubt

- Verbindungstechnik:
  - Knoten mit 12 Anschlüssen
  - 1-Mann-Montage
  - Köpfe/Teller durch Verkeilung
  - Beläge mit Einhängeöffnungen für Steckzapfen
  - Bordbretter mit Einsteckklauen
  - Gerüsthalter mit Kupplung

- Beläge:
  Belagbohle 29 aus Holz, Profilbohle 29 aus Holz, Belagbohle 29 aus Alu, Belagbohle 29 aus Stahl, systemfreie Vollholzbohlen auf Zwischenriegel höhengleich oder auf Riegel überlappend

- Zubehör:
  Auflagerschiene mit Sternbolzen für Systembeläge

Ein Spiegel der Arbeit zwischen Architekten und Ingenieuren

Stefan Polónyi,
Wolfgang Walochnik
**Architektur und
Tragwerk**
Mit einem Vorwort von
Fritz Neumeyer
2003. VII, 354 Seiten,
ca. 400 Abbildungen.
Gebunden.
€ 119,-* / sFr 176,-
ISBN 3-433-01769-7

Das Buch behandelt den Tragwerksentwurf von Hochbauten. Es ist ein Arbeitsbuch für Architekten, Ingenieure sowie Studenten beider Fachrichtungen, in dem der Entwurfs- und Planungsprozess von ausgeführten Bauten dargestellt wird. Es werden Bauaufgaben der unterschiedlichsten Nutzungen mit ihren Tragkonstruktionen und den jeweiligen Randbedingungen erörtert und erläutert; aus den Lösungen werden allgemeingültige Prinzipien formuliert. Unter den zahlreichen deutschen und ausländischen Architekten, mit denen gemeinsam entworfen oder deren Entwurf konstruktiv umgesetzt wurde, finden sich viele bekannte Namen. Gleichzeitig wird ein Einblick in die Arbeitsweise des Ingenieurs Stefan Polónyi und seines Teams gegeben.

Ernst & Sohn
Verlag für Architektur und
technische Wissenschaften GmbH & Co. KG

Für Bestellungen und Kundenservice:
Verlag Wiley-VCH
Boschstraße 12
69469 Weinheim
Telefon: (06201) 606-400
Telefax: (06201) 606-184
Email: service@wiley-vch.de

Ernst & Sohn
A Wiley Company
www.ernst-und-sohn.de

* Der €-Preis gilt ausschließlich für Deutschland

04144016_my Änderungen vorbehalten.

Konkurrenzlos! - Handbuch und Konstruktionsatlas für das Bauen mit dünnwandigen Profilen aus Stahl und Aluminium

Das Bauen mit dünnwandigen Profilen aus Stahl und Aluminium ist aus dem Wirtschaftshochbau nicht mehr wegzudenken. Entwurf, Konstruktion, Berechnung sowie Montage dieser Bauteile setzen eine genaue Kenntnis der Funktionsweise und der Tragfähigkeit voraus.

Ralf Möller, Hans Pöter,
Knut Schwarze
**Planen und Bauen mit
Trapezprofilen und
Sandwichelementen**
Band 1: Grundlagen,
Bauweisen, Bemessung
mit Beispielen
2004. Ca. 350 Seiten,
ca. 240 Abbildungen.
Gebunden.
Ca. € 89,-* / sFr 131,-
ISBN 3-433-01595-3
Erscheint: März 2004

Ralf Möller, Hans Pöter,
Knut Schwarze
**Planen und Bauen mit
Trapezprofilen und
Sandwichelementen**
Band 2:
Konstruktionsatlas
2004. Ca. 250 Seiten,
ca. 250 Abbildungen.
Gebunden.
Ca. € 79,-* / sFr 116,-
ISBN 3-433-02843-5
Erscheint: Juni 2004

* Der €-Preis gilt ausschließlich für Deutschland

Ernst & Sohn
Verlag für Architektur und
technische Wissenschaften GmbH & Co. KG

Für Bestellungen und Kundenservice:
Verlag Wiley-VCH
Boschstraße 12
69469 Weinheim
Telefon: (06201) 606-400
Telefax: (06201) 606-184
Email: service@wiley-vch.de

Der Band 1 erläutert die Herstellung und den Aufbau der Bauelemente, die verwendeten Baustoffe und die erforderlichen Berechnungen und Bemessungen. Mit zahlreichen Abbildungen und Beispielen werden die Grundlagen der Bauweise und das für die Planungs- und Ausführungspraxis erforderliche Knowhow vermittelt.

Beim Entwurf und der Ausführungsplanung sind die Besonderheiten von Trapezprofilen und Sandwichelementen hinsichtlich Montage, bauphysikalischem Verhalten sowie Tragverhalten zu berücksichtigen. Dieser einmalige Konstruktionsatlas gibt mit zahlreichen Detaildarstellungen Planungs- und Qualitätssicherheit, insbesondere hinsichtlich des Wärme- und Feuchteschutzes.

Ernst & Sohn
A Wiley Company
www.ernst-und-sohn.de

00114016_my Änderungen vorbehalten.

9 Statik

9.1 Einleitung

Statik, aus dem griechischen Wort „statikç" abgeleitet und in dieser Sprache für die „Kunst des Wägens" stehend, sowie vom „statikós" stammend und für „zum Stilstehen bringen" gebraucht, beschreibt das Wissen um das *Gleichgewicht der Kräfte*. Mit diesem Wissen lassen sich Spannungs- und Verschiebungszustände von Tragwerken beschreiben. Mit Hilfe statischer Gesetze lassen sich Bedingungen aufstellen, die ein Körper im Zustand relativer Ruhe erfüllen muß.

Grundlagen der Statik wurden mathematisch bewiesen oder aus Erfahrungstatsachen abgeleitet. Statik hat sich als ein Zweig der theoretischen Mechanik im späten Mittelalter entwickelt. Im 18. Jh. wurden zum ersten Mal wissenschaftliche Forschungsergebnisse zum Tragverhalten von Bauwerken praktisch genutzt, womit die Baustatik begründet wurde [32]. Heute dient Baustatik zur wirtschaftlichen Bemessung von Tragwerken. Sie ist kein Selbstzweck und muß sinnvoll eingesetzt werden. Ein Ingenieur muß befähigt sein, einen Sachverhalt kritisch zu analysieren und im Akt schöpferischer Synthese eine praktikable Lösung zu entwickeln [6].

Breit angelegte Kenntnisse aus den Bereichen Statik, Werkstoffkunde, Konstruktion sowie Bauabwicklung sind bei der Berechnung sowie dem Entwurf von Arbeits- und Schutzgerüsten außerordentlich wichtig und für Hersteller von Gerüsten von entscheidender Bedeutung. Im Unterschied dazu benötigt ein Gerüstbauer nur rudimentäre Statikkenntnisse. Diese Kriterien erlauben, Gerüste hinsichtlich der statischen Anforderungen zu unterteilen in:

- handwerkliche Gerüstausführungen und
- ingenieurmäßige Gerüstausführungen.

Systemgerüste sind infolge ihrer aufwendigen statischen Berechnung und der hohen Anforderungen an die Verbindungstechnik zulassungspflichtig. Eine während der Produktentwicklung vom Gerüsthersteller durchgeführte ingenieurmäßige Prüfung der Standsicherheit ist den einzelnen Gerüstbaufirmen nicht zuzumuten. Es bleibt trotz einiger Regelungen der Betriebssicherheitsverordnung das Ziel aller Bemühungen, einer Vielzahl von Gerüstbaufirmen mit entsprechender Erfahrung weiterhin das Bauen handwerklicher Gerüste nach Regelausführung ohne Standsicherheitsnachweis zu ermöglichen. Ingenieurmäßige Gerüstausführung und der damit verbundene Nachweis im Einzelfall bleibt nach wie vor Unternehmen mit besonders qualifizierten Mitarbeitern vorbehalten.

Unter der Prämisse der Steigerung der Wirtschaftlichkeit bei ständiger Einhaltung der Arbeitssicherheit müssen insbesondere Gerüstfachleute in der Planungs- und Berechnungsphase auf umfangreiche Fachkenntnisse zurückgreifen und zahlreiche Technische Regeln berücksichtigen [2]. Hierbei sind der Zusammenhang der einzelnen Regeln und Vorschriften sowie ihre gegenseitige Wechselbeziehung von Bedeutung, was im Kapitel 4 bereits erläutert wurde. Ausgewählte Aspekte der Arbeitssicherheit wurden in den Kapiteln 3 und 5, der Bauausführung im Kapitel 6, der Werkstoffkunde im Kapitel 7 behandelt. Das vorliegende Kapitel erläutert nun die statischen Gesichtspunkte des Gerüstbaues.

Im theoretischen Teil werden die wichtigsten Voraussetzungen für die Bemessung von Arbeits- und Schutzgerüsten genannt. Auf eine Ableitung und tiefgreifende Rückführung zu mathematischen Grundlagen der Statik wird absichtlich verzichtet. Dargestellt werden System- und Lastannahmen für Gerüste sowie die Vorgehensweise bei der Erstellung des Standsicherheitsnachweises. Auf diesen Grundlagen basieren Bemessungshilfen für die Anwendungstechnik. Im praktischen Teil dieses Kapitels werden Lasttabellen für die wichtigsten, täglich zum Einsatz kommenden Gerüstbauteile unterschiedlicher Hersteller zur Verfügung gestellt.

9.2   Standsicherheit

Für Arbeitsgerüste muß ein Nachweis der Standsicherheit geführt werden; er besteht in der Regel aus zwei Teilen (DIN 4420 Teil 1, Abschnitt 5.4.1) [196]:

- Nachweis der Tragfähigkeit,
- Nachweis der Lagesicherheit (Gleiten, Abheben, Umkippen).

Gerüstsysteme weisen einige Besonderheiten auf, die bei der statischen Berechnung auf unterschiedliche Weise berücksichtigt werden müssen: sei es bei der Wahl des statischen Systems, bei der Diskretisierung oder bei der Berechnung der Belastungen und der Querschnittswerte. Die gewählte Vorgehensweise kann aber auch von dem benutzten Rechenprogramm abhängen.

Unter diesen Aspekten sind die weiteren Ausführungen, die auf DIN 4420 Teil 1 und DIBt-Heft 7 basieren, als vorbereitende Arbeiten zur Aufstellung des Standsicherheitsnachweises zu sehen.

9.2.1   Gerüstebenen

Ein Fassadengerüst stellt ein räumliches System dar. Anstelle des räumlichen Gesamtsystems dürfen in einer statischen Berechnung ebene Ersatzsysteme rechtwinklig und parallel zur Fassade untersucht werden. In jedem Fall muß die gegenseitige Beeinflussung bei der Betrachtung der einzelnen Systeme berücksichtigt werden (DIN 4420 Teil 1, Abschnitt 5.4.3.1).

Ein räumliches Fassadengerüst läßt sich in vier Ebenen zerlegen, denen jeweils gezielt Bauteile zugeordnet werden (DIBt-Heft 7, Abschnitt 2.4) [225]:

- innere vertikale Ebene parallel zur Fassade aus inneren Ständern und ggf. Längsriegeln
  $- E_{vII,i}$,
- äußere vertikale Ebene parallel zur Fassade aus äußeren Ständern, Vertikaldiagonalen und ggf. Längsriegeln $- E_{vII,a}$,

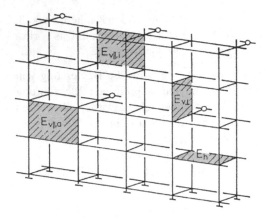

Bild 9.1
Ebenen eines Fassadengerüstes
(markiert in jeweils einem Feld) [225]

- vertikale Ebenen rechtwinklig zur Fassade aus inneren und äußeren Ständern sowie Querriegeln – $E_{v\perp}$,
- horizontale Ebenen aus Belägen, Querriegeln sowie ggf. Längsriegeln und Horizontaldiagonalen – E_h.

9.2.2 Lastabtragung

Die Systematik der Lastabtragung für Fassadengerüste sieht vor, daß die zuvor genannten Ebenen bestimmte statische Funktionen übernehmen.

So werden vertikale Lasten über Ständer, Spindeln sowie Fußplatten in die tragfähige Aufstellebene und horizontale Lasten senkrecht zur Fassade über Verankerungen in die Fassade übertragen. Ein Teil der horizontalen Lasten parallel zur Fassade (in der Regel bis zu 2,00 m Höhe) wird in die Fußspindeln und anschließend durch Reibung über die Fußplatten in die Aufstellebene eingeleitet (DIBt-Heft 7, Abschnitt 6.4).

Bauteile der Ebenen E_h leiten vertikale Lasten aus Eigengewicht und Verkehrslast über Biegung zu den Vertikaltraggliedern der Ebene $E_{v\perp}$. Darüber hinaus übertragen sie Windlasten $W_\perp$ rechtwinklig zur Fassade in die Vertikaltragglieder der Ebene $E_{v\perp}$ oder in die Gerüsthalter. Ferner leiten sie Windlasten W_{II} parallel zur Fassade zu den Aussteifungsgliedern der Ebene $E_{vII,a}$ oder direkt in die Gerüsthalter.

Bauteile der Ebene $E_{v\perp}$ leiten Vertikallasten aus den Ebenen E_h in die Aufstellebene. Sie leiten auch Windlasten $W_\perp$ und W_{II} zu den Gerüsthaltern bzw. in die Aufstellebene.

Bauteile der Ebene $E_{vII,a}$ leiten Windlasten W_{II} parallel zur Fassade von der unverankerten zu den verankerten horizontalen Ebenen E_h bzw. in die Aufstellebene ein. Darüber hinaus steifen sie die Ständer sowie die Ebene $E_{vII,i}$ gegen ein Ausweichen parallel zur Fassade aus. Ferner leiten sie Vertikallasten aus den Ebenen E_h in die Aufstellebene ein.

Bauteile der Ebene $E_{vII,i}$ leiten die Vertikallasten aus den Ebenen E_h in die Aufstellebene ein.

Die Tragwirkung der einzelnen Ebenen kann durch folgende statische Systeme beschrieben werden:

- Fachwerksysteme aus Ständern, Riegeln und Diagonalen,
- Rahmensysteme aus Ständern und Querriegeln sowie
- Platten aus Belägen.

Untersucht werden Ersatzsysteme senkrecht und parallel zur Fassade.

Das Ersatzsystem senkrecht zur Fassade besteht aus den Bauteilen der Ebene $E_{v\perp}$ und muß hinsichtlich der Stabilität gegen Ausweichen senkrecht zur Fassade untersucht werden. Das Verankerungsraster wird über die Anzahl und Federsteifigkeit des Gerüsthalters senkrecht zur Fassade berücksichtigt. Verankerungspunkte mit direkt angeschlossenen Gerüsthaltern können als feste, vertikal verschiebliche Auflager angenommen werden. Bei versetzter Anordnung der Ankerpunkte oder bei unverankerten Ständerzügen dürfen aus der Federsteifigkeit der Belagelemente senkrecht zur Fassade federnde Stützungen des Tragsystems gebildet werden (DIBt-Heft 7, Abschnitt 6.4.2).

Das Ersatzsystem parallel zur Fassade besteht aus Bauteilen der Ebenen $E_{vII,a}$ und $E_{vII,i}$ und muß hinsichtlich der Stabilität gegen Ausweichen parallel zur Fassade untersucht werden. Die Kopplung der Ebene $E_{vII,a}$ und der Ebene $E_{vII,i}$ erfolgt über Heranziehung der Federsteifigkeit der Belagelemente parallel zur Fassade. Das Verankerungsraster wird über die Anzahl und Federsteifigkeit des Gerüsthalters parallel zur Fassade berücksichtigt (DIBt-Heft 7, Abschnitt 6.4.4).

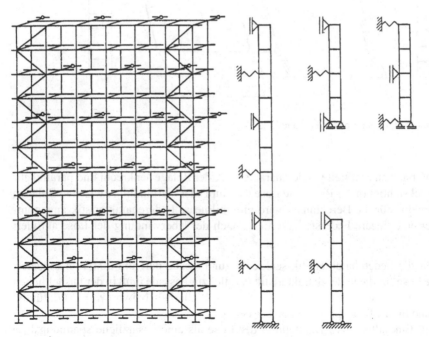

Bild 9.2 Beispiele für vertikale Ersatzsysteme rechtwinklig zur Fassade [225]

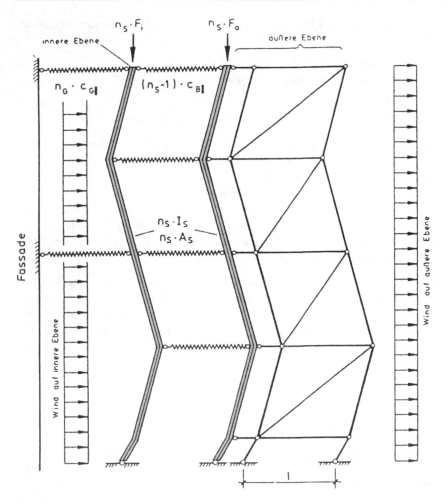

Bild 9.3 Ersatzsystem parallel zur Fassade [225]

Die in den Versuchen ermittelte Federcharakteristik der Beläge senkrecht und parallel zur Fassade berücksichtigt in der Regel die Lose (Schlupf) der Verbindung zwischen Belägen und Querriegeln. Für die Berechnung wird eine bilineare Federcharakteristik angenommen, bei der eine lineare Federsteifigkeit erst nach der Überwindung der Lose aktiviert wird.

Die Lose für die Federcharakteristik senkrecht zur Fassade darf um 20,0 mm reduziert werden. Die Lose für die Federcharakteristik parallel zur Fassade muß in der tatsächlichen Größe berücksichtigt werden. Für die Lose ist ein Teilsicherheitsbeiwert $\gamma_M = 1{,}00$, für die Steifigkeit und für die Beanspruchbarkeit der Feder ist ein Teilsicherheitsbeiwert $\gamma_M = 1{,}10$ anzunehmen. Eine alternative Darstellung der Lose als eine zusätzliche spannungslose Schrägstellung der Ständer darf nicht verwendet werden (DIBt-Heft 7, Abschnitt 6.4.2).

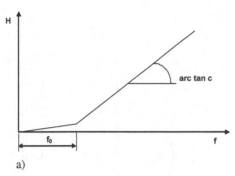

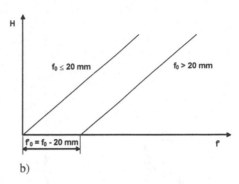

a)   b)

Bild 9.4 Mögliche Federcharakteristik [225]
a) im Detailversuch ermittelt
b) rechnerische Federcharakteristik

9.2.3 Nachweis

Es ist grundsätzlich nachzuweisen, daß die Beanspruchungen S_d die Beanspruchbarkeiten R_d nicht überschreiten: $S_d / R_d \leq 1{,}0$. Die Beanspruchungen sind mit den Bemessungswerten der Einwirkungen, die Beanspruchbarkeiten mit den Bemessungswerten der Widerstände zu bestimmen. In der Regel bedeutet dieses Vorgehen, daß die Einwirkungen mit dem Teilsicherheitsbeiwert $\gamma_F = 1{,}50$ zu multiplizieren und die Widerstände mit dem Teilsicherheitsbeiwert $\gamma_M = 1{,}10$ zu dividieren sind (DIN 4420 Teil 1, Abschnitt 5.4.1).

9.3 Systemannahmen

Bei der Beschreibung von auf Druck beanspruchten Stäben müssen gleichzeitig Vorverdrehungen und Vorkrümmungen berücksichtigt werden. Vorverdrehungen sind nach DIN 4420 Teil 1, Vorkrümmungen sind nach DIN 18 800 Teil 2 anzusetzen (DIBt-Heft 7, Abschnitt 6.4.5.1).

Ständerstöße und Schrägstellung der Fußspindeln

In der Regel werden Gerüstrahmen alle 2,00 m gestoßen. Der meistens einseitig verbundene Stoßbolzen einer Stoßverbindung muß eine Überdeckungslänge von mindestens 150 mm aufweisen. In diesem Fall darf die Verbindung als biegesteif angenommen werden (DIN 4420 Teil 1, Abschnitt 5.4.3.2). Infolge des Spiels im Ständerstoß ergibt sich eine geometrisch mögliche Knickfigur des Rahmenzuges, die an den Stellen der direkten Ankerung eine planmäßige Lagerung erfährt (DIBt-Heft 7, Abschnitt 6.4.5.2).

Die gegenseitige Schiefstellung oder Vorverdrehung beträgt

$$\tan \psi = (D_i - d_a) / l_ü$$

mindestens jedoch $\tan \psi = 0{,}01$.

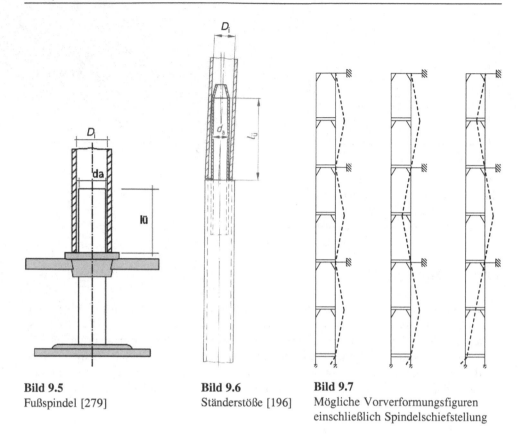

Bild 9.5
Fußspindel [279]

Bild 9.6
Ständerstöße [196]

Bild 9.7
Mögliche Vorverformungsfiguren
einschließlich Spindelschiefstellung

Hierin bedeuten:

D_i Nenninnendurchmesser des Ständerrohres,
d_a Nennaußendurchmesser des Stoßbolzens bzw. der Spindel,
$l_\ddot{u}$ Überdeckungslänge des Stoßbolzens.

Mit zunehmender Anzahl n der nebeneinander angeordneten Ständer darf der Wert ψ verringert werden auf

$$\tan \psi_n = \frac{1}{2} \cdot \left(1 + \sqrt{\frac{1}{n}}\right) \cdot \tan \psi$$

Bei vorgefertigten geschlossenen Rahmen darf in der Rahmenebene mit $\tan \psi_2 = 0,005$ gerechnet werden (DIN 4420 Teil 1, Abschnitt 5.4.3.2).

Für die Bestimmung der maßgeblichen Vorverformung des Systems führt die Annahme einer Spindelschiefstellung gleichsinnig geneigt zur Schiefstellung des untersten Rahmens schneller zum Ergebnis, da diese Vorverformungskombination immer die größten Spannungen liefert. Ferner ist es ratsam, die maßgebende Verformungsfigur affin zur Knickbiegelinie anzunehmen.

9.4 Einwirkungen

Die anschließend beschriebenen Lasten stellen die charakteristischen Werte der Einwirkungen auf Gerüste dar. In der Regel werden als Einwirkungen berücksichtigt:

- Eigengewicht,
- Verkehrslasten und
- Wind.

Wärmeeinwirkung und Setzungen dürfen unberücksichtigt bleiben (DIN 4420 Teil 1, Abschnitt 5.4.4.8 und 5.4.4.9).

Der Teilsicherheitsbeiwert für alle Einwirkungen beträgt γ_F = 1,50 (DIN 4420 Teil 1, Abschnitt 5.4.7.2).

9.4.1 Eigengewichte

Für die Ermittlung der Belastung aus Eigengewicht ist DIN 1055 Teil 1 heranzuziehen [178]. Bei weitem hilfreicher sind die Angaben der Hersteller hinsichtlich der Gewichte der Gerüstbauteile, da bei der Lastermittlung auch Kleinteile, wie z. B. Kupplungen, berücksichtigt werden müssen (DIN 4420 Teil 1, Abschnitt 5.4.4.2.).

9.4.2 Verkehrslasten

Die Verkehrslasten sind in Abhängigkeit von der Gerüstgruppe gemäß den Angaben in Tabelle 9.1 anzusetzen.

Für die Bestimmung der Teilfläche A_c beträgt die Bezugsfläche A_B:

- Bei Gerüstlagen ist die Belagfläche $A = b' \cdot l$.
- Bei Verbreiterung durch eine Konsolbelagfläche $A_k = b_k \cdot l$
  bis maximal 0,25 m Höhenunterschied zur Gerüstlage ist
  - die Bezugsfläche $A_B = A$ für $A \geq A_k$ und
  - die Bezugsfläche $A_B = A_K$ für $A < A_k$ anzusetzen.
- Bei Verbreiterung durch eine Konsolbelagfläche $A_k = b_k \cdot l$
  über 0,25 m Höhenunterschied zur Gerüstlage ist
  - die Bezugsfläche $A_B = A$ für die Belagfläche und
  - die Bezugsfläche $A_B = A_K$ für die Konsolbelagfläche anzusetzen.

In der Regel bedeuten diese Bestimmungen, daß ein Konsolbelag in der Lage sein muß, die gleiche Verkehrslast zu tragen wie die Hauptbelagfläche. Nur dann, wenn sich der Konsolbelag über 0,25 m Höhenunterschied zum Hauptbelag befindet, darf der Konsolbelag mit einer geringeren Verkehrslast belastet werden.

Die Abmessungen b_c und l für die Bestimmung der Teilfläche A_c sind so zu wählen, daß sich aus der Ermittlung die ungünstigste Beanspruchung für das Tragsystem ergibt (DIN 4420 Teil 1, Abschnitt 5.4.4.3).

Tabelle 9.1 Verkehrslasten nach DIN 4420 Teil 1 (12.1990) Tabelle 2 [196]

Gerüstgruppe	Flächenbezogene Nennlast	Einzellast[1]		Teilflächenlast	
	p [kN/m^2]	P_1 [kN]	P_2 [kN]	p_c [N/m^2]	Teilfläche A_c
1	0,75[2]	1,5	1,0	–	–
2	1,50	1,5	1,0	–	–
3	2,00	1,5	1,0	–	–
4	3,00	3,0	1,0	5,00	$0,4 \cdot A_b$
5	4,50	3,0	1,0	7,50	$0,4 \cdot A_b$
6	6,00	3,0	1,0	10,00	$0,5 \cdot A_b$

[1] P_1 Belastungsfläche 0,5 m × 0,5 m, mindestens jedoch 1,5 kN je Belagteil,
   P_2 Belastungsfläche 0,2 m × 0,2 m.
[2] Für Belagteile $p = 1,50$ kN/m^2.

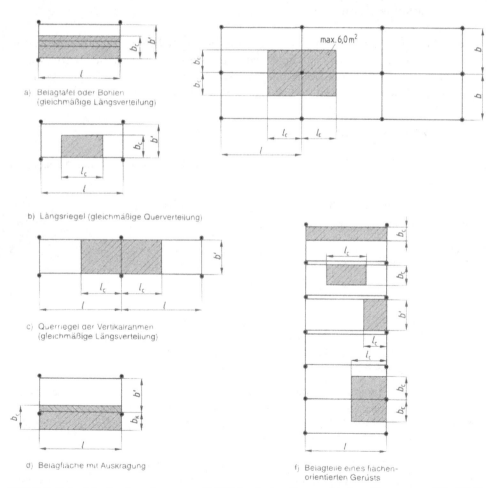

a) Belagtafel oder Bohlen (gleichmäßige Längsverteilung)

b) Längsriegel (gleichmäßige Querverteilung)

c) Querriegel der Vertikalrahmen (gleichmäßige Längsverteilung)

d) Belagfläche mit Auskragung

f) Belagteile eines flächenorientierten Gerüsts

Bild 9.8 Beispiele der Anordnung von Teilflächenlasten für verschiedene Bemessungsfälle [196]

Beläge müssen als Einzelbauteile mit Verkehrslasten aus Tabelle 9.1 belastbar sein. Beim Tragsicherheitsnachweis der Beläge muß ebenfalls die ungünstigste Beanspruchung gewählt werden. Für Belagbohlen als Teile der Belagfläche bedeutet diese Regelung, daß für die einzelnen Belagbohlen in der Regel die Belastung aus der Teilflächenlast maßgebend wird. Für Beläge der Gerüstgruppe 1 beträgt das zulässige Nutzgewicht 150 kg, was dem Gewicht einer Person mit Werkzeug entspricht. Beläge der Gerüstgruppen 2 bis 6 sind für die Nutzlast aus Tabelle 9.1 zu bemessen. Beläge der Gerüstgruppen 2 und 3, die schmaler als 0,35 m sind, müssen in der Lage sein, innerhalb ihrer zulässigen Stützweite eine Last von 150 kg zu übertragen. Lasten auf Belägen der Gerüstgruppen 4 bis 6 dürfen keine höheren Teilflächenlasten erzeugen als nach Tabelle 9.1 angegeben. Darüber hinaus ist je Person mit einem Gewicht von 1,00 kN zu rechnen. Gegebenenfalls, wenn Lasten mit Hebezeugen auf das Gerüst abgeladen werden, muß der sog. Kranzuschlag berücksichtigt werden. In diesem Fall muß das maßgebende Gewicht um den Faktor 1,2 erhöht werden (DIN 4420 Teil 1, Abschnitt 5.2).

9.4.3   Schnee- und Eislasten

Schnee- und Eislasten können unberücksichtigt bleiben. Bei besonderen Verhältnissen müssen diesbezüglich geeignete Vorkehrungen getroffen werden (DIN 4420 Teil 1, Abschnitt 5.4.4.4).

9.4.4   Windlasten

Eine Luftbewegung relativ zur Erdoberfläche, im wesentlichen in horizontaler Richtung, wird als Wind bezeichnet. Der natürliche Wind ist ursächlich auf den Ausgleich von Luftdruckunterschieden in der Atmosphäre zurückzuführen, vor allem durch ungleichmäßige Erwärmung der Erdoberfläche infolge von Sonneneinstrahlung. Baupraktisch relevant ist der bodennahe Wind in der sog. Prandtl-Schicht bis ca. 100 m Höhe. Dieser bewegt sich nicht wie in der freien Atmosphäre parallel zu den Isobaren, sondern infolge der Reibung an der Erdoberfläche aus einem Hochdruckgebiet heraus in ein Tiefdruckgebiet hinein. Die Windrichtung bleibt nahezu gleich. Auf der Nord-Halbkugel in der oberen Schicht bis ca. 1.000 m Höhe ü. NN dreht der Wind infolge der ablenkenden Kraft der Erdrotation (Coriolis-Kraft) nach rechts, wobei seine Geschwindigkeit zunimmt. Windgeschwindigkeit wird auch als die maßgebliche Größe zur Beschreibung des Windes herangezogen. Sie ist abhängig von der Jahreszeit (Stürme im Herbst oder Flaute im Sommer), der geographischen Lage (Gebirge oder Flachland), der Geländeform (Fernmeldeturm oder Flachdachbungalow), der Höhe über Gelände (Turmspitze oder -fuß) und der Windart (Orkan oder ruhiger Wind) [68].

Mit Hilfe von jahrelangen Windmessungen, die stochastisch ausgewertet wurden, kann für Deutschland eine Reihe von mittleren Windgeschwindigkeiten je nach Regionen angeben werden:

* Nordseeküste bis ca. 32,5 m/s $\approx$ 117 km/h,
* Nordwestdeutschland bis ca. 28,0 m/s $\approx$ 101 km/h,

Tabelle 9.2 Beaufort-Skala der Windarten [10]

	Grad	Windart	Windwirkung	Windgeschwindigkeit [km/h]	Staudruck [10^{-2} kN/m^2]
Baupraxis	1	ruhiger Wind	Rauch steigt gerade auf	0–6,1	< 0,18
	2	leichte Brise	Rauch zieht schräg ab	6,5–11,9	0,18–0,68
	3	schwache Brise	Wind bewegt Zweige	12,1–18,7	0,72–1,69
	4	gemäßigter Wind	Wind bewegt dünne Äste	19,1–26,6	1,75–3,42
	5	auffrischender Wind	Wind bewegt Äste	27,0–35,3	3,52–6,00
	6	starker Wind	Wind bewegt dicke Äste	35,6–44,6	6,12–9,61
kein Baustellenbetrieb	7	steifer Wind	Wind biegt Bäume	45,0–54,7	9,76–14,50
	8	stürmischer Wind	Wind bricht Zweige	55,1–65,5	14,60–20,70
	9	Sturm	Wind verursacht kleine Gebäudeschäden	65,9–77,4	20,90–28,90
	10	schwerer Sturm	Wind verursacht große Gebäudeschäden	77,8–90,4	29,20–39,40
	11	orkanartiger Sturm	Wind bricht Bäume	90,7–104,4	39,70–52,70
	12	Orkan	Wind verursacht schwere Gebäudeschäden	> 104	> 52,70

- Mitteldeutschland bis ca. 24,0 m/s ≈ 86 km/h,
- Süddeutschland und Alpenrand bis ca. 28,0 m/s ≈ 101 km/h.

Eine grobe Einteilung der Wirkung des Windes in Abhängigkeit von der Windart liefert die sog. Beaufort-Skala (siehe Tabelle 9.2).

Die o. g. Einteilung ist für die Baupraxis ausreichend, insbesondere der Bereich bis Windstärke 6, oberhalb der auf Baustellen der Kranbetrieb üblicherweise eingestellt wird. Ab Windstärke 6 bzw. einer Windgeschwindigkeit von mehr als 12 m/s müssen auch Tagesgerüste verankert, in Windschatten verfahren oder bei Schichtende abgebaut werden (DIN 4420 Teil 1, Abschnitt 2.5).

Die gemessene Windgeschwindigkeit v [m/s] kann als flächenbezogene Last q_w [kN/m^2], die eine lotrecht stehende Fläche belastet, umgerechnet werden:

$$q_w = v^2 / 1.600$$

Windlasten nach DIN 1055 Teil 4

Technische Baubestimmungen für Windlasten, die in DIN 1055 Teil 4 formuliert sind, liefern für die tägliche Berechnungspraxis taugliche Vereinfachungen der Windlastannahmen. Diese Rechenwerte gelten für nicht schwingungsanfällige Bauwerke, d. h. für Konstruktionen, an denen die dynamische Wirkung des Windes keine wesentlich größeren Verformungen hervorruft als die statische Windlast. Der Staudruck wird in DIN 1055 Teil 4 in Abhängigkeit von der Höhe über Gelände angegeben.

Tabelle 9.3   Windstaudruck nach DIN 1055 Teil 4 (08.1986) Tabelle 1 [179]

Höhe über Gelände [m]	Windgeschwindigkeit v [m/s]	Staudruck q [kN/m^2]
von 0 bis 8	28,3	0,5
über 8 bis 20	35,8	0,8
über 20 bis 100	42,0	1,1
über 100	45,6	1,3

Die hier angeführten Daten für den Staudruck basieren auf statistisch über einen Zeitraum von mehr als 100 Jahren bearbeiteten Extremwerten des Windes. Diese Werte garantieren, daß Bauwerke, die mit Lastannahmen nach DIN 1055 Teil 4 dimensioniert wurden, einmal in 100 Jahren einen orkanartigen Wind schadlos überstehen würden [179].

Neben dem Staudruck wird die Windlast von der Bauwerkgröße und -form beeinflußt. Auf der dem Wind zugewandten Seite des Gebäudes (Luv) werden Druckkräfte, auf der vom Wind abgewandten Seite des Gebäudes (Lee) werden Sogkräfte hervorgerufen. Für von ebenen Flächen begrenzte Baukörper gibt DIN 1055 Teil 4 Druckbeiwerte an:

- für den Winddruck $c_p = +0,80$,
- für den Windsog $c_p = -0,50$.

Windlasten nach DIN 4420 Teil 1 (12.1990)

Wie aus Tabelle 9.3 ersichtlich wird, gibt DIN 1055 Teil 4 den Windstaudruck bereichsweise in einer Stufenform an. Diese Treppenkurve ist für den Nachweis und die Dimensionierung von Arbeits- und Schutzgerüsten nicht ausreichend genau. Mit den Windlastannahmen nach DIN 4420 Teil 1 (12.1990) werden die tatsächlichen Verhältnisse genauer bestimmt, so daß die vielen möglichen Unterschiede in Aufbau und Lage der Gerüste besser erfaßt werden können – wenn auch mit einem höheren Rechenaufwand. Wichtig ist an dieser Stelle der Hinweis, daß im Gegensatz zu Tribünen oder Messeständen Gerüste keine „fliegenden Bauten" nach DIN 4112 sind.

Die auf ein Gerüst einwirkende Windlast F wird mit Hilfe folgender Parameter beschrieben:

- Staudruck q_j,
- Standzeitfaktor χ,
- Lagebeiwert c_l,
- aerodynamischer Kraftbeiwert $c_{f,i}$,
- Bezugsfläche A_i.

Die resultierende Windlast wird als Summe der Windbelastung auf alle Gerüstbauteile angegeben:

$$F = q_j \cdot \chi \cdot c_1 \cdot \sum c_{f,i} \cdot A_i$$

Als Bezugsfläche A_i ist stets die vom Wind berührte Projektionsfläche anzusetzen. In der Regel beträgt die Bezugsfläche von üblichen unbekleideten Gerüsten ca. 25 % der

Tabelle 9.4 Windstaudruck nach DIN 4420 Teil 1 (12.1990) Tabelle 3 [196]

Last-kombination	Staudruck q		Standzeit-faktor χ	Lagebeiwert c_l für Fassadengerüste
	Höhe über Gelände [m]	[kN/m²]		
Größte Windlast	$0{,}00 \geq H < 24{,}00$ $24{,}00 \geq H \leq 100{,}00$	$q_1 = (H + 86)/100$ $q_1 = (H + 185)/100$	0,7	$1{,}1 - 0{,}85 \cdot A_{F,t} / A_{F,g} \leq 1{,}0$
Arbeitsbetrieb (allgemein)	–	$q_2 = 0{,}20$	1,0	$1{,}1 - 0{,}85 \cdot A_{F,t} / A_{F,g} \leq 1{,}0$
Arbeitsbetrieb (Tagesgerüst)	–	$q_3 = 0{,}10$	1,0	1,0

Umrißfläche eines Gerüstfeldes. Bei bekleideten Gerüsten ist die Bezugsfläche die gesamte Umrißfläche des Gerüstes. Die hinter Netzen oder Planen liegenden üblichen Gerüstbauteile wie Geländerriegel, Ständer, Beläge oder Konsolen sowie das Verkehrsband müssen nicht berücksichtigt werden.

Staudruck

Der Staudruck wird in DIN 4420 Teil 1, Abschnitt 5.4.4.5.2 in Abhängigkeit von der Höhe über Geländeroberfläche sowie von der Lastkombination angegeben.

Der Staudruck wird mit einer bilinearen Funktion bereichsweise beschrieben:

- $0{,}00 \geq H < 24{,}00$ mit $q = (H + 86) / 100$ und
- $24{,}00 > H \leq 100{,}00$ mit $q = (H + 185) / 100$

Diese Angaben decken nicht die Windverhältnisse im Bereich der Standorte über 1.200 m über NN und im Bereich der Deutschen Bucht ab. In diesen Gebieten müssen Gerüste über 10,00 m mit einem 1,4fachen Staudruck nachgewiesen werden.

Für die Lastkombination „Arbeitsbetrieb" kann im allgemeinen der Windstaudruck auf $q = 0{,}20$ kN/m² reduziert werden. Das gleiche gilt für den sog. Montagezustand (Lastfall-kombination A3). Damit wird berücksichtigt, daß bei einem Orkan keine Montage von Gerüsten stattfinden kann.

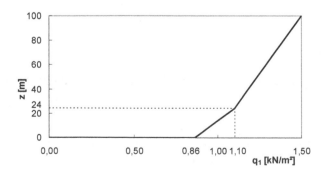

Bild 9.9
Staudruck q in Abhängigkeit von der Höhe über Gelände nach DIN 4420 Teil 1 Bild 9 [196]

Standzeitfaktor

Standzeiten von Gerüsten sind im Vergleich zu Standzeiten anderer Bauwerke relativ kurz. Mit dem Standzeitfaktor χ nach Tabelle 9.4 wird berücksichtigt, daß Gerüste temporäre Bauwerke darstellen, die im allgemeinen nicht länger als zwei Jahre aufgebaut bleiben. Mit dem statistischen Standzeitfaktor χ wird dem Zufallscharakter eines starken Sturmes während des Gerüsteinsatzes Rechnung getragen. Sollte die Standzeit eines Gerüstes länger als zwei Jahre betragen, ist der Standzeitfaktor auf $\chi = 1{,}0$ zu erhöhen.

Lagebeiwerte

Die Windbelastung auf Gerüste wird von der Fassade, vor der das Gerüst steht, beeinflußt. Mit dem Lagebeiwert wird die auf das Gerüst ausgeübte Windbelastung in Abhängigkeit von der Fassadenform beschrieben. Der Wind verhält sich vor einer völlig geschlossenen Fassade anders als vor einem Skelettbau. Der Staudruck verändert sich erheblich in Abhängigkeit von der Durchlässigkeit der Fassade. Ursächlich hierfür sind die Strömungsverhältnisse am Bauwerk [231]. Je geschlossener die Fassade, desto geringer wird die Windbelastung senkrecht zum Fassadengerüst. Diese Abhängigkeit kann mit dem Durchlässigkeitsfaktor D beschrieben werden:

$$D = A_{\text{offen}} / A_{\text{F,g}}$$

Hierbei bedeuten:

A_{offen} die Öffnungen der Fassade
$A_{\text{F,g}}$ die Ansichtsfläche der Fassade

Für eine vollkommen geschlossene Fassade beträgt der Durchlässigkeitsfaktor $D = 0{,}00$, für eine völlig durchlässige Fassade ist $D = 1{,}00$. Die Regelausführung wurde einer „teilweise offenen Fassade" mit einem Wert $D = 0{,}60$ (= 60 %) zugeordnet.

Die windabschattende Wirkung der hinter dem Gerüst liegenden Fassade wird durch den Lagebeiwert erfaßt. Für die Windbelastung senkrecht zur Fassade wird der Lagebeiwert für unbekleidete Gerüste vor einer teilweise offenen Fassade mit folgender Beziehung beschrieben:

$$c_{1,\perp} = 1{,}1 - 0{,}85 \cdot A_{\text{F,t}} / A_{\text{F,g}} \leq 1{,}0$$

Hierbei bedeuten:

$A_{\text{F,t}}$ die Ansichtsfläche der Fassade nach Abzug der Öffnungen
$A_{\text{F,g}}$ die Ansichtsfläche der Fassade

Für die Anwendung der obigen Beziehung muß gewährleistet sein, daß die Öffnungen in der Fassade annähernd gleichmäßig verteilt sind.

Der Lagebeiwert für Arbeitsgerüste im Tagesbetrieb beträgt $c_1 = 1{,}00$. Für die Regelausführung vor einer teilweise offenen Fassade beträgt der Lagebeiwert $c_1 = 0{,}75$. Das DIBt-Heft 7 legt im Abschnitt 6.3.2 in einer Zusammenfassung die Lagebeiwerte für unbekleidete und bekleidete Gerüste vor einer geschlossenen oder teilweise offenen Fassade fest.

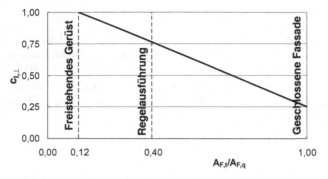

Bild 9.10
Lagebeiwert $c_{1,\perp}$ für nicht bekleidete Fassadengerüste bei Wind senkrecht zur Fassade nach DIN 4420 Teil 1 (12.1990) Bild 10 [196]

Tabelle 9.5 Lagebeiwerte nach DIBt-Heft 7, Abschnitt 6.3.2 [223]

Fassade	Bekleidung	Lagebeiwert	
		senkrecht zur Fassade $c_{1,\perp}$	parallel zur Fassade $c_{1,\mathrm{II}}$
Geschlossene	unbekleidet	0,25	1,00
	Netze	0,25	0,25
	Planen	1,00	1,00
		$0,25^{1)}$	–
Offene	unbekleidet	0,75	1,00
	Netze	0,75	0,75
	Planen	1,00	1,00
		$0,90^{1)}$	–

[1] Gilt nur für die Ermittlung von Zug-Ankerkräften rechtwinklig zur Fassade bei mit Planen bekleideten Gerüsten.

Aerodynamische Kraftbeiwerte

Aerodynamische Kraftbeiwerte c_f hängen von der Form des angeströmten Querschnittes ab. Grundsätzlich dürfen Beiwerte nach DIN 1055 Teil 4 benutzt werden. Für die im Gerüstbau üblichen runden Querschnitte gibt DIN 4420 Teil 1 im Abschnitt 5.4.4.5.5 einen mittleren Wert von $c_{f,\perp} = 1,30$ an. Dieser Wert darf auch für Bordbretter, Beläge und das Verkehrsband angenommen werden.

Tabelle 9.6 Aerodynamische Kraftbeiwerte nach DIBt Heft 7 Abschnitt 6.3.2 [225] und DIN 4420 Teil 1 Abschnitt 5.4.4.5.5 (12.1990) [196]

Bekleidung	Aerodynamischer Kraftbeiwert	
	senkrecht zur Fassade $c_{f,\perp}$	parallel zur Fassade $c_{f,\mathrm{II}}$
Unbekleidet	1,30	1,30
Netze	0,60	0,20
Planen	1,30	0,10
Schutzwände	1,30	0,03

Für bekleidete Gerüste geben sowohl DIN 4420 Teil 1 als auch das DIBt-Heft 7 gleiche Beiwerte an.

9.4.5 Verkehrsband

In der Lastkombination muß ein Verkehrsband mit einer Höhe von 0,40 m oberhalb der Belagoberkante berücksichtigt werden. Die Bezugsfläche des Bordbrettes ist in dieser Höhe bereits enthalten (DIN 4420 Teil 1, Abschnitt 5.4.4.5.6).

9.4.6 Ersatzlasten

Horizontale Ersatzlasten aus Arbeitsbetrieb brauchen nicht angesetzt zu werden, wenn gleichzeitig Windlasten berücksichtigt werden. Ansonsten betragen die horizontalen Ersatzlasten aus Arbeitsbetrieb das 0,03fache der örtlich wirkenden Verkehrslast, mindestens jedoch 0,3 kN pro Gerüstfeld (DIN 4420 Teil 1, Abschnitt 5.4.4.6).

Geländer- und Zwischenholme müssen für eine Einzellast von 0,3 kN nachgewiesen werden, wobei die elastische Durchbiegung auf 35 mm begrenzt wird. Darüber hinaus darf bei einer vertikalen Kraft von 1,25 kN (Bemessungswert) kein Versagen eintreten. Als Versagen wird eine Verformung von mehr als 200 mm definiert. Die dabei entstehenden Auflagerkräfte müssen von der Anschlußkonstruktion aufgenommen werden (DIBt-Heft 7, Abschnitt 6.5.3). Dieser Nachweis soll berücksichtigen, daß eventuell verbotswidrig auf dem Seitenschutz kletternde Gerüstbauer diesen nicht beschädigen können.

Bordbretter müssen für eine horizontale Einzellast von 0,2 kN nachgewiesen werden.

9.5 Lastkombinationen

Das Gesamtgerüst muß für folgende Lastkombinationen untersucht werden:

- Lastkombination „Arbeitsbetrieb" und
- Lastkombination „größte Windlast".

9.5.1 Arbeitsbetrieb

Die Lastkombination *Arbeitsbetrieb* berücksichtigt folgende Einwirkungen: Eigengewicht (A1), gleichmäßig verteilte Verkehrslasten (A2) sowie Staudruck q_2 (A3). Findet bei mehrgeschossigen Gerüsten der Arbeitsbetrieb auf nur einer Gerüstlage statt (in Übereinstimmung mit BGR 166, Abschnitt 5.2.1), muß 50 % der Verkehrslast auf einer unmittelbar benachbarten Gerüstlage angesetzt werden (A4).

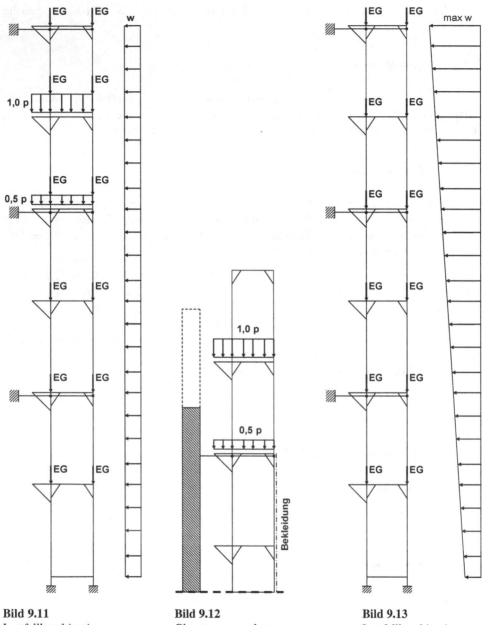

Bild 9.11
Lastfallkombination
„Arbeitsbetrieb" [196]

Bild 9.12
Oberste unverankerte
Lage [225]

Bild 9.13
Lastfallkombination
„Größte Windlast" [196]

In diesem Zusammenhang ist bei der Errichtung von Gebäuden ein möglicher Zwischenzustand nachzuweisen, bei dem das Gerüst in der obersten Gerüstlage unverankert ist.
Daraus ergibt sich ein Zustand, in dem die oberste Arbeitsebene die letzte Ankerlage freistehend um 2,00 m überragt. Dabei muß ein auf der obersten Gerüstlage eingebauter Seitenschutz berücksichtigt werden. Die Gerüstbekleidung darf nur bis zur letzten Ankerlage
angesetzt werden. Für diesen Zwischenzustand darf ein Sicherheitsbeiwert von $\gamma_F = 1{,}25$
angenommen werden (DIBt-Heft 7, Abschnitt 6.2).

9.5.2   Größte Windlast

Die Lastkombination *größte Windlast* berücksichtigt folgende Einwirkungen: Eigengewicht
(B1), gleichmäßig verteilte Verkehrslasten (B2) sowie den Staudruck q_1 (B3). Für die
Gerüstgruppen 1 bis 3 müssen keine Verkehrslasten berücksichtigt werden. Um lagerndes
Material zu berücksichtigen, dürfen die Verkehrslasten für die Gerüstgruppen 4 bis 6
lediglich mit dem Faktor 2/3 angesetzt werden.

9.5.3   Beläge

Neben den oben aufgeführten Lastkombinationen müssen Belagteile und deren unmittel-
bare Unterstützung für die Lastkombination C nachgewiesen werden. Diese Lastkombination besteht aus den Eigenlasten (C1) und den Verkehrslasten (C2) nach Tabelle 9.1.
Hierbei muß die ungünstigste Lastanordnung für die Einzellasten P_1 und P_2 sowie für die
Teilflächenlast p_c gefunden werden.

Im Abschnitt 9.9.1 werden in einer Übersicht einzelne Beläge den jeweiligen Gerüstgruppen
zugeordnet.

9.6   Berechnungsmethoden

Die Ermittlung der Schnittgrößen muß mit den Bemessungswerten der Einwirkungen nach
der Elastizitätstheorie erfolgen. Darüber hinaus müssen Tragwerksverformungen berücksichtigt werden, wenn sie zur Vergrößerung der Beanspruchungen führen. Diese in
DIN 4420 Teil 1 enthaltene Vorgabe reicht bei weitem nicht aus, um moderne, leistungs-
fähige, gleichzeitig wirtschaftliche und sichere Gerüstsysteme zu entwickeln. Zeitgemäße
Berechnungen von Stabtragwerken setzen nichtlineare Berechnungsmethoden voraus. Im
folgenden werden kurz einige Grundzüge der Berechnungsmethoden umrissen.

Überblick

Tabelle 9.7 Zusammenstellung linearer und nichtlinearer Berechnungsmethoden [16]

Bezeichnung der Berechnungs- methode	Ansatz für Verschiebungs geometrie	Werkstoff- verhalten	Gleichgewicht am verformten System	Anwendungsgebiet
Theorie 1. Ordnung Elastizitätstheorie	linear	linear	nein	einfache, praktische Berechnungen, Vorbemessung
Theorie 2. Ordnung lineare Stabilität	linear	linear	ja	schlanke, druckbean- spruchte Stabtragwerke, Gerüste
Fließgelenktheorie 1. Ordnung	linear	nichtlinear	nein	Traglastverfahren 1. Ordnung für Biegeträger im Stahlbau
Theorie 3. Ordnung nichtlineare Stabilität	nichtlinear	linear	ja	Seile, Netze, aufblas- bare Konstruktionen
Fließgelenktheorie 2. Ordnung	linear	nichtlinear	ja	Traglastverfahren 2. Ordnung im Stahlbau und Stahlbetonbau
Geometrische und physikalische nicht- lineare Theorie gro- ßer Verschiebungen	nichtlinear	nichtlinear	ja	aufblasbare Kunst- stoffkonstruktionen

Elastizitätstheorie 1. Ordnung

Bei der Berechnung von Stabtragwerken nach Theorie 1. Ordnung sind folgende Vereinfachungen und Annahmen zulässig [6]:

- Querschnittsabmessungen eines Stabes sind wesentlich kleiner als seine Länge.
- Stabquerschnitte bleiben nach der Verformung eben und senkrecht zur Stabachse (Bernoulli-Hypothese).
- Verformungen bleiben infinitesimal klein.
- Werkstoffe sind isotrop, homogen und ideal linear elastisch.
- Stabelemente sind frei von Imperfektionen und Eigenspannungen.
- Belastung ist quasistatisch und bleibt richtungstreu (konservativ).
- Gleichgewicht wird am unverformten System betrachtet.
- Dehnungs-Verschiebungs-Beziehung bleibt linear.

Aus diesen Idealisierungen ergeben sich das Superpositionsgesetz und der Arbeitssatz.
Die Annahmen führen zu linearen Beziehungen zwischen Belastung und Verformung sowie zwischen Schnittgrößen und Spannungen. Die in der Nähe der elastischen Grenz-
spannungen berechneten Schnittgrößen stellen einen möglichen, nicht aber den tatsächlichen Gleichgewichtszustand dar.

Elastizitätstheorie 2. Ordnung

Bei einer Reihe von Tragwerken, hierzu zählen insbesondere Gerüste, dürfen die infolge von Belastung und Systemgeometrie auftretenden Verformungen nicht mehr vernachlässigt werden. Das Superpositionsgesetz ist nicht mehr gültig, die Schnittgrößen einzelner Lastfälle dürfen nicht mehr überlagert werden. Es gelten im wesentlichen die Voraussetzungen der Theorie 1. Ordnung, wobei folgende zusätzliche Vereinfachungen zu berücksichtigen sind [6]:

- Die Längskraft ist über die Stabachse konstant.
- Es treten keine plastischen Verformungen auf.
- Die Stäbe sind gerade und die Biegesteifigkeit ist näherungsweise konstant.
- Die Stablängenänderungen werden vernachlässigt.
- Es wird nur ein Ausweichen in der Systemebene untersucht.

Stabilitätsverhalten

Unter „Stabilität" von Stabwerken wird im Bauwesen der Widerstand gegen Versagen aufgrund von Druck- und Querkräften sowie Biegemomenten verstanden, was mit dem Ausweichen der Stäbe verbunden ist [130]. Bei der Betrachtung eines Druckstabes unter Berücksichtigung einer geometrisch nichtlinearen Theorie unterscheidet man zwischen

- einem Spannungsproblem und
- einem Verzweigungsproblem.

Wenn neben der Druckkraft auch eine planmäßige Biegung infolge von Exzentrizitäten, angreifenden Querkräften oder Imperfektionen eine Konstruktion belastet, bezeichnet man im allgemeinen diesen Sachverhalt als ein Problem der Elastizitätstheorie 2. Ordnung oder als *Spannungsproblem* [130].

Ein *Verzweigungsproblem* entsteht, wenn unter der Verzweigungslast ein plötzlicher Übergang vom stabilen zum instabilen Gleichgewicht erfolgt.

Nichtlineare Berechnungsmethoden

Nichtlineare Berechnungsmethoden beinhalten

- physikalische und
- geometrische Nichtlinearitäten.

Unterhalb der elastischen Grenzspannung, d. h. im Geltungsbereich des Hookschen Gesetzes, verhält sich die Spannungs-Dehnungs-Beziehung linear. Als Versagenslast des Tragwerks wird die Belastung angesehen, bei der die höchstbeanspruchte Faser eines Querschnittes die elastische Grenzspannung erreicht. Eine Bemessung gegen die elastische Grenzspannung ist in der Regel unwirtschaftlich, da sie nicht alle Tragreserven ausnutzt. Wird das tatsächliche Materialverhalten berücksichtigt, bedeutet die *physikalische Nichtlinearität*, daß das nichtlineare Materialverhalten berücksichtigt wird [126]. Für Baustahl wird z. B. eine linear elastisch-ideal plastisch verlaufende Spannungs-Dehnungs-Beziehung angenommen. *Geometrische Nichtlinearität* hingegen setzt für die Berechnungen folgende Annahmen voraus:

- Gleichgewicht am verformten System,
- Verformung wird genau beschrieben,
- Dehnungs-Verschiebungs-Beziehung wird genau beschrieben.

Aus Sicht des Autors ist für die Erstellung des Standsicherheitsnachweises von System-gerüsten ein Rechenprogramm erforderlich, das eine Untersuchung des Gleichgewichts am verformten System gekoppelt mit einer nichtlinearen Berechnung ermöglicht.

9.7 Widerstände

Wie die Einwirkungen werden auch die Widerstände als charakteristische Werte angege-ben, die anschließend zur Bestimmung der Beanspruchbarkeiten herangezogen werden. Neben DIN 4420 Teil 1 geben weitere Technische Regeln einige im Gerüstbau benötigte charakteristische Werte der Widerstände an, wie z. B. DIN 1052 oder DIN 4421. Sofern diese Technischen Bestimmungen noch auf dem „alten" Bemessungskonzept basieren und lediglich zulässige Spannungen oder Schnittgrößen angeben, ist für die Nachweisführung der Lastfall H zugrunde zu legen (DIN 4420 Teil 1, Abschnitt 5.4.6.1).

Teilsicherheitsbeiwerte

Der Teilsicherheitsbeiwert für Widerstände beträgt für Bauteile aus Stahl und Kupplungen $\gamma_M = 1{,}10$ (DIN 4420 Teil 1, Abschnitt 5.4.7.2). Für Bauteile und Verbindungen aus Alu-minium beträgt der Teilsicherheitsbeiwert ebenfalls $\gamma_M = 1{,}10$ (DIBt-Heft 9, Abschnitt 5).

Die Annahmen der Elastizitätstheorie führen bei schlanken, druckbeanspruchten Bauteilen zu unwirtschaftlichen Ergebnissen. Aus dem Bedürfnis, das Material effizient zu nutzen und gleichzeitig das Tragverhalten wirklichkeitsnah zu erfassen, erwuchs die Traglast-theorie (Plastizitätstheorie) [6].

Traglasttheorie

Dieses Verfahren nutzt die hohe Duktilität des Baustahls aus und aktiviert dabei in be-stimmten Grenzen die plastische Reserve des Querschnittes [130]. An die Stelle des bei der elastischen Bemessung benutzten Spannungsnachweises tritt bei der plastischen Be-messung der Nachweis der Grenztragfähigkeit des Querschnittes (s. a. Abschnitt 9.2.5). Hierfür müssen zuerst die elementaren, einzeln wirkenden Schnittgrößen des vollplasti-zierten Querschnittes M_{pl}, N_{pl} und V_{pl} betrachtet werden. Anschließend muß die Wirkung der Schnittgrößenkombination untersucht werden (Interaktion).

Charakteristische Werte für Walzstahl

DIN 4420 Teil 1 gibt in Tabelle 4 die charakteristischen Werte für die wichtigsten Sorten von Walzstahl an. Weitere Werte für Stahl können DIN 18 800 Teil 1 entnommen werden. Charakteristische Werte der Zugspannung und Streckgrenze von üblichen Gußwerkstoffen sowie Aluminiumlegierungen sind im Kapitel 8 zusammengestellt.

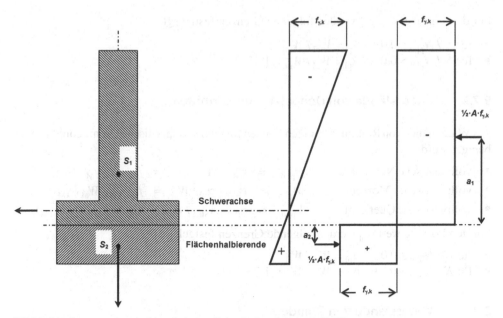

Bild 9.14 Spannungsverteilung beim vollplastischen Moment [130]

Tabelle 9.8 Charakteristische Werte für Walzstahl nach DIN 4420 Teil 1 (12.1990) Tabelle 4 [196]

Stahl	Erzeugnisdicke t [mm]	Streckgrenze $f_{\gamma,k}$ [N/mm^2]	E-Modul E [N/mm^2]	Schubmodul G [N/mm^2]
Baustahl S185 (St 33)	$t \leq 40$	185		
Baustahl S235 (St 37-2) S235 (St 37-3)	$t \leq 40$	240		
Baustahl S275 (St 44-2) S275 (St 44-3)	$t \leq 40$	280	210.000	81.000
Baustahl S355 (St 52-3)	$t \leq 40$	360		
Vergütungsstahl C 35 N	$t \leq 16$	300		

9.7.1   Widerstände von Rohrquerschnitten

Als Widerstände von Rohrquerschnitten können folgende vollplastische Grenzschnittgrößen benutzt werden:

- vollplastische Normalkraft $N_{pl,d} = \sigma_{R,d} \cdot A = f_{\gamma,k} \cdot A / \gamma_M$
- vollplastisches Moment $M_{pl,d} = \sigma_{R,d} \cdot \alpha_{pl} \cdot W_{el} = f_{\gamma,k} \, \alpha_{pl} \cdot W_{el} / \gamma_M$
- vollplastische Querkraft $V_{pl,d} = 2 \cdot \tau_{R,d} \cdot A / \pi = 2 \cdot f_{\gamma,k} \cdot A / (\sqrt{3} \cdot \pi \, \gamma_M)$

Für den Formbeiwert α_{pl} werden folgende Grenzen festgelegt:

- für $N / N_{pl,d} \leq 0{,}03$: $\quad \alpha_{pl} = W_{pl} / W_{el}$
- für $N / N_{pl,d} > 0{,}03$: $\quad \alpha_{pl} = W_{pl} / W_{el} \leq 1{,}25$

9.7.2 Widerstände von Doppel-T-Querschnitten

Als Widerstände von Rohrquerschnitten können folgende vollplastische Grenzschnittgrößen benutzt werden:

- vollplastische Normalkraft $\quad N_{pl,d} = \sigma_{R,d} \cdot A = f_{\gamma,k} \cdot A / \gamma_M$
- vollplastisches Moment $\quad M_{pl,d} = \sigma_{R,d} \cdot \alpha_{pl} \cdot W_{el} = f_{\gamma,k} \, \alpha_{pl} \cdot W_{el} / \gamma_M$
- vollplastische Querkraft $\quad V_{pl,d} = \tau_{R,d} \cdot A_{Steg} / \pi = f_{\gamma,k} \cdot A_{Steg} / (\sqrt{3} \; \gamma_M)$

Für den Formbeiwert α_{pl} werden folgende Grenzen festgelegt:

- für $N / N_{pl,d} \leq 0{,}03$: $\quad \alpha_{pl} = W_{pl} / W_{el}$
- für $N / N_{pl,d} > 0{,}03$: $\quad \alpha_{pl} = W_{pl} / W_{el} \leq 1{,}25$

9.7.3 Widerstände von Spindeln

Im Vergleich zu Rohr-, T-, U- oder Doppel-T-Profilen weisen Spindelquerschnitte mehrere Besonderheiten auf, die bei einem statischen Nachweis berücksichtigt werden müssen. Gerüstspindeln ermöglichen einen stufenlosen Ausgleich von Höhendifferenzen und werden üblicherweise als vertikale Tragglieder eingesetzt. Aufgrund nicht vermeidbarer Toleranzen führen Spindeln zu relativ großen Lastexzentrizitäten, wodurch häufig die Gesamttragfähigkeit des Gerüstes von der Belastbarkeit der Spindeln bestimmt wird. Aus diesem Grund muß das Tragverhalten von Spindeln so wirklichkeitsnah wie möglich erfaßt werden.

Bei Gerüstspindeln handelt es sich in der Regel um Rohre oder Stäbe mit einem aufgerollten Trapez- oder Rundgewinde. Das Kalteindrücken des Gewindes erfolgt in mehreren Gängen durch Walzmaschinen mit Rollköpfen. Bei den relativ dünnen Rohrwänden wird das Material während des Walzvorganges meistens nach innen gedrückt, wobei der Außendurchmesser überwiegend erhalten bleibt. An den Seitenflächen der eindringenden Gewinderollen wird der Werkstoff örtlich hochgequetscht, wodurch ein unregelmäßiger Verlauf der Gewindegipfel entsteht [54]. Da Gerüstspindeln einem langjährigen rauhen Baustellenbetrieb standhalten und dabei noch leichtgängig bleiben müssen, werden an sie besonders hohe Anforderungen gestellt, was zur Entwicklung einer Gewindeprofilierung außerhalb der Normung führte.

Die Ermittlung der Querschnittswerte von Gerüstspindeln nach DIN 4425 ist in der Regel nur näherungsweise möglich. Da der Innendurchmesser d_i des Ausgangsrohres vom Durchmesser nach dem Walzvorgang abweicht, empfiehlt DIN 4425 die Ermittlung des mittleren Gewinde-Innendurchmessers durch Wiegen, was zu ungenauen Ergebnissen führt [201]. Im folgenden werden Querschnittswerte von Spindeln mit einem aufgerollten Trapezgewinde angegeben. Der Querschnittsverlust beim Gewindewalzen wird mit maximal ca. 5 % angesetzt.

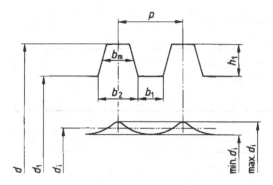

Bild 9.15
Trapezgewinde [201]

- Gewindeaußendurchmesser: d ist bekannt
- Gewindekerndurchmesser: d_1 ist bekannt
- Gewindesteigung: h ist bekannt
- Gewindetiefe: h_1 ist bekannt
- Gewindeneigung: α ist bekannt
- Flankenstärke: b_m ist bekannt

Ausgangsrohr
- Querschnittsfläche: $\quad F_A \quad = \quad \pi \cdot (d^2 - d_i^2) / 4$

Spindel
- Gewindeanteil: $\quad A_g \quad = \quad \pi \cdot d^2 - d_1^2) \cdot b_m / (4 \cdot h)$
- mittlere Gewindeoberfläche: $A_g + A_k = 0{,}95 \cdot F_A$
- Kernquerschnitt: $\quad A_k \quad = \quad (A_g + A_k) - A_g$
- Gewindeinnendurchmesser: $\quad d_i \quad = \quad \sqrt{(d_1^2 - 4 \cdot A_k / \pi)}$

Querschnitte für Spannungsberechnung
- Ersatzquerschnittswerte: $\quad \kappa_a \quad = \quad 11 \cdot b_m / (d_1 \cdot h)$
  $\quad\quad\quad\quad\quad\quad\quad\quad\quad\quad d_a \quad = \quad d_1 + \kappa_a \cdot (d - d_1)$
- Spannungsfläche: $\quad A_s \quad = \quad \pi \cdot d_a^2 - d_i^2) \cdot / 4$
- Ersatzquerschnittswerte: $\quad \kappa_w \quad = \quad \kappa_a + 0{,}22 \cdot b_m / h$
  $\quad\quad\quad\quad\quad\quad\quad\quad\quad\quad d_w \quad = \quad d_1 + \kappa_w \cdot (d - d_1)$
- Elastisches Widerstandsmoment: $W_{el} \quad = \quad \pi \cdot (d_w^4 - d_i^4) / (32 \cdot d_w)$
- Plastisches Widerstandsmoment: $W_{pl} \quad = \quad (d_w^3 - d_i^3) / 6$

Querschnittswerte für Verformungsberechnung
- Fläche: $\quad A \quad = \quad \pi \cdot (d_a^2 - d_i^2) \cdot / 4$
- Schubfläche: $\quad A_q \quad = \quad A / 2$
- Trägheitsmoment: $\quad I \quad = \quad 0{,}95 \cdot A \cdot (d_1^2 + d_1^2) / 16$

Auch für die Spindeln wird der Formbeiwert α_{pl} begrenzt
- für $N / N_{pl,d} \le 0{,}03$: $\alpha_{pl} = W_{pl} / W_{el}$
- für $N / N_{pl,d} > 0{,}03$: $\alpha_{pl} = W_{pl} / W_{el} \le 1{,}25$

Tabelle 9.9 Charakteristische Werte für Streckgrenzen von Gerüstspindeln nach DIN 4425 (11.1990) [201]

Gewindeform	$f_{\gamma,k}$	
	S235 [N/mm^2]	S355
Trapezgewinde	320	450
Rundgewinde	280	400

Tabelle 9.10 Vollplastische Grenzschnittgrößen von ausgesuchten Hünnebeck-Gerüstspindeln

Einsatz in Gerüstsystemen		BOSTA 70 BOSTA 100	BOSTA 70 BOSTA 100	BOSTA 100 MODEX	BOSTA 100 MODEX	MODEX
Auszugslänge	[mm]	265,00	500,00	265,00	500,00	300,00
Überdeckungslänge	[mm]	250,00	208,00	185,00	185,00	210,00
Gewinde		TR 32,5 · 8,5	TR 32,5 · 8,5	TR 39,0 · 7,0	TR 39,0 · 7,0	TR 32,5 · 8,5
Stahlsorte		St 37-2	St 37-2	St 52-3	St 52-3	St 52-3
Abmessungen						
Streckgrenze $f_{\gamma,k}$	[kN/cm^2]	320,00	320,00	450,00	450,00	450,00
Rohraußendurchmesser $\underline{d}$	[mm]	33,70	33,70	38,00	38,00	38,00
Rohrinnendurchmesser $\underline{d_i}$	[mm]	24,70	24,70	28,00	28,00	0,00
Flankenstärke b_m	[mm]	4,25	4,25	3,50	3,50	3,50
Steigung h	[mm]	8,50	8,50	7,00	7,00	7,00
Gewindeaußendurchmesser d	[mm]	32,50	32,50	39,00	39,00	40,20
Gewindekerndurchmesser d_1	[mm]	28,10	28,10	34,50	34,50	35,70
Gewindetiefe h_1	[mm]	2,20	2,20	2,25	2,25	2,25
Gewindeneigung a	[°]	75,00	75,00	75,00	75,00	75,00
Querschnittswerte						
Spannungsfläche A_s	[cm^2]	3,261	3,261	4,018	4,018	10,402
Schubfläche A_q	[cm^2]	1,630	1,630	2,009	2,009	5,201
elast. Widerstand W_{el}	[cm^3]	1,908	1,908	3,012	3,012	4,928
plast. Widerstand W_{pl}	[cm^3]	2,802	2,802	4,313	4,313	8,366
plast. Widerstand $W_{pl} = 1,25 \cdot W_{el}$	[cm^3]	2,385	2,385	3,765	3,765	6,160
Trägheitsmoment I	[cm^4]	2,349	2,349	4,578	4,578	7,872
plast. Normalkraft N_{pl}	[kN]	104,336	104,336	180,828	180,828	468,107
plast. Querkraft Q_{pl}	[kN]	38,396	38,396	66,545	66,545	172,263
plast. Moment M_{pl} für $N / N_{pl} \leq 0,03$	[kNcm]	89,658	89,658	194,092	194,092	376,467
plast. Moment M_{pl} für $N / N_{pl} > 0,03$	[kNcm]	76,323	76,323	169,430	169,430	277,196

Durch die Kaltverfestigung beim Aufwalzen des Gewindes werden die Festigkeits-eigenschaften des Grundmaterials nachhaltig verändert. Beim Einsatz als Gerüstspindel wird das Gewinderohr vorwiegend quer zu den aufgebrachten Verformungen beim Walz-vorgang beansprucht. Ferner wird die Spindel überwiegend auf Druck beansprucht, was bei bestimmten Stahlsorten zu einer Entfestigung führen könnte (Bauschinger-Effekt). Da jedoch für die Gerüstspindel Profile aus S235 und S355 kaltverfestigt werden, besteht diese Gefahr nicht.

Als charakteristische Werte der Streckgrenzen dürfen Werte nach Tabelle 9.9 eingesetzt werden.

Für Widerstände von Spindeln können folgende vollplastische Grenzschnittgrößen be-nutzt werden:

- vollplastische Normalkraft: $N_{pl,d}$ = $\sigma_{R,d} \cdot A_s$ = $f_{\gamma,k} \cdot A_s / \gamma_M$
- vollplastisches Moment: $M_{pl,d}$ = $\sigma_{R,d} \cdot \alpha_{pl} \cdot W_{el}$ = $f_{\gamma,k} \, \alpha_{pl} \cdot W_{el} / \gamma_M$
- vollplastische Querkraft: $V_{pl,d}$ = $\sigma_{R,d} \cdot 0,368 \cdot A_S$ = $f_{\gamma,k} \cdot 0,368 \cdot A_S / \gamma_M$

9.7.4 Widerstände von Kupplungen

Die hier aufgeführten charakteristischen Werte gelten für Kupplungen mit Schraubverschluß und Schrauben der Festigkeitsklasse 5.6 sowie für Rohre aus Stahl oder Aluminium.

Für die verwendeten Rohre gelten die in den Kapiteln 4 und 8 genannten Bestimmungen. Die charakteristischen Werte der Rutschkraft setzen voraus, daß die Kupplungen mit einem Moment von 50 Nm angezogen werden. Für Keilkupplungen, die an Stahlrohren ange-schlossen werden, muß ein 500 g schwerer Hammer verwendet werden. Die Keilkupplungen sind mit diesem Hammer bis zum Prellschlag festzuschlagen.

Die Bemessungswerte für Kupplungen sind aus den charakteristischen Werten der Tabel-len 9.11 und 9.12 durch Division mit $\gamma_M = 1,10$ zu bestimmen.

Tabelle 9.11 Charakteristische Werte der Rutschkraft $F_{R,k}$ von Kupplungen an Stahl- und Aluminiumrohren nach DIN 4420 Teil 1 (12.1990) Tabelle 5 [196]

Art der Kupplung	Klasse[1]		
	A	B	BB
		$F_{R,k}$ [kN]	
Normalkupplung als Einzelkupplung	10,0	15,0	15,0
Normalkupplung mit untergesetzter Kupplung	–	–	25,0
Stoßkupplung	5,0	10,0	–
Halbkupplung[2]	10,0	15,0	–
Drehkupplung	8,5		
Parallelkupplung	15,0		

[1] Klasse A und B siehe DIN EN 74, Klasse BB gilt für untergesetzte Kupplungen der Klasse B
[2] nicht nach DIN EN 74

Tabelle 9.12 Charakteristische Werte der Widerstände für Kupplungen nach DIN 4420 Teil 1 (12.1990) Tabelle 6 [196]

Art der Kupplung	Widerstand		Charakteristischer Wert
Normalkupplung Klassen B, BB	Kopfabreißkraft	$F_{K,k}$	35,0 kN
	Biegemoment	$M_{N,k}$	0,8 kNm
Stoßkupplung Klasse B	Biegemoment	$M_{S,k}$	1,2 kNm

9.8 Tragsicherheitsnachweis

Im Zuge des Zulassungsverfahrens muß für die Regelausführung der Nachweis einer ausreichenden Tragsicherheit erbracht werden (DIBt-Heft 7, Abschnitt 6.1). Diese Vorgehensweise hat für den Gerüstbenutzer den Vorteil, daß er nur einen statischen Nachweis in dem Einzelfall zu führen hat, in dem der Gerüstaufbau von der Regelausführung abweicht.

Der Nachweis der Tragsicherheit innerhalb des Zulassungsverfahrens ist für alle Aufbauvarianten mit und ohne Bekleidung sowie für den Einsatz vor offener und geschlossener Fassade zu führen. Alle möglichen Aufbauvarianten sind im Kapitel 4 dargestellt. Bei diesen Nachweisen muß berücksichtigt werden, daß (DIBt-Heft 7, Abschnitt 6.2):

- alle Gerüstlagen mit Belägen ausgelegt werden,
- Gerüste für die Gerüstgruppen 1 und 2 in fünf Gerüstlagen mit Innenkonsolen ausgerüstet werden,
- Gerüste für die Gerüstgruppen 3 bis 6 in allen Gerüstlagen mit Innenkonsolen ausgerüstet werden,
- jede Gerüstlage mit einem äußeren Seitenschutz versehen wird,
- in der obersten Gerüstlage eine Außenkonsole und Schutzwand vorgesehen wird,
- die Spindel mit ihrer größten Auszugslänge nachgewiesen wird.

DIN 4420 Teil 1, Abschnitt 5.4.4.2 besagt lediglich, daß alle mit Belägen ausgelegten Gerüstlagen bei der Berechnung zu berücksichtigen sind.

Im Unterschied dazu fordert die BGR 166 im Abschnitt 5.2, daß die Summe der Nutzgewichte auf mehreren Belagflächen innerhalb eines Gerüstfeldes die flächenbezogene Nutzlast je Gerüstfeld nicht überschreiten darf.

Diese Forderung bestimmt eindeutig, daß bei den in Deutschland bauaufsichtlich zugelassenen Systemgerüsten innerhalb der Regelausführung maximal eine Lage mit der vollen Nutzlast beansprucht werden darf.

Nachweis für Querschnitte

Die Nachweise für das Tragwerk und für die einzelnen Gerüstbauteile dürfen nach dem sog. Verfahren „Elastisch-Elastisch" oder „Elastisch-Plastisch" im Sinne von DIN 18 800 Teil 2 erfolgen. Für Gerüste und Gerüstbauteile darf das Verfahren „Plastisch-Plastisch" grundsätzlich nicht verwendet werden.

Der Formbeiwert α_{pl} wird begrenzt auf:

- für $N / N_{pl,d} \leq 0,03$: $\alpha_{pl} = W_{pl} / W_{el}$
- für $N / N_{pl,d} > 0,03$: $\alpha_{pl} = W_{pl} / W_{el} \leq 1,25$

Für druckbeanspruchte Querschnittsteile müssen die Grenzwerte grenz (b / t) nach DIN 18 800 Teil 2 und nach DIBt-Heft 9, Abschnitt 8 eingehalten werden.

Bei der Nachweisführung „Elastisch-Plastisch" ist zu beachten, daß bei gleichzeitiger Einwirkung mehrerer Schnittgrößen auf einen Querschnitt die elementaren Schnittgrößen des voll plastizierenden Querschnittes M_{pl}, N_{pl} und V_{pl} reduziert werden müssen. Die Verringerung der Schnittgrößen in Abhängigkeit von einer korrespondierenden Schnittgröße wird als eine Interaktionsbeziehung beschrieben. Diese Beziehung gibt an, wie sich die jeweilige elementare Schnittgröße des Querschnittes bei einer gleichzeitigen Wirkung einer anderen Schnittgröße verringert.

9.8.1   Nachweis für Rohrquerschnitte

Die Interaktionsbeziehung für Rohre wird in Tabelle 9.13 beschrieben.

Tabelle 9.13   Vereinfachte Nachweise für Rohre nach DIN 4420 Teil 1 (12.1990) Tabelle 6 [196]

N \ V	$V / V_{pl,d} \leq 1/3$	$1/3 \leq V / V_{pl,d} \leq 0,90$
$N / N_{pl,d} \leq 0,10$	$M / M_{pl,d} \leq 1,00$	$\dfrac{M}{M_{pl,d} \cdot \sqrt{\left(1 - \dfrac{V}{V_{pl,d}}\right)^2}} \leq 1,00$
$0,10 \leq N / N_{pl,d} \leq 1,00$	$M / [M_{pl,d} \cdot \cos(\pi \cdot N / 2 \cdot N_{pl,d})] \leq 1,00$	$\dfrac{M}{M_{pl,d} \cdot \sqrt{\left(1 - \dfrac{V}{V_{pl,d}}\right)^2} \cdot \cos \dfrac{\pi \cdot N}{2 \cdot N_{pl,d} \cdot \sqrt{1 - \left(\dfrac{V}{V_{pl,d}}\right)^2}}} \leq 1,00$

9.8.2   Nachweis für Doppel-T-Querschnitte

Die Interaktionsbeziehung für Doppel-T-Querschnitte wird in Tabelle 9.14 beschrieben.

Tabelle 9.14   Vereinfachte Nachweise für Doppel-T-Querschnitte
nach DIN 4420 Teil 1 (12.1990) Tabelle 6 [196]

N \ V	$V / V_{p,dl} \leq 1/3$	$1/3 \leq V / V_{pl,d} \leq 0,90$
$N / N_{pl,d} \leq 0,10$	$M / M_{pl,d} \leq 1,00$	$0,88 \cdot M / M_{pl,d} + 0,37 \cdot V / V_{pl,d} \leq 1,00$
$0,10 \leq N / N_{pl,d} \leq 1,00$	$0,90 \cdot M / M_{pl,d} + N / N_{pl,d} \leq 1,00$	$0,80 \cdot M / M_{pl,d} + 0,89 \cdot N / N_{pl,d} + 0,33 \cdot V / V_{pl,d} \leq 1,00$

Durch Untersuchungen wurde nachgewiesen, daß Rohrprofile aus Aluminium im Gegensatz zu Rohren aus Stahl nicht in der Knickspannungslinie „a" eingeordnet werden dürfen. Die Knickspannungslinie „b" ist für aushärtbare Aluminiumlegierungen, die Knickspannungslinie „c" für nicht aushärtbare Legierungen zu wählen [52].

9.8.3 Nachweis für Spindeln

Die Interaktion für Spindelquerschnitte wird für den Bereich $V / V_{pl,d} \leq 1/3$ mit der folgenden Beziehung beschrieben:

$$M / [M_{pl,d} \cdot \cos (\pi \cdot N / 2 \cdot N_{pl,d})] \leq 1,00$$

9.8.4 Nachweis für Seitenschutzteile

Der Nachweis des Geländerholmes darf unter der Annahme geführt werden, daß sich bei Überschreiten des aufnehmbaren Biegemomentes $M_{pl,N,d}$ in Feldmitte ein Gelenk bildet (DIBt-Heft 7, Abschnitt 6.5.3). Die Belastung ist nach Abschnitt 9.2.2 anzusetzen. Die Ersatzlasten brauchen nicht mit anderen Lasten überlagert zu werden (DIN 4420 Teil 1, Abschnitt 5.4.7.7). Dabei sind die Kräfte, die auf die Anschlußkonstruktionen wirken, wie folgt zu ermitteln:

$$A_v = F / 2$$
$$A_h = (F \cdot l / 4 - M_{pl,N,d}) / f$$
$$N = A_h + \cdot f \cdot A_v / l$$

Hierbei stellt $M_{pl,N,d}$ den Bemessungswert des aufnehmbaren Biegemomentes im vollplastischen Zustand unter Berücksichtigung der gleichzeitig wirkenden Normalkraft dar.

Beim Nachweis gegen Versagen dürfen folgende Bemessungswerte der Normalspannungen nicht überschritten werden:

- Bauteile aus Metall: $\sigma_{R,d} = f_{\gamma,k} / \gamma_M$
- Bauteile aus Holz: $\sigma_{R,d} = 3,0$ kN/cm^2

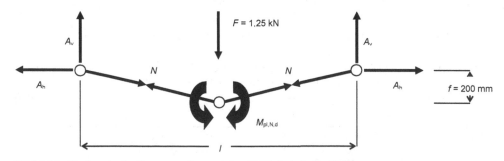

Bild 9.16 Nachweis der Beanspruchungen des Geländerholmes [225]

9.8.5   Nachweis für Kupplungen

Alle Kupplungen sind gegen Erreichen der Rutschkraft nachzuweisen:

$$F_R / F_{R,d} \leq 1,00$$

Für Normalkupplungen sind zusätzlich folgende Nachweise zu führen:

$$F_K / F_{K,d} \leq 1,00 \text{ (Kopfabreißkraft)}$$

$$M_N / M_{N,d} \leq 1,00 \text{ (Biegemoment)}$$

$$(F_{R1} + F_{R2}) / (2 \cdot F_{R,d}) + F_K / F_{K,d} + M_N / (2,4 \cdot M_{N,d}) \leq 1,00$$

Für Stoßkupplungen muß zusätzlich nachgewiesen werden:

$$F_R / (2 \cdot F_{R,d}) + M_s / M_{s,d} \leq 1,00$$

9.8.6   Lagesicherheitsnachweis

Ähnlich wie für unverankerte Gerüste ist für alle Arbeits- und Schutzgerüste der Nachweis der Lagesicherheit zu führen. In diesem Nachweis wird die Sicherheit gegen Gleiten, Abheben und Umkippen des Gerüstes untersucht. Dabei sind Teilsicherheitsbeiwerte anzunehmen, die von den üblichen Angaben abweichen (DIN 4420 Teil 1, Abschnitt 5.4.8.1):

- für günstig wirkende Lasten mit $\gamma_F = 1,00$ (superior),
- für ungünstig wirkende Lasten mit $\gamma_F = 1,50$ (inferior).

Gleitsicherheit

Beim Nachweis der Gleitsicherheit ist zu belegen, daß die Gleitkraft in der Lagerebene nicht größer als die Grenzgleitkraft ist. Für die Grenzgleitkraft dürfen Reibwiderstand und Scherwiderstand von mechanischen Verbindungen angesetzt werden.

Sicherheit gegen Abheben

Der Nachweis der Sicherheit gegen Abheben ist erfüllt, wenn die senkrecht zur Lagerebene gerichtete abhebende Kraft nicht größer als die pressende Kraft ist.

Sicherheit gegen Umkippen

Die Sicherheit gegen Umkippen ist gewährleistet, wenn bei einer konstant angenommenen Pressung in einer Teilfläche der Lagerebene Gleichgewicht vorhanden ist.

9.9 Bemessungshilfen

Die Bemessungshilfen wurden anhand der zugänglichen Informationen der Hersteller oder nach eigenen Berechnungen zusammengestellt. Sie können für die erste Vorbemessung eingesetzt werden. Diese Bemessungshilfen sind nicht für den Nachweis im Rahmen einer Zulassungsberechnung geeignet. Sie dienen lediglich dazu, schnell eine Vorbemessung durchführen zu können. Bereits bei der Erstellung eines statischen Nachweises im Einzelfall müssen die Randbedingungen genauer erfaßt werden, als es die Benutzung der Bemessungshilfen verlangt.

9.9.1 Rahmengerüste

Bemessungshilfen für Rahmengerüste enthalten in der Regel Angaben über Stiellasten, die Belastbarkeit von Spindeln und Belägen, den Aufbau vom Systemversatz sowie einen überschlägigen Nachweis für das Gesamtsystem.

Stiellasten

Die Ermittlung der Stiellasten setzt die genaue Kenntnis der Einzelgewichte und deren Verteilung voraus. Für die überschlägige Berechnung oder als Anhaltswerte können die in den Tabellen 9.15 bis 9.17 angegebenen Lasten herangezogen werden.

Spindelbeanspruchbarkeiten

Entgegen einer weit verbreiteten Annahme kann die Ermittlung zulässiger Spindelkräfte nicht am System der Spindel allein durchgeführt werden. Vielmehr müssen angeschlossene Konstruktionsbauteile wie Einsteckling, Anfänger oder Stiel berücksichtigt werden [38].

Die Ermittlung zulässiger Spindelkräfte kann an Ersatzsystemen erfolgen, wobei die Abbildung von Gerüstbauteilen bis zur ersten Belagebene hinreichend genaue Ergebnisse liefert. Gerüstspindeln müssen Horizontalkräfte über Biegung bis zur Diagonalisierung an anschließende Bauteile weiterleiten. Die hintere Ebene kann dabei nur vertikale Lasten abtragen, da deren Steifigkeit gegenüber der vorderen, ausgesteiften Ebene vernachlässig-

Tabelle 9.15 Hünnebeck SBG –
Stiellast pro steigenden Meter Stiel für einen Mittelstiel je nach Belagart

Belagart	Feldlänge	
	2,50 m	
	mit	ohne
	Seitenschutz [kN]	
H-Rahmen	–	0,135 kN
H-Rahmen + Belag	0,296 kN	0,224 kN
Verkehrslast (GG 4)	3,566 kN	–
Für die Ermittlung der Randstiellasten sind die Angaben mit 0,70 zu multiplizieren.		

Tabelle 9.16 Hünnebeck BOSTA 70 –
Stiellast pro steigenden Meter Stiel für einen Mittelstiel je nach Belagart

Belagart	Feldlänge			
	2,50 m		3,00 m	
	mit	ohne	mit	ohne
	Seitenschutz [kN]		Seitenschutz [kN]	
Vollholzbohle	0,230	0,158	0,283	0,183
Stahlboden	0,225	0,153	0,271	0,171
Alu-Boden	0,200	0,128	0,240	0,140
Hohlkastenbelag	0,204	0,132	0,244	0,144
Alu-Rahmentafel	0,170	0,100	0,206	0,106
Verkehrslast (GG 3)	1,585	–	1,902	–
Für die Ermittlung der Randstiellasten sind die Angaben mit 0,70 zu multiplizieren.				

Tabelle 9.17 Hünnebeck BOSTA 100 –
Stiellast pro steigenden Meter Stiel für einen Mittelstiel je nach Belagart

Belagart	Feldlänge			
	2,50 m		3,00 m	
	mit	ohne	mit	ohne
	Seitenschutz [kN]		Seitenschutz [kN]	
Vollholzbohle	0,303	0,215	0,370	0,252
Stahlboden	0,302	0,214	0,359	0,241
Alu-Boden	0,263	0,177	0,313	0,195
Hohlkastenbelag	0,270	0,182	0,319	0,200
H-Rahmen	–	0,143	–	0,148
H-Rahmen + Belag	0,318	0,230	0,369	0,250
Verkehrslast (GG 4)	3,566	–	4,280	–
Verkehrslast (GG 5)	5,349	–	6,419	–
Verkehrslast (GG 6)	7,133	–	–	–
Für die Ermittlung der Randstiellasten sind die Angaben mit 0,70 zu multiplizieren.				

bar klein ist. Die vordere Ebene ist aufgrund der Diagonalisierung in der Lage, zusätzlich Horizontallasten abzutragen. Deshalb werden hierfür auch die zulässigen Spindelkräfte in Abhängigkeit von Horizontallasten angegeben.

Horizontallasten resultieren in der Hauptsache aus der Windwirkung. Es ergeben sich folgende Anhaltswerte je Fußpunkt:

Lastfall „größte Windlast";

- Gerüst mit Planen bekleidet: $H = 0,43$ kN,
- Gerüst mit Netzen bekleidet: $H = 0,64$ kN,
- Gerüst ohne Bekleidung: $H = 0,17$ kN.

Lastfall „Arbeitsbetrieb":

- Gerüst mit Planen bekleidet: $H = 0,14$ kN,
- Gerüst mit Netzen bekleidet: $H = 0,21$ kN,
- Gerüst ohne Bekleidung: $H = 0,09$ kN.

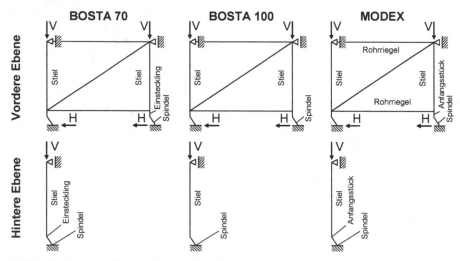

Bild 9.17 Statische Systeme bei der Ermittlung von zulässigen Spindelkräften [38]

Tabelle 9.18 Belastbarkeit von Hünnebeck-Spindeln B 70/3.3 und B 50/3.3 im BOSTA-70-Gerüstsystem [38]

Auszugslänge	Hintere Ebene	Vordere Ebene		
		$H = 0,10$ kN	$H = 0,50$ kN	$H = 0,75$ kN
[cm]	[kN]	[kN]	[kN]	[kN]
6,5	34,0	27,2	24,3	22,0
16,5	32,2	25,7	23,0	20,5
26,5	30,2	24,0	20,5	15,0
40,0	27,1	21,5	11,1	6,1
50,0	23,1	17,2	5,8	0,0

Tabelle 9.19 Belastbarkeit von Hünnebeck-Spindeln B 70/3.8 und B 45/3.8 im BOSTA-100-Gerüstsystem [38]

Auszugslänge	Hintere Ebene	Vordere Ebene		
		$H = 0,10$ kN	$H = 0,50$ kN	$H = 0,75$ kN
[cm]	[kN]	[kN]	[kN]	[kN]
6,5	34,0	35,2	34,0	33,3
16,5	32,2	33,3	32,0	31,0
26,5	30,2	31,3	29,2	27,6
40,0	27,1	28,2	23,2	19,6
50,0	23,1	24,7	17,0	14,3

Tabelle 9.20 Belastbarkeit von Hünnebeck-Spindeln B 70/3.8 und B 45/3.8 im
MODEX-Gerüstsystem [38]

Auszugslänge	Hintere Ebene	Vordere Ebene		
[cm]	[kN]	$H = 0{,}10$ kN [kN]	$H = 0{,}50$ kN [kN]	$H = 0{,}75$ kN [kN]
6,5	28,0	37,0	26,2	35,2
16,5	26,2	34,5	33,3	32,0
26,5	24,2	32,0	30,0	28,8
40,0	20,1	27,3	22,5	20,0
50,0	17,7	21,3	17,2	14,5

Verkehrslasten

Die meisten Gerüsthersteller bieten für ihre Beläge Belastbarkeitstabellen an. Die Zusammenstellungen berücksichtigen jeweils die neuesten Belagsorten, für welche die Eignung zum Einsatz im Fang- und Dachfanggerüst nachgewiesen wurde.

Tabelle 9.21 Zuordnung der Hünnebeck-Beläge zu den Gerüstgruppen [145]

Bezeichnung	Feldlänge [m]	Verwendung in Gerüstgruppe
Horizontalrahmen HR 100 mit H-Rahmenbelag HRB/HRBL	3,00	≤ 5
	≤ 2,50	≤ 6
Stahlboden SB 32	3,00	≤ 4
	2,50	≤ 5
	≤ 2,00	≤ 6
Alu-Boden AB 50	3,00	≤ 5
	≤ 2,50	≤ 6
Alu-Boden AB 32	3,00	≤ 5
	≤ 2,50	≤ 6
Vollholzbohle VHB 32	3,00	≤ 3
	2,50	≤ 4
	2,00	≤ 5
	≤ 1,50	≤ 6
Hohlkastenbelag HB 32	3,00	≤ 3
	2,50	≤ 4
	2,00	≤ 5
	≤ 1,50	≤ 6
Alu-Rahmentafel ART 70 (Alu + BFU)	≤ 3,00	≤ 3
Alu-Leitergangstafel ART-LG 70 (Alu + BFU)	≤ 3,00	≤ 3
Alu-Leitergangstafel mit Leiter ART-LG-L 70 (Alu + BFU)	≤ 3,00	≤ 3

Tabelle 9.22 Zuordnung der Layher-Beläge zu den Gerüstgruppen [90]

Bezeichnung	Feldlänge [m]	Verwendung in Gerüstgruppe
Horizontalrahmen 100	≤ 3,07	≤ 4
Belagrahmen 100	3,07	≤ 4
	≤ 2,57	≤ 5
	≤ 1,57	≤ 6
Durchstieg-Stahlboden 100	≤ 2,57	≤ 4
Stahlboden 32 und 19	3,07	≤ 4
	2,57	≤ 5
	≤ 2,07	≤ 6
Stalu-Boden 61	3,07	≤ 3
	2,57	≤ 4
	2,07	≤ 5
	≤ 1,57	≤ 6
Stalu-Boden 32	3,07	≤ 4
	2,57	≤ 5
	≤ 2,07	≤ 6
Alu-Boden 32	3,07	≤ 3
	2,57	≤ 4
	2,07	≤ 5
	≤ 1,57	≤ 6
Vollholz-Boden 32	≤ 3,07	≤ 3
	≤ 1,57	≤ 5
Robustboden 61	≤ 3,07	≤ 3
Robustboden 32	≤ 3,07	≤ 3
Durchstieg-Stahlboden 64	≤ 2,57	≤ 4
Alu-Durchstieg 61	2,07	≤ 3
Alu-Durchstieg 61 mit Leiter	≤ 3,07	≤ 3
Robust-Durchstieg 61 (Alu + BFU)	≤ 3,07	≤ 4
Robust-Durchstieg 61 mit Leiter (Alu + BFU)	≤ 3,07	≤ 3

Tabelle 9.23 Zuordnung der plettac-Beläge zu den Gerüstgruppen [267]

Bezeichnung	Feldlänge [m]	Verwendung in Gerüstgruppe
Stahl-Horizontalrahmen Ausführung 2	2,50	≤ 5
	≤ 2,00	≤ 6
Stahl-Horizontalrahmen Ausführung 1	2,50	≤ 4
	≤ 2,00	≤ 5
Stahlboden 32	3,00	≤ 4
	2,50	≤ 5
	≤ 2,00	≤ 6
Alu-Boden 32	3,00	≤ 4
	2,50	≤ 5
	≤ 2,00	≤ 6
Vollholzboden 32, $d = 48$ mm	3,00	≤ 3
	2,50	≤ 4
	2,00	≤ 5
	≤ 1,50	≤ 6
Vollholzboden 32, $d = 44$ mm	3,00	≤ 3
	2,50	≤ 4
	2,00	≤ 5
	≤ 1,50	≤ 6
Alu-Durchstiegstafel 64 (Alu + BFU)	2,50	≤ 3
Alu-Durchstiegstafel 64 mit Alu-Belag	≤ 2,00	≤ 4

Tabelle 9.24 Zuordnung der Peri-Beläge zu den Gerüstgruppen [263]

Bezeichnung	Feldlänge [m]	Verwendung in Gerüstgruppe
Belagtafel-Stahl UDS 32 (Stahlblech)	2,50	≤ 6
	≤ 3,00	≤ 5
Belagtafel UDA 64 (Alu)	3,00	≤ 3
	2,50	≤ 4
	2,00	≤ 5
	1,50	≤ 6
Belagtafel UDA 32 (Alu)	3,00	≤ 5
	≤ 2,50	≤ 6
Belagtafel UDT 32 (Holz)	3,00	≤ 3
	2,50	≤ 4
	2,00	≤ 5
	1,50	≤ 6
Leitergangstafel UAL 64 (Alu + BFU)	3,00	≤ 4
	2,50	≤ 5
	≤ 2,00	≤ 6

Tabelle 9.25 Zuordnung der Rux-Beläge zu den Gerüstgruppen [106]

Bezeichnung	Feldlänge [m]	Verwendung in Gerüstgruppe
Stahl-Belagbohle 29	3,00	≤ 4
	2,50	≤ 5
	≤ 2,00	≤ 6
Alu-Belagbohle 29	3,00	≤ 5
	≤ 2,50	≤ 6
Alu-Belagbohle 29, $d = 45$ mm	2,50	≤ 4
	≤ 2,00	≤ 6
Holz-Belagbohle 29	2,50	≤ 4
	≤ 2,00	≤ 5
Holz-Profilbohle 29	3,00	≤ 4
	2,50	≤ 5
Alu-Belagtafel 58	3,00	≤ 4
	≤ 2,50	≤ 5
Alu-Leitergangsrahmentafel mit Leiter (Alu + BFU)	3,00	≤ 4
	≤ 2,50	≤ 3
Alu-Leitergangsrahmentafel mit Leiter, komplett aus Aluminium	3,00	≤ 3
	2,50	≤ 4
Alu-Leitergangsrahmentafel mit Leiter, Belag aus Strangpreßprofilen	3,00	≤ 3
	2,50	≤ 4
	2,00	≤ 5

Systemversatz

In einigen Zulassungen, die vor 1990 gültig waren, wurde ein Systemversatz mit Standardkonsolen berücksichtigt. Zur Zeit sind Angaben über einen Systemversatz mit Verbreiterungskonsolen nur im Zusammenhang mit einer Typenberechnung oder mit einem Nachweis im Einzelfall möglich.

Nachweis im Einzelfall

Für alle Aufbauvarianten eines Gerüstsystems außerhalb der Regelausführung muß ein statischer Nachweis im Einzelfall durchgeführt werden. Um mehrere Aufbauvarianten ohne größeren Aufwand vergleichen zu können, entwickelte die Firma Hünnebeck eine Methode, mittels der ein überschlägiger statischer Nachweis für den jeweiligen Aufbau geführt werden kann. Aus Wettbewerbsgründen behält sich die Firma Hünnebeck vor, nicht alle für den Nachweis erforderlichen Werte zu veröffentlichen. Es soll hier nur die grundsätzliche Vorgehensweise erläutert werden.

Grundlage dieser Vorgehensweise ist die Zulassungsberechnung für das Gerüstsystem BOSTA 70. Untersucht werden folgende Bereiche: der Fuß-, der Normal- und der Kopfbereich [37]. Für die Untersuchung gelten folgende Voraussetzungen:

Tabelle 9.26 Zulässige Aufbauhöhe auf Konsolen als Systemversatz
mit Layher-Blitz-Gerüstsystem 70 und 100 [90]

		Belagart	Stahlbelag		Alu-Belag, gelocht		Robustbelag		Masivholz-material	
Layher-Gerüst BLITZ 70 S / Konsole 73 / Gerüstgruppe 3 / Verankerung gemäß Zulassung		Feldweite [m]	2,57	3,07	2,57	3,07	2,57	3,07	2,57	3,07
		Art der Abfangung	Diagonale mit Drehkupplung, mit Querdiagonale							
		Anzahl der Etagen	4	3	5	3	5	3	4	2
		Art der Abfangung	Gerüstrohrdiagonale mit Normalkupplung + Längsrohr							
		Anzahl der Etagen	11	9	14	11	14	11	11	8
		Art der Abfangung	Gerüstrohrdiagonale mit Normalkupplung + untergesetzte Kupplung + Längsrohr							
		Anzahl der Etagen	22	19	27	23	28	23	21	17
Layher-Gerüst BLITZ 100 S / Konsole 109 / Gerüstgruppe 4 / Verankerung gemäß Zulassung		Belagart	Stahlbelag		Massivholz-rahmenmaterial		Belagrahmen mit Holzbelag			
		Feldweite [m]	2,57	3,07	2,57	3,07	2,57	3,07		
		Art der Abfangung	Gerüstrohrdiagonale mit Normalkupplung + Längsrohr							
		Anzahl der Etagen	3	–	2	–	2	–		
		Art der Abfangung	Gerüstrohrdiagonale mit Normalkupplung + untergesetzter Kupplung + Längsrohr							
		Anzahl der Etagen	9	7	8	4	8	5		

- Gerüstgruppe 3 nach DIN 4420 Teil 1 (12.1990),
- Feldweite 2,50 m,
- Vollholzbohlen, Hohlkastenbeläge, Alu-Rahmentafeln,
- teiloffene Fassade mit $c_{1,\perp}$,
- unbekleidetes Gerüst,
- Ankervariante A1 oder A2 gemäß Regelausführung,
- Fußspindel 50/3.3 oder 70/3.3 mit einer maximalen Auszugslänge von 26,5 cm,
- Ankerraster im Fußbereich 4,00 m durchgehend,
- Ankerraster im Normalbereich 8,00 m oder 4,00 m versetzt,
- Arbeitsbetrieb nur auf einer Gerüstlage,
- mit und ohne Verbreiterungskonsolen VK 35.

Aus der Zulassungsberechnung ist bekannt, daß die Lastkombination „maximale Windbelastung" maßgebend ist. Da in der Gerüstgruppe 3 für diese Lastfallkombination keine Verkehrslast berücksichtigt werden muß, werden die Konsolen nur gewichtsmäßig berücksichtigt. Für den Normalbereich erfolgt eine Interaktion zwischen den Stiellasten N_{innen} und $N_{außen}$ sowie den Windlasten H_i. Als Ergebnis werden mehrere Interaktionskurven für konstante Verhältnisse $N_{außen} / N_{innen}$ dargestellt: 1,50, 1,60, 1,80 und 1,90. Alle Fälle, in denen dieses Verhältnis nicht überschritten wird, werden von diesen Kurven abgedeckt.

Für den überschlägigen Nachweis sind folgende Schritte erforderlich:

- Ermittlung der Stiellasten N_{innen} und $N_{außen}$,
- Ermittlung der Windlasten H_i mit Hilfe von Tabellen,
- Bestimmung des Verhältnisses $N_{außen} / N_{innen}$,
- Fußbereich: Gegenüberstellung von vorh $N_i \leq$ zul N_i und vorh $N_a \leq$ zul N_a,
- Normalbereich: Wertepaare vorh H_i (vorh N_i) müssen im zulässigen Bereich liegen,
- es kann erforderlich sein, mehrere Bereiche zu untersuchen.

Wird eine Innenkonsole VK 35 verwendet, muß die Last am Innenstiel in Abhängigkeit vom Belag erhöht werden um:

- $G_{VK35} = 0,261$ kN bei Vollholzbohle,
- $G_{VK35} = 0,209$ kN beim Hohlkastenbelag,
- $G_{VK35} = 0,209$ kN bei Alu-Rahmentafel.

Tabelle 9.27 Ausgesuchte Stiellasten N_i und N_a für BOSTA 70 [37]

Gerüst-höhe [m]	Innen- und Außenstiel ohne Seitenschutz [kN]			Außenstiel mit dreiteiligem Seitenschutz [kN]		
	VHB	HB	Alu-RT	VHB	HB	Alu-RT
2,00	0,322	0,270	0,204	0,508	0,456	0,390
...	...	...	...	...	...	...
24,00	3,864	3,240	2,448	6,096	5,472	4,680
...	...	...	...	...	...	...
40,00	6,440	5,400	4,080	10,160	9,120	7,800
...	...	...	...	...	...	...
100,00	15,100	13,500	10,200	25,400	22,800	19,500

Tabelle 9.28 Ausgesuchte Windlasten H_i je Knotenpunkt für BOSTA 70 [37]

Gerüst-höhe [m]	Ohne Seitenschutz [kN]			Mit Seitenschutz [kN]		
	VHB	HB	Alu-RT	VHB	HB	Alu-RT
2,00	0,290	0,300	0,392	0,643	0,652	0,744
...	...	...	...	...	...	...
24,00	0,363	0,375	0,491	0,804	0,815	0,931
...	...	...	...	...	...	...
40,00	0,391	0,404	0,529	0,867	0,879	1,003
...	...	...	...	...	...	...
100,00	0,496	0,513	0,671	1,099	1,114	1,272

Für den Nachweis werden die Tabellen 9.29 und 9.30 benötigt.

Tabelle 9.29 Zulässige Spindelkräfte für den Nachweis im Fußbereich BOSTA 70
(Gebrauchslasten) [37]

Spindellast (Spindelauszug 26,5 cm)	Verhältnis N_a / N_i			
	1,50	1,60	1,80	1,90
N_i [kN]	10,10	9,64	8,85	8,49
N_a [kN]	15,14	15,42	15,92	16,13

Tabelle 9.30 Zulässige Horizontalkräfte für den Nachweis im Normal- und Kopfbereich BOSTA 70
mit einem Verankerungsraster 4,00 m durchgehend (Gebrauchslasten) [37]

N_a / N_i	vorh N_i					
	2,50 kN [kN]	5,00 kN [kN]	7,50 kN [kN]	10,00 kN [kN]	12,50 kN [kN]	15,00 kN [kN]
1,50	1,36	1,23	1,10	0,98	0,85	0,69
1,60	1,28	1,15	1,01	0,88	0,71	0,55
1,80	1,12	0,97	0,79	0,61	0,44	0,24
1,90	1,04	0,85	0,66	0,48	0,30	0,09

Als Beispiel soll hier ein Gerüstsystem BOSTA 70 außerhalb der Regelausführung mit einer Aufbauhöhe von H = 40,00 m mit Hohlkastenbelag und einem Verankerungsraster von 4,00 m durchgehend überschlägig nachgewiesen werden:

- Windlast je Knotenpunkt: vorh H_i = 0,879 kN,
- Innenstiellast ohne Seitenschutz: vorh N_i = 5,40 kN,
- Außenstiellast mit Seitenschutz: 9,12 kN,
- Verhältnis $N_{außen}$ / N_{innen} = 9,12 / 5,40 = 1,69,
- Berechnung wird durchgeführt mit Verhältnis $N_{außen}$ / N_{innen} = 1,80,
- Nachweis Fußbereich: zul N_i (N_a / N_i = 1,80) = 8,85 kN > 5,40 kN = vorh N_i (o. k.),
- Nachweis Kopfbereich: zul H_i (N_a / N_i = 1,80) = 0,97 kN > 0,879 kN = vorh H_i (o. k.).

9.9.2 Modulgerüste

Grundsätzlich ist für ein Modulgerüst der Nachweis der Standsicherheit in jedem Einzelfall oder durch eine statische Typenberechnung zu erbringen. Hierbei müssen die Forderungen der allgemeinen bauaufsichtlichen Zulassung berücksichtigt werden, welche die Randbedingungen für die Systemannahmen regelt und die Widerstandwerte mit den zugehörigen Sicherheitsbeiwerten vorgibt. In der Regel müssen bei der Abbildung der Verbindung von Riegeln und Diagonalen an Stiele eine Anschlußexzentrizität und eine zwischengeschaltete Feder berücksichtigt werden. Diese Vorgehensweise ist sehr aufwendig, zeitraubend und erfordert eine große Rechnerkapazität sowie geeignete Programme. Lediglich die Zulassung für den MODEX-Knoten erlaubt eine Vereinfachung in Form eines gelenkigen Anschlusses. Dies vereinfacht den Nachweis, der z. B. für eine Fachwerkkonstruktion durchgeführt werden kann, deutlich. Bis auf den Fußbereich können aus einer Fachwerkberechnung die ermittelten Schnittgrößen den Belastbarkeiten gegenübergestellt werden. Für den Fußbereich muß der Nachweis in Abhängigkeit von der Riegelsteifigkeit erfolgen. Die folgenden Tabellen ermöglichen eine Reihe von überschlägigen Nachweisen von Modulgerüstkonstruktionen.

Knotenverbindungen

Tabelle 9.31 Zusammenstellung der Belastbarkeiten von Knotenverbindungen (Gebrauchslasten)

Schnittgröße		Hünnebeck MODEX Z-8.22-67	Layher ALLROUND Z-8.1-64	Peri UP ROSETT Z-8.22-863	Plettac PERFECT Z-8.1-178	Plettac CONTUR Z-8.22-843	Rux VARIANT Z-8.1-19
	M_y [kNcm]	±49,09	±44,00	+62,20 −59,40	±24,27	±59,47	+47,73 −57,33
	M_z [kNcm]	–	–	±16,87	–	±14,55	–
	M_x [kNcm]	–	–	±16,87	–	±33,56	–
	N [kN]	±17,27	±12,00	±31,00	±15,13	±19,52	+14,53 −37,53
	Q_v [kN]	+12,18 −1,82	±12,00	+20,27 −8,93	+17,20 −2,85	±19,52	+19,16 −8,07
	$\Sigma\,Q_v$ [kN]	49,33	45,00	51,20	51,53	54,93	64,20
	Q_h [kN]	±18,18	±4,50	±7,53	–	±9,27	–
	D_v [kN]	±9,33	±5,90	+8,67 −3,96	±2,91	+14,24 −4,98	±5,33
	D_h [kN]	±17,27	±3,50	±6,97	±6,18	±2,72	±7,73

V-Diagonalen

Vertikaldiagonalen können in der Regel die in Tabelle 9.25 angegebenen Lasten für D_v übernehmen.

Riegel

Tabelle 9.32 Zulässige Streckenlast und Gerüstgruppe von Hünnebeck-MODEX-Riegeln (Gebrauchslasten) [145]

Gerüstteil	Streckenlast [kN/m]	Länge der Beläge [cm]					
		125	150	200	250	300	400
Rohrriegel 74	24,60	6	6	6	6	6	5
Rohrriegel 101	12,20	6	6	5	4	4	3
Rohrriegel 150	5,10	4	3	3	2	1	1
U-Riegel 82	11,50	6	5	5	4	4	3
U-Riegel 113	11,70	6	5	5	4	4	3
U-Riegel 150	16,00	6	6	6	5	5	4
U-Riegel 200	12,00	6	6	5	4	4	3
U-Riegel 250	7,20	5	4	4	3	3	2
U-Riegel 300	4,90	4	3	3	2	1	1
U-Riegel 150/12.6	12,70	6	6	6	5	4	3
U-Riegel 200/12.6	9,40	6	6	5	4	3	3
U-Riegel 250/12.6	7,50	5	5	4	3	3	2
U-Riegel 300/12.6	6,10	5	4	3	3	2	1

Rohr- und U-Riegel können als Aussteifungselement eine Normalkraft von 16,00 kN aufnehmen (Ausnahme: Rohrriegel 300 nur 14,73 kN).

Tabelle 9.33 Zulässige Streckenlast von Rux-Variant-Riegeln (Gebrauchslasten) [106]

Gerüstteil	Abstand der Aussteifung des Obergurtes [m]	Streckenlast [kN/m]
Normalriegel 65	0,65	16,74
Normalriegel 100	1,00	5,44
Normalriegel 150	1,50	2,42
Normalriegel 200	2,00	1,36
verstärkter Riegel 100	1,00	17,44
verstärkter Riegel 150	1,50	7,75
verstärkter Riegel 200	2,00	4,36
verstärkter Riegel 250	2,50	2,79
verstärkter Riegel 300	3,00	1,94
Doppelriegel S 1-150	1,50	5,79
Doppelriegel S 2-200	2,00	3,47
Doppelriegel S 3-250	2,50	2,05
	1,25	3,30
Doppelriegel S 4-300	3,00	1,15
	1,50	2,40
	1,00	2,85
Doppelriegel S 5-400	4,00	0,47
	2,00	1,47
	1,33	1,89

Tabelle 9.34 Zulässige Strecken- und Einzellast von Layher-ALLROUND-Riegeln (Gebrauchslasten) [90]

Gerüstteil	Streckenlast [kN/m]	Einzellast in Feldmitte [kN]
AR-Riegel 73	21,07	7,38
AR-Riegel 109	10,28	5,19
AR-Riegel 157	4,02	3,77
AR-U-Riegel 73	15,84	5,43
AR-U-Riegel 109	13,89	7,35
AR-U-Riegel 157	4,02	3,77
AR-U-Doppelriegel 157	11,81	7,00
AR-U-Doppelriegel 207	7,98	4,86
AR-U-Doppelriegel 257	4,78	5,14
AR-U-Doppelriegel 307	3,33	4,06

H-Diagonalen

Tabelle 9.35 Zulässige Belastung von Hünnebeck-MODEX-H-Diagonalen (Gebrauchslasten) [145]

Gerüstteil	Einzellast [kN]	Gerüstteil	Einzellast [kN]
H-Diagonale 101/101		H-Diagonale 200/250	8,44
H-Diagonale 101/150	10,35	H-Diagonale 200/300	7,29
H-Diagonale 101/200		H-Diagonale 250/082	10,35
H-Diagonale 101/250		H-Diagonale 250/101	9,51
H-Diagonale 101/300	8,54	H-Diagonale 250/113	9,97
H-Diagonale 150/082		H-Diagonale 250/150	9,37
H-Diagonale 150/101		H-Diagonale 250/200	8,44
H-Diagonale 150/113	10,35	H-Diagonale 250/250	7,48
H-Diagonale 150/150		H-Diagonale 250/300	6,56
H-Diagonale 150/200		H-Diagonale 300/082	8,70
H-Diagonale 150/250	9,37	H-Diagonale 300/101	8,54
H-Diagonale 150/300	7,97	H-Diagonale 300/113	8,41
H-Diagonale 200/082		H-Diagonale 300/150	7,97
H-Diagonale 200/101	10,35	H-Diagonale 300/200	7,29
H-Diagonale 200/113		H-Diagonale 300/250	6,56
H-Diagonale 200/150		H-Diagonale 300/300	5,84
H-Diagonale 200/200	9,68		

Systemgebundene Gitterträger

Tabelle 9.36 Zulässige Einzellasten von Hünnebeck-MODEX-Gitterträgern (Gebrauchslasten) [145]

Gerüstteil	Abstand der Aussteifung des Obergurtes [m]	Einzellasten [kN]
Systemgitterträger 750	7,50	2 × 1,50
	2,50	2 × 8,40
	3,75	1 × 7,50
Systemgitterträger 600	6,00	2 × 3,20
	2,00	2 × 15,00
	6,00	1 × 5,60
	3,00	1 × 13,50
Systemgitterträger 500	5,00	1 × 9,10
	2,50	1 × 20,50
Systemgitterträger 400	4,00	1 × 16,50
	2,00	1 × 26,50

Tabelle 9.37 Zulässige Strecken- und Einzellasten von Layher-ALLROUND-Gitterträgern (Gebrauchslasten) [90]

Gerüstteil	Abstand der Aussteifung des Obergurtes [m]	Streckenlasten [kN/m]	Einzellasten [kN]
Systemgitterträger 307	3,07	8,35	1 × 8,04
Systemgitterträger 414	4,14	5,97	1 × 15,84
	1,20		1 × 21,70
Systemgitterträger 514	5,14	4,83	1 × 13,70
	1,20		1 × 20,00
Systemgitterträger 614	6,14	3,79	1 × 11,02
	1,20		1 × 17,50
Systemgitterträger 771	1,20	–	1 × 12,00

Spindelbelastbarkeit

Tabelle 9.38 Zulässige Spindelnormalkräfte von Hünnebeck-MODEX-Modulgerüsten (Gebrauchslasten) [145]

Spindeltyp	Federsteifigkeit c_{ges} [kNcm/rad]	H-Last am Spindelfuß Spindelauszugslänge 15,0 cm		
		$H = 0,25$ kN [kN]	$H = 0,25$ kN [kN]	$H = 0,25$ kN [kN]
B 45/3.8	1.000	24,50	22,00	19,00
	7.000	32,00	27,50	23,50
B 70/3.8	1.000	26,00	23,00	20,00
	7.000	37,00	32,00	27,00
ID15 38/5.2	1.000	27,50	26,50	25,00
	7.000	40,50	37,00	33,50
Zwischenwerte der Federsteifigkeit und der Spindellast dürfen interpoliert werden.				

Tabelle 9.39 Federsteifigkeit von Hünnebeck-MODEX-Riegeln (Gebrauchslasten) [145]

Riegel-Typ	Federsteifigkeit c_{ges} [kNcm/rad] Anschluß am	
	Mittelstiel	Randstiel
Rohrriegel 74	2.660	–
Rohrriegel 82	5.100	2.550
Rohrriegel 101	4.640	2.320
Rohrriegel 113	4.390	2.195
Rohrriegel 150	3.760	1.880
Rohrriegel 200	3.150	1.575
Rohrriegel 250	2.710	1.355
Rohrriegel 300	2.380	1.190
U-Riegel 82	4.880	2.440
U-Riegel 113	5.990	2.995
U-Riegel 150	4.210	2.105
U-Riegel 200	4.200	2.100
U-Riegel 250	4.180	2.090
U-Riegel 300	4.160	2.080
Jeder Gerüstknoten muß alle 2,00 m Höhe in 2 senkrecht zueinander stehenden Richtungen gehalten werden.		

Nachweis im Einzelfall

Als Beispiel soll hier die zulässige Spindelkraft für ein MODEX-Gerüst mit 12 Vertikalstielen, Fußspindel B 45/3.8, Rohrriegel 250 und einer Horizontalbelastung aus Wind und Schiefstellung von $H = 9,00$ kN ermittelt werden:

- H-Last je Spindel: $H = 9,00 / 12 = 0,75$ kN,
- Rohrriegel 250 am Mittelstiel: zul $c_{ges} = 2.710$ kNcm/rad,
- Rohrriegel 250 am Randstiel: zul $c_{ges} = 1.355$ kNcm/rad,
- Fußspindel B 45/3.8: zul N ($H = 0,75$ kN und $c_{ges} = 1.000$ kNcm/rad) = 22,00 kN,

- Fußspindel B 45/3.8: zul N ($H = 0,75$ kN und $c_{ges} = 7.000$ kNcm/rad) $= 27,50$ kN,
- Mittelstiel: zul $N = 22,0 + (27,5 - 22,0) \cdot (2.710 - 1.000) / (7.000 - 1.000) = 23,59$ kN,
- Randstiel: zul $N = 22,0 + (27,5 - 22,0) \cdot (1.355 - 1.000) / (7.000 - 1.000) = 22,33$ kN.

9.9.3   Systemfreie Gerüstbauteile

Als systemfreie Gerüstbauteile kommen vor allem Gerüstrohre, Gitterträger, Kupplungen und Vollholzbohlen zur Anwendung. Die Tabellen 9.40 und 9.41 enthalten die notwendigsten Angaben für diese Teile.

Gerüstrohre

Je nach Konstruktion werden Gerüstrohre durch Normal- und/oder Querkräfte sowie Biegemomente beansprucht. Für die reine Zugbelastung sind in der Regel die Belastbarkeiten der Verbindungsmittel maßgebend. Die Druckbelastbarkeit hängt von der Knicklänge und Exzentrizität ab, die z. B. aus einem Kupplungsanschluß entsteht. Biegebeanspruchung tritt dann auf, wenn Lasten senkrecht zur Rohrachse angreifen.

Tabelle 9.40 Belastbarkeiten von Gerüstrohren aus Stahl S235 (Gebrauchslasten)

Stahlrohr Ø 48,3 × 4,0 S235 mit $f_{y,k} = 24,00$ kN/cm², KSL b
$e_0 = 5,35$ cm und/oder $w_0 = l/250$

Spannweite L [m]	am zentrisch gedrückten Stab N [kN]	am Stab mit Kupplungen N [kN]	am Stab mit verschränkten Kupplungen N [kN]	Gleichstreckenlast q [kN/m]	zugelassene Durchbiegung f [cm]	Einzellast in Feldmitte P [kN]	zugelassene Durchbiegung f [cm]
1,00	64,0	17,0[1),2)]	18,8[1),2)]	9,13	0,41	4,57	0,33
1,50	47,0	14,6[1),2)]	18,8[1),2)]	4,06	0,92	3,04	0,74
2,00	31,6	11,5[1),2)]	18,0[1),2)]	2,28	1,64	2,28	1,31
2,50	21,9	9,5[1),2)]	17,2[1),2)]	1,46	2,57	1,83	2,05
3,00	16,2	8,1[2)]	14,2[1),2)]	1,01	3,69	1,52	2,96
3,50	12,2	7,0[2)]	11,3[1),2)]	0,75	5,03	1,30	4,02
4,00	10,5	6,0[2)]	9,0[2)]	0,57	6,57	1,14	5,25
4,50	7,5	5,1	7,3[2)]	0,45	8,31	1,01	6,65
5,00	6,3	4,4	6,1[2)]	0,37	10,26	0,91	8,21
5,50	5,2	3,9	5,1	0,30	12,42	0,83	9,93
6,00	4,4	3,4	4,3	0,25	14,78	0,76	11,82

[1)] Achtung: angegebene Last > 9,00 kN = zul N (NK).
[2)] Achtung: angegebene Last > 5,15 kN = zul N (DK).

Tabelle 9.41 Belastbarkeiten von Gerüstrohren aus Aluminium AlMgSi1 F28 (Gebrauchslasten)

Alu-Rohr Ø 48,3 × 4,0 AlMgSi1 F28 mit $f_{\gamma,k} = 20,00$ kN/cm², KSL b
$e_0 = 5,35$ cm und/oder $w_0 = l/250$

Spannweite	am zentrisch gedrückten Stab	am Stab mit Kupplungen	am Stab mit verschränkten Kupplungen	Gleichstreckenlast	zugelassene Durchbiegung	Einzellast in Feldmitte	zugelassene Durchbiegung
L [m]	N [kN]	N [kN]	N [kN]	q [kN/m]	f [cm]	P [kN]	f [cm]
1,00	36,1	12,1[1),2)]	15,0[1),2)]	7,61	1,03	3,81	0,82
1,50	20,9	8,6[2)]	15,0[1),2)]	3,38	2,31	2,54	1,85
2,00	12,6	6,6[2)]	11,2[1),2)]	1,90	4,10	1,90	3,28
2,50	8,4	5,0	7,8[2)]	1,22	6,41	1,52	5,13
3,00	5,9	3,9	5,6[2)]	0,85	9,23	1,27	7,39
3,50	4,4	3,2	4,2	0,62	12,57	1,09	10,06
4,00	4,0	2,6	3,2	0,48	16,42	0,95	13,13
4,50	2,6	2,3	2,8	0,38	20,78	0,85	16,62
5,00	2,1	1,8	2,1	0,30	25,65	0,76	20,52
5,50	1,7	1,5	1,7	0,25	31,04	0,69	24,83
6,00	1,5	1,3	1,5	0,21	36,94	0,63	29,55

[1)] Achtung: angegebene Last > 9,00 kN = zul N (NK).
[2)] Achtung: angegebene Last > 5,15 kN = zul N (DK).

Gitterträger

Systemfreie Gitterträger werden in folgenden Ausführungen angeboten:

- aus S235,
- aus S355,
- aus Aluminium,
- mit 45 cm Bauhöhe,
- mit 75 cm Bauhöhe (Schwerlast-Gitterträger).

Tabelle 9.42 Belastbarkeit von Layher-Gitterträgern (Gebrauchslasten) [90]

Gitterträger aus Stahl, Bauhöhe 45 cm, Obergurt alle 1,20 m ausgesteift, Gitterstoß mit 4 Schrauben M 12 × 60 oder Bolzen Ø 12 × 65									
Spannweite L [m]	3,00	4,00	5,00	6,00	7,00	8,00	9,00	10,00	12,00
Gleichlast p [kN/m]	14,37	9,72	8,10	6,00	4,30	3,24	2,52	2,01	1,36
Einzellast in Feldmitte P [kN]	28,34	21,78	20,05	17,53	13,48	12,57	11,05	9,83	7,99
Gitterträger aus Aluminium, Bauhöhe 45 cm, Obergurt alle 1,00 m ausgesteift, Gitterstoß mit 4 Schrauben M 12 × 60 oder Bolzen Ø 12 × 65									
Spannweite L [m]	3,00	4,00	5,00	6,00	7,00	8,00	9,00	10,00	12,00
Gleichlast p [kN/m]	7,61	5,40	3,46	2,40	1,76	1,35	1,07	0,86	0,60
Einzellast in Feldmitte P [kN]	14,40	10,80	8,64	7,20	6,17	5,40	4,80	4,32	3,60
Gitterträger aus Aluminium, Bauhöhe 45 cm, Obergurt alle 1,20 m ausgesteift, Gitterstoß mit 4 Schrauben M 12 × 60 oder Bolzen Ø 12 × 65									
Spannweite L [m]	3,00	4,00	5,00	6,00	7,00	8,00	9,00	10,00	12,00
Gleichlast p [kN/m]	7,00	3,92	2,49	1,72	1,25	0,95	0,74	0,59	0,40
Einzellast in Feldmitte P [kN]	10,49	7,83	6,22	5,15	4,37	3,78	3,32	2,94	2,37
Schwerlast-Gitterträger aus Stahl, Bauhöhe 75 cm, Obergurt alle 0,95 m ausgesteift, Gitterstoß mit 4 Schrauben M 14 × 65 oder Bolzen Ø 14 × 77									
Spannweite L [m]	3,00	4,00	5,00	6,00	7,00	8,00	9,00	10,00	12,00
Gleichlast p [kN/m]	15,86	11,86	9,45	7,85	6,71	5,85	4,60	3,70	2,52
Einzellast in Feldmitte P [kN]	47,58	47,42	38,20	31,69	27,01	23,49	20,72	18,50	15,15
Schwerlast-Gitterträger aus Stahl, Bauhöhe 75 cm, Obergurt alle 1,90 m ausgesteift, Gitterstoß mit 4 Schrauben M 14 × 65 oder Bolzen Ø 14 × 77									
Spannweite L [m]	3,00	4,00	5,00	6,00	7,00	8,00	9,00	10,00	12,00
Gleichlast p [kN/m]	15,86	11,00	6,98	4,80	3,48	2,63	2,04	1,62	1,08
Einzellast in Feldmitte P [kN]	29,51	21,99	17,45	14,39	12,19	10,52	9,20	8,12	6,48

Tabelle 9.43 Belastbarkeit von Hünnebeck-Gitterträgern aus S355 (Gebrauchslasten) [136]

Gitterträger aus Stahl S335, Bauhöhe 45 cm, Gurtrohre Ø 48,3 × 3,25								
Länge L [m]	Aus-steifung a [m]	Strecken-last p [kN/m]	Einzellast P in Feldmitte [kN]			Einzellast P in Felddrittelpunkten [kN]		
			Lasteinleitung			Lasteinleitung		
			in den Knoten am Ober- **oder/und** am Untergurt	zwischen den Knoten am Ober- **oder** am Untergurt	zwischen den Knoten am Ober- **und** am Untergurt	in den Knoten am Ober- **oder/und** am Untergurt	zwischen den Knoten am Ober- **oder** am Untergurt	zwischen den Knoten am Ober- **und** am Untergurt
3,10	1,0	11,0	28,8	6,8	14,3	18,6	6,5	13,0
	1,5	11,0	28,8	6,8	14,3	18,6	6,5	13,0
	2,0	11,0	24,1	6,8	14,3	18,6	6,5	13,0
4,10	1,0	8,6	23,8	6,5	12,9	15,8	6,1	11,5
	1,5	8,6	23,8	6,5	12,9	15,8	6,1	11,5
	2,0	8,6	21,9	6,5	12,9	15,8	6,1	11,5
	2,5	7,8	15,6	6,5	12,9	11,7	6,1	11,5
5,10	1,0	6,7	20,2	6,1	11,8	13,7	5,7	10,3
	1,5	6,7	20,2	6,1	11,8	13,7	5,7	10,3
	2,0	6,7	17,5	6,1	11,8	13,1	5,7	10,3
	2,5	4,9	12,4	6,1	11,8	9,3	5,7	9,3
	3,0	3,6	8,9	6,1	8,9	6,7	5,7	6,7
6,10	1,0	4,9	17,6	5,9	10,9	12,1	5,4	9,4
	1,5	4,9	17,6	5,9	10,9	12,1	5,4	9,4
	2,0	4,8	14,5	5,9	10,9	10,9	5,4	9,4
	2,5	3,4	10,3	5,9	10,3	7,7	5,4	7,7
	3,0	2,5	7,3	5,9	7,3	5,5	5,4	5,5
7,60	1,0	3,4	14,7	5,5	9,7	10,2	5,0	8,2
	1,5	3,4	14,7	5,5	9,7	9,5	5,0	8,2
	2,0	3,1	11,5	5,5	9,7	8,3	5,0	8,2
	2,5	2,1	8,1	5,5	8,1	6,1	5,0	6,1
	3,0	1,5	5,7	5,5	5,7	4,3	4,3	4,3

Die maximale Auflagerkraft beträgt zul A = 18,7 kN und muß über 2 Normalkupplungen übertragen werden (alternativ):
– an den Vertikalstäben
– an den Gurtprofilen an beliebiger Stelle
– an den Gurtprofilenden max. 85 mm vom Rand

Tabelle 9.44 Belastbarkeit von Hünnebeck-Gitterträgern aus Aluminium (Gebrauchslasten) [136]

Gitterträger aus Aluminium AlMgSi0,5 F28, Bauhöhe 45 cm, Gurtrohre Ø 48,3 × 4,05								
Länge L [m]	Aus-steifung a [m]	Strecken-last p [kN/m]	Einzellast P in Feldmitte [kN]			Einzellast P in Felddrittelpunkten [kN]		
			Lasteinleitung			Lasteinleitung		
			in den Knoten am Ober- **oder/und** am Untergurt	zwischen den Knoten am Ober- **oder** am Untergurt	zwischen den Knoten am Ober- **und** am Untergurt	in den Knoten am Ober- **oder/und** am Untergurt	zwischen den Knoten am Ober- **oder** am Untergurt	zwischen den Knoten am Ober- **und** am Untergurt
3,10	1,0	5,3	14,9	4,4	8,9	7,9	4,1	7,9
	1,5	5,3	14,9	4,4	8,9	7,9	4,1	7,9
	2,0	5,3	10,0	4,4	8,9	7,5	4,1	7,5
4,10	1,0	3,9	12,3	4,1	7,9	6,5	3,8	6,5
	1,5	3,9	12,3	4,1	7,9	6,5	3,8	6,5
	2,0	3,7	7,5	4,1	7,5	5,6	3,8	5,6
	2,5	2,5	4,9	4,1	4,9	3,7	3,7	3,7
5,10	1,0	3,1	10,5	3,9	7,1	5,7	3,5	5,7
	1,5	3,1	9,1	3,9	7,1	5,7	3,5	5,7
	2,0	2,3	5,9	3,9	5,9	4,4	3,5	4,4
	2,5	1,5	3,9	3,9	3,9	2,9	2,9	2,9
6,10	1,0	2,5	9,1	3,7	7,1	6,2	3,3	5,5
	1,5	2,5	7,5	3,7	7,1	5,7	3,3	5,5
	2,0	1,6	4,9	3,7	4,9	3,7	3,3	3,7
	2,5	1,1	3,2	3,2	3,2	2,4	2,4	2,4
8,10	1,0	1,5	7,2	3,3	5,4	4,1	2,9	4,1
	1,5	1,4	5,5	3,3	5,4	3,3	2,9	3,3
	2,0	0,9	3,5	3,3	3,5	2,7	2,7	2,7
	2,5	0,6	2,3	2,3	2,3	1,7	1,7	1,7

Die maximale Auflagerkraft beträgt zul $A = 7,9$ kN und muß über 2 Normalkupplungen übertragen werden (alternativ):
– an den Vertikalstäben
– an den Gurtprofilen an beliebiger Stelle
– an den Gurtprofilenden max. 85 mm vom Rand

Tabelle 9.45 Belastbarkeit von Rux-Gitterträgern Variante 1 (Gebrauchslasten) [106]

Gitterträger aus Stahl S235, Bauhöhe 45 cm, Gurtrohre Ø 48,3 × 3,25					
Spannweite [m]	Aussteifung a [m]	Streckenlast p [kN/m]	Einzellast P [kN]		
			in Feldmitte	im Drittelpunkt	im Viertelpunkt
3,00	1,50	9,92	9,80	–	–
4,00	1,00	6,53	17,48	–	–
	2,00	4,98	9,99	–	–
5,00	1,25	5,48	14,23	–	–
	2,50	2,04	5,10	–	–
6,00	1,00	4,12	12,02	10,02	–
	1,50	3,61	11,64	8,07	–
7,50	1,25	2,40	–	7,55	–
8,00	1,00	2,53	–	–	5,01
9,00	1,00	1,99	–	6,40	–

Tabelle 9.46 Belastbarkeit von Rux-Gitterträgern Variante 2 (Gebrauchslasten) [106]

Gitterträger aus Stahl S235, Bauhöhe 45 cm, Gurtrohre Ø 48,3 × 4,05					
Spannweite [m]	Aussteifung a [m]	Streckenlast p [kN/m]	Einzellast P [kN]		
			in Feldmitte	im Drittelpunkt	im Viertelpunkt
3,00	1,50	12,13	11,98	–	–
4,00	1,00	8,10	21,30	–	–
	2,00	6,04	12,12	–	–
5,00	1,25	6,74	17,50	–	–
	2,50	2,45	6,12	–	–
6,00	1,00	5,11	14,91	12,42	–
	1,50	4,41	14,22	9,86	–
7,50	1,25	2,98	–	9,29	–
8,00	1,00	3,14	–	–	6,21
9,00	1,00	2,43	–	7,82	–

Tabelle 9.47 Belastbarkeit von Rux-Gitterträgern aus Aluminium (Gebrauchslasten) [106]

Gitterträger aus Aluminium AlMgSi0,5F28, Bauhöhe 45 cm, Gurtrohre Ø 48,3 × 4,05					
Spannweite [m]	Aussteifung a [m]	Streckenlast p [kN/m]	Einzellast P [kN]		
			in Feldmitte	im Drittelpunkt	im Viertelpunkt
3,00	1,50	6,00	8,70	–	–
4,00	1,00	5,40	13,30	–	–
	2,00	2,85	7,30	–	–
5,00	1,00	3,80	7,60	–	–
	2,00	1,45	3,70	–	–
6,00	1,00	2,75	6,40	5,60	–
	1,50	1,50	3,25	4,75	–
8,00	1,00	1,65	–	–	3,40
	1,25	1,50	–	5,20	–
9,00	1,00	1,30	–	3,80	–

Tabelle 9.48 Belastbarkeit von Rux-Schwerlast-Gitterträgern (Gebrauchslasten) [106]

Schwerlast-Gitterträger aus Stahl S235, Bauhöhe 75 cm, Gurtrohre Ø 48,3 × 3,25					
Spannweite [m]	Aussteifung a [m]	Streckenlast p [kN/m]	Einzellast P [kN]		
			in Feldmitte	im Drittelpunkt	im Viertelpunkt
4,00	2,00	4,36	17,07	12,80	–
5,00	1,25	4,59	23,67	12,80	–
	2,50	2,51	8,75	6,58	–
6,00	1,50	4,28	16,82	12,59	–
	2,00	2,66	11,40	8,53	–
7,00	1,75	2,52	12,32	9,25	–

Kupplungen

Tabelle 9.49 Rutschkraft von Kupplungen an Stahl und Aluminiumrohren (Gebrauchslasten) nach DIN 4420 Teil 1 (12.1990) Tabelle 5 [196]

Art der Kupplung	Klasse[1]		
	A	B	BB
		F [kN]	
Normalkupplung als Einzelkupplung	6,06	9,09	9,09
Normalkupplung mit untergesetzter Kupplung	–	–	15,15
Stoßkupplung	3,03	6,06	–
Halbkupplung[2]	6,06	9,09	–
Drehkupplung		5,15	
Parallelkupplung		9,09	

[1] Klasse A und B siehe DIN EN 74, Klasse BB gilt für untergesetzte Kupplungen der Klasse B.
[2] Nicht nach DIN EN 74.

Vollholzbohlen

Die zulässige Stützweite von systemfreien Vollholzbohlen kann Tabelle 9.50 entnommen werden.

Tabelle 9.50 Zulässige Stützweiten in m für Gerüstbretter und -bohlen nach DIN 4420 Teil 1 (12.1990) Tabelle 8 [196]

Gerüstgruppe	Brett- oder Bohlenbreite [cm]	Brett- oder Bohlendicke				
		3,0 cm	3,5 cm	4,0 cm	4,5 cm	5,0 cm
1, 2, 3	20	1,25	1,50	1,75	2,25	2,50
	24 und 28	1,25	1,75	2,25	2,50	2,75
4	20	1,25	1,50	1,75	2,25	2,50
	24 und 28	1,25	1,75	2,00	2,25	2,50
5	20, 24, 28	1,25	1,25	1,50	1,75	2,00
6	20, 24, 28	1,00	1,25	1,25	1,50	1,75

10   Schlußbemerkungen

Die in diesem Handbuch zusammengetragenen Hinweise und Ratschläge sollen dem Gerüstbauer bei der Bewältigung seiner vorrangigen Ziele helfen: Erfüllung seiner Aufgaben bei
gleichzeitiger Steigerung der Wirtschaftlichkeit und Arbeitssicherheit.

Der gegenwärtig schwer umkämpfte Gerüstmarkt setzt neue, erweiterte Maßstäbe an die
Kundenbetreuung. Wo der Dienst am Kunden bisher darauf beschränkt blieb, Informations-
material, wie Zulassungen, Aufbau- und Verwendungsanleitung, sowie Produktinforma-
tionen zur Verfügung zu stellen, müssen Gerüsthersteller heute ihr Dienstleistungsangebot
wesentlich erweitern, wenn sie sich von ihren Mitbewerbern abheben wollen.

Vorausgesetzt dem Gerüsthersteller stehen genügend qualifizierte und erfahrene Mitarbeiter zur Verfügung, kann das Leistungsspektrum auf das Erstellen von Standsicherheitsnachweisen im Einzelfall, auf gutachterliche Stellungnahmen, auf die Ausarbeitung von
anwenderbezogenen Projektlösungen mit Montagezeichnungen und Stücklisten, auf die
Beratung von Gerüstbauern und -benutzern in Fragen der Montage und der Anwendung
ausgedehnt werden. Auch die Anleitung zur selbständigen Erstellung von Stücklisten mit
Hilfe leistungsfähiger EDV-Programme gewinnt zunehmend an Bedeutung. Mit diesem
Leistungsangebot kann der Gerüsthersteller nicht nur seine Gerüste besser verkaufen, sondern häufig dem Kunden Einsparpotentiale bei Gerüstprojekten aufzeigen und für einen
reibungslosen, optimierten Ablauf sorgen.

„Wir bauen auf Sicherheit". Dieses Leitwort der Berufsgenossenschaft hat bis heute seine
Geltung beibehalten, denn die Unfallfolgen tragen tatsächlich alle, auch wenn einige wenige Berufsgruppen mehr als andere Sparten die Konsequenzen zu tragen haben – Gerüstbauer besonders.

> *„Wenn Du ein neues Haus bauest,*
> *so sollst Du ein Geländer um Dein Dach machen,*
> *damit Du nicht eine Blutschuld auf Dein Haus bringest,*
> *wenn irgend jemand von demselben herabfiele. "*
>
> (5. Buch Moses, 22.8)

Da das Gewerk „Gerüstbau" mehr Unfallgefahren birgt als alle anderen Bautätigkeiten,
trägt der Gerüstbauer eine besondere Verantwortung. Der Unternehmer und seine Mitarbeiter bestimmen maßgeblich die Arbeitsabläufe und haben daher Einfluß auf die Beseitigung von Defiziten in der Arbeitssicherheit.

Literaturverzeichnis

Verzeichnis der Sekundärwerke und Beiträge

[1]   Abt, W., Jäger, W.: Gerüstunfälle. Die BG 1 (1989), S. 20 ff.

[2]   Bamm, D.: Nachweis der Tragfähigkeit durch Versuch und Rechnung. Essen: Unveröffentlichtes Manuskript zum Vortrag am 02. Mai 1983 im Haus der Technik.

[3]   Bamm, D.: Stand der Europäischen Normung für Arbeits- und Schutzgerüste. Stuttgart: VDI Seminar 2002.

[4]   Barth, Chr., Hamacher, W., Kliemt, G.: Untersuchung des Unfallgeschehens beim Umgang mit Gerüsten. Schriftenreihe der Bundesanstalt für Arbeitsschutz, Fb 694 (1993).

[5]   Behnert, W. et al.: Lehrbuch für das Gerüstbauhandwerk, Band 1 Wiesbaden: Sozialkasse des Gerüstbaugewerbes 2001.

[6]   Beyer, R.: Statik, Stahl im Hochbau Band I, Teil 2. Düsseldorf: Verlag Stahleisen mbH 1986, S. 242 ff.

[7]   Biegelsteiber, K.: Beanspruchbarkeit der Fischer-Gerüstöse. Ratingen: Unveröffentlichtes Manuskript 2000.

[8]   Bossenmayer, H., Springborn, M.: Europäische Harmonisierung für Bauprodukte – Technische Baubestimmungen. Stahlbau Kalender 2003. Berlin: Ernst & Sohn 2003, S. 2 ff.

[9]   Bügler, Ch.-L., Bürger, K.: Buchstabentreue Anwendung: kein Beitrag zu mehr Sicherheit. Allgemeine Bauzeitung vom 07.03.2003.

[10] Bügler, Ch.-L.: Mit Netzen und Planen bekleidete Gerüste. Berlin: Seminar Güteschutzverband Stahlgerüstbau 1994.

[11] Bügler, Ch.-L.: Verankerung von Großplakattwerbung an Gerüsten. Bad Münder: Seminar Güteschutzverband Stahlgerüstbau 2000.

[12] Bünder, L.: Nur jammern hilft nicht – wir müssen uns wehren. Allgemeine Bauzeitung vom 28.05.2003.

[13] Buttgereit, D., Koschade, R., Roswandowitsch, W.: Gerüste. Berlin: Ernst & Sohn 1991.

[14] Coppel, Th., Coulon, J. J., Hohnholz, E.: Stahlrohrgerüste – Berechnung und Ausführung. Wiesbaden: auverlag 1969.

[15] Donker, L., Binder, U.: Gut abgeschnitten – Pilotprojekt als Alternative zur Zertifizierung im Arbeitsschutz. Bau-BG aktuell 4 (2002).

[16] Ebenau, C.: Untersuchung des Einflusses unterschiedlicher nichtlinearer Berechnungsverfahren für den Nachweis von Fassadengerüsten mit Hilfe ebener Ersatzmodelle. Diplomarbeit Nr. 90/3. Essen: Universität Gesamthochschule Essen 1990.

[17] Edeler, J.: Absturzunfälle in der Bauwirtschaft – eine Auswertung des Fachausschusses Bau. Hannover 2001.

[18] Edeler, J.: Arbeits- und Schutzgerüste. Mitteilungen der Bau-BG Hannover 1 (1992), S. 6 ff.

[19] Edeler, J.: Freigesprochen und doch verurteilt. sicher bauen 3 (1999), S. 110 f.

[20] Edeler, J.: Gerüstbau ist Facharbeit. Mitteilungen der Württembergischen Bau-BG 2 (1991), S. 20 f.

[21] Edeler, J.: Gerüstbau, aber sicher! Mitteilungen der TBG 6 (1994), S. 378 ff.

[22] Edeler, J.: Neue Akzente in der Prävention. Bau-BG aktuell 1 (2003), S. 3.

[23] Elliehausen H.-J. et al.: Streß und Arbeitsunfall. Die BG 12 (2002), S. 614 ff.

[24] Göhler, E.: Einführung in das Ordnungswidrigkeitengesetz. Beck-Texte im dtv-Verlag. München: Verlag C. H. Beck 1994.

[25] Götz, K.-H., Hoor, D., Möhler, K., Natterer, J.: Holzbau Atlas Studienausgabe. München: Centrale Marketinggesellschaft der deutschen Agrarwirtschaft mbH 1980.

[26] Hartmann, B.: Belastungsdatenbank – Körperliche Belastungen von Bauarbeitern. Forschungsprojekt des Arbeitsmedizinischen Dienstes der ARGE Bau. Bau-BG aktuell 1 (2002), S. 22 f.

[27] Henter, A., Hermanns, D.: Tödliche Arbeitsunfälle 1983 bis 1986 und 1992 bis 1994 – Statistische Analyse nach einer Erhebung der Gewerbeaufsicht. Schriftenreihe der Bundesanstalt für Arbeitsschutz, Fb 744 bzw. 760 (1996).

[28] Henter, A.: Tödliche Absturzunfälle vom Gerüst. Amtliche Mitteilungen der Bundesanstalt für Arbeitsschutz (1988), S. 12 ff.

[29] Hertle, R., Völkel, G.: The Work at CEN/TC 53 Regarding Working Scaffolds. Stahlbau 59 (1990), S. 275 ff.

[30] Hertle, R.: Zur Berechnung der Regelausführungen der Stahlrohr-Kupplungsgerüste in E DIN 4420 Teil 3. Stahlbau 58 (1989), S. 303 ff.

[31] Hettinger, Th.: Handbuch von Lasten – Ergonomische Gesichtspunkte. München: Verband für Arbeitsstudien und Betriebsorganisation e. V. 1991.

[32] Hirschfeld, K.: Baustatik. Berlin: Springer-Verlag 1982.

[33] Jäger, W., Holland, U.: Gerüstunfälle 1991–1993. Die BG 12 (1994), S. 752 ff.

[34] Jeronim, W.: Gerüste und Schalungen im konstruktiven Ingenieurbau. Berlin: Springer-Verlag 2003.

[35] Jescheck, H.-H.: Einführung in das Strafgesetzbuch. Beck-Texte im dtv-Verlag. München: Verlag C. H. Beck 1994.

[36] Kalbas, L.: Die neue BetrSichV und ihre Umsetzung für die Praxis. Essen: Seminarunterlagen im Haus der Technik 2002.

[37] Kämper, P.: Bemessung von BOSTA 70 mit H > 24,00 m, Statische Berechnung B 99-021. Ratingen: Hünnebeck 1999.

[38] Kämper, P.: Tragfähigkeiten von Fußspindeln in Hünnebeck-Gerüsten, Statische Berechnung B 03-021. Ratingen: Hünnebeck 2003.

[39] Kilian, A.: Methoden der Gerüstverankerung von Arbeits- und Schutzgerüsten zur Gewährleistung der Standsicherheit und Tragfähigkeit. Sankt Augustin: HVBG Juni 1997.

[40] Kleiner, D.: Mit Schwerpunkt-Aktionen aufklären. Baugewerbe 20 (2001), S. 14 ff.

[41] Höhler, H.: Einführung in das Bürgerliche Recht. Beck-Texte im dtv-Verlag. München: Verlag C. H. Beck 1991.

[42] Kosteas, D.: Betriebsverhalten und Bemessung von Aluminiumkonstruktionen, Stahlbau-Handbuch, Band 2, Teil B. Köln: Stahlbau-Verlagsgesellschaft mbH 1996, S. 411 ff.

[43] Kratzenberg, R.: Was ist neu in der Ausgabe 2000 der VOB? Berlin: DIN-Mitteilungen 2001, S. 195 ff.

[44] Kreutz, J., Deltz, C.: Betrachtungen zu den Einflußfaktoren für die Traglast von Rahmengerüsten und Angabe eines Näherungsverfahrens zur Handrechnung. München: Mitteilungen der TU 20 (1984), S. 1 ff.

[45] Kübert, R.: Gerüstbau-Handbuch. Berlin: Verlag Bauwesen 2003.

[46] Küffner, G.: Raffinierte Tragwerke aus Knoten, Stielen und Riegeln. FAZ 20.11.2001.

[47] Lang, R.: Rückblick – Versuch einer Geschichte des Stahlrohrgerüstbaues, Bundesfachvereinigung Stahlgerüstbau im Bundesverband Gerüstbau. Köln: Bundesverband Gerüstbau 1970.

[48] Lehmann, Th.: Elemente der Mechanik. Düsseldorf: Bertelsmann Universitätsverlag 1974.

[49] Lemser, D.: Baustellenverordnung – Anwendung und Wirkung befriedigen nicht Allgemeine Bauzeitung vom 04.12.2001.

[50] Lethe, M.: Baustellenverordnung und Betriebssicherheitsverordnung aus Sicht der Bau-BG. Stuttgart: VDI Seminar 2002.

[51] Lethe, M.: Trocken gelegt – Sperrholz im Gerüstbau richtig gelagert. Bau-BG aktuell 3 (2002), S. 6 f.

[52] Lindner, J.: Ersatzimperfektionen für Rohre. Stahlbau 64 (1995), S. 211 ff.

[53] Lindner, J., Fröhlich, K.: Statische Berechnungen zu Großversuchen an Fassadengerüsten. Stahlbau 5 (1981), S. 142 ff.

[54] Lindner, J., Hamaekers, K.: Zur Tragfähigkeit von Gerüstspindeln. Stahlbau 8 (1985), S. 225 ff.

[55] Lindner, J., Magnitzke, P.: Standsicherheit von Arbeitsgerüsten mit Verkleidungen. Stahlbau 59 (1990), S. 39 ff.

[56] Lindner, J.: Zum Einfluß von Verkleidungen auf die Standsicherheit von Arbeits- und Schutzgerüsten, Schlußbericht zum Forschungsvorhaben IV 1-5-543/88. Berlin: TU 1988.

[57] Loch, H.-J.: Arbeitsschutzmanagement – Notwendigkeit, Ziele, Elemente. Berlin: DIN-Mitteilungen 6 (2000), S. 397 ff.

[58] Majer, W. et al.: Transport und Lagerung – Ein Leitfaden für den Gerüstbau. Köln: Bundesverband Gerüstbau 1997.

[59] N. N.: 50 Jahre Gerüstbauverband – Festschrift. Köln: Bundesverband Gerüstbau 1998.

[60] N. N.: Arbeitssicherheit und Gesundheitsschutz: System und Statistik. Sankt Augustin: HVBG 1994.

[61] N. N.: Auftraggeber muß Schlußrechnung alsbald kontrollieren. Stahlbau 69 (2000), S. 579.

[62] N. N.: Bauregelliste A bis C, Ausgabe 0/1. Berlin: Sonderheft Nr. 24 des DIBt vom 29.08.2001.

[63] N. N.: Bemessungsverfahren für Dübel zur Verankerung im Beton. Mitteilungen des DIBt 5 (1993), S. 156.

[64] N. N.: Beratungsergebnisse des Sachverständigenausschusses „Gerüste" zur einheitlichen Bearbeitung von Zulassungsanträgen. Berlin: DIBt 2001.

[65] N. N.: Beratungsergebnisse des Sachverständigenausschusses „Gerüste" zur einheitlichen Bearbeitung von Zulassungsanträgen. Berlin: DIBt 1995.

[66] N. N.: Bericht über die Sitzung der Abteilung Stahlrohrgerüstbau in Düsseldorf vom 23.07.1948.

[67] N. N.: BG-Statistiken für die Praxis 1992 bis 1997. Sankt Augustin: HVBG 1997.

[68] N. N.: BROCKHAUS Enzyklopädie in vierundzwanzig Bänden, 19. Auflage. Mannheim: F. A. Brockhaus 1993.

[69] N. N.: Die technische UEAtc-Leitlinie für Dübel zur Verankerung im gerissenen und ungerissenen Beton. Mitteilungen des DIBt 6 (1992), S. 187.

[70] N. N.: Ein neuartiges Stahlrohrgerüst – Arbeiten am Turm von St. Gertrudis in Eller. Neue Ruhr Zeitung vom 27.02.1946.

[71] N. N.: Einkommen verdreifacht. Rheinische Post vom 15.03.1971.

[72] N. N.: Erläuterung zur Baustellenverordnung. Bonn: BMA Januar 1999.

[73] N. N.: Erläuterungen zur Baustellenverordnung. ARGE Bau, Hoch & Tiefbau 1 (1999).

[74] N. N.: Erläuterungen zur UVV Bauarbeiten und Arbeits- und Schutzgerüste. Sankt Augustin: HVBG 1994.

[75] N. N.: Erste Analyse der Unfallstatistik 1994. Die BG 11 (1995), S. 588 ff.

[76] N. N.: Fassadengerüste aus Stahl – Merkblatt Nr. 158. Düsseldorf: Beratungsstelle für Stahlverwendung 1963.

[77] N. N.: Gefährdungs- und Belastungsanalyse für Gerüstbauer. Frankfurt am Main: ARGE Bau 1997.

[78] N. N.: Gefährdungsbeurteilung am Arbeitsplatz – Ein Handlungsleitfaden der Arbeitsschutzverwaltung NRW. Düsseldorf: MASSKS NRW 1999.

[79] N. N.: Gefährdungsbeurteilung und ihre Dokumentation. Düsseldorf: Masch-BG 1999.

[80] N. N.: Gefährdungsbeurteilung. sicher bauen 2 (1998).

[81] N. N.: Generalunternehmer haften für Arbeitsschutz. Allgemeine Bauzeitung vom 07.03.2003.

[82] N. N.: Gerüste – Kommentar zu DIN-Gerüstnormen. Berlin: DIN e. V. 1995.

[83]   N. N.: Geschäfts- und Rechnungsergebnisse der gewerblichen Berufsgenossenschaften. Sankt Augustin: HVBG 1992–2002.

[84]   N. N.: Gußwerkstoffe, DUBEL Taschenbuch für den Maschinenbau. Berlin: Springer-Verlag 1995, S. E 43 ff.

[85]   N. N.: Gußwerkstoffe, HÜTTE Grundlagen der Ingenieurwissenschaften. Berlin: Springer-Verlag 1989, S. D 12.

[86]   N. N.: Gütesicherung nach wie vor zukunftweisend. Allgemeine Bauzeitung vom 28.05.2003.

[87]   N. N.: Handbuch über finnisches Sperrholz. Lathi: Verband der finnischen Forstindustrie 2001.

[88]   N. N.: Handwerksberuf Gerüstbauer. Köln: Bundesverband Gerüstbau 2002.

[89]   N. N.: Beratungsergebnisse des Sachverständigenausschusses „Gerüste" zur Änderungen im Zulassungsverfahren. Berlin: DIBt 2003.

[90]   N. N.: Layher Gerüste – Leitfaden für den Praktiker. Güglingen 1998.

[91]   N. N.: Leitergerüste im Wandel der Zeit. Düsseldorf: Fachverband Gerüstbau für das Bundesgebiet Mai 1952.

[92]   N. N.: Leitfaden zur Erstellung einer Unterlage für spätere Arbeiten am Bauwerk. Frankfurt am Main: ARGE Bau 1998.

[93]   N. N.: Leitfaden zur Erstellung eines Sicherheits- und Gesundheitsschutzplanes (SIGEPLAN). Frankfurt am Main: ARGE Bau 1998.

[94]   N. N.: Maschinelle Sortierung von Gerüstbohlen. Die Bauwoche vom 19.04.2001.

[95]   N. N.: Neues Sicherheits- und Bemessungskonzept für Dübelbefestigungen im Beton. Mitteilungen des DIBt 6 (1991), S. 170.

[96]   N. N.: Normenvergleich. Essen: Thyssen Schulte GmbH 1998.

[97]   N. N.: Prävention durch Organisation. Hoch & Tiefbau 3 (1998).

[98]   N. N.: RAB 01 – Gegenstand, Zustandekommen, Aufbau, Anwendung und Wirksamwerden der Regeln. ASGB 02.11.2000.

[99]   N. N.: RAB 10 – Begriffsbestimmung – Konkretisierung von Begriffen der BaustellV ASGB 18.06.2002.

[100] N. N.: RAB 30 – Geeigneter Koordinator – Konkretisierung zu § 3 BaustellV. ASGB 24.04.2001.

[101] N. N.: RAB 31 – Sicherheits- und Gesundheitsschutzplan – SIGEPLAN. ASGB 24.04.2001.

[102] N. N.: RAB 32 – UNTERLAGE für spätere Arbeiten – Konkretisierung zu § 3 Abs. 2 Nr. 3 der BaustellV. ASGB 18.06.2002.

[103] N. N.: Rahmentarifvertrag für das Baugewerbe vom 17.04.1950.

[104] N. N.: Regelung verlangt mehr Verantwortung. Allgemeine Bauzeitung vom 29.11.2002.

[105] N. N.: Report 1/92 Lärmbelastung am Arbeitsplatz, Einheitliche Umsetzung in der Praxis. Sankt Augustin: HVBG BIA 1992.

[106] N. N.: Rux-Handbuch für den konstruktiven Gerüstbau. Hagen 1994.

[107] N. N.: Sammlung Bauaufsichtlich eingeführte technische Baubestimmungen. Berlin: DIBt 2001.

[108] N. N.: Schadenersatz für Absturz vom Gerüst. Stahlbau 67, Heft 2 (1998), S. 150.

[109] N. N.: Sicherheitskoordinator als Ansprechperson. Allgemeine Bauzeitung vom 07.08.1998.

[110] N. N.: SiGeKo – Praxishilfe zur Honorarermittlung für Leistungen nach der Baustellenverordnung. AHO Ausschuß der Ingenieurverbände und Ingenieurkammern für die Honorarordnung e. V., 09.2001.

[111] N. N.: Stahlgerüste – Bundesfachvereinigung Stahlgerüstbau im Bundesverband Gerüstbau. Köln. Bundesverband Gerüstbau 1970.

[112] N. N.: Sturz vom Baugerüst. Der Maler- und Lackiermeister 4 (1998), S. 275.

[113] N. N.: Suggested Test Method – Dynamic Test for Scaffolds, National Access & Scaffolding Confederation (NASC) London: The Hire & Sales and Manufactering Committee 2002.

[114] N. N.: Tarifvereinbarung zwischen dem Fachverband Gerüstbau und der IG Bau-Steine-Erden vom 06.02.1955.

[115] N. N.: Übersicht der Berufsgenossenschaftlichen Regeln für Sicherheit und Gesundheitsschutz bei der Arbeit. Sankt Augustin: HVBG 2001.

[116] N. N.: Ü-Zeichen für Vollholzbohlen. Köln: Bundesverband Gerüstbau 1997.

[117] N. N.: Verankerungen am Bau. Technisches Merkblatt der Arbeitskreise „Dübel" und „Verankerungen in Beton" der Studiengemeinschaft für Fertigbau e. V. Wiesbaden 2000.

[118] N. N.: Verwendung bauaufsichtlich zugelassener Dübel – Eine Information des Arbeitskreises „Dübel" der Studiengemeinschaft für Fertigbau e. V. Wiesbaden 1995.

[119] N. N.: VOB 2002 seit 14.02.2003 in Kraft. Köln: Bundesverband Gerüstbau, Info 2 (2003).

[120] N. N.: VOB 2002. Köln: Bundesverband Gerüstbau, Info 1 (2003).

[121] N. N.: Vorgehensweise zur Durchführung der Gefährdungsbeurteilung. Düsseldorf: Masch-BG 1999.

[122] N. N.: Was vom Handwerk „übrig" bleibt. Allgemeine Bauzeitung vom 19.07.2003.

[123] Nather, F.: Gerüstbau, Stahlbau-Handbuch, Band 2. Köln: Stahlbau-Verlagsgesellschaft mbH 1985, S. 1241 ff.

[124] Nather, F.: Gerüste. Beton-Kalender 1990. Berlin: Ernst & Sohn 1990, S. 599 ff.

[125] Packbauer, P.: Arbeitsschutz im Bauwesen – Gerüstbau. Berlin: Tribüne Verlag 1985.

[126] Petersen, Chr.: Statik und Stabilität von Baukonstruktionen. Braunschweig: Vieweg Verlag 1982.

[127] Posselt, O.: Arbeits- und Schutzgerüste im Hochbau. Diplomarbeit. Kassel: Universität Gesamthochschule Kassel 1999.

[128] Raether, R.: Anwendungstechnik und Sonderlösungen bei Kirchturmeinrüstungen. Vortrag auf der Fachtagung des BVG im Schloßhotel Leizen, 12.11.1999.

[129] Rathfelder, M.: Anwendungserfahrungen mit der Baustellenverordnung und der Betriebssicherheitsverordnung aus Sicht der Hersteller. Stuttgart: VDI Seminar 2002.

[130] Roik, K.-H.: Vorlesungen über Stahlbau. Berlin: Ernst & Sohn 1983.

[131] Rother, P.: Schutzwände in Dachfanggerüsten, Mitteilungen der Bau-BG Rheinland und Westfalen 3 (1998), S. 132 f.

[132] Saal, H., Volz, M.: Klassifizierung von geschweißten Bauteilen nach DIN 18 800 Teil 7 – 09.2002. Stahlbau 72 (2003), S. 462 ff.

[133] Schmitt, R.: Gerüstbau – auch ein Thema für die Arbeitsmedizin. Mitteilungen der Bau-BG Wuppertal 4 (1995), S. 215 ff.

[134] Schories, K.: Kupplungen nach DIN EN 74 an dünnwandigen Gerüstrohren – Bestandaufnahme hinsichtlich der vorhandenen Imperfektionen von Gerüstrohrquerschnitten, Berufsgenossenschaftliches Institut für Arbeitssicherheit des HVBG. Sankt Augustin: HVBG 1998.

[135] Steiger, Chr.: Arbeitssicherheit auf Baustellen. Renningen-Malmsheim: Expert Verlag 1994, auch Berlin: Ernst & Sohn 1987.

[136] Steinbach, R.: Tragfähigkeiten von Hünnebeck-Gitterträgern, Statische Berechnung B 01-016. Ratingen: Hünnebeck 2001.

[137] Stypa, D.: Fall guys for safety tests. Hünnebeck ideas and profiles 3 (2000).

[138] Stypa, D.: Gerüstverankerung erspart kostspieliges Fassadenbefahren. VDI-Nachrichten 42 (2000).

[139] Stypa, D.: Lösungen für Lasten. Das Dachdecker-Handwerk 8 (2001), S. 12 ff.

[140] Stypa, D.: Neuer Korrosionsschutz für Schrauben an Gerüstkupplungen. Maschinenmarkt 11 (1999).

[141] Stypa, D.: Optimierung von Betriebsabläufen zahlt sich aus. Baustelle 4 (2002), S. 20 ff.

[142] Stypa, D.: Praxisgerechte Beurteilungskriterien für Gerüstvollholzbohlen. Mitteilungen der Bau-BG Wuppertal 1 (1996), S. 42.

[143] Stypa, D.: Rationalisierungspotentiale ausschöpfen. Baugewerbe 12 (2001), S. 4 ff.

[144] Stypa, D.: Safety manual – Safety while erecting scaffolding. Ratingen: Hünnebeck 2001.

[145] Stypa, D.: Sicherheitshandbuch – Arbeitssicherheit im Gerüstbau. Ratingen: Hünnebeck 2001.

[146] Stypa, D.: Sorgfältiger Aufbau mindert Unfallrisiko. Baugewerbe 20 (2002), S. 10 ff.

[147] Stypa, D.: Vollholzbohlen vor Einbau besser probebelasten. Allgemeine Bauzeitung vom 15.05.1998.

[148] Völkel, G., Zimmermann, W.: Ergänzende Untersuchungen zu Kupplungen für Gerüstrohre. Stahlbau 11 (1987), S. 335 ff.

[149] Völkel, G.: Regeln für Arbeitsgerüste im Wandel der Zeit. Mitteilungen der Bau-BG Frankfurt am Main 2 (1996), S. 20 ff.

[150] Völkel, G.: Vermerk über Schrauben mit Beschichtung Dacromed 320. Stuttgart: FMPA 1998.

[151] Völkel, G.: Versuche mit Kupplungsschrauben. Stuttgart: FMPA 1998.

[152] Weber, N.: Aufstiegsschwierigkeiten? Der Maler- und Lackiermeister 4 (1998), S. 238 ff.

[153] Weinelt, W.: Abstürze bei Bauarbeiten. Mitteilungen der Bau-BG Wuppertal 2 (1992), S. 60 ff.

[154] Zinkahn, W.: Einführung in das Bundesbaugesetz. Beck-Texte im dtv-Verlag. München: Verlag C. H. Beck 1981.

Verzeichnis des berufsgenossenschaftlichen Regelwerkes

[155] BGV A 1: BG-Vorschrift für Sicherheit und Gesundheit bei der Arbeit „Allgemeine Vorschriften" (01.1998).

[156] BGV A 4: BG-Vorschrift für Sicherheit und Gesundheit bei der Arbeit „Arbeitsmedizinische Vorsorge" (01.01.1997).

[157] BGV C 22: BG-Vorschrift für Sicherheit und Gesundheit bei der Arbeit „Bauarbeiten" (01.01.1997).

[158] BGR 184: BG-Regeln für die Sicherheit von Seitenschutz und Dachschutzwänden als Absturzsicherung bei Bauarbeiten (10.1995).

[159] BGR 165: BG-Regeln für Sicherheit und Gesundheit bei der Arbeit im Gerüstbau – Allgemeiner Teil (04.2000).

[160] BGR 166: BG-Regeln für Sicherheit und Gesundheit bei der Arbeit im Gerüstbau – Systemgerüste – Rahmen- und Modulgerüste (04.2000).

[161] BGR 167: BG-Regeln für Sicherheit und Gesundheit bei der Arbeit im Gerüstbau – Stahlrohr-Kupplungsgerüste (04.2000).

[162] BGR 168: BG-Regeln für Sicherheit und Gesundheit bei der Arbeit im Gerüstbau – Auslegergerüste (04.2000).

[163] BGR 169: BG-Regeln für Sicherheit und Gesundheit bei der Arbeit im Gerüstbau – Konsolgerüste für den Hoch- und Tiefbau (04.2000).

[164] BGR 170: BG-Regeln für Sicherheit und Gesundheit bei der Arbeit im Gerüstbau – Konsolgerüste für den Stahl- und Anlagenbau (04.2000).

[165] BGR 171: BG-Regeln für Sicherheit und Gesundheit bei der Arbeit im Gerüstbau – Bockgerüste (04.2000).

[166] BGR 172: BG-Regeln für Sicherheit und Gesundheit bei der Arbeit im Gerüstbau – Fahrgerüste (04.2000).

[167] BGR 173: BG-Regeln für Sicherheit und Gesundheit bei der Arbeit im Gerüstbau – Kleingerüste (04.2000).

[168] BGR 174: BG-Regeln für Sicherheit und Gesundheit bei der Arbeit im Gerüstbau – Hängegerüste (04.2000).

[169] BGR 175: BG-Regeln für Sicherheit und Gesundheit bei der Arbeit im Gerüstbau – Montagegerüste in Aufzugsschächten (01.2002).
[170] BGG 927: BG-Grundsätze für die Prüfung von Belagteilen in Fang- und Dachfanggerüsten sowie von Schutzwänden in Dachfanggerüsten (01.1996).

Verzeichnis der Vorschriften

[171] DIN EN 39: Systemunabhängige Stahlrohre für die Verwendung in Trag- und Arbeitsgerüsten, Technische Lieferbedingungen (11.2001).
[172] DIN EN 74: Kupplungen, Zentrierbolzen und Fußplatten für Stahlrohr-Arbeitsgerüste und Traggerüste (12.1988).
[173] prEN 74 Teil 1: Kupplungen, Zentrierbolzen und Fußplatten für Trag- und Arbeitsgerüste – Rohrkupplungen (02.2003).
[174] DIN 488 Teil 1: Betonstahl – Sorten, Eigenschaften, Kennzeichen (09.1984).
[175] DIN EN 573 Teil 3: Aluminium und Aluminiumknetlegierungen – Technische Lieferbedingungen (08.1997).
[176] DIN 1052 Teil 1: Holzbauwerke – Berechnung und Ausführung (04.1988).
[177] DIN 1052 Teil 2: Holzbauwerke – Mechanische Verbindungen (04.1988).
[178] DIN 1055 Teil 1: Lastannahmen für Bauten – Lagerstoffe, Baustoffe und Bauteile, Eigenlasten und Reibungsbeiwerte (07.1978).
[179] DIN 1055 Teil 4: Lastannahmen für Bauten – Verkehrslasten, Windlasten bei nicht schwingungsanfälligen Bauwerken (08.1986).
[180] DIN 1263 Teil 1: Schutznetze, Sicherheitstechnische Anforderungen, Prüfverfahren (06.1997).
[181] DIN 1263 Teil 2: Schutznetze (Sicherheitsnetze), Sicherheitstechnische Anforderungen für die Errichtung von Schutznetzen (11.2002).
[182] DIN EN 1562: Gießereiwesen – Temperguß (09.1997).
[183] DIN EN 1563: Gießereiwesen – Gußeisen mit Kugelgraphit (02.2003).
[184] DIN 1681: Stahlguß für allgemeine Verwendungszwecke – Technische Lieferbedingungen (06.1985).
[185] DIN 1691: Gußeisen mit Lamellengraphit – Eigenschaften (05.1985).
[186] DIN 1692: Temperguß – Begriff, Eigenschaften (01.1982).
[187] DIN 1693 Teil 1: Gußeisen mit Kugelgraphit – Werkstoffsorten (10.1973).
[188] DIN 1725 Teil 1: Aluminiumlegierungen – Knetlegierungen (02.1983).
[189] DIN 1746 Teil 1: Rohre aus Aluminium und Aluminiumlegierungen – Eigenschaften (01.1987).
[190] DIN 1748 Teil 1: Strangpreßprofile aus Aluminium und Aluminium-Knetlegierungen – Eigenschaften (02.1983).
[191] DIN 4074 Teil 1: Sortierung von Nadelholz nach der Tragfähigkeit – Nadelschnittholz (06.2003).
[192] DIN 4074 Blatt 2: Gütebedingungen für Baurundholz (12.1958).
[193] DIN 4074 Teil 3: Sortierung von Nadelholz nach der Tragfähigkeit – Sortiermaschinen (09.1989).
[194] DIN 4074 Teil 4: Sortierung von Nadelholz nach der Tragfähigkeit – Nachweis der Eignung zur maschinellen Schnittholzsortierung (09.1989).
[195] DIN 4113 Teil 1: Aluminiumkonstruktionen unter vorwiegend ruhender Belastung – Berechnung und bauliche Durchbildung (05.1980).
[196] DIN 4420 Teil 1: Arbeits- und Schutzgerüste, Allgemeine Regelungen, Sicherheitstechnische Anforderungen, Prüfungen (12.1990).
[197] DIN 4420 Teil 2: Arbeits- und Schutzgerüste, Leitergerüste, Sicherheitstechnische Anforderungen (12.1990).

[198] DIN 4420 Teil 3: Arbeits- und Schutzgerüste, Gerüstbauarten ausgenommen Leiter- und Systemgerüste, Sicherheitstechnische Anforderungen und Regelausführungen (12.1990).

[199] DIN 4420 Teil 4: Arbeits- und Schutzgerüste aus vorgefertigten Bauteilen (Systemgerüste), Werkstoffe, Gerüstbauteile, Abmessungen, Lastannahmen und sicherheitstechnische Anforderungen (12.1990).

[200] E DIN 4420 Teil 1: Schutzgerüste – Leistungsanforderungen, Entwurf, Konstruktion und Bemessung (09.2002).

[201] DIN 4425: Leichte Gerüstspindeln, Konstruktive Anforderungen, Tragsicherheitsnachweis und Überwachung (11.1990).

[202] DIN 4426: Sicherheitseinrichtungen zur Instandhaltung baulicher Anlagen – Absturzsicherungen (04.1990).

[203] DIN 4427: Stahlrohr für Trag- und Arbeitsgerüste (09.1990).

[204] DIN EN 10 025: Warmgewalzte Erzeugnisse aus unlegierten Stählen für den allgemeinen Stahlbau (03.1994).

[205] DIN EN 10 210 Teil 1: Nahtlose kreisförmige Rohre aus allgemeinen Baustählen für den Stahlbau, Technische Lieferbedingungen (04.2003).

[206] DIN EN 10 219 Teil 1: Geschweißte kreisförmige Rohre aus allgemeinen Baustählen für den Stahlbau, Technische Lieferbedingungen (04.2003).

[207] prEN 12 810 Teil 1: Fassadengerüste aus vorgefertigten Bauteilen – Produktfestlegungen (10.2002).

[208] prEN 12 810 Teil 2: Fassadengerüste aus vorgefertigten Bauteilen – Besondere Bemessungsverfahren (10.2002).

[209] prEN 12 811 Teil 1: Temporäre Konstruktionen für Bauwerke – Arbeitsgerüste – Leistungsanforderungen, Entwurf, Konstruktion und Bemessung (12.2002).

[210] prEN 12 811 Teil2: Temporäre Konstruktionen für Bauwerke – Arbeitsgerüste – Informationen zu Werkstoffen (09.2001).

[211] DIN EN 12 811 Teil 3: Temporäre Konstruktionen für Bauwerke – Versuche zum Tragverhalten (02.2003).

[212] DIN 17 100: Warmgewalzte Erzeugnisse aus unlegierten Stählen für den allgemeinen Stahlbau (01.1980).

[213] DIN 17 120: Geschweißte kreisförmige Rohre aus allgemeinen Baustählen für den Stahlbau, Technische Lieferbedingungen (06.1984).

[214] DIN 17 121: Nahtlose kreisförmige Rohre aus allgemeinen Baustählen für den Stahlbau, Technische Lieferbedingungen (06.1984).

[215] DIN 18 800 Teil 1: Stahlbauten – Bemessung und Konstruktion (09.1990).

[216] DIN 18 800 Teil 2: Stahlbauten – Knicken von Stäben und Stabwerken (09.1990).

[217] DIN 18 800 Teil 7: Stahlbauten – Herstellen, Eignungsnachweis zum Schweißen (04.2004).

[218] DIN 1960 VOB Teil A: Allgemeine Bestimmungen für die Vergabe von Bauleistungen, Fassung Mai 2000.

[219] DIN 1961 VOB Teil B: Allgemeine Vertragsbedingungen für die Ausführung von Bauleistungen, Fassung 2002.

[220] DIN 18 451 VOB Teil C: Allgemeine Technische Vertragsbedingungen für Bauleistungen – Gerüstarbeiten, Fassung Mai 1998.

[221] DIN 68 705 Teil 1: Sperrholz – Sperrholz für allgemeine Zwecke (07.1981).

[222] DIN 68 705 Teil 2: Sperrholz – Stab- und Stäbchensperrholz für allgemeine Zwecke (04.2002).

[223] DIN 68 705 Teil 3: Sperrholz – Bau-Furniersperrholz (12.1981).

[224] Schriften des DIBt, Reihe B, Heft 5: Zulassungsgrundsätze „Versuche an Gerüstsystemen und Gerüstbauteilen – Merkheft Versuche". Berlin August 1998.

[225] Schriften des DIBt, Reihe B, Heft 7: Zulassungsrichtlinie „Anforderungen an Fassadengerüstsysteme". Berlin Oktober 1996.

[226] Schriften des DIBt, Reihe B, Heft 9: Zulassungsgrundsätze „Bemessung von Aluminiumbauteilen im Gerüstbau". Berlin Mai 1996.

[227] Schriften des DIBt: Zulassungsgrundsätze für die Verwendung von Bau-Furniersperrholz im Gerüstbau. Berlin März 1999.

[228] Schriften des DIBt: Zulassungsgrundsätze für den Verwendbarkeitsnachweis von Halbkupplungen an Stahl- und Aluminiumrohren. Berlin September 2001.

[229] Schriften des DIBt: Richtlinie für die Durchführung der Erstprüfung bei Gerüstbauteilen. Berlin April 1988.

[230] Schriften des DIBt: Richtlinie für die Durchführung der Überwachung bei Kupplungen für Stahlrohrgerüste. Berlin Juli 1985.

[231] Schriften des DIBt: Merkblatt für Windlasten auf bekleidete Gerüste. Berlin Oktober 1996.

[232] Schriften des DIBt: Richtlinie zum Schweißen von tragenden Bauteilen aus Aluminium. Berlin April 1987.

Verzeichnis der Gesetze und Verordnungen

[233] Arbeitsmittelbenutzungsrichtlinie: Mindestvorschriften für Sicherheit und Gesundheitsschutz bei Benutzung von Arbeitsmitteln durch Arbeitnehmer bei der Arbeit 89/655/EWG vom 30.11.1989 und Richtlinie 2001/45/EG vom 27.06.2001.

[234] Arbeitsmittelbenutzungsverordnung: Verordnung über Sicherheit und Gesundheitsschutz bei der Benutzung von Arbeitsmitteln bei der Arbeit (AMBV) vom 11.03.1997. Bundesgesetzblatt, März 1997.

[235] Arbeitsschutzgesetz: Gesetz über die Durchführung von Maßnahmen des Arbeitsschutzes zur Verbesserung der Sicherheit und Gesundheitsschutzes der Beschäftigten bei der Arbeit (ArbSchG) vom 07.08.1996. Bundesgesetzblatt, September 1996.

[236] Arbeitssicherheitsgesetz: Gesetz über Betriebsärzte, Sicherheitsingenieure und andere Fachkräfte für Arbeitssicherheit (ASiG) vom 12.12.1973. Bundesgesetzblatt, Januar 1974.

[237] Arbeitsstättenverordnung: Verordnung über Arbeitsstätten (ArbStättV) vom 20.03.1975. Bundesgesetzblatt, April 1975.

[238] Bauproduktenrichtlinie: Richtlinie zur Angleichung der Rechts- und Verwaltungsvorschriften der Mitgliedsstaaten der Europäischen Gemeinschaft über Bauprodukte 89/106/EWG vom 21.12.1988.

[239] Bauproduktengesetz: Gesetz über das Inverkehrbringen von und den freien Warenverkehr mit Bauprodukten (BaoPG) vom 28.04.1998.

[240] Baustellenrichtlinie: Verordnung über Sicherheit und Gesundheitsschutz auf Baustellen 92/57/EWG vom 24.06.1992.

[241] Baustellenverordnung: Verordnung über Sicherheit und Gesundheitsschutz auf Baustellen (BaustellV) vom 10.06.1998. Bundesgesetzblatt, Juni 1998.

[242] Betriebssicherheitsverordnung: Verordnung zur Rechtvereinfachung im Bereich der Sicherheit und des Gesundheitsschutzes bei der Bereitstellung von Arbeitsmitteln und deren Benutzung bei der Arbeit, der Sicherheit beim Betrieb überwachungspflichtiger Anlagen und der Organisation des betrieblichen Arbeitsschutzes (BetrSichV) vom 27.09.2002. Bundesgesetzblatt, Oktober 2002.

[243] Bürgerliches Gesetzbuch: BGB vom 18.08.1896.

[244] Bundesbaugesetz: BBauG vom 18.08.1976.

[245] Gerätesicherheitsgesetz: Gesetz über technische Arbeitsmittel (GSG) vom 11.05.2001.
     Bundesgesetzblatt, Mai 2001.
[246] Landesbauordnung: Bauordnung für das Land Nordrhein-Westfalen (BauO NW) vom
     Dezember 2000.
[247] Musterbauordnung: Musterbauordnung (MBO) der Bauministerkonferenz vom November 2002.
[248] Ordnungswidrigkeitengesetz: OWiG vom 19.02.1987.
[249] Rahmenrichtlinie: Maßnahmen zur Verbesserung des Gesundheitsschutzes der Arbeitnehmer
     am Arbeitsplatz 89/319/EWG vom 12.06.1989.
[250] Sozialgesetzbuch VII: SGB VII vom 07. 08.1996.
[251] Strafgesetzbuch: StGB vom 10.03.1987.

Verzeichnis verwendeter allgemeiner bauaufsichtlicher Zulassungen

[252] Hünnebeck SBG: Z-8.1-32.2, Hünnebeck GmbH, Ratingen 2003.
[253] Hünnebeck BOSTA 70: Z-8.1-54.2, Hünnebeck GmbH, Ratingen 2003.
[254] Hünnebeck BOSTA 70 Alu: Z-8.1-830, Hünnebeck GmbH, Ratingen 2003.
[255] Hünnebeck BOSTA 100: Z-8.1-150, Hünnebeck GmbH, Ratingen 2003.
[256] Hünnebeck MODEX: Z-8.22-67, Hünnebeck GmbH, Ratingen 2003.
[257] Hünnebeck GEKKO: Z-8.1-689, Hünnebeck GmbH, Ratingen 2003.
[258] Layher BLITZGERÜST 70 S: Z-8.1-16.2, Layher GmbH, Güglingen 2001.
[259] Layher BLITZGERÜST 70 Alu: Z-8.1-844, Layher GmbH, Güglingen 2002.
[260] Layher BLITZGERÜST 100 S: Z-8.1-840, Layher GmbH, Güglingen 1999.
[261] Layher ALLROUND Stahl: Z-8.22-64, Layher GmbH, Güglingen 2000.
[262] Layher ALLROUND Alu: Z-8.1-64.1, Layher GmbH, Güglingen 1996.
[263] Peri UP T 70: Z-8.22-865, Peri GmbH, Weißenhorn 2000.
[264] Peri UP ROSETT: Z-8.22-863, Peri GmbH, Weißenhorn 1999.
[265] Plettac SL 70: Z-8.1-29, plettac assco GmbH, Plettenberg 1998.
[266] Plettac SL 70 Alu: Z-8.1-29.1, plettac assco GmbH, Plettenberg 1997.
[267] Plettac SL 100: Z-8.1-171, plettac assco GmbH, Plettenberg 2002.
[268] Plettac PERFECT: Z-8.1-178, plettac assco GmbH, Plettenberg 1999.
[269] Plettac FUTURO: Z-8.22-841, plettac assco GmbH, Plettenberg 1999.
[270] Plettac CONTUR: Z-8.22-843, plettac assco GmbH, Plettenberg 1999.
[271] Rux SUPER 65: Z-8.1-185.1, G. Rux GmbH, Hagen 1988.
[272] Rux SUPER 100: Z-8.1-185.2, G. Rux GmbH, Hagen 1988.
[273] Rux VARIANT: Z-8.1-19, G. Rux GmbH, Hagen 1988.

Verzeichnis der Bildquellen

[274] Bundesverband Gerüstbau, Köln.
[275] Dombauarchiv Köln: J. H. Schönscheidt, Photographie, Köln 1875.
[276] Fontana, D.: Del modo tenuto nel transportare l'obelisco vaticano. Berlin: VEB Verlag für
     Bauwesen 1987.
[277] de Garis Davis, N.: The tumb of Rekh Mi Re et Thebes. PMMA TMMA 11 (1943).
[278] Halfen GmbH & Co. KG, Langenfeld
[279] Hünnebeck GmbH, Ratingen.
[280] Kölnisches Stadtmuseum, Graphische Sammlung: Johann Anton Ramboux, Aquarellierte
     Bleistiftzeichnung, Köln 1844.

[281] Krings, U.: Das gotische Rathaus und seine historische Umgebung – Stadtspuren Band 26, Köln.

[282] Rheinisches Bildarchiv Köln: Sammlung August Sander – Köln wie es war, Bild Nr. 35, Köln.

[283] Stypa, D., Velbert.

[284] Zentral-Dombau-Verein: Photographie und Lichtdruck von Theodor Creifelds in Coeln, Köln 1873, reproduziert als Faksimile.

Stichwortverzeichnis

Hammerkopfschraube 246, 249 ff.
Hinterschnittdübel 191,199
Hochlagerung 184 f.
Hochlochziegel 200, 203 f., 206
Hochtemperaturverzinkung 223, 227
Höhensicherungsgerät 131, 148
Hohlblock aus Leichtbeton 200, 203 f., 206
Hohlkastenbelag 268, 270 f., 273, 323 f., 326, 331 f.
Hohlprofil 226, 262, 268, 284
Holm, Leiterholm 61 f., 64, 66, 68 ff.
– Geländerholm, Knieholm, Zwischenholm 44, 50 ff., 64, 68 ff., 100, 120, 141, 165 f., 170 ff., 175, 264, 308, 321
– Holmquerschnitt 62, 66
Holz, Holzwerkstoff 186, 222, 238, 240
– Holzbelag 276 ff., 283, 285, 330
– Holzbohle, Vollholzbohle 35, 49, 59, 117 f., 121, 141, 186, 233, 236 f., 268, 270 f., 277 f., 282, 286, 288, 291,323 f., 326, 330 f., 338, 345
– Holzleitergerüst 61, 67, 71, 131, 192
– Holzqualität 186
– Holzquerschnitt 237
– Holzriegel 84
– Holzschutzmittel 223, 237
Hooksches Gesetz 312
Horizontaldiagonale 74, 164, 282
Horizontalkraft, Horizontallast 104, 214, 324
Horizontalrahmen 85, 100, 127, 168, 259, 266, 270, 285, 326 ff.
Horizontalriegel 281 f.
Horizontalsteifigkeit 92, 104, 254
Horizontaltransport 165, 171 f.
Hubarbeitsbühne 15, 216
Hünnebeck 133, 147, 172, 194, 207 ff., 252, 254 ff., 259 ff., 265 ff., 317, 323 ff., 329, 333 ff., 341 f.

I
Imperfektionen 311 f.
Infrastruktur der Baustelle 137
Injektionsdübel 199, 204
Injektionssystem 191, 199, 203 ff.
Innenleiter 51, 166 f.
Innenleitergang, Innenleiteraufstieg 51, 53, 128, 268, 271, 273, 275 f., 280, 283 ff., 289
Innenseitenschutz 128
Innenstiel 48, 76, 116, 194, 331

Instandhaltung 142, 144, 184, 216
Interaktion 313, 320 f., 330

K
Kalksandstein 200, 202, 206
Kalkulation, allgemein 125
– Kalkulationsprogramme 127
– Kalkulationsrichtwerte 133
Kanthölzer 164, 234
Kathodenschutz 250
Keil 260 ff.
– Keilkupplung 74, 255, 261 f., 273 f., 276, 318
– Keiltasche 262, 273 f., 276
– Keilverbindung 112
Kennzeichnung, Gerüstkennzeichnung 35, 37, 40, 60, 91, 120, 141, 145, 147, 165, 179, 181, 233
Kippen, Umkippen 18, 42, 48, 51, 69 f., 78, 80, 162, 186, 190, 213 f., 294, 322
Kippsicher 164
Kippstift 25, 245, 254, 256 ff., 262, 266, 268, 270, 282 ff., 286 f., 289 f.
Klauen, Belagklauen 25, 168, 245, 259, 264, 266, 268, 270, 273 f., 276, 278, 280, 282
Kleingerüst 31, 72
Klemme
– Leiterklemme 69, 71
– Trägerklemme 245, 253
Knicken, allgemein 103 f.
– Knickbiegelinie 299
– Knicklänge 48, 97 f., 168, 190, 338
– Knicklast 103
– Knickspannungslinie 96, 321
Knieholm Geländerholm, Zwischenholm 44, 50 ff., 64, 68 ff., 100, 120, 141, 165 f., 170 ff., 175, 264, 308, 321
Knoten, allgemein 19, 21, 48, 73, 76, 85, 92 ff., 104, 111 f., 168, 193, 211, 227, 245, 260 f., 264, 270 f., 276 f., 286 f., 291, 331 ff., 337, 341 f.
– Anschlußknoten 260 f.
– Knotensteifigkeit 104
– Knotenpunkt 68, 73, 104, 131, 164, 193, 245
Kolonnenführer 131, 135, 154, 161
Kompaktdübel 199, 201 ff.
Konsole
– Konsolbelag 88, 300

V

Verankerung
- Verankerungsbügel   79
- Verankerungskraft   179, 191, 200, 206, 208, 211, 213
- Verankerungsmittel   189, 191, 196 f., 199, 204, 206 ff., 211
- Verankerungsprotokoll, Verankerungs- prüfprotokoll   179, 181, 207 f.
- Verankerungspunkt   43, 68, 131, 207 f., 213, 216 f., 296
- Verankerungsraster, Verankerungsschema   36, 75 f., 100, 128, 141, 178, 191 ff., 261, 296, 332
- Verankerungssystem, Gerüstverankerungs- system   144, 189, 194, 196 ff., 200, 206, 216, 218 ff.
- Verankerungsuntergrund   48, 179, 189 ff., 193, 196 ff., 200 ff.
Verantwortung
- der am Bau beteiligten   140, 142, 151 ff.
- des Entwurfverfassers   153, 215 f.
- des Gerüstbauers, des Gerüsterstellers   156
- des Gerüstbenutzers   157
- des Mitarbeiters   153
- des Unternehmers   153, 158
- im Gerüstbau   156 f.
Verbindung
- Keilverbindung   112
- Kopfbolzenverbindung   257
- Mastverbindung   257
- Rohr- und Steckverbindungen   253 ff.
- selbstsichernde Steckverbindung   256 f., 263
Verbindungselement   260
Verbindungsmittel
- feste Verbindungsmittel   244 f.
- lösbare Verbindungsmittel   244 ff., 251
Verbindungstechnik   25, 221, 244 f., 260, 265, 266 ff., 293
Verbreiterung
- Verbreiterungsbelag   77
- Verbreiterungskonsole   40, 88, 180, 266 ff., 329 f.
Verbunddübel   199
Verkehrsband   305, 307 f.
Verkehrslast   28, 33 f., 40 f., 106 ff., 191, 295, 300 ff., 308, 310, 323 f., 326, 330
Verleimung
- Blockverleimung   237

- Brettschichtverleimung   237
Vernieten   222
Verpressen   222
Versuch
- Abrollversuch   27, 29, 120 f., 123
- Bauteilversuch   104
- Fallversuch   27, 29, 58 f., 99, 105, 117, 120 f., 224
- Großversuch   97, 103 f., 112
- Traglastversuch   92 f., 224
- Versuchsbericht   92
- Versuchsergebnis   27, 92 ff., 97, 112
- Versuchsprogramm   92
Vertikaldiagonale   74, 164, 172, 254 f., 257, 259, 294 f., 333
Vertikallast   214, 295
Vertikalrahmen   18 f., 21, 85, 100, 136, 147, 163 f., 166 ff., 183, 185 ff., 213, 223, 245, 253 ff., 259, 264, 266 f., 269, 274 f., 283, 285, 288, 290
Vertikalrahmenstoß   245
Vertikaltransport   19, 21, 136, 165, 170 ff., 175 f., 183
Vertikaltransportkette   22, 134, 136, 172
Verwendbarkeitsnachweis   87, 248
Verwendungsanleitung, Aufbau- und   16, 35, 87, 90 f., 99 f., 120, 147, 166, 176, 191, 193, 207, 222
Verwendungszweck   32 f., 38, 40
Verzinkung   223, 227, 245, 250
Vollholz
Vollholzbohle, Holzbohle, allgemein   35, 49, 59, 117 f., 121, 141, 186, 233, 236 f., 268, 270 f., 277 f., 282, 286, 288, 291,323 f., 326, 330 f., 338, 345
- systemfreie Vollholzbohle   118, 121, 233, 236, 266 ff.
- systemgebundene Vollholzbohle   59, 121 f., 237
Vollquerschnitt   77
vorgefertigtes Systemgerüst   26, 29, 31 f., 37 f., 84, 98, 100, 225, 256
Vorhaltung von Gerüsten   180, 211
Vorhängen von Gerüstleitern   66
Vorkrümmung   298
vorlaufender Seitenschutz   23, 147 f., 172 ff., 263 ff.
Vorverdrehung   298
Vorverformung   299